創見文化，智慧的銳眼
www.book4u.com.tw　　www.silkbook.com

史上最強100%成交學

與成交零距離的超業養成術

華人八大師首席 **王晴天** / 著

國家圖書館出版品預行編目資料

史上最強100%成交學/ 王晴天 著. -- 新北市：
創見文化, 2020.11　面；　公分

ISBN 978-986-271-892-6　（平裝）

1.銷售　　2.成交策略

496.5　　　　　　　　　　　　109018090

史上最強100%成交學

作者／王晴天

本書採減碳印製流程，碳足跡追蹤並使用優質中性紙（Acid & Alkali Free）通過綠色環保認證，最符環保需求。

出版者／ 魔法講盟 委託創見文化出版發行

總顧問／王寶玲　　　　　　　　文字編輯／蔡靜怡
總編輯／歐綾纖　　　　　　　　美術設計／蔡瑪麗

台灣出版中心／新北市中和區中山路2段366巷10號10樓
電話／（02）2248-7896　　　　傳真／（02）2248-7758
ISBN／978-986-271-892-6
出版日期／2020年11月初版

全球華文市場總代理／采舍國際有限公司
地址／新北市中和區中山路2段366巷10號3樓
電話／（02）8245-8786　　　　傳真／（02）8245-8718

全系列書系特約展示門市
新絲路網路書店
地址／新北市中和區中山路2段366巷10號10樓
電話／（02）8245-9896
網址／www.silkbook.com

本書於兩岸之行銷（營銷）活動悉由采舍國際公司圖書行銷部規畫執行。

線上總代理 ■ 全球華文聯合出版平台 www.book4u.com.tw
主題討論區 ■ http://www.silkbook.com/bookclub　　　● 新絲路讀書會
紙本書平台 ■ http://www.silkbook.com　　　　　　　● 新絲路網路書店
電子書平台 ■ http://www.book4u.com.tw　　　　　　● 華文電子書中心

Ⓑ 華文自資出版平台　　全球最大的華文自費出版集團
www.book4u.com.tw　　專業客製化自助出版‧發行通路全國最強！
elsa@mail.book4u.com.tw
iris@mail.book4u.com.tw

前言

從破冰到成交的魔法鑰匙

在生活中，如果想釣到魚，你就得像魚那樣思考，而不是像漁夫那樣思考。當你對魚了解得越多，你也就越來越會釣魚了。這樣的想法用在銷售中同樣適用。

銷售，是銷售人員與客戶之間心與心的互動。銷售的最高境界不是把產品「推」出去，而是把客戶「引」進來！所謂「引」進來，也就是讓客戶主動來購買。銷售的過程其實就是銷售員與客戶心理博弈的過程，誰能夠掌控客戶的內心，誰就能成為銷售的王者！

為什麼您說的話客戶都聽不進去？當您說得口沫橫飛時，您知道客戶在想什麼嗎？銷售的重點不在於商品，而在於人；銷售力是一種影響他人做出決定的能力！銷售人員除了掌握自家商品特色之外，更重要的是，要掌握人性的潛規則；運用精準的銷售語言；引導客戶的思路；影響客戶的決策。

為什麼同樣是做銷售，你的薪水只能勉強度日，而有的人卻賺得荷包滿滿？是你不夠勤奮嗎？不是，因為你每天都在忙著拜訪客戶、蒐集資料。是你的產品不夠好嗎？不是，因為你所銷售的產品的市場佔有率一直名列前茅。是你的客戶不需要嗎？不是，因為他在拒絕你之後卻買了同類型的產品。那麼，你業績不佳的原因到底是什麼呢？你是否想過，很有可能是你忽視了銷售中的「潛規則」。

潛規則就是那些看不見的、沒有人會主動告訴你的、約定俗成的，但是又被人們廣泛認同的、實際起作用的一些規則。當然，在銷售中也有一些這樣的規則。例如：銷售不是要你去改變別人；而是要與你的客戶建立共同的信念與價值，要多用「我們」；銷售的成功取決於客戶的好感；少用「但是」，多用「同時」。如果客戶問：「你們和A企業比較有什麼優勢？」建議你這樣反問：「您這樣問，肯定是瞭解過A產品的，您覺得，他的哪方面讓您最滿意，為什麼？」待客戶回答後，你就可以淡定地說：我非常理解，這幾個功能我們也同時具備，除此之外……」就能再度拿回主導權。

銷售就是攻心！要明白顧客要的不是便宜，而是感受到占了便宜。所以不要和顧客爭論價格，而是要與顧客討論價值。賣什麼不重要，重要的是怎麼賣。因為沒有最好的產品，只有最合適的產品。這就是本書第一部分「Part1成交潛規則」的內容，教你早一步知道客戶要什麼，再一步步引導他買單。挖掘客戶的需要，替他找到花錢的理由！

本書第二部分「Part2走心溝通力」教你說對話賣什麼都成交的說話術。什麼叫會說話，就是走心。說話的本質是什麼，與他人溝通，與自己交流；瞭解你自己和別人的關係，找到自己的位置，認識自己的內心，這樣才能說出走心的話術。面對你的客戶，你要想的是做這單生意，他在意的是什麼，滿足他的需求，一切就好談多了。因此你必須留意客戶的態度，根據客戶的態度靈活運用你的說話方式，讓每一句話都說得對，每句話都直達客戶的心裡。

一般來說，客戶能從業務員的言談中推測出業務員是否做事實

在，值得信賴。如果業務員用詞恰當、言之有物，能夠如實介紹產品，自然會散發一種無形的吸引力，進而打動客戶的心，買賣當然也就做成了。

業務員把話說對了，把話說到客戶的心裡，才有機會成交。戴爾·卡耐基曾說過：「口才並不是一種天賦的才能，它是靠刻苦訓練得來的，銷售口才也是如此。」但也不是要業務員多說，而是應該說得少，有技巧地說得簡單、清楚、有力。誇誇其談未必是好事。銷售高手往往在談話過程中說得並不多，而是多聽，要讓客戶多說。

在Part2將教你如何應用說話術、消費者心理，說客戶認同的話，合理向客戶提問、實現成交講究方法、識破客戶種種藉口、巧妙處理客戶異議、有效應對討價還價……等分別闡述和剖析有效的應對措施。教你如何用客戶聽得懂的語言來介紹、用幽默的語言來講解、打動顧客。讀過這本書，你便能在短時間內掌握銷售口才的精華，使你談的每一筆單都能秒殺成交。

本書將告訴你做好業務員一定要知道的銷售技巧與眉角，如何養成「成交導向思維」，賣什麼都成交！一個會做銷售，懂得如何做銷售的員工，一定是懂得人性，瞭解客戶需求的。本書教你對準客戶需要推薦，要如何應對；針對客戶需求，要如何有效溝通，如何用態度感染客戶、用專業取信客戶、用真心感動客戶、用利益打動客戶、用行動說服客戶，只要你懂得運用以客為尊的「感同身受」，自然而然就能輕鬆創下傲人業績。是你從陌生拜訪到養客經營、從破冰到成交打開銷售之門的魔法鑰匙。

經典銷售語錄

👍 銷售不變的法寶——多聽少講，多問少說；服務的最高境界——發自內心，而不是流於形式。

👍 銷售等於幫助，一切成交都是為了愛！愛他就成交他吧！收到錢是幫助顧客的開始。

👍 顧客買的更多的是種感覺——被尊重、被認同、放心。

👍 要比對手業績好，就要比對手多努力三倍以上。

👍 當客戶意識到現狀無法令人滿意時，需求就產生了。

👍 從語言速度和肢體動作上去模仿對方、去配合對方是你超速贏得信任的秘方。

👍 沒有需求，就沒有解決方案；而沒有解決方案，就不可能建立價值。銷售就是交換、價值與個價格的交換。

👍 發現客戶的反應要及時調整、變換話題或遞進成交。

👍 銷售時問客戶一定會回答 YES 的問題。

👍 「病情越重，趕往醫院就越快。」客戶對緊迫性認識越充分，采取行動就越迅速。

👍 成交只是一個開始，成交之後建立一個恒久的關係，你永遠都是我的。

👍 客戶不希望一視同仁，他們希望能被個別對待。

👍 銷售前的奉承，不如售後的服務。這是製造「永久顧客」的不二法則。

成交潛規則

挖掘客戶的需要，替他找到花錢的理由！

UNSPOKEN &
UNWRITTEN

Chapter 1 成交第一步
—— 初次見面時吸引客戶關注

🏆 銷售心理學　①第一印象的效應

Chapter 2 成交第二步
—— 找對話題讓客戶放下顧慮

CONTENTS 目錄

🏆 銷售心理學　②從頭銜到名字，再由名字到暱稱

Chapter 3 成交第三步
——讓客戶自願說出想說的話

🏆 銷售心理學　③給他感興趣的才受用

Chapter 4 成交第四步

——把產品介紹說到客戶心坎裡

🏆 銷售心理學 ④迅速讀懂他人表情

Chapter 5 成交第五步

——用迴旋妙語打破緊張局面

CONTENTS 目錄

🏆 銷售心理學　⑤讀懂身體語言，猜透他的心思

Chapter 6　成交第六步
——巧說服讓客戶沒理由不買

🏆 銷售心理學　⑥得寸進尺效應

Chapter 1

成交第一步
——初次見面時吸引客戶關注

你給客戶的第一印象往往就等於最後的印象。如果
業務員在初次見面時就能吸引客戶的的關注，也就
為接下來的銷售打好基礎。一句溫暖人心的寒暄，
一段別出新裁的開場，一個精明幹練的形象，和悅
耳熱情的聲音，都能讓客戶的目光牢牢聚焦在你身
上。

寒暄到位，
讓客戶回味

寒暄就是話家常，聊聊天氣以及對方喜歡的一
些話題，藉以向對方表示樂於與他親近之意。

　　業務員在與客戶溝通的過程中，寒暄是必要的，也是必須的，沒有一個客戶會樂意見到開口就問要不要簽約買單的業務員。日本壽險業的銷售之神原一平說過：「寒暄是建立人際關係的基石，也是向對方表示關懷的一種行為。寒暄內容與方法得當與否，往往是一個人人際關係好壞的關鍵，所以要特別重視。」

　　豐田（TOYOTA）公司的神谷卓一曾說：「接近客戶，不是一味地向客戶低頭行禮，也不是迫不及待地向客戶說明商品，這樣反而會引起客戶的反感。在我剛開始當業務員的時候，面對客戶時，我只知道如何介紹汽車，因此，在一開始和客戶打交道時，總是無法迅速突破客戶的心理防線。在無數次的體驗揣摩下，我終於體會到，與其直接說明商品，不如先與客戶話家常，談些有關客戶太太、小孩的話題或客戶感興趣的話題，讓客戶喜歡自己，這才是銷售成敗的關鍵，因此，接近客戶的重點是讓客戶對一位以銷售為職業的業務人員抱有好感。」

　　很多業務員在與客戶的寒暄當中誤踩了一些會導致銷售失敗的地雷，自己卻全然不覺。一個糟糕的寒暄，往往會讓客戶對你產生反感甚至厭惡你，十分不利於交易的進行。以下列舉一些業務員在寒暄中經

常犯的錯誤，自我檢視一下，你是不是也會犯下這樣的錯誤？

　　★**急於求成的寒暄**　雖然業務員的唯一目的就是成功把產品介紹給客戶，但是你也應該意識到銷售是一個循序漸進的過程，需要一步步地說服客戶，特別是那些對你的產品沒有強烈需求的客戶。如果一開始就亦步亦趨地詢問客戶要不要購買，要買幾件，可能會給客戶留下你只是想賺錢的印象，進而對銷售產生不好的影響。所以，當你在銷售產品時，要隨時提醒自己避免急於求成，一見面就市儈地談生意，而是應該擺正自己的位置，按部就班地進行銷售活動。

　　★**企圖左右客戶的寒暄**　業務員要知道，在銷售過程中一定要以客戶為中心，因為客戶的需要才是銷售的關鍵，但很多業務員不知不覺就把自己或產品放在第一位，總以為憑自己的好口才就能讓客戶乖乖投降，簽下訂單，因此，他們總是一個人滔滔不絕地闡述自己的觀點，完全不給客戶說話的機會。這樣的「一言堂」導致了業務員無法準確瞭解客戶的心理需要，也就無法與客戶建立良好的互動。在這種寒暄中，因為客戶得不到尊重，因此交易往往以失敗告終。

　　★**包含批評語句的顧人怨寒暄**　如果業務員與客戶不熟悉，說話應對自然是小心奕奕；一旦與客戶熟絡起來，說話也就隨便多了，一些未經考慮的話常常是脫口而出，以為這樣可以顯示出和客戶的親近，卻不知道自己已經在無形中傷害了客戶的自尊。「你這件衣服看起來挺怪的。」「你的辦公室裝修得真俗氣。」你有沒有對客戶說過類似的話呢？也許你在說這些話的時候只是隨口說一句，說過可能就忘記了，但是在客戶聽來卻十分刺耳，因為沒有人喜歡聽批評的話。業務員每天都要和各式各樣的人打交道，要習慣性地去讚美別人，不要把嘲笑和挖苦掛在嘴邊，才不會顧人怨。

　　★**包含不雅之言的寒暄**　如果業務員在與客戶交談時，不時冒出

一兩句不雅的話，必然會帶來負面的影響。因為大家都希望與禮貌有教養的人交往，不願與那些「出口成髒」的人交往。業務員在與客戶交談時，要學會使用一些委婉的話來表達一些不好的事情。比如應該用「去世」、「走了」代替死亡，而不該說「沒命了」、「玩完了」等沒禮貌的辭彙。

★**浪費時間閒談的寒暄**　寒暄只是一個暖場的過程，當業務員和客戶雙方瞭解之後，就應該將話題轉移到產品上。但有很多業務員憑藉自己的「見多識廣」，總是將大量的時間浪費在毫無目的的閒談上。在生活節奏如此快速的今日，這種無謂的閒談會浪費客戶的時間，進而降低業務員在客戶心目中的形象。

寒暄，就是問寒問暖，也就是見面時談論天氣的應酬話。或許沒有什麼實質性的用途，但卻是不可或缺的。寒暄的內容可長可短，這需要業務員靈活應對。如果你的寒暄能拉近與客戶之間的距離，那麼你的目的就已經達到了。

Case Show

　　被美國人譽為「銷售大王」的霍伊拉先生聽說梅依百貨公司有一宗很大的廣告生意，便決定將這筆生意搶到手。為此，他開始多管道地去瞭解該公司總經理的專長和愛好。經過一番調查，他得知這位總經理會駕駛飛機，並以此為樂趣。

　　於是，霍伊拉在與梅依百貨的總經理見面並相互介紹後，便不失時機地問道：「聽說您會駕駛飛機，您是在哪裡學的？」這一句話挑起了總經理的興致，他談興大發，興致勃勃地與霍伊拉聊起了他的飛機和他學開飛機的經歷。

　　結果，霍伊拉不僅順利取得廣告代理權，還有幸乘坐了一回總經理親自駕駛的專機。

可見，與客戶見面時，別急著談生意，而是要巧妙地寒暄與客戶「搏感情」。寒暄不是目的，其主要是為了緩和氣氛，拉近彼此心中的距離，以解除對方的警戒心理，為接下來的銷售打下良好的基礎。

在與客戶見面的溝通中，寒暄就是與客戶話家常，聊聊天氣以及會對方「有感覺」的話題，藉以向對方表示樂於與他親近之意。

以下介紹幾種與客戶寒暄的技巧和方法：

問候式寒暄

問候式寒暄是開場白中最常見的一種。業務員在與客戶第一次打交道時，首先要問候對方，然後再開始下一步銷售過程。從客戶的資料或他說話的口音中，都可以知道對方的籍貫或曾經在哪裡居住過。這時，我們便可從這種口音中引起更多的話題。可以從鄉音說到地域，可以從地域說到風土人情、特產等。例如：「您是孫經理吧？您好，您好！」「王經理，很高興見到您！」「聽口音，李經理是高雄人吧。」……還可以發現和對方有某種「親友」關係，如「我出生在高雄，我們算是同鄉了。」「噢，你是台大畢業的，說起來咱們是校友呢。」在言談互動中，要善於發現彼此的共同點，從感情上去接近對方。問候式寒暄能讓業務員瞭解客戶的身分、性格、籍貫、愛好等等，客戶這些最基本的資訊對業務員日後的溝通大有幫助。但是，業務員要留意問話委婉，恰到好處，用語不宜過多，能用一言以蔽之的絕不三言兩語。如果滔滔不絕地說個沒完，會給客戶輕浮的感覺。

聊天式寒暄

聊天式寒暄，即業務員跟客戶聊一些無關緊要的話題，其實就是用一些漫無邊際又不讓人厭惡的話題來接近客戶，尋找成交機會。例如「今天的天氣真不錯！」「最近景氣變好了呢！」這種寒暄的方式

容易拉近業務員與客戶彼此間的距離，無論是陌生拜訪，還是與老客戶溝通，業務員都可以採用這種方式。

其實，尋找共同點是業務員和客戶溝通時常用的交流方式，業務員可利用提問來瞭解彼此之間的共同點。比如：「王總，最近花市正在舉行花卉展，不知道您去看過沒有？」「去了，我女兒特別喜歡逛花市。」客戶的回答表明他對花市還是有所關注，業務員此刻就可以將花市作為你們共同的關注點。當然，你還可以趁機與客戶聊有關他女兒的事，相信客戶也會津津樂道，漸漸放鬆心防。

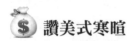 **讚美式寒暄**

每個人都需要別人的肯定和認可，需要別人誠心誠意的讚美，而讚美式的寒暄還能營造一種和諧的氣氛。業務員在與客戶交談時，適時地稱讚客戶是非常必要的，例如：「您的辦公室裝修得這麼簡潔、大方，看起來卻很有品味，不難想像您應該是一個做事很幹練的人！」「您這麼喜歡小動物，一定是個很有愛心的人！」……每個人都願意接受別人的誇獎和讚美，但誇獎和讚美也要忠於事實，多餘的恭維、吹捧，反而會引起對方的反感與防備，拉大彼此的距離。如對方吃飯的樣子明明就不拘小節，你卻說「您吃飯的姿態真優雅！」，如此對方不僅會覺得很難堪，甚至會認為你藉此嘲笑他。

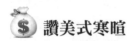 **應變式寒暄**

應變式寒暄，就是根據見面的具體場景，觸景生情，根據不同的時間靈活運用。針對具體的交談場景，臨時產生的問候語，比如對方正在做的事情、對方的工作環境、衣著、愛好等，這些都可以作為寒暄的話題。儘管寒暄的內容無特定的限制，別人也不會當真對待，但是，在交往中與人寒暄時，要考慮到是否與特定的環境和特定的對象

相協調，見什麼人說什麼話，到什麼山唱什麼歌。比如：「王經理，原來您也喜歡這本書啊……」、「李總，您可真夠忙的。」「啊，您們一家子都在，真熱鬧！」

　　見面寒暄幾句，雖說是一般的生活常識，卻是不容忽視的。它不但是社交的一種手段，而且幾句「正中下懷」的寒暄話，也可避免「話不投機半句多」的窘況。業務員與客戶寒暄時要講究分寸，要適可而止，特別是帶有恭維的寒暄更要慎用，否則將適得其反。善用寒暄，可以溝通彼此的感情，發揮寒暄應有的作用，使交談順利進行下去。

成交潛規則

　　得體到位的寒暄能在無形中拉近業務員與客戶之間的距離，讓彼此的溝通更加順暢。此外，雙方溝通時，業務員要主動談話、主動提問，把握見面時間，還要炒熱氣氛，不要讓場面太冷。多下工夫，多運用，你就會越做越順手，在任何場合都能遊刃有餘，與客戶相談甚歡。

先給客戶吃塊糖

當業務員給了客戶一塊糖，即一定的優惠之後，要讓客戶也回饋給自己一些益處，這樣你給出的「糖」才是值得的。

銷售過程中，業務員在沒有看到利益之前，是不會輕易讓步的，相對地，客戶也是，在沒有看到利益之前，是不會發出購買訊號的。因此，你在銷售過程中就要先給客戶一塊糖，先讓客戶嚐到甜頭之後才願意繼續與你交易。

以下我們來看一個業務員由困窘走向成功的例子：

章子明畢業後進入一家廣告公司工作，到職前章子明可謂躊躇滿志，覺得憑藉自己的聰明才智，一定能在銷售業站穩腳步，但是當他真正開始談業務時才發現，每個客戶都非常精明。當客戶對商品滿意之後，便開始想盡辦法壓低價格，而壓低價格的理由看似充分，什麼市場不好啊，公司規模小啊，總之這些理由是五花八門，讓章子明應接不暇。這些壓價常常讓他手足無措，以至於放棄了一些原本很有意向的業務。一次次的失敗讓章子明開始懷疑自己是否適合廣告銷售這個行業。

春節時，章子明如往年回家過年，父親在閒聊時說了一個吸引他的故事。

章子明的父親是農民出身，後來靠收廢棄物過活。父親有一次到一戶人家收廢棄物，而這戶人家就緊挨著資源回收站，父親每次回收

的廢棄物也都是交到這家回收站。這戶人家只要動一下，就可以將廢棄物拖到回收站，賣個好價錢。父親在進入這戶人家的時候也看到了這一點，所以當主人將一百公斤的廢鐵擺到父親面前，讓父親出價的時候，父親給出了每公斤僅僅低於回收站兩元的價格，這對一個以回收廢棄物為生計的人來說是根本不可能出的價格。

當父親講到這時，章子明問：「那麼低的價格，搬來搬去才賺兩百元，划算嗎？」

父親卻笑了笑說：「別只把眼光停留在一百公斤的廢鐵上。」

付款之後，父親指向了主人家院子角落裡的一堆廢電瓶，電瓶裡含鉛塊，而鉛塊的價格遠遠高於廢鐵。當父親詢問主人廢電瓶賣不賣的時候，由於主人覺得父親做生意實在，於是答應了父親的要求，並且和父親一起收拾電瓶過秤。

事情的結果是，父親以廢鐵的價格購買了主人家整整三百公斤的廢電瓶，而以每公斤賺五十元來算，父親光在廢電瓶上就賺了一千五百元。

「做生意就是這樣，眼光放長遠一點，先給客戶一塊糖，讓他嚐嚐甜頭。」最後父親告訴章子明這樣一句話。

父親的一番話讓章子明恍然大悟。春節結束之後，章子明一上班就採納了父親的做法，先對無利客戶進行潛在的價值分析，然後給他們一塊糖，讓他們嚐到甜頭，不久他就得到了客戶的回饋，業績也越做越好。

章子明的業績能反降為升，原因就在於他在銷售中先給了客戶一點甜頭，引導客戶為了得到更大的利益而考慮他的建議，與他簽約。在實際的銷售工作中，你也可以採取以下方法，先給客戶吃塊糖，然後拿到他的訂單。

💰 小禮物，大效益

　　適時給客戶一些小禮物，能替業務員帶來廣闊的人脈關係，為以後的銷售奠定基礎。商場裡經常舉辦的「買一送一」、「有獎酬賓」等活動也和這些小禮物一樣，發揮著拋磚引玉的作用。

Case Show

　　王國華大學畢業後從事飾品銷售工作。雖然他之前沒有任何銷售經驗，但是第一年就取得了人人稱羨的業績，他是怎麼做到的呢？

　　原來，王國華認為銷售應該先學會交朋友，累積人脈關係，他頻繁走訪各個學校，結識了很多學生，有一些還是學生會的幹部；他還拜訪電臺，結識一些電臺的DJ。每結識一個人，他都會送上一份包裝精美的小禮物，可能是一個精緻的小髮夾，可能是一枚簡單的手機吊飾，這是他特別訂製的贈品，成本不高，但是包裝非常精美。

　　透過這樣的贈品，王國華輕易地就能和許多人都建立起良好的關係。後來大家都知道他是做業務的，心裡也都清楚，不能平白拿人家的東西，再加上他的飾品很別緻，樂於向他購買，自用或送人都合適，還主動幫他介紹新的客戶。日積月累，王國華的飾品開始暢銷，他還利用電臺的關係，做了好幾次低成本、高效果的廣告。

　　中國人講究「禮尚往來」，如果業務員給了客戶一定的甜頭，客戶礙於面子，也會先給你相對的好處。案例中的業務員透過贈送禮物的方法建立起一些銷售點，然後再以這些點建立一個龐大的銷售網路，最終得到了巨大的回報。

💰 小優惠，大回饋

在工作中，業務員可能會遇到這樣的情況：客戶確實想買，只是苦於沒有足夠的資金，當你面對這樣的客戶時，不妨以採取提供優惠方案的做法，既讓客戶如願買到他需求的產品，又能幫助公司獲得更多客戶的資料。

業務員可以這樣說：「我們公司很早以前就實施了一種優惠方案，只要老客戶能介紹新客戶並成功購買產品，公司都會給老客戶一定的報酬。如果每個月能推薦一位新客戶來購買我們的產品，則可免除老客戶當月分期付款的利息，對頭期款也將給予優惠。透過這種方式，一方面可以使我們公司獲得新客戶；另一方面您可以以更優惠的價格購買，是不是兩全其美呢？」業務員一邊說，一邊將資料遞給客戶，緊接著告訴客戶：「您覺得誰合適就寫誰。」

當業務員給了客戶一塊糖，即一定的優惠之後，要讓客戶也回饋給自己一些益處，這樣你給出的「糖」才是值得的。要記住，你給客戶糖吃，其根本目的就是與之達成交易，倘若在達成交易之後還有額外的收穫，何樂而不為呢？

成交潛規則

業務員先給客戶吃塊糖，目的是為了吃到客戶給出的更多甜品。因此，業務員在給客戶糖吃的時候，要留意如何運用才能讓客戶切實感受到利益，也才能讓自己獲取成交後的更大利益。

Rule 03 不給客戶說「NO」的機會

客戶的拒絕往往只是一種習慣，我們要輕鬆面對客戶的這種習慣性拒絕。

「都說過不需要了，請你以後不要再打電話了！」

「對不起，我們不需要你的產品。」

「不好意思，我現在很忙，沒有時間，我們改天再約吧。」

「你把資料先放下吧，如果有需要的話，我會再聯繫你的。」

這些話，你是不是很熟悉？身為業務員，我們每天都會聽到很多次拒絕的話，有人拒絕得委婉，有人拒絕得直接，甚至還會有人毫不客氣地給你閉門羹。

其實，對於業務員來說，客戶的拒絕不過是家常便飯。在向客戶銷售產品，尤其面對的是陌生客戶時，更常會遇到無情的拒絕。其實，若站在客戶的角度，我們就能夠理解他們拒絕的原因，試想，如果一個陌生人突然拜訪你，要你掏錢購買他推薦的產品，你的第一反應大概也是拒絕吧！

面對拒絕，不同的業務員會有不同的反應，有些業務員會因接二連三的拒絕喪失了鬥志，甚至放棄做業務這一行。但優秀的業務員一定不會因為客戶的拒絕而影響到自己的工作和心情，因為他們明白，在很多情況下，客戶並不是真正的拒絕，他們的拒絕只是一種習慣。也就是說，客戶的拒絕並不等於他全盤否定了你和你的產品。

對於業務員遭遇客戶拒絕的問題，曾經有人特別做了問卷調查，他們列舉了各種拒絕的理由，如：

① 有充分的理由拒絕。

② 沒有充分理由，隨便找個理由拒絕。

③ 把為難、困擾做為拒絕的理由。

④ 沒有理由，拒絕時出於條件反射。

⑤ 其他原因。

問卷調查的結果顯示，選擇①的只占總人數的十八％，近七成的人都選擇了②、③、④其中的一項。這個調查結果就告訴我們，有很多人都是下意識地拒絕業務員，而拒絕的原因，往往他們自己也說不清楚。很明顯地，客戶的拒絕往往只是一種習慣，當業務就是要習慣客戶的這種習慣性拒絕。

既然客戶的拒絕只是一種習慣，那麼我們又何必因為他們只要微微張口便說出的那個「不」字而難過呢？有些業務員因為不想被客戶的拒絕而害怕與客戶交流。其實這些擔心都是沒有必要的。假使我們拜訪十個客戶，遭到十次拒絕，這一點都不奇怪。如果你拜訪十個客戶，竟然順利完成十筆交易，那倒是聞所未聞的稀奇事了。

在銷售過程中，業務員最害怕面對卻又不得不面對的就是客戶的拒絕，一旦客戶說「NO」，就意味著你的銷售陷入了僵局。想要順利售出產品，就要想辦法減少客戶說「NO」的次數，甚至杜絕客戶說「NO」。

例如：大多數店面的銷售人員，見客人上門時都會在第一時間習慣問：「需要我幫忙嗎？」，緊接著他們十之八九得到的標準回應是「不需要，我只想隨意逛一下！」當客人這樣回答時，銷售員就猶如洩氣的皮球馬上往後退縮，沒多久客人就走出了店門。

其實高手業務員用的必殺技是以「探話」的方式來引導客戶，以增加彼此對話的機會。他們通常都會說：「午安您好！這一區是我們最新引進的商品，歡迎參觀比較！有需要解說時請告訴我，謝謝！」這時候客戶可能接著反問：「我在電視廣告上看到一款日本進口的平板電腦，可不可以拿給我看一下？」此時銷售人員就已為自己爭取到有利機會。

對於很多新手業務來說，要想讓客戶減少說「NO」的次數並不是一件容易的事，但是只要有耐心，並且找對方法，再固執的客戶也可能會被你打動。

在與客戶的溝通中，你要向客戶展示產品獨特的優勢，向客戶介紹你的產品具有其他同類產品不具備的特點。當你的客戶知道了產品的與眾不同之後，如果滿意，他就會毫不猶豫地購買。在這個客戶主導消費市場的年代，客戶面臨著五花八門的產品誘惑和選擇，如果你給客戶的理由沒有擊中其要害，就算你說得天花亂墜，客戶也會給你一個冷冰冰的拒絕。

那麼，與客戶交談，業務員該如何應對，才能讓客戶減少說「NO」的機會呢？

 以你的真誠化解客戶的拒絕

客戶不需要你的產品，那麼他的拒絕是理所當然的，但事實並不都是如此。業務員在與客戶溝通時，經常會有這樣的經驗：客戶明明就很需要你的產品，但是他仍然找藉口拒絕你。此時的你如果想化解客戶的拒絕，就得拿出你的耐心和真誠，精誠所至，金石為開。如果你用十二分的真誠去面對客戶，遲早會被客戶接受。

以下幾點就是業務員真誠對待客戶的最好表現，你是否做到了呢？

- 從不誤導客戶購買遠超出他們需求的產品數量，從不花言巧語地勸說客戶購買價格最高的產品，而不管產品是否符合客戶需求。
- 從不謊報產品價格，即使是客戶看中的產品也不會拉高價格。
- 從不攻擊競爭對手，更不會攻擊購買對手產品或服務的客戶。
- 從不把產品以次充好，造成客戶嚴重損失；從不把舊的產品重新組裝以新品賣給客戶。
- 儘量避免負面的、消極的表達方式，與客戶溝通時，多使用積極性語言。

💰 高品質的產品受歡迎

人們在找工作的時候，必須具備相應崗位的實際工作能力，如果應徵翻譯，你就要有良好的外文水準；如果應徵設計師，你就該具備深厚的美術底子。客戶購買產品亦是如此，每個人都希望自己能買到高品質的產品。你去買相機，那麼首先考慮的一定是拍攝效果和相機的整體品質，當這些條件都符合你的需求時，你才會去考慮相機的樣式、包裝和價格。如果你發現某一款相機拍攝畫素不高，消費者評價很低，即使它的價格再低、外觀再時尚，也沒人想買。

每個人購買產品的時候，首先要求的必定是產品品質，然後才會考慮其他方面。因此，業務員在向客戶推薦產品時，首先應該保證產品的品質，將高品質的產品推薦給客戶。如果你的產品品質佳，絕大多數的客戶都會被打動，因為他們最在意的就是產品的使用效果。就像你買了一台冷氣，但是在炎炎烈日的盛夏突然故障，你一定會非常惱火，恨不得馬上去找業務員算帳。但若是因使用時間長而引起的小故障，你對業務員的怨氣就沒那麼大了。

要想不讓客戶說「NO」，就要給客戶高品質的產品。

多向客戶介紹產品與眾不同的特色

產品的品質雖達到客戶的需求，但卻還未能使客戶下定決心購買，這時，如果你的產品擁有其他同類產品沒有的優勢，也就是用其他附加價值來打動客戶的心，客戶在兩相比較之後，一定會選擇你的產品。

在這裡舉一個簡單的例子：

> 客戶：「這個手機還不錯，多少錢呢？」
> 業務員：「4990元。」
> 客戶：「這麼貴！別家類似的樣式才賣4000元呢。」
> 業務員：「您看，我們的手機還具有MP3及錄音功能，這樣的話，您不用多花錢就可以當錄音筆來使用。」
> 客戶：「嗯，也是，那要怎麼操作呢？」

這個例子告訴我們的是，產品的「不可替代性」使其更具有競爭力。相對於其他同類產品，如果你能找出產品的不可替代性，那麼一定更容易說服客戶，使之購買。

 ## 人人都愛完美的服務

如果你的產品有良好的品質，有與眾不同的優勢，如果再有更貼心的服務，就不怕客戶不選擇你了。例如：如果你是經銷商，當店家採購你的產品時，你可以指導店家如何賣產品，如何陳列，這就是你的服務，你做得越好，客戶順利售出產品，就會再向你進貨，而客戶會選擇你，就是因為他需要你的服務。

小麗的身材非常豐滿，平時不太好買衣服，她在兩家不同的網路購物發現一件非常適合自己的衣服，價位也相同。於是她分別問那兩家賣家：「如果線上訂購的話，幾天能收到貨？」第一家網站說：「三到五天之內。」第二家網站則說：「兩天之內到貨，而且貨到付款。」小麗立刻選擇了後者，訂了一件。結果第二天下午，衣服就送到了。

決定購買之後，客戶往往希望能馬上拿到屬於自己的產品。上述例子中勝出的賣家就是贏在服務好，因此在其他條件相同的情況下，能讓消費者覺得越不麻煩、能帶給他輕鬆的購物體驗的業務員一定會得到客戶的青睞。

當你在為客戶提供服務的時候，應該注意些什麼呢？

● 為客戶推薦最適合的而非最貴的產品。

● 與客戶溝通時，深入挖掘客戶的其他需求，並推薦合適的產品。

● 在自己的職權範圍內，儘量滿足客戶的合理需求。

● 客戶在成交之後遇到的問題，業務員也應認真對待與回應，不能置之不理，做好售後服務，才有長久的生意可做。

意外的收穫

當客戶的需求都得到滿足時，業務員如果能再給客戶一些意外的驚喜，他就會喜出望外，更能促使他下決心購買。

Case Show

　　有一位先生去逛3C商場，打算選購一台液晶電視。他在3C商場看了好幾種產品，價格不一，有高有低，性能也不同。幾位售貨員都圍在他身邊七嘴八舌，各展神通，他則聽是得頭昏腦漲，漸漸拿不定主意。

　　就在這時，走來一位女孩向他介紹一款新上市的液晶電視。這位先生仔細一聽，性能、價格和售後服務都和前幾家沒什麼區別，而且價格還略高。他正想拒絕時，女孩說：「現在正是這款電視的優惠促銷期，如果您今天購買，我們就會免費贈送您一張這家3C商場的白金卡，日後來這裡購物，將永久享有九五折的優惠！」這位先生一聽覺得不錯，因為他的妻子經常來這裡購物，消費額很大。這次可以不用支付會費就能免費得到一張白金會員卡，回去送給妻子，她一定很高興。於是，他立刻購買了這台電視。

　　這位先生在購買電視前，一定沒有想到會得到一張3C商場的白金卡，而這張白金卡就是促使其購買的因素。

　　業務員要知道，要想讓客戶不說「NO」，靠的不只是某一方面的內容，而是綜合服務的展現。如果你越能掌握客戶內心的渴求，並滿足它，你就比別人更佔優勢。

成交潛規則

要想客戶不說「NO」，就不要讓客戶有說：「NO」的機會，你的產品除了要具備高於其他產品的優勢，並且能提供貼近客戶需求的貼心服務，讓客戶因為這個其他業務不可取代的附加價值，而選擇了你。

迫切成交，讓客戶避之不及

即便心裡急著促成交易，你的話語、動作要更穩健，別讓客人覺得被催趕、被迫要趕快下決定。

　　業務員在與初次見與客戶交談時，通常會有這樣的感覺：自己急著想向客戶推薦，希望客戶快點買單，可是越著急就越緊張，越緊張就越說得不到位，以至於讓客戶對你很反感，往往是你的介紹還沒結束，客戶就不耐煩地揮揮手走掉了。

　　為什麼會這樣呢？就業務員的立場而言，業績就是自己生存和發展的保證。如果達不到每月的目標業績，那麼面臨的可能就是餓肚子或失業。因此，實現每一筆交易是業務員的根本目標。在這種情況下，很多業務員在與客戶的溝通中都顯得非常急切，恨不得馬上就能與客戶簽下訂單。但是在實際的銷售中，這種迫切成交的做法反而會讓客戶主動遠離你。

NG Case

　　一對年輕的情侶來到一家手機店櫃檯，他們一邊低頭看櫃檯裡的展示機，一邊小聲地說話。看到這個場景，銷售員小麗走了過來問道：「請問有看中哪一款手機？」女孩回答：「我們今天只是過來看看，還沒有決定要買哪一種。」說著，女孩的眼睛又盯向別的櫃檯，而且似乎

要挽著男孩離開。小麗不想生意就這樣擦身而過，她拿出一款外形時尚的手機推薦：「這款手機非常適合女性使用，有亮白、玫瑰紅、薔薇紫、湖藍等多種顏色，是很多女孩子的首選。」「不好意思，我們想要瞭解的是適合男士使用的，功能比較齊全的手機。」女孩打斷了小麗的介紹。接著，小麗開始非常熟練地向兩人介紹了時下非常流行的幾款適合男士使用的手機。

當介紹完之後，小麗看到兩個人拿著其中一款手機樣品互相傳看，還不時詢問一些功能和使用方法。看得出來，這對情侶非常喜歡這款手機。由於小麗很想促成這筆交易，於是她指著客戶手中的那款手機說：「這是剛上市的手機哦，不過價格要比其他款式的手機都貴，不知道二位是不是能接受呢？」

聽到小麗的這番話，那對情侶對看了一下，然後將展示機放回櫃檯，轉身離去。

　　這種過於積極的態度不僅達不到預期的效果，還可能使客戶產生厭煩和防備心理。一般來說，客戶都喜歡先觀察產品，然後才會進行詢問。你一定要讓客戶先主動發問，不要一開始就催促客戶下訂單購買，很多人都是因為心急而打亂一盤好棋。

　　因此，當你在與客戶溝通時要放慢姿態，跟好客戶的節奏，別急於成交。但你的姿態放慢，行動卻不能慢，還是要保持警戒找準時機用問問題的方式慢慢引導客戶，以促成交易。

　　拉提愛是法國著名的企業家。有一次，為了拓展公司的業務，他專程來到新德里，打算找印度的拉爾將軍談一樁買賣飛機的生意。

　　拉提愛打了幾次電話預約，都沒有回音。他不想放棄，繼續和拉爾將軍聯繫。拉爾將軍終於接電話了，拉提愛想了想，隻字不提飛機買賣的事，只是在電話裡說：「拉爾將軍，我馬上要到加爾各答去，這次專程來到新德里，想以私人的名義拜訪將軍閣下，能佔用您寶貴的10分鐘，我就很高興了。」拉爾將軍雖然事務繁忙，但聽他這樣說，還是勉強答應了。

　　見面時，將軍禮貌性地伸出手，說：「您好！拉提愛先生！」拉提愛一看將軍神態，就知道將軍想儘快把他打發走。

　　此情此景使拉提愛意識到，一定要在開場時就引起拉爾將軍的興趣，否則談話很難進行下去。於是，他真誠地說：「將軍閣下，您好！我必須衷心地向您表示感謝！」

　　果然，這句話引起了將軍的注意，他一臉困惑。

　　拉提愛繼續說：「因為您使我得到了一個十分幸運的機會，在我過生日的這天，我終於又回到了故鄉。」

　　「您出生在印度？」拉爾將軍露出了微笑。

　　「是的！」拉提愛娓娓道來，「1929年，我出生在加爾各答。我父親是法國歇爾公司駐印度代表。印度人民熱情好客，我們全家在印度生活得非常幸福。」拉提愛甚至回憶起他的童年，「在我三歲的時候，一位印度老奶奶送給我一隻可愛的玩具熊，我和印度小朋友一起玩耍，度過了我一生中最快樂的一天……」

　　聽著聽著，拉爾將軍被深深地感動了，他盛情邀請拉提愛和他一起共進午餐，並表示要為拉提愛過生日。

　　在前往餐廳的途中，拉提愛從隨身攜帶的公事包中取出一張已經泛黃的照片，恭恭敬敬地遞給將軍。儘管照片已經非常老舊了，但是拉爾將軍還是一眼就看出照片中的人物，『這不是聖雄甘地嗎？』」「是

的。您再瞧瞧他旁邊的那個小孩，那就是我。當時，我和母親在回國途中，很幸運地和聖雄甘地同乘一艘船。這張照片就是那次在船上拍的，我父親一直珍藏著。這次我還要去拜謁聖雄甘地的陵墓。」

拉爾將軍很高興，他說：「我非常感謝您對聖雄甘地和印度人民的真情！」

午餐在親切融洽的氛圍中進行，當拉提愛告別拉爾將軍時，這樁買賣飛機的大生意已經敲定了。

一樁看似難度很高的買賣，卻在輕鬆友好的氣氛中實現了。

拉提愛的成功，在於他不直接說明此行的目的，而是先用一句話引起將軍的注意，接著迂迴曲折地將一些與印度有關的溫馨美好回憶娓娓道來，拉近兩人之間的心理距離。當將軍感興趣時，生意也自然水到渠成。這種不顯山露水的溝通技巧，是成功的關鍵所在。

💰 讓客戶感受到你的穩重

在銷售過程中，業務員說話的節奏也有重要的作用。如果業務員講話速度太快，尤其是當客戶對你的產品還很陌生時，他就有可能不知道你在說什麼，甚至還會感覺到你的不穩重，而對你不信任。

因此，在與客戶溝通時，要把握自己的說話速度，不急不緩的語速不僅能吸引客戶的注意力，還能讓客戶感受到你的真誠與穩重，提升對你的信任度。

💰 姿態背後的行動更重要

業務員在與客戶溝通時姿態放慢，並不意味著你的行動也要放慢，而是要加緊行動，爭取每一位潛在客戶。

以下是知名銷售大師喬・吉拉德的故事：

　　有一次，喬‧吉拉德（Joe Girard）打電話給一位客戶，告訴他可以來取車了，並表示感謝。

　　電話那頭傳來了驚訝的聲音說：「對不起，我並沒有訂新車啊！」

　　原來，喬‧吉拉德打錯電話了，但這並不是一個錯誤，而是事先設計好的。因為他早知道這位史蒂先生，並且將他的電話存在自己的客戶名單裡。

　　喬‧吉拉德接下來說：「史蒂先生，我知道您很忙，一大早就打擾您，真的很抱歉。」

　　史蒂先生並沒有立即掛電話的意思，於是喬‧吉拉德跟他聊了起來：「您不會是正好打算買輛新車吧？」

　　史蒂先生：「現在還不想買。」

　　喬‧吉拉德：「那您大概什麼時候準備買新車呢？」

　　史蒂先生想了一會兒說道：「大概六個月以後吧。」

　　喬‧吉拉德：「好的，史蒂先生，到時候我再和您聯絡。順便問一下，您現在開的是哪一種車？」

　　…………

　　在這個過程中，喬‧吉拉德詳細地記下了對方的姓名、地址、電話號碼以及從談話中可以得到的一切有用資訊，比如：所在公司的名稱、家庭情況、喜歡哪種車型等等。他把這一切有用的資料都存入檔案裡，並且把對方的名字列入廣告DM的郵寄名單中，同時還寫在自己銷售日誌。為了不錯過這個銷售機會，他在大約五個月後的某一天的日曆上做了一個明顯的記號。

　　喬‧吉拉德不愧為一名銷售大師，他沒有像一般的業務員那樣一廂情願，不顧客戶的需求極力向其推薦自己的產品，而是在瞭解客戶

需要產品的時間之後，旁敲側擊地去搜集客戶的相關資料，並積極為接下來的銷售做好準備。銷售其實是一個漫長的過程，從認識一個客戶到最終成交可能會長達一年，甚至更久，所以，業務員不能時時刻刻催促客戶成交，否則他很可能斷絕與你的聯繫。銷售成功的關鍵不在於你說了什麼，而在於你做了什麼。語言背後的行動才是業務員交易成功的秘密武器。

成交潛規則

成交有一定的過程，業務員不要在初次見到客戶時就大談成交和購買，如果客戶毫無購買的心理準備，即使你的口才再好，產品介紹得再詳細，也會遭到客戶的拒絕，甚至會引起客戶的反感。沒有人會喜歡急功近利的業務員，要想取得成功，業務員就要禮貌客氣，處處為對方著想，適度掩飾迫切成交的心理，在語言背後加快行動，多傾聽對方的內心需求，以尋找成交機會。

Rule 05

讓銷售工具
幫你的忙

你必須時刻準備好並隨時銷售,備齊你的專業套裝、銷售工具、自我介紹、該問的問題、該說的話以及可能的回答。

業務員如果在拜訪客戶的時候利用一些銷售工具,既能彰顯你的的身分,又能引起客戶的好奇心,為交易的順利進行奠定基礎。那麼,應該準備哪些銷售工具,讓它們助自己一臂之力呢?

 一身大方得體的行頭

得體的衣著有助於增強人們的自信,也能使自己的形象更容易得到他人的認同,而他人的認同和讚賞與人們的自信心又是相輔相成的——自信的人更容易得到他人認同,他人的認同則可進一步增強一個人的自信心。

對業務員而言,一身大方得體的行頭自然是拜訪客戶的必備工具。這工具除了可以達到增強自信心和引起客戶好感的作用,也是一種身分和品味的象徵,如果穿著不夠得體,則會令你代表的公司和產品形象大打折扣。

 一個資料齊全的公事包

公事包是業務員又一必不可少的工具。試想,如果一位穿著講究但卻兩手空空的人來到你面前銷售產品,你會有什麼樣的感覺?你可能得花上一段時間搞清楚對方是否為真正的業務員。公事包不僅是業

務員的必備工具，如果運用得當，它還能成為引起客戶重視你的重要道具。

一個具有道具作用的公事包，業務員必須要保證它符合兩項條件：第一，公事包必須乾淨整齊；第二，公事包裡的資料必須內容豐富應有盡有。公事包的整齊除了有利於你在需要某些資料時能迅速找到之外，還可以讓客戶感受到你辦事細心、可靠、有條理；而一個內容豐富的公事包不僅使你掌握更充分的資訊資料，同時也能讓客戶充分體會到你對他（她）的重視和關注。

除了要保持整齊和豐富的內容之外，業務員還要根據不同的情況和客戶的特點，經常對公事包進行更新和整理，及時增加新內容，把那些不必隨身攜帶的舊資料放進檔案袋中保存。

💰 一張與眾不同的名片

不論在與客戶溝通或是其他社交場合，名片已是現代人交往時的必備工具。對於業務員來說，名片就如同業務員的說明書一般，遞上名片就等於在做自我介紹。一張設計巧妙的名片其實就相當於業務員的一張自我「看板」。為此，很多業務員都會在設計自己的名片時下一番功夫。

日本豐田（TOYOTA）汽車公司的一位資深業務員柯文華是這樣設計自己名片的：

他的名片是一般人名片的三倍，上面除了印有公司名稱、地址、聯絡電話之外，上面還特地選用手寫體寫著這樣一段話：「客戶第一，是我的信念；在豐田公司服務了十七年是我的經驗；提供誠懇與熱忱的服務，是我的信用保證。」名片的上方還貼著一張他手比成V字的上半身照片。

名片的背面印著他的簡歷，包括他的簡單自我介紹、銷售汽車的個人紀錄，還有他的聯絡方式等。

這種設計獨特的名片常常使客戶對他產生很深刻的印象，當然這也為他之後與客戶的良好溝通有了好的開始。

名片的使用上要注意以下幾點：

● 隨身攜帶數量充足的名片。

● 在時機合適時才遞上名片。

● 將名片放在公事包裡固定的位置，以免需要時找不到。

● 如果對方先出示名片，你就應該立即遞上你的名片。

● 將收到的名片和自己的名片分開放，以免誤將別人的送出去。

● 在每張收到的名片上記上日期及和客戶相關的資訊，並建立電子名片檔案以方便查找和記憶。

配戴質感高的手錶

我們之所以要強調手錶的品質，其目的當然不僅僅是提醒你約見客戶時必須守時，更重要的目的是想告訴業務員，在與客戶溝通的過程中，一定要注意時間的掌控，要學會對時間進行最有效的管理。

那些頂尖業務員們都知道，如果不把時間視為最寶貴的資源來利用就只能坐冷板凳當替補。他們能精確地知道自己還有多久的時間可以利用，所以他們充分地利用每一秒。而那些不重視時間的業務員幾乎把大部分時間都浪費了，也容易讓客戶感到厭煩。

配戴品質良好的手錶，有助於那些時間觀念不強的業務員樹立起時間管理的意識，也可讓客戶感到你守時、惜時的好習慣。

如何充分利用手錶這個道具呢？請看以下的例子

Case Show

薩姆‧西格是多倫多的一家大型裝潢公司的業務主管，當他還是一名普通業務員的時候，他就以能充分利用時間給許多客戶留下了深刻印象。

薩姆‧西格在一次拜訪客戶時，發現客戶對他們的裝潢公司疑慮重重。儘管他已對客戶的問題進行了多次詳細的說明，但客戶仍未下定決心簽單。薩姆‧西格看了看手錶，他來到這裡已近一個半鐘頭了，當天下午他還要見一位重要的大客戶，於是他決定速戰速決。

只見薩姆‧西格又看了一次手錶，然後對客戶說：「我先告辭了，因為我需要準備合約，下午要和××公司商談細節。」

客戶整個人立刻放鬆下來，也許他正在想辦法如何擺脫薩姆。當他們彼此握手準備告別時，薩姆補充道：「有一件事我忘了說。其實我們公司與任何一家大客戶合作時都冒著極大的風險，因為如果我們不能達到你們要求的水準，公司幾十年來建立的形象可能馬上就會垮掉，而且你們還可以根據合約條款向我們提出相應的賠償。」

薩姆‧西格的這段話的確解決了客戶疑慮的核心問題，客戶當即表示希望薩姆‧西格能坐下來繼續談。薩姆‧西格再次看了一眼手錶，他表示自己只有半個小時的時間了。這點時間除了簽合約之外，顯然無法再討論其他更多的細節了，其實那些細節問題他們已經在前面的一個半鐘頭裡談過了，所以最終薩姆‧西格拿到了這筆高達780萬美元的合約。

$ 一種方便的溝通工具

這裡所說的溝通工具既包括手機、iPad、平板電腦等通訊工具，也包括汽車等交通工具。擁有這些工具，可以使你在任何時候與客戶保持聯繫，而且還可以確保你對客戶的邀請隨傳隨到。

　　因此我們建議，身為業務員的你，最好選擇收訊佳、攜帶方便的通訊工具，以免在客戶與你聯繫時出現斷線或連繫不上等問題。便捷的交通工具及GPS也是必不可少的，如果沒有便捷的交通工具，則易發生約見客戶不方便、與客戶見面時遲到等問題。這些工具在每一次客戶與客戶洽談生意時都具有關鍵作用，這也正是許多公司在招聘業務員時，要求必須擁有手機、汽車，或擁有汽車駕照的重要原因。

💰 一份吸睛力十足的產品資料

　　當你走進客戶辦公室的時候，客戶往往忙著開會或處理其他公務，此時客戶會告訴你「把資料放到桌子上就可以了，等我有時間再看」。但你很快就會發現，桌上已擺了一疊同行公司的資料，如果你手中的資料無法吸引客戶的注意，那它們一定會馬上被送到紙類回收處。你不妨善用時下流行的iPad，展示你的產品或國家認證書、操作步驟、用戶分享……等。

　　此時，你當然最需要一份包裝精美且大方的資料說明，這份資料說明即使被壓在最底層，也能引起客戶的關注。所以，如何設計書面的產品說明，則是業務員要認真下功夫的事。

💰 選擇銷售工具的竅門

　　除了上述提到的幾種基本的「工具」之外，業務員還要根據具體情況選擇其他靈活有效的銷售「道具」。選擇銷售「道具」時，業務員應注意以下幾點：

　　★切忌一味追求新奇　道具的選擇雖然可引起客戶的好奇，但是卻不能因此而做出驚世駭俗之舉，否則將適得其反。

　　★圍繞銷售主題來選擇道具　就像有的業務員會在溝通過程中談一些風馬牛不相及的事情一樣，有些業務員對道具的選擇也會偏離銷

售的主題。如果工具不能為銷售的最終目標所服務，那故弄玄虛地耍弄工具就不具任何意義了。

成交潛規則

每一件銷售工具的選擇都要圍繞自己的銷售主題，每件工具都必須可以推動銷售進程的發展。

銷售工具是指各種有助於介紹產品的資料、用具，如產品宣傳資料、說明書、市場調查報告、權威機構評價獲獎證書……等。你可以根據自己的情況來設計和製作銷售工具。

一個準備好銷售工具的業務員，一定能對客戶提出的各種問題給予滿意的回答，客戶也會因此而信心滿滿地放心購買。

免費的微笑最能
「收買」客戶

與陌生人寒暄、說話，進而拉近距離、創造交
易機會時，微笑，是最好的破冰工具。

　　一位經理曾經說過，他寧願雇用一名有可愛笑容但是只有高中畢
業的女孩，也不願意雇用一位老是擺著撲克面孔的博士。

　　不論從事什麼職業，每個人都應該學會微笑和製造微笑。我們看
到很多人花費大量的時間和金錢去學習英語、電腦等技能，但卻少有
人去學習微笑這種技能。微笑，不花費我們一分錢，但是卻能帶來無
法估量的價值。

　　喬‧吉拉德（Joe Girard）說過：「當你笑時，整個世界都在笑。
一臉苦相，沒人理睬你。」試想，如果業務員在向客戶銷售產品時始
終陰著臉沒有一點笑容，客戶會接受他嗎？反之，如果業務員經常保
持得體的微笑，從始至終與客戶溝通得很順暢，那麼客戶一定會喜歡
與他交往。這就是人們常說的「和氣生財」。

　　日本銷售大師原一平說過：「『笑』能把你的友善與關懷有效地
傳達給準客戶。」微笑能建立人與人之間的好感，創造和諧的人際關
係。業務員要想獲得客戶的歡迎，請報以對方真心的微笑。帶著輕鬆
愉快的心情和客戶交談，一面微笑，一面傾聽。漸漸地你會發現過去
很討人厭的客戶變成了一個很好相處的客戶；過去很棘手的問題，現
在也變得容易解決了。毫無疑問地，微笑替業務員帶來很多方便和更

多的收入，當你微笑著去迎接客戶的時候，你收穫的也將更多。

卡內基（Dale Carnegie）曾經說過：「微笑，它不花你什麼錢，但卻創造了許多成果。它豐富了那些接受的人，而又不會令給予的人變得貧窮。它在一剎那產生，卻給人留下永恆的記憶。」微笑不花費你的一分錢，但是卻使你更快地贏得客戶的喜愛與信賴，使你的工作更加順利，那麼你為什麼要吝嗇自己的微笑呢？從現在開始，用你的微笑征服你的客戶吧！

 面帶微笑的人處處受歡迎

在生活節奏日益加快的今天，人們在巨大的壓力下常感到壓抑和煩躁，你的客戶也不例外。如果你的客戶剛好在這種狀態下遇到了同樣愁容滿面的你，一定不可能產生成交的果實。有很多業務員都有這樣的經驗，在自己狀況不佳時拜訪客戶，其結果往往都是不理想，因為客戶都比較傾向從一個滿臉笑容的業務員手中買東西。你要記住的是，客戶購買的絕不僅是產品，還有購買產品時開心和愉快的心情體驗。

在銷售過程中，業務員的微笑是最好的產品。你的產品只能夠滿足客戶生活、工作的需要，但你真誠的微笑卻能給客戶帶來溫暖，讓客戶感受到精神上的享受。業務員銷售的不僅僅是產品，還銷售了一種精神力量，面帶微笑的業務員往往比面無表情的業務員更受客戶歡迎。

記住自己為客戶服務的宗旨

業務員的微笑是尊重客戶的禮節，也是優質服務的基本要求，更是打開客戶心門的一把鑰匙。當業務員面對客戶的拒絕和挑剔時，要牢記自己為客戶服務的宗旨，你要像對待自己的親人和朋友一樣地耐心解答客戶的疑慮。這時，你的微笑才是真誠的，你的微笑也才能打

動客戶的心。

 每天十分鐘，你也是微笑達人

如何向客戶展示出迷人、熱情的微笑呢？按照以下的步驟鍛鍊，你會有意想不到的收穫。

① 放鬆嘴部肌肉

微笑練習的第一個階段就是放鬆嘴部周圍的肌肉。業務員可以「Do-Re-Me練習法」來放鬆嘴部肌肉。很簡單，從低音Do開始，到高音Do結束，大聲且清楚地將每個音說三次。這裡的練習並不是連續練，而是一個音節一個音節地發音。

微笑中最重要的就是嘴型了，因為嘴型不同，嘴角朝向不同，微笑也不盡相同。當業務員從低音到高音一個個充分練習之後，嘴部肌肉也得到了放鬆，你可以用手掌溫柔地按摩嘴唇周圍。

② 增加嘴部肌肉彈性

嘴角是形成笑容的最重要的部分。業務員如果經常鍛鍊嘴部周圍的肌肉，就能使嘴角變得更好看，還能有效地預防皺紋。

那麼，怎樣才能增加嘴部肌肉的彈性呢？

★張大嘴巴　張大嘴巴能使嘴部周圍的肌肉最大限度地伸展。你要保持張大嘴巴十秒。

★使嘴角緊繃　閉上張開的嘴，使嘴唇緊繃，保持這個動作十秒。聚攏嘴唇。在嘴角緊張的狀態下，慢慢地聚攏嘴唇，出現嘴唇捲起來聚在一起的感覺，同樣也保持十秒。

★用門牙輕輕地咬住筷子　把嘴角對準木筷子，兩邊都要翹起，並觀察連接嘴唇兩端的線是否與筷子在同一水平線上。保持這個狀態十秒，然後輕輕地抽出筷子，練習維持這種狀態。

③ 形成微笑

業務員在練習微笑的時候，要根據嘴角上揚程度的不同來區別微笑的大小。練習微笑的關鍵是兩邊嘴角上揚的程度要保持一致。如果嘴角歪斜，表情就不會好看。業務員要在練習各種微笑的過程中，找到最適合自己的微笑。

★小微笑 把嘴角兩邊一起往上提，讓上嘴唇有一種拉上去的緊張感。稍微露出兩顆門牙，保持十秒以後，恢復原來的狀態。

★一般微笑 讓肌肉慢慢緊張起來，把嘴角兩邊一起往上提，讓上嘴唇感受到被拉上去的緊張感，露出六顆門牙，保持十秒，恢復原來的狀態。

★大微笑 拉緊肌肉，讓嘴部肌肉強烈地緊張起來，把嘴角兩邊一起往上提，露出十顆左右的上門牙，也稍微露出下門牙，保持十秒並回復原來的狀態。

④ 保持微笑

業務員一旦找到滿意的微笑，就要至少維持這個表情三十秒。如果你在拍照時無法自然地微笑，進行這個訓練，就會收到意想不到的效果。

⑤ 修正微笑

雖然你進行了一系列的訓練，但可能還是得不到完美的笑容，這時你就要尋找其他部分的問題了。以下總結了在微笑時可能會遇到的一些小問題，希望有益於調整與改進。

★上揚嘴角時會歪 微笑時兩邊嘴角不能一起上揚的人很多。這時利用筷子進行訓練非常有效果。一開始你可能會不適應，但如果持續練習，嘴角就會在不知不覺中兩邊一起上揚，形成漂亮的微笑。

★微笑時露牙齦 如果一個人笑的時候露出很多牙齦，那麼他笑

的時候往往沒有自信，不是用手遮掩就是笑不露齒。由於人們害怕會露出太多牙齦，所以很難有自然亮麗的笑容。其實，自然的笑容完全可以彌補露出牙齦的缺點。你可以在鏡子前面展現各式各樣的笑容，然後在其中挑選最滿意的，如果露出的牙齦控制在兩毫米以內，是可以接受的。反覆練習後，你就會得到迷人的笑容。如果你希望在大笑的時候不露出過多的牙齦，就要讓上嘴唇稍加用力，拉下上嘴唇。

⑥ 修飾微笑

如果認真練習，你會發現自己擁有的魅力微笑。伸直背部和胸部，用正確的姿勢在鏡子前敞開笑，修飾自己的微笑， 讓客戶從你的微笑中感受到友善和真誠。

💲 微笑再好，也要適度

另外，還需要注意，任何事情都過猶不及。我們在接待或向客戶介紹產品的過程中，適當的熱情是必要的，但是要有度，不可過了頭。如果你的熱情超過了客戶的承受能力，容易使客戶覺得你只是虛情假意，而對你有所戒備，就會在無形中拉大與客戶之間的距離。

除此之外，你的過度熱情也可能讓客戶產生這樣的疑惑：「他的產品品質是不是有什麼問題，不然怎麼會這麼熱情。」你的熱情介紹也會給客戶一種非買不可的壓力，反而會讓客戶想要逃離。

不知道大家有沒有聽過這樣一個故事：

有一個人宴請自己的朋友，他熬了自己最拿手的湯。由於客人都誇讚他的湯味道鮮美，因此他不停地勸客人喝湯。在他的盛情之下，客人只好不停地喝湯。後來，客人們只要一聽到他的湯就臉色大變，再也不想品嚐了。

這個故事就告訴我們「過猶不及」的道理，再美好的東西，過多

也會使人厭煩，微笑亦是如此。業務員的微笑如果過了頭，客戶不僅看不到你的真誠，反而會覺得你虛偽。你的微笑若不是發自內心，皮笑肉不笑的，不僅你自己覺得不自然，客戶也會厭煩。所以，要真誠地對待每一位客戶，以親切、適度的微笑面對客戶。理想的微笑是嘴巴開到不露或剛露齒縫的程度，嘴唇呈扁形，嘴角微微上翹。

凡事都講究一個度，如果超出這個度，反而會事與願違。業務員的熱情也要有所克制，與客戶的交往時，我們要不卑不亢、有禮有節，掌握好進退的分寸。另外，還要注意的是，熱情分寸的把握需因人而異，面對活潑的客戶，你不妨更熱情一點；而面對嚴肅的客戶時，你可稍微嚴肅一些，懂得投其所好，才會有好的效果。

成交潛規則

當你在與客戶溝通的過程中，要習慣保持微笑，因為微笑會縮短你和客戶之間的距離，會讓客戶覺得自己受到了重視，讓客戶對你產生好感，如此你的銷售才更容易取得成功。如果能真誠地對待每一位客戶，給他們一個燦爛的微笑，那麼，收到好處的不僅僅是客戶，還有你自己。如果你想成為一個處處都受到歡迎的業務員，那麼，就請你保持微笑吧！

Rule 07 與客戶說話前，先看看自己的形象

穿著雖是無聲的語言，充分代表個人自我的形象，若是沒有管理好外在形象，會連展現專業形象的機會都沒有。

作為公司產品推廣的主要「載體」，業務員的形象顯得至關重要，特別是在與客戶的第一次見面時，能否獲得客戶的青睞，業務員的形象是主要關鍵。就算客戶習慣在與業務員首次溝通時表現出排斥，但一個形象良好的業務員也一定會增加客戶與之溝通的欲望。試想，你面前站著一個外形邋遢和一個精神抖擻、形象乾淨整潔的人，你一定更願意與後者溝通。

Case Show

有一個名叫夏木至郎的業務員，某天半夜12點，他忽然想起隔天要與一位客戶見面，但卻還沒約定見面的地點和時間，必須立即打電話確認一下。於是他從床上起來，換下睡衣，穿上襯衫、西裝，打上領帶，接著梳頭髮，又噴上香水，之後才拿起電話打給客戶，與客戶很有禮貌地約定見面時間，一切談好後，他放下電話，回到臥室，又換上睡衣，上床繼續睡覺。

對此，他的妻子非常不解，問他：「不就是給客戶打個電話嗎？用得著這麼大費周張嗎？」夏木至郎回答說：「客戶看不到我，可是我自己看得見自己，如果穿著睡衣打電話給客戶，我覺得對客戶不夠尊重，換上西裝就不同了，我這種態度，客戶是感覺得到的。」

　　只是在家裡打一個電話給客戶，還要穿戴得如此整齊，看起來似乎沒必要。但是這正表現出一種態度：擁有良好的個人形象不僅為了更能贏得客戶，也是一種專業的展現。

　　世界傑出的企業領導人都十分重視企業員工的形象，美國奇異公司（GE）前任董事長傑克・威爾許（Jack Welch）在其任職期間，特別注重公司員工的形象，他會嚴格觀察員工們的整體形象，並定期察看員工們的照片，考慮是否留用他們，對此，他的觀點是：「肩膀低垂、睡眼惺忪，一副無精打采的人，我會毫不猶豫地把他指出來，說：『這傢伙看起來半死不活的！他能做好什麼？為什麼不把他調走？』」特別是在應徵有關業務或是行銷的職位時，他更加注重應徵者的第一印象，更傾向於聘用那些外表英俊、談吐流暢的人。

　　當然，對業務員來說，形象不僅僅是穿衣、外表、長相、髮型、化妝的組合概念，而是一種綜合素質的整合和表現。言行、穿著、修養、舉止、知識層次等等，都是形象的展現。在你開口與客戶說話前，你應該看看現在的自己到底會給客戶留下一個什麼樣的形象？向客戶呈現出你最得體的形象，你就能在銷售一開始搶得先機，獲得更多溝通的機會。所以，你應在以下幾方面下工夫：

💰 穿著得體

　　著裝得體的含義就是要我們與活動的環境、身分、個人氣質等相匹配。得體的穿著能予人悅目的感覺，如果一名業務員穿著T恤、球鞋……你認為他的客戶看到了會對他產生「這個人看起來很厲害，應該很專業……」的想法嗎？對於業務員來說，最得體的打扮莫過於穿著乾淨整齊、符合個人氣質的西裝。

　　穿著得體不僅表現在你穿什麼衣服、打扮得乾淨整潔賞心悅目，

更重要的是，它應該成為一種工作態度，你只有從心裡懂得穿著得體的重要性，將之視為一種責任，那麼在工作中，你就能時刻注意自己的穿著，而不是把得體的服飾當成一種公式。那麼，業務員在穿著時要注意什麼問題呢？

- 服裝要適合自己的身材，整潔、大方。
- 穿著應與顧客的個性相符。
- 穿著要和自己的年齡相符。
- 穿著要隨場合而變化。
- 穿著符合個人的職業。
- 瞭解自身體型的特點，有利於穿出得體的服裝。選擇能揚長避短的服飾，展現自己的最佳外形。簡單的服裝款式比較容易搭配，也會顯得落落大方。最好避免過於新潮、誇張而又不適合自己的款式。
- 年輕的業務員應穿著高雅、樸素的服裝，使人看起來穩重踏實；年紀較大者選擇衣服的款式和顏色則可新穎一點。
- 在參加正式會議或與顧客會談或出席晚宴等正式場合，應該穿講究一點的服飾。如果是男士，宜穿質地較好的整套西裝並搭配領帶；如果是女士，則應選擇正式的套裝或晚禮服等。在非正式的場合，如朋友聚會、郊遊等，服裝可以穿得輕鬆、休閒一些。
- 不要與客戶的穿著有太大的反差。衣服穿得是否得體，還要看被拜訪的對象，雙方若服裝反差太大，也會使對方不自在，無形中會拉開雙方的距離。
- 如果業務員面對的是專業或權威人士，衣著上要特別謹慎，特別是初次拜訪客戶和面對政府人員時，服飾要儘量與他們一

致；而如果面對的是內向的客戶，穿太正式的衣服會給客戶一種壓迫感。

- 如果銷售的是汽車，就不該穿得太花俏；如果銷售的是服飾，則不應穿著皺皺巴巴的休閒服等等。

⑤ 舉止得體

客戶喜歡做上帝的感覺，這不僅要求你在外形和言談上得體，在舉止上同樣也要注意。舉止是一種無聲的語言，舉止不當同樣會給你帶來麻煩，特別是在與客戶初次見面後就不留意個人舉止，你的個人形象就會大打折扣。你必須留意以下幾點：

- 雙手可以輔助語言打手勢，但是不要隨意讓手指發出聲音。
- 說話時要真誠地注視對方，別不停地眨眼，以免給客戶不真誠的印象。
- 不要抖動雙腿，也不要咬嘴唇、舔嘴唇等。
- 表示贊同時，要點頭並告訴客戶；不贊同時，則要委婉表達自己的觀點，勿以聳肩代替。
- 女士舉止要優雅，男士舉止則要乾淨俐落，不拖泥帶水。

⑤ 言談得體

俗話說：「言語傷人，勝於刀傷。」特別是在你與客戶初次溝通時，你如果不留意自己的語氣用詞，很可能會在無意間傷到客戶，失去與客戶溝通的機會。但是如果語言過於平淡又無法吸引到客戶的注意，那麼，如何才能激起客戶的談話熱情，又可將心中的想法表達清楚呢？把握準確得體的語言對你的工作成效影響很大。學會談話的技巧可充分展現出你的專業素養，吸引客戶更快與你有所互動。

- 語言要親切和氣，表達得體，談話的表情要自然。

- 不要信口開河，亂開支票。如果常常向顧客承諾而不兌現，就會使顧客對你失去信心，那麼失敗也是很正常的。

- 說話時可適當做些手勢，但動作不宜過大，表現得手舞足蹈，甚至唾沫四濺。

- 不小心說錯話時，要能替自己找臺階下，並認真改正錯誤，不因自己在不假思索時，說出不當話語而影響了工作。

- 學會傾聽，做個好聽眾，不要冒然打斷客戶，不與客戶爭辯，還要學會對不同的人說不同的話。

- 不使用含糊不清的措詞，戒掉自己平時的口頭禪，不講粗話。

Case Show

　　安娜在一家出版社當業務員，她主要是銷售外語光碟。一次，她向一位客戶介紹一套「三十天內必能說流利英語」的光碟。安娜在銷售的過程中，把自己的產品誇得天花亂墜，但是說了半天，卻沒有引起客戶的興趣。安娜仍然不死心，繼續遊說客戶購買光碟。這時客戶有些不耐煩了，他對安娜說：「如果妳能把剛才說的話用英語重複一遍，我就會買妳的光碟。」安娜這時傻眼了，如果用英語進行簡單對話，也許還應付得來，但是怎麼可能用英語說出自己剛才說的話呢？自己銷售的產品是讓人在短期內說一口流利的英語，可業務員本身卻說不出流利的英語，如何能讓客戶信服，又怎麼能說服客戶購買自己的產品呢？

　　經過這件事，安娜開始自我反思。她意識到，要想成為一名優秀的業務員，首先要讓自己看起來很棒。業務員必須對自己的業務有十足的把握，對安娜來說，要說服客戶買光碟，自己就必須能說一口流利的英語，這樣才能讓客戶信服。於是，安娜自己先買了一套光碟，並且下工夫認真學習，她很快就能說一口流利英語。除此之外，她還學習了日語、韓語，並時刻積極地瞭解行業的最新發展狀況，從中發現自己的產品優勢，在眾多的產品中展示自己的特點。

從此以後，安娜的實力得到許多客戶的肯定，與她接觸過的客戶都被她深深吸引。她很快就因為自己出色的表現晉升為業務主管。

安娜的故事讓我們深受啟發，誇誇其談的業務員往往得不到客戶的青睞，只有那些具有十足專業水準和素質的業務員才能取得客戶的信任。所以，業務員只有加強自己的專業技能，讓客戶第一眼看到你就覺得你是一個超級業務員，這樣他們才會受到你的感染，進而產生購買的欲望。

$ 不怕被問倒的產品知識

對自己的產品知識有充分的瞭解，是業務員必須具備的基本素質。作為業務員，我們要對自己所銷售的產品有完整的認知，並將它們傳達給客戶。

★**清楚產品的技術特徵**　如產品的材料、性能、規格、操作方式等。

★**知道自己的產品與其他同類產品的不同之處**　主要是要清楚自己產品的優勢。利用自己產品與其他同類產品的優勢吸引客戶，才能打動客戶，順利售出產品。

★**了解競爭對手的產品**　如果我們能清楚了解競爭對手的產品特點和價格，在與客戶洽談業務的過程中就能占有一定的優勢。當客戶誇大另一種產品的優點或受到競爭對手的吸引時，你就能判斷客戶是否說謊話或出了什麼差錯，如此就能掌握談判的主動權，控制談判的節奏。

專家型業務員的風度

拋開業務員的身分，作為一個普通的社會人，我們需要各式各樣的產品來滿足衣食住行等方面的需求。但我們不可能精通每一個行業、每一種產品，於是我們就需要業務員的建議。如果業務員能根據客戶的實際需求提出合理的建議，那麼此時，業務員的角色定位不僅僅是業務員，也是客戶的購物顧問。

要想成為客戶的購物顧問，你應該替客戶解決一些問題。如果你賣電視，就應該能根據客戶的居住空間和客戶需求推薦最適合客戶需求的機型，並且能解決客戶可能遇到的一切技術性問題；如果你賣服飾，就應該知道服裝的材質、製作，如何穿搭、保養等，讓客戶在選購服飾方面，得到更多的知識，提升自己的品味。

也就是說，成為客戶的銷售顧問並不只是把產品賣出去那麼簡單，還應盡可能地為客戶提供服務，讓客戶感到物超所值。

成交潛規則

一個業務員在與人互動時，外表形象的重要性就占了55%。其次是說話語調的38%，最後談話內容占7%。

在最初與客戶溝通時，說話得體、儀態端莊的業務員能更快贏得客戶的信任和喜愛。每天對著鏡子，從說話、儀態、穿著方面檢示並提升自己的個人形象，向客戶展現一個最得體的自己，你就能搶得先機，以最快的速度虜獲客戶的心。

提前準備，讓你的開場白與眾不同

一個好的開場白，能讓對方在輕鬆的情況之下，容易吸收、喜歡你所講的內容。

　　在與客戶交談之前，業務員需要一個適當的開場白，俗話說：「好的開始等於成功的一半」，一個好的開場白能在第一時間引起客戶的興趣，為銷售的順利開展打下基礎。以下挑選幾種有特色的開場白，希望能提供各位參考。

💰 告訴客戶賺錢的方法

　　幾乎所有的人都對錢感興趣，你的客戶當然也不例外，如果你能告訴客戶有助於他升遷和賺錢的方法，很容易就能吸引到他們的目光，因此，你的開場白可以這樣說：

　　「王廠長，我來是想告訴您貴廠節省一半水費的方法。」

　　「張主任，我們的機器比您目前的機器速度快、耗電少，能大大降低貴公司的生產成本。」

　　「李總，您想不想每年在原材料上節省五十萬嗎？」

　　聽到這樣的開場白之後，客戶都會有興趣地詢問你：「是嗎？你說看看。」此時，如果你能給客戶一個合理的方案，那麼你就很可能談成這筆生意。

💰 讚美客戶

每個人都喜歡聽好話，因此，讚美客戶也不失為接近客戶的一種好方法。

讚美不等於阿諛逢迎，讚美之前一定要先經過思考，你的讚美不但要確有其事，還要選擇既定的目標。業務員在讚美客戶前，必須找出可能被他人忽略的特點，並且要讓客戶知道你是真誠的，要知道，沒有誠意的讚美反而會招致客戶的反感。

那麼，讚美和阿諛逢迎有什麼區別呢？舉個例子解釋一下：

「王總，您的辦公室真大、真漂亮。」這句話就是阿諛逢迎，而「王總，您的辦公室設計得真別緻，看得出來您花費了一番心思。」這句就是讚美了。

讚美也有很多方式，有以第三者的讚美，如：「章經理，我聽××公司的王總說，跟您做生意最爽快了。他誇獎您是一個果決的人。」或是讚美客戶的成績，如：「恭喜你啊，李總，我剛在報紙上看到您當選為十大傑出企業家。」或讚美客戶的愛好，如：「聽說您書法寫得很好，我竟不知道您有如此雅興。」……

在與客戶的互動中要養成「稱讚對方」的習慣，多使用「真的就像你說所的那樣」、「您真是厲害（了不起）」，往往能收到意想不到的效果。此外，讚美要讓對方感受到你的真誠而不覺得你在奉承，訣竅就在於要讚美到實處並多說幾句。如：「王總，貴公司的員工都很有活力呢。」若只是這樣說聽者並不會有深刻的體會，若是能再追加一句：「我剛在來到您辦公室的一路上，您的同仁都會主動對我微笑打招呼，您真是領導有方啊！」如此一來，聽的人哪個不會聽得笑顏逐開。讚美的方式多種多樣，業務員要靈活運用，但可別過度讚美，否則將適得其反。

讓客戶對你產生好奇

　　那些不熟悉、不瞭解、不知道或與眾不同的東西，往往能引起人們的注意，業務員不妨利用人人皆有的好奇心來引起客戶的注意，喚起他想要知道更多的欲望。

　　當你要開口和客戶說第一句話時，你事先就要慎重地想一想——我應該說什麼，才能引起客戶的好奇，注意到我。激起客戶好奇心的方法很多，你可以說些能夠讓對方感興趣的事，通常一句話就能引起對方的注意，像是跟對方說：「猜猜會怎麼樣？」幾乎每個聽到你說這句話的人，都會停下手邊的事問：「會怎樣呢？」這樣你是不是就能暫時爭取到客戶的注意力了呢？此外，你還可以運用：「我可以請教一個問題嗎？」也能收到同樣效果。

　　某木質地板業務員對客戶說：「您知道嗎？每天只花費不到二十元，就可以使您的臥室鋪上木質地板，冬天就不用再踩冷冰冰的磁磚地板。」客戶對此感到驚奇，業務員接著說：「假設您的臥室十坪，我的木質地板價格每坪為七千元，這樣需要七萬元。而這款木質地板可鋪用十年，一年三六五天，平均每天的花費不到二十元，是不是很物超所值呢？」

　　業務員製造的神秘氣氛就能大大引起客戶的好奇心，然後在解答客戶疑問的同時，將產品知識介紹給客戶，就大大增加了成交效率。

 利用第三者的影響力

　　見到客戶時，如果業務員表示自己是由第三者（客戶的親友）介紹來的，便是一種迂迴戰術，因為每個人多多少少會有一種「不看僧面看佛面」的心理，他們會對親友推薦來的業務員格外客氣，也會另眼相待。

「潘先生，您的好友李豪德先生要我來找您。他認為您會對我們的機器感興趣。因為我們的產品為他公司帶來了很多好處和方便。」

利用第三者的影響力來銷售自己的產品雖然很常用，但是這個第三人必須確有其人，絕不能自己杜撰，不然一旦客戶追查，就會露出馬腳。如果你能拿出第三者的名片或介紹信，就更好了。

 **善用例子**

人們的購買行為常受到他人的影響，這就是所謂的「從眾心理」，如果業務員能把握客戶的這種心理，就可以得到不錯的收益。

業務員在舉例時，應以著名的公司或人為例，如此可壯大自己的聲勢。如果你的例子正好是與客戶性質相同的企業，其效果更佳。你可以這樣說：「××公司的何總採納了我們的建議後，公司的營業狀況有了很大的進步。」

提出問題

業務員可直接向客戶提出問題，利用提出的問題來引起客戶的興趣。比如：「王總，您覺得貴公司想要提高營業額的關鍵在哪裡？」如何提高營業額自然是管理階層最關心的問題。業務員這麼一問，一定能引導客戶進一步詳談。

但值得注意的是，你的問題必須是客戶最關心的問題，問題也必須明確具體。如果你提問的是一些無關痛癢的小事，也無法引起客戶的興趣。

做客戶的資訊提供者

業務員如果能向客戶提供一定的有用資訊，如市場行情、新技術、新產品等等，就能引起客戶的注意。要想提供給客戶有效資訊，

就要站在客戶的角度，為客戶著想，掌握市場動態，把自己訓練成這一行的專家。如此一來，你的建議才具有可行性。

 向客戶請教

業務員可以向客戶請教問題的方法來引起他們的注意。有些人好為人師，總喜歡指導、教育別人或彰顯自己。所以，你可以找一些不懂的問題，或懂裝不懂地向其請教，一般客戶是不會拒絕虛心討教的業務員的。如：「陳總，在電腦方面您可是專家。這是我公司研發的新型電腦，請您指教，在設計方面是否有什麼問題？」這樣一番謙虛的求教，一般來說，客戶是不會拒絕的，他會接過資料信手翻翻，一旦對方被你的產品所吸引，銷售便大功告成。

需要注意的是，請教的內容必須是客戶精通的方面。如果你的問題令客戶也難以回答的話，客戶會誤以為你是故意讓他出醜，將直接讓成交破局。

 展示產品性能

業務員展示產品的特性或讓客戶觀看產品，運用產品的魅力來吸引客戶，這種方法最能引起客戶的注意。例如，一位賣高級領帶的業務員，將領帶揉成一團，然後將其拉平，領帶依然平整沒有皺褶。他對客戶說：「這是我們的高級領帶。」

一位消防用品業務員見到客戶時，並不急著說話，而是拿出防火衣裝進一個大紙袋裡，然後將紙袋點燃，紙袋燒完後，裡面的防火衣依然完好無損。

 利用贈品

每個人都有貪小便宜的心理，而贈品就是利用人類的這種心理來

進行銷售。很少人會拒絕免費的東西，用贈品當作敲門磚，既新鮮，又
有效。

　　銷售專家戈德曼博士強調，在面對面的銷售中，說好第一句話是
十分重要的。通常客戶在聽第一句話要比聽以後的話認真得多。聽完
第一句話，許多客戶就能決定是否要儘快打發業務員走，還是繼續談
下去。因此，你要儘快抓住客戶的注意力，才能確保銷售的順利進
行。以上十種開場白，業務員要多加靈活運用並常常練習，創造一個
完美的開場白征服客戶吧！

成交
潛規則

　　銷售沒有固定的開場白，業務員要學會隨機應變，只要能
吸引住顧客，讓客戶對你或你的產品產生興趣，有想更進
一步瞭解的欲望的開場白就是好的開場白。

　　好的開場白需要好的對話，最好選擇安全的話題，如：季
節與氣候、客戶的興趣、嗜好、住宅的佈置與擺設、以家
庭和親子為話題、市場動態、分享成功案例、出差或國外
旅遊的趣事。

　　在開場時吸引對方注意力的一種有效方法就是讓客戶瞭解
自己能夠得到哪些利益，好處在於可以使你與客戶的對話
建立方向與焦點，使客戶知道你曾經考慮到他的興趣與需
要；讓對方都有所準備，然後再進行資訊的交流，保證能
有效地運用你和客戶的時間，使客戶和你同步進行。

悅耳的聲音會讓客戶駐足

你知道你的聲音語調會決定客戶對你的觀感，也影響你銷售的成敗嗎？你想學習如何調整自己的聲音表達方式嗎？

在生活中，人人都喜歡聽那些圓潤飽滿、悅耳動聽的聲音，而不愛聽那些綿軟無力、喑啞乾澀的聲音；喜歡聽咬字清晰、字正腔圓的講話，而不願聽發音不準、含糊不清的講話。

加州大學洛杉磯分校（UCLA）的一項調查顯示，在決定第一印象的因素中，視覺印象（外貌）占55％，聲音印象（說話方式）占38％，而語言印象（說話內容）占不到7％。如果是電話交談的話，外貌因素的影響就不存在，那麼聲音印象則占了83％。既然聲音在人際交往中有著如此重要的作用，業務員在與客戶的交談中也該多利用自己悅耳的聲音吸引客戶。

在告訴大家怎樣的聲音才吸引人之前，請先看以下的調查：在一個名為「最不受歡迎」的調查中，一千名受訪者被問及「哪種討厭或煩人的聲音會讓你覺得不舒服」，結果顯示，哀歎、抱怨或挑剔的聲音是最令人討厭的，其他還有尖銳的聲音、刺耳的摩擦聲、嘟嘟囔囔的聲音、娘娘腔、單調呆板的聲音以及濃重的口音。不妨對照一下，你的聲音是不是容易使人厭煩的那一種。

那麼，要想改變自己的聲音，做到讓客戶聽到自己的聲音便產生交談下去的欲望，業務員應該注意哪些細節呢？

💰 擺脫發音的毛病

人是可以改變自己說話方式的，即使你已習慣用固定的方式說話，也不意味著你擺脫不了你現在的聲音。一些簡單的聲音和演講訓練可改變你給別人留下的印象。

★語速過快 如果你的問題在於語速過快，這就不只是你個人講話的問題了，還可能影響到客戶對你的信任。畢竟，你會信任一個說話像跳豆一般的業務員嗎？要改掉這個毛病著實不易。當你試圖減慢語速，卻發現不出幾秒鐘，又回到原來的速度，這確實令人沮喪。其中原因在於，沒有人能告訴你如何把語速降下來。通常緊張的人或腦袋轉得比嘴巴還快的人，特別容易犯這個毛病，他們總是想一口氣說很多話。

控制語速的關鍵在於，學會在說話時，偶爾停頓一下。呼吸的停頓，實際上就是為你的思考加上「逗號」，有助你將思緒分解成更小、更易控制的段落，進而調節語速。此外，稍作停頓還能方便聽眾有更多時間來消化你之前所說的話。

★吞音和漏音 如果你的問題是吞音或漏詞呢？你知道口齒不清會讓聽者不知所云，然而，問題遠不止於此。聲音含混，會顯得你拙於言辭、缺乏修養、懶散，而且粗心大意，這顯然不是你希望留給別人的印象。漫不經心的談話往往反映出你未經認真思考，或讓人覺得你在試圖隱瞞些什麼。

那麼，該如何解決呢？首先應該檢查一下自己的語速。語速一快，就會造成吞音或漏音。不過，有些人即使說話很快，依然字正腔圓。因此，發音的清晰的關鍵是瞭解自身語速的極限，你應該用自己能力所及的語速說話。

此外，如果你說起話來總是含糊不清，可能是因為你說話時的嘴

張得不夠大。有人在說話時就像在表演高超的口技——說話時上下排牙齒幾乎不分開,這就是說話含糊不清的根源。張大嘴巴說話,聲音就會變得更加清晰。假如你原本就不習慣張大嘴說話,一開始你會覺得很滑稽,然而為了更清晰地發音,只要多加練習,就會說得很自然。

為你的聲音注入活力

你有沒有過這樣的經歷:在某次會議上,你的發言得不到聽眾太大的反應,但幾分鐘後別人說了同樣的事,卻得到了所有人的關注和讚賞。也許,問題的癥結不在於你說話的內容,而在於你說話的方式。

在一次重要的行業會議上,有位經理人在會上發言。作為領導,他備受尊敬;作為演講者,他的聲音卻讓人難以接受。以往,即使是在發揮最好的時候,他的聲音聽起來還是很單調;而在發揮最差的時候,說他是「五音不全」也不為過。這次發言應該也會如往常一樣不會有奇蹟出現。

然而,有趣的事情發生了:他在一開始講述了一個關於自己的故事,聲音突然起了變化,原本平淡的發言融入了鮮活的色彩與熱情。

關於該如何演講,這個經理人得到一個簡單的解決方案,就是把演講內容當成一個大故事來講。「講故事」而非「做演講」使他得以展現出真實的自己,說話也就更加自如了。

說也奇怪,許多人竟然認為平淡的演講是權威性的表現。為了表現得有條理,他們執著於那種乾巴巴的、生硬的「領導人式發言」,言語間毫無任何感情。他們誤以為,在演講中帶上個人色彩和表情會使自己看起來做作。然而,單調的聲音只會使聽眾昏昏欲睡。

那麼,我們的耳朵願意聽到什麼樣的聲音呢?想像你正在聽兩段

不同的音樂，第一段有四個音符，第二段有十二個音符。哪一段音樂能更持久地吸引住你？當然是後者，因為它變化豐富。人的聲音亦是如此，聲音越豐富多彩，變化越多，就越能抓住聽眾的注意力。

大多數人說話時聲音多少會有些變化，但區別演講者優劣的關鍵在於，單調的演講者沒有充分地變換語調，也就是沒有注意音調的抑揚頓挫，致使聽眾聽起來覺得乏味。

與客戶溝通時，為了讓你的聲音更具活力，不妨嘗試以下做法：

- 說到最關鍵的資訊時，改變音調。
- 常用來限定或描述事物的詞語，如形容詞、副詞和行為動詞，最好加重語氣。
- 講話時要抑揚頓挫，適當使用高音，效果會更好。

💰 進行系統訓練

聲音就好比是人的「第二張臉」。多年不見的老朋友，模樣可能記不清或者外觀變化太大，已認不出來了，但是一聽聲音，很快就會想起這個人來。可見，每個人的聲音都有其與眾不同的特點，這是一個人區別於另一個人的重要特徵。

有魅力的嗓音是吸引人的，是具有「磁性」的。我們認為，磁性是形容聽者的感受，而非形容聲音本身。即使我們沒有天生的好嗓子，經過不懈地鍛鍊，也能擁有富有磁性的嗓音。

★重音訓練 重音是指說話時，對某些詞語刻意念得比較重，給予特別的強調，一般用增加聲音的強度來表現。說話音調的輕重不同，給人的印象也就不同。口語表達時，無論對於說話者還是聽話者來說，學會重音的運用和聽話聽音都是非常重要的。

一般而言，重音有語法重音和強調重音兩種。在不表示什麼特殊

的思想和感情的情況下，根據語法結構的特點，把句子的某些部分重讀的，叫「語法重音」。語法重音的位置比較固定，在日常交談中我們通常不太會注意它，運用較多的是強調重音。

所謂「強調重音」，指的是為了表示某種特殊的感情或強調某種特殊意義而故意說得重一些的音，目的在於告知聽者注意自己所要強調的某個部分。同一句話，強調重音不同，表達的意思也往往不同。

★句調訓練　句調又稱「語調」，是指語句的高低升降。口語表達中，句調貫穿於整個句子，只是在句末音節上表現得特別明顯。根據表示的語氣和感情態度的不同，句調可分為四種類型：平直調、高升調、降抑調、曲折調。

★語速訓練　語速是指說話或演講時，每個音節的長短及音節之間連接的鬆緊度。一般而言，語速包括兩方面，即說話速度的快與慢以及詞句間的停頓與連接。我們在說話時，語速不能一成不變，否則容易使人感到單調、枯燥、精神疲乏，影響溝通和交流的效果。

你的聲音得花上多久的時間才能得到明顯改善呢？這取決於你願意付出多大的努力。你的聲音聽起來越悅耳，你能獲得的機會就越多。最後請記住，無論是否公平，在你的個人生活與職業生涯中，人們總是透過你的聲音來評判你的人。

日常生活中，我們可以注意到，有人以冷淡的語氣說出一些歡迎的話，那實際上說明其內心並不是真的歡迎對方。每個人的聲音都是獨一無二的，關鍵是你要以獲得對方的理解與關切的心態去講話。如此一來，你說出的話語才會達到有效溝通的預期效應。

聲音是一種威力強大的媒介，透過它，你就可以贏得別人的注意，就能創造有益的氛圍，並鼓勵他們聆聽。

①發音不能太平，這會使人感到平淡無奇，枯燥無味。

②講話時要有些抑揚頓挫，這將會使你的話語變得更有生氣，更有吸引力。

③儘量在講話時咬字清晰，使對方能夠聽清楚，含混不清易使對方產生猶疑。

④語速不要過快或過慢。過慢會使對方感到拖遝，過快則易使對方跟不上你的速度。

⑤停頓有助於對方思考，加強聽者的緊張感。

⑥用重音強調某些詞語。但如果強調太多，聽者會變得不知所云，而且非常倦怠。

⑦低沉的聲音莊重嚴肅，會讓聽眾更加嚴肅認真地對待；尖銳或粗暴刺耳的聲音給人的印象則是行為失控。

⑧發音清晰，字句之間要層次分明，最好的方法就是大聲地朗誦，久而久之就會有效果。

⑨音量太大，會造成壓迫感，使人反感；音量太小，顯示你信心不足，說服力不夠。

成交潛規則

溝通所產生的影響，有三分之一是來自講話聲音的表述，不同的語調、音高和語速，對於別人怎樣理解你所說的話是差別很大的。作為一個業務員，你的聲音是否能讓對方感到溫暖、讓人有興趣聽下去，這也是需要注意的地方。宏亮、清晰的聲音更容易引起客戶的注意。你要練就一副好聲音，讓客戶在聽到你的聲音之後就期待與你進行進一步交流。

心理學家認為，第一印象這張快照是一個整體印象，包含的內容可能有：甜美的嗓音、名貴的手錶、被汗液沾濕的握手、聳起的肩膀等。以微笑為例，美國加州大學醫學院心理學教授保羅‧艾克曼在研究臉部表情後表示，人們可以在三十公尺之外覺察到微笑。微笑讓我們知道對方會積極地接納自己，因此很難不回報對方以微笑。就在我們報以一笑的時候，大腦快照的快門早已關閉，原來，3秒鐘就足以對剛認識的是什麼人下結論了。

　　人與人接觸時，往往會本能地以貌取人，透過第一眼蒐尋到的資訊來判斷這個人的個性、品質、習慣等，以決定自己是否與之相處。因為人們總是堅信「第一印象」，而忽視後來的印象，這就是心理學所說的「首因效應（Primacy Effect）」。初次見面的基調決定了印象，要想改變別人對自己的觀點，那是很難的。那麼，他人在跟你初次相處時，是如何對你進行判斷的呢？當然，對你的第一眼判斷起著關鍵的作用。從心理學的研究來看，他人對你的判斷，有55％取決於你的外表——包括服裝、個人面貌、體形、氣色等；38％是自我表現，包括語氣、語調、手勢、站姿、動作、坐姿等；只有7％才是你講話的內容。

　　心理學家還發現，當我們走進一個陌生的環境，人們

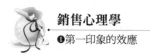

立刻就能以直覺對你進行至少十條總結：你的年齡、經濟條件、教育背景、社會背景、精明老練度、可信度、婚否、家庭出身、成功的可能性、藝術修養、健康狀態等。

所以，你要想在別人心裡留一個好的印象，就要注意自己初次見面時的言行舉止，心裡別總是想著「路遙知馬力，日久見人心」，而不把「第一印象」當一回事，否則你將容易錯失很多機會。有時候，機會僅僅是剛見面的一次，你並沒有太多的機會讓對方瞭解你。但是，很多人往往都在期待自己的優點會在「以後」慢慢被人發覺，卻發現，「以後」根本就不存在，因為人家在看你第一眼的時候，就已經把你否定掉了。

有位女孩畢業於某知名大學，她整整找了一年的工作都沒有成功，而且每每在第一關就被刷下來了，她一直搞不懂為什麼！於是她求助於職業規劃師的幫助。規劃師第一眼看到她就發現了問題所在，因為女孩將自己打扮成一個鄰家小女孩的模樣：長長的頭髮順肩而下，粉色蕾絲邊的短裙剛剛過膝，顯得十分可愛，但也十分幼稚。

在規劃師的建議下，女孩將髮型做了改變，盤了個髮髻在頭上；簡單的淡米色襯衫，搭配離膝15公分的淺褐色A字裙，配上咖啡色的皮帶及高跟鞋，畫個淡雅的妝容，整體顯得端莊中帶些親和力。女孩立即由一個鄰家女孩，成

功地轉變成典雅端莊的白領OL，整個人看上去顯得聰明幹練。

經過這樣的外形改變，女孩去面試，十家企業中，竟有九家都看中了她，而且開出很好的條件，連她自己也不敢相信效果會這樣的好。

從心理學的角度來看，人們普遍喜歡那些穿著得體，為人熱情、友好、寬厚、祥和的人，而厭惡那些穿著不得體，表現得缺乏修養、尖刻、好鬥、征服欲望強烈、自私自利的人。知道了這些，你就可以知道與客戶相處的時候，該如何注意自己，以便給人良好的第一印象。也就是說，你想在別人心裡留下一個什麼樣的印象，你就得把自己打造成什麼樣子。他人會因為你「看起來就像個能幹的人」，而認為你是個能幹的人，自然會對你的產品有信心。

Chapter 2

成交第二步
——找對話題讓客戶放下顧慮

怎樣才能讓客戶對你的產品感興趣？

最好的方法就是與客戶交朋友。人們比較願意與自己的朋友做生意，有所謂「愛屋及烏」，當客戶信任你之後，自然也會信任你的產品。

怎樣才能與客戶成為朋友？

最有效的辦法就是談論客戶的興趣。一旦客戶發現你們有共通的興趣愛好，就會把你視為朋友。

用知識和常識
打開客戶心扉

成功的業務員與窮業務員的差異在於其所掌握
的專業知識的程度不同。

　　無論業務員向客戶推銷的是有形的產品，還是無形的服務，詳
細、精彩的產品介紹是必不可少的。在業務員與客戶展開溝通的過程
中，大多數時候，雙方的主題都是圍繞產品或服務展開的，可以說，
產品或服務是業務員與客戶關注和談論的焦點，一直貫穿於整個銷售
活動。

　　一位經驗豐富、業績超群的業務員常會給客戶這樣的感覺：他不
但熟知自己和競爭對手的產品，也懂得很多其他知識，聽完他的介
紹，不但對其介紹的產品感興趣，還覺得這位業務員很有魅力。這就
是業務員熟知產品知識，見聞廣博所帶來的收穫！

　　那麼，業務員要如何利用產品知識和人際交往常識打開客戶的心
扉呢？

🜛 專──給客戶行業內的知識

　　一個合格的業務員應該掌握的知識就是行業內的知識。不論是你
所銷售的產品知識還是整個行業的現狀和發展趨勢，這是業務員做好
工作的基本要求。如果一個業務員不知道產品的專業知識，也不瞭解
行業的發展，那麼他是無法順利完成銷售任務的，因為唯有具備專業

知識，才能看出客戶的真正需求，提出好的銷售計畫或建議書，客戶才會想與這樣的業務員合作。

另外，專業的業務員在拜訪客戶前都會自動先做好以下三件事：

1. 釐清拜訪目的。

2. 蒐集拜訪公司及拜訪人員的背景資料。

3. 對方可能會提出的反駁及問題點。

至於要如何提高自己的專業知識，後文會有章節詳細介紹，這裡就不再贅述。

博——給客戶行業外知識

如果說一名及格的業務員要掌握好行業內知識，那麼優秀的業務員就必須掌握一些行業外的知識。因為業務員在與客戶溝通時，不可能每句話聊得都是關於產品的，也可能會有一些閒談。如果你在與客戶閒談時什麼都不能適時應對，勢必會影響客戶的興致；而如果你能在與客戶閒談時侃侃而談、引經據典，客戶就可能被你廣博的知識與見聞所折服，進而決定購買你的產品。

★ 掌握一定的社交常識　業務員首先要掌握的就是一些社交常識，客戶才會繼續與你交談下去。

- 在與客戶溝通時，要使用正確的稱謂。如果你知道客戶的姓名、職稱的話，就可以職位來稱呼，比如：「陳總」、「章經理」、「劉主任」等等。這樣不僅能表現出你對客戶的尊重，也能滿足一些人的虛榮心理，日後的銷售洽談就會便利許多。如果一時不知道客戶的姓名、職務時，應該以「先生」或「小姐」代替，切忌亂叫。叫錯稱呼是銷售中的大忌。

- 不論發生什麼狀況，你都要保持得體的儀態，與客戶溝通時要

態度自然，措辭得體，不卑不亢，展現出有修養的自己。

★掌握一定的風土民情　對於業務員來說，掌握各地的風土民情是非常重要的。業務員足跡遍佈各地，勢必要與各式各樣的人打交道，那麼，瞭解不同地區、不同民族甚至不同國家的風俗就尤為重要了。只有掌握他們的風俗習慣，才能投其所好，也不會誤觸地雷，順利取得他們的信任。

以下向大家列舉一些不同國家和地區的禁忌：

- 西方人忌諱「13」是眾所周知的，13號那天，一般是不會舉行活動；荷蘭會用「12A」代替「13」的門牌號；英國的劇院沒有13排13號；法國巴黎的戲院會在12排和14排之間開一條走廊作為變通的方法。

- 中國人大都信佛，忌諱不吉利的字眼，如「四」的諧音是「死」，所以汽車牌號碼、門牌號碼、電話號碼等都忌諱這些字。

 你的每一種知識都可能帶來機遇

業務員的知識層面涉獵得越廣，銷售成功的機會就越大，因為你也猜不準自己身上的哪種知識能讓客戶折服。如果你能在適當的機會，用自己的知識幫助客戶，適時解客戶之急，就能使客戶心生感激，對你另眼相待，也會為銷售打開局面。

Case Show

孫仲霖自美術學院畢業後，一時沒能找到合適的工作，便先在一家房仲公司當業務員。

三個月之後，孫仲霖一間房子都沒賣出去，按合約規定，公司將不再續發底薪，這讓他陷入了進退兩難的窘境。

　　一天，孫仲霖的大學同學提供他一個資訊：有位教授住的宿舍正要拆遷，但是他還沒拿定主意買什麼樣的房子。這位同學建議孫仲霖不妨去試試運氣。

　　第二天，孫仲霖來到教授家，說明了來意，教授客氣地把他帶到客廳。當時，教授剛上中學的兒子正在畫畫。孫仲霖一邊向教授介紹房子的情況，一邊瞄幾眼孩子的畫。

　　教授半閉著眼聽完孫仲霖的介紹之後說：「既然是熟人介紹來的，那我考慮一下。」依孫仲霖的觀察，他發現教授只是出於禮貌地應付，對自己剛介紹的房子並沒有興趣，一下子不知道該說什麼，氣氛也變得尷尬起來。

　　這時，孫仲霖看到孩子的畫有幾處毛病，便站起來走到孩子身邊，告訴他哪些地方畫得不好，並拿過畫筆熟練地在畫布上勾勾畫畫，立體感瞬間就突現出來了。孩子高興地拍著手說：「叔叔真是太棒了！」教授吃驚地看著孫仲霖說：「沒想到你還有兩下子，一看就是科班出身，功力不淺啊！有時候，我也看出孩子畫得不甚理想，但我也不知該怎麼輔導，經過你這麼一點就明白了，你真是幫了我一個大忙。」

　　接下來，孫仲霖和教授就開始談論起了繪畫，並把自己學畫的經歷說了一遍。他還告訴教授應如何選擇適合孩子的基礎訓練課，並答應以後有時間還可以來教孩子畫畫。孫仲霖的一番話讓教授產生了好感，兩個人的談話也就越來越投機。

　　後來，教授主動把話題談到房子。他邊給孫仲霖泡茶邊說：「這些日子，我和其他幾個老師也去看了不少房子，他們介紹的情況和你的也差不多。我們也打算抽空去看看，畢竟買房子不是小事，要謹慎才行。」

　　教授又看了孫仲霖幾眼，說：「說實話，我們當老師的就喜歡學生，特別是有才華的。同樣是買房子，也是想找投緣的買，這樣吧，過兩天，我聯絡幾個要買房子的同事去你們公司看看，你看怎麼樣呢？」

　　半個月後，學校的十幾位老師都與孫仲霖簽訂了合約。

　　我想，孫仲霖應該沒想到「會畫畫」竟然替自己帶來了十幾筆的生意。業務員平時接觸的客戶不盡相同，而每一位客戶都有不同的愛好、特長等等。因為所接觸的客戶是那麼地多樣性，業務員要去了解和學習的知識也必須多樣性，只有這樣，你的知識才更為科學、更為合理，才能在不經意間就讓你的客戶折服，進而順利談成交易。

成交潛規則

專業知識是銷售成功的基礎，也是衡量銷售人員表現優劣、是否專業的分水嶺。任何時候都不要放棄對知識的汲取，同時也要多培養多元化的興趣與知識，這樣你才能和科技新貴聊3C電子產品；和粉領上班族聊流行精品與名牌，和企業老闆聊經濟趨勢……遇上什麼人都能聊上幾句。因為要能和客戶交心的方法，就是要和客戶有共同興趣，懂得積極尋找共同話題，步步擄獲客戶的心。真正有進取心的業務員是不會放過任何一個豐富自身知識的機會。

Rule 11

敲開客戶的心門，
才能賣出產品

沒有什麼比從顧客角度出發的建議更具吸引力，沒有什麼比研究顧客更具挑戰性，更需要智慧！

　　如果第一句話就不能引起對方的興趣，接下來也很難繼續談下去。每個客戶在第一次面對陌生的業務員時，或多或少都會有戒備心理，在這種情況下，業務員要做的就是：摸清客戶心理，採取恰當的溝通方式，敲開客戶的心門，只有這樣，才能消除客戶的警戒心，說服客戶購買自己的產品。以下將教你如何活用心理學，攻心為上才能觸動客戶的心，讓他們的心門為你而敞開！

抓住客戶的好奇心

　　現代心理學顯示，「好奇」是人類行為的基本動機之一。美國傑克遜州立大學（JSU）劉安彥教授說「探索與好奇，似乎是一般人的天性，對於神秘奧妙的事物，往往是大家所熟悉關心的對象。」對於那些不熟悉、不瞭解、不知道或與眾不同的東西，往往會引起我們的注意，會不自覺地想去多了解一點。所以，業務員不妨多多利用人人皆有的好奇心來引起顧客的注意。在實際的銷售工作中，如果業務員能喚起客戶的好奇心，引起客戶的注意和興趣，然後向客戶展示產品的優點，就能大大提高成交率。

Case Show

　　一位絲巾供應商的業務員多次去拜訪某百貨商場的採購經理都遭到拒絕，原因是這個商場已有固定的絲巾供應商，採購經理認為不必改變既有的合作關係。

　　一天，這位絲巾業務員又來了，這次他先委託秘書遞給經理一張便條紙，上面寫著：「您能不能給我十分鐘的時間，就一個經營問題提供我一點建議？」

　　這張便條讓這位經理感覺很有意思，也很好奇，業務員如願見到採購經理。他拿出一條新式絲巾給經理看，然後介紹說：「這種絲巾採用了一種特殊的香料，這種香料十分昂貴，而且製作過程也比原來的複雜。它戴起來有一種淡淡的香味，令人心情愉快，這款絲巾深受年輕女性的喜愛。我想請教您這樣的絲巾，它的合理價格是多少？」

　　採購經理仔細端詳這些產品，感覺它們確實與其他產品不一樣，看得出來，他已經有些愛不釋手了。突然，業務員說：「啊！真是對不起，時間到了，我得遵守承諾，絕不會耽誤您的時間，我得走了。」說完，轉身就要離開，經理這時急了，反而主動要求再看看那些絲巾。最後，這位採購經理向他訂了一批絲巾。

　　這位業務員很聰明，如果他不改變策略的話，可能永遠都見不到採購經理。業務員先故弄玄虛，懂得營造神秘氣氛，引起對方的好奇，然後，在解答疑問時，巧妙地把產品介紹給顧客。正因為他抓住了經理的好奇心，才有了與客戶見面的機會，進而順利拿到訂單。

　　但是，業務員在誘導客戶的好奇心時需注意的是，不論採取什麼方式，都應該和你的銷售活動有關。此外，客戶的好奇心被激發出來之後，你的產品必須能給他一個意外的驚喜。如果你的產品不能盡如人意，就會大大降低客戶的購買欲望。

滿足客戶的虛榮心

　　每個人都有虛榮心，都覺得自己有值得誇耀的地方，如果業務員能適當地向客戶請教，滿足他的虛榮心，那麼，接下來的產品溝通甚至成交就變得容易多了。

Case Show

　　日本銷售大師原一平經常採用這種方法接近客戶。

　　有一位老闆非常排斥保險業務員，很多業務員都在他那裡吃了閉門羹。原一平見到這位老闆的第一句話便是：

　　「先生，您好。我是保險公司的原一平。今天來到這兒，有兩件事專程來拜訪您這位附近聲望最佳的老闆。」

　　「附近聲望最高的老闆？」

　　「是啊！根據我打聽的結果，大家都說這個問題最好請教您。」

　　「是嗎？大家都這麼說嗎？真是不敢當。到底是什麼問題呢？」

　　「是有關如何有效避開財務風險的事。」

　　「站著說不方便，請進來說話吧。」

　　就這樣，原一平輕而易舉地和這位難以接近的老闆有了好的開始。

　　當我們向客戶請教一些問題時，多半能滿足他們的虛榮心。如果我們向客戶透露出「你是附近聲望最好的老闆」的訊息，相信每個人聽到的人都會瞬間卸下心防，很難去拒絕你。

　　滿足客戶的虛榮心，也就是讓客戶盡可能展現自己的價值。所以，我們在向客戶請教問題前，應先做一些調查，清楚客戶最精通的是什麼、最得意的是什麼。如果我們問的問題客戶並不瞭解，效果反倒更糟，客戶非但不會對你產生好感，反而會認為你是故意讓他出醜。比如

你的客戶是經營商店的老闆，那麼市場現狀、促銷方法等方面的問題都是很好的選擇。你所要請教的問題一定要靈活變通，根據不同的客戶選擇不同的問題。

善用客戶的「攀比心」

我們都知道小孩子有很嚴重的攀比心理，這是人類的本能。當人們長大之後，攀比心理並沒有消失，而是被人們好好地隱藏了起來。如果我們能利用這種攀比心理，也能打開客戶的心門，順利與客戶溝通。

Case Show

小王是一名汽車業務員，經常會在公司的銷售紀錄中尋找一些有影響力的客戶，還會把這些人及其購買的車型記錄下來。

一天，一位貿易公司的章經理來到展示廳，小王記得他已經來過一次，之所以沒買，是因為嫌價格太高。

章經理直接走到上次看中的車款面前，對小王說：「這輛車還沒有人訂吧？」

「哦，那輛車啊，很多人來了都要看上幾眼，好車嘛。但是一般人都買不起，它正等著您呢！」

在試完車之後，章經理對這款車更加滿意了，只是覺得價格有點高，想讓小王降價或換一輛價格相對較低的車。

小王並沒有直接拒絕客戶，他說：「您知道××貿易公司的賈總嗎？他半年前也在我這裡買了一輛一模一樣的車，你們真是英雄所見略同。」

「是嗎？賈總買的也是這款車？」章經理的眼睛一亮。

「是啊，賈總選的是黑色的。您喜歡哪種顏色呢？」

「黑色太普通了，要是我就選銀灰色，看起來更有活力。」就這樣，經過小王耐心說服，章經理最後還是購買這款車的銀灰色，成交價格也沒降多少。

為什麼一句「也買了一輛一模一樣」就讓客戶下了購買的決心？其實這就是「攀比心」在作祟。每個人都不希望自己被比下去，尤其不想落在地位、職業、收入與自己不相上下的人後面，所以如果業務員能適當告訴客戶某個客戶也買了同樣的產品，就能刺激客戶觸動也想要擁有的欲望。

 誘出客戶的「從眾心」

「中庸」是中國流傳千年的思想，「槍打出頭鳥」、「樹大招風」都是對中庸思想的通俗解釋。其實一般人在選購商品時也是如此，熱賣款或長銷款的產品也證明它的品質是有保障的，更容易得到客戶的青睞。

Case Show

一對夫妻來到一家玩具店。業務員向他們推薦了一款玩具：

「這款玩具是今年的最新款，對開發兒童的智力很有幫助，它的銷售量是目前為最好的，有很多家長都指明要買這款玩具做為孩子的新年禮物。」

「可是我家的孩子才五歲，玩這個是不是太早了啊？」

「大家都是在孩子四、五歲的時候買的啊。」

「是嗎，那替我包起來吧。」

　　一句「大家都是這樣的」就順利達成了交易，這就是利用了客戶的「從眾心理」：既然大家都是這樣的，如果自己不這樣的話，就顯得格格不入了或是落伍了。所以，向客戶介紹最受歡迎的產品也是打開客戶心門的好方法。

成交
潛規則

你想向客戶介紹一個他不熟悉的產品，但顧客憑什麼要相信你推薦給他的是適合自己的，所以你一定要在第一時間做好自我介紹，引起客戶的興趣，透過事前的準備功課找到產品和客戶的關連點，從這點切入，引起對方的興趣，引發雙方相互溝通的熱情，讓客戶願意繼續談下去。

銷售的本質，其實就是銷售業務員自己，當客戶相信業務員是站在關心客戶、能為客戶帶來好處的立場，這時候即使產品或服務沒有那麼吸引人，客戶也會掏腰包買單。

寬容——讓客戶更喜歡你

寬容看待事情，先把個人的成見拿掉，以更成熟與同理心來面對客戶抱怨，培養對客戶的寬容能力。

　　寬容是一種情感，是一種心態，也是一種崇高的境界。能夠寬容別人的人，其心胸是寬闊、透明、深沉的。人與人之間的交往，吃虧、被誤解、受委屈的事難免會發生，面對這些，最明智的選擇就是學會寬容。

　　一天，一位法師正要出門，突然闖進一個身材魁梧的男子，狠狠地撞在法師身上，撞碎了他的眼鏡，弄傷了他的眼皮。然而，撞人的那個男子非但沒有道歉，還惡狠狠地說：「誰叫你戴眼鏡？」

　　法師笑了笑，沒說話。

　　男子驚訝地問：「喂！和尚，你怎麼不生氣呢？」

　　法師說：「為什麼一定要生氣呢？生氣既無法使眼鏡復原，又不能讓臉上的淤青消失。再說，生氣只會擴大事端，如果對你破口大罵或打鬥動粗，必定會造成更多的業障及惡緣。如果我早一分鐘或遲一分鐘開門，就能避免相撞，或許這一撞也化解了一段惡緣，我還要感謝你幫我消除業障呢！」

　　男子聽後十分感動，他問了許多佛法的問題及法師的稱號，然後若有所思地離開了。過了很久，有一天這位法師突然收到一封掛號信，信內附有五千元，正是那名男子寄的。

原來男子年輕時不知勤奮努力，畢業之後，事業也高不成低不就，十分苦惱，婚後和妻子的關係也不好。一天，他上班時忘了拿公事包，中途又返回家去取，卻發現妻子與一名男子在家中談笑，他衝動地跑進廚房，拿了把菜刀，心裡打算先殺了他們，然後再自殺，以求了斷。

不料，那就在他驚慌回頭時，臉上的眼鏡掉了下來，瞬間，他想起那日撞到法師的情景與開示，使自己冷靜了下來，反思自己過錯。

現在他的生活很幸福，工作也得心應手，特地寄來五千元，一方面為了感謝法師的恩情；另一方面也請求法師為他們祈福消災。

由此可見，寬容不僅是一種心態，更是一種生存智慧和生活藝術，一個不會寬容，只知苛求別人的人，其心理往往處於緊張狀態，做什麼事都不會成功，銷售亦是如此。

任何人都不喜歡斤斤計較的人，客戶也不例外。如果業務員太小家子氣，即使其產品品質再好，客戶也可能會選擇寧願不買。寬容是可以相互感染和不斷延續的，如果你能寬容地對待客戶，客戶也會回饋給你一顆寬容的心。因此，在與客戶交往的過程中，業務員要有一顆寬容的心，不僅讓客戶接受你，更能讓客戶真心喜歡你，願意與你做生意。

 ## 學會感恩

如果業務員有一顆感恩的心，那麼他的心是寬容的。身為業務員，你應該明白自己的業績和薪水都是客戶帶來的，如果沒有客戶的認可和信任，那麼，如何能做到業績，享受人生。因此，在與客戶交流時，一定要懷著一顆感恩的心，不論是初次見面的新客戶，還是合作過多次的老客戶，都應如此，有了感恩的心才能容忍客戶一些言語上的不尊重或苛刻的成交要求。

對於初次拜訪的客戶，不管是否能夠成交，不管客戶對你的態度如何，你都要在道別之前，感謝客戶能夠接待你，感謝客戶給你介紹

產品的機會。只有心存感謝，你才不會對客戶的挑剔產生反感，才能耐心解答客戶的疑問，這就是寬容的展現。

學會了感恩，也就學會了寬容地對待客戶，能更熱心地服務客戶，更耐心地解答疑問，更平靜地接受客戶的批評。

儘量滿足客戶的要求

業務員要時刻謹記「客戶是上帝」這句話，對客戶的要求要儘量滿足，即使遇到客戶提出無理的要求時，也不能與客戶正面發生衝突，甚至冒犯客戶。

在與客戶溝通時，客戶可能會提出種種條件，因此，滿足客戶的需求已成為銷售成功的關鍵，幫助你的客戶，你才有機會成交，幫助客戶發掘市場潛在機會，然後與客戶共同策劃、把握這些潛在機會，以此來提高客戶的競爭實力，這對雙方都是十分有利，是雙贏的局面。套用一句時下流行的廣告語：「愛你（客戶）就等於愛自己」。

「關心」不能只停留在口頭上，而是要拿出實際的行動。關心是「你能知道客戶想什麼」，「你知道客戶的喜好」，「你知道什麼樣的資訊客戶需要，你會設法提供給客戶」，「不管生意做不做得成，我想和你做個好朋友。」

雪佛蘭汽車公司除了提供客戶用戶手冊以外，還附贈影片指導用戶如何操作他們的汽車。明尼蘇達州的大陸有線電視網專設了TV House Call的頻道，用來即時為收視用戶解決觀看電視時遇到的問題，分別為新客戶和老客戶提供不同層次的諮詢服務。

Loblaw超級市場是加拿大最大的連鎖商場，因不斷推出為客戶提供各種形式的附加服務而聞名。很少連鎖店能像Loblaw那樣徹底地貫徹這種經營理念。這些輔助措施為客戶提供了便利，客戶在這裡可以享受到一站式購物的服務。

Case Show

午餐時間，風景區一家飯店的服務台接到一通電話，詢問有沒有早餐，服務員雖然覺得有些好笑，但還是客氣地問：「現在已經到午餐時間了，您為什麼想用早餐呢？」

原來，他們是一個旅遊團，手上有飯店的早餐券。原來是他們天未亮就去山上看日出並爬山爬了一早上，很累，大家都沒有胃口，只想吃一碗稀飯。

服務員從來沒有遇過這種事，一時也不方便一口回絕。她問清楚了客人的房號後，表示要先向主管請示，才能再回覆他。

她馬上向餐飲部經理請示，經理覺得客人的要求並不過分，他還將這批客人的用餐地點改在小餐廳，以免他們在其他客人的注視下感到尷尬。客人們聽到這個消息後，都對這家飯店的貼心服務讚不絕口。

有些時候，業務員可在不觸及原則的情況下滿足客戶看似過分的要求，給客戶留下良好的印象。俗話說：「無規矩不成方圓。」但規矩之外還是有人情的。案例中旅客提出的要求雖然不合規定，但卻合情合理。飯店答應了旅客的要求非但沒有任何損失，反而提高了飯店在房客心目中的評價，必定會為飯店日後的發展帶來好處。業務員也是一樣，在日常的工作中不能局限於眼前的利益，要把目光放得長遠些，凡事要想到三步之後再決定。

微笑面對「找碴」的客戶

在銷售中，往往會有客戶故意說一些很傷人自尊、令人難堪或無理取鬧的話，面對客戶的蓄意「找碴」，很多時候根本沒有回答的必要，但若視而不見，可能會令客戶更加有恃無恐；如果業務員認真回答

與其辯駁,不僅浪費時間,反而會讓成交破局,甚至會激化矛盾。在遭遇「找碴」客戶時,最好的方法就是給他一張笑臉,用微笑解決問題。

Case Show

美惠是某商場的手機業務員。這天,一名中年男子拿著一支手機怒氣衝衝地走來,把手機往櫃檯上一扔,就說:「這是什麼破手機,還沒有到一個月就壞了,品質也太差了吧?我要退貨!」美惠微笑著答道:「先生,請您先冷靜一下,有話好好說,有什麼問題我們一定會盡力為您解決。」她拿起手機,發現手機的封條被拆了,又微笑著對那個中年男子說:「對不起!先生,由於已經過了商品鑑賞期,按照規定,我們無法退貨!」「什麼?你們不退?信不信我告你們!」說完還拍了一下桌子。想到公司的利益,美惠依舊微笑著說:「先生,雖然不能退貨,但我們可以提供免費維修的服務,保證讓您滿意,好嗎?」中年男子看著態度和善的美惠,怒火漸漸平息,跟著她去了維修部。

「找碴」的客戶通常心裡都明白自己是在雞蛋裡挑骨頭,如果你能寬容對待「找碴」的客戶,他們也會自知理虧而不好意思繼續鬧下去。

成交潛規則

人常因有一顆感恩的心而成為更寬容的人,也更善待周圍的人,能使你更平易近人,更有助於銷售的成功。學習用感恩來取代抱怨。當你總是被客戶拒絕而感到挫折時,記得在心裡說:「帶著愛去找你的客戶。」當你愛一個人的時候,即使被拒絕了、受挫折了,不管幾次,你依然會持續地想為他好,不會認為那是辛苦的。

幽默——吸引
客戶的萬能法寶

日本研究發現，只要教導業務員常將笑容掛在
臉上，就可以增加四分之一的業績。

　　日本銷售大師原一平說過：「幽默具有很強的感染力，能迅速打開客戶的心靈之門。」幽默在銷售中發揮著重要的作用，甚至可以說它是銷售成功的金鑰匙。業務員若懂得運用幽默，就具有很強的吸引力，能迅速讓客戶對其產生好感，進而刺激客戶的購買欲望，最終促成交易。

　　日常生活中，幽默的人往往能得到更多人的關注與垂青：

　　一個大學畢業生去報社找工作，他問：

　　「你們需要一位有才幹的記者嗎？」

　　「不。」

　　「那編輯呢？」

　　「也不需要。」

　　「行政人員如果有缺額也可以。」

　　「不，我們現在什麼空缺都沒有。」

　　「那我想你們一定很需要這個東西。」年輕人邊說邊從包包裡取出一塊精美的牌子，上面寫著：「額滿，暫不雇人」，轉機就是這一塊小小的牌子，讓他順利進入了這家報社。

　　這個年輕人看似無法進入那家報社，因為報社沒有空缺的職位，

但是他憑著自己的幽默，如願進入了報社。那麼，在銷售中若能運用幽默，能得到什麼樣的好處呢？

Case Show

　　三位業務員在餐廳裡吃飯，那天剛好是情人節，而三位男士都沒有女朋友，也就沒有約會，所以，他們一邊吃一邊談工作上的事。這時，走過來一個賣花的小男孩，男孩看起來十歲左右，又黑又瘦。

　　三個人一起朝男孩揮揮手，想打發他走：「我們這裡沒有女士，請你到別處推銷吧。」

　　小男孩聽了不但沒有走，反而朝他們笑起來，說：「這花我不賣。」

　　三個人都詫異了，A問：「不賣？那你抱著這麼多花幹嘛呀？」

　　小男孩呵呵笑著：「現在男人間也流行送花呀，我把這束花送您。」說完拿出一枝送給了他。那位老兄大窘，沒想到小男孩會這樣說，為了不讓大家誤會「男人間的感情」，他連忙掏錢買下了那枝花。

　　B在一旁哈哈大笑，覺得這也太戲劇化了，沒想到小男孩又拿出一枝遞給了他，並對B說：「這枝是我替您送給叔叔的。」這回輪到A哈哈大笑了。B也不得不掏錢買下那枝花。

　　A和B意味深長地看著C。

　　小男孩沒等C開口說話，立即從桌上菸盒裡抽出一支菸替C點上，並一手攬花一手幫C捶背。

　　C對這麼周到的服務感到很不自在，但嘴裡說著：「我可不買花啊。」

　　小男孩笑著說：「不用您買花，一會兒您給點小費就行了，我的服務可是全套的，一會兒再幫您揉揉腿……」

　　C聽完，立即掏錢買了一枝花。等小男孩走後，三個銷售菁英都感慨起來，不得不佩服起小男孩的幽默和機靈。

　　等他們用完餐走出餐廳時，才發現餐廳裡幾乎每個人都手持一枝花，就連門口的泊車員的口袋裡都插著一枝，令人佩服極了。

幽默是潤滑劑，也是成功者的秉性；幽默能打破僵局，擺脫困境。那麼，在向客戶展示自己的幽默時，應該注意哪些細節呢？

客戶不同，幽默也不同

如果面對的是相熟的老客戶，開玩笑的程度可以大點；但若面對不熟悉的客戶，則要控制玩笑的底限。因為熟悉的老客戶往往不介意業務員的話，如果你和他客氣起來，他反倒覺得不舒服；而不熟悉的客戶則會對你的每一句話都很在意，如果你與他們亂開玩笑，就會讓他們覺得你有些輕浮。

例如：一位客戶的欠帳已經有十個月之久，與這個客戶很熟的業務員前往收帳。但客戶表示希望繼續延長償債時間，這名業務員於是微笑著說：「我們照顧您比您的母親照顧您還要久。」此話一出，客戶笑了笑，便將欠款全部結清了。

這句玩笑就適合於相熟的老客戶說，如果你與不熟悉的客戶開這樣的玩笑，可能就會讓客戶對你留下惡劣的印象，甚至此後都不想再和你合作。所以，在想緩和氣氛之前，應先考慮一下你說出去的話是否有可能影響到與客戶的進一步交談。

帶著微笑的幽默才是真正的幽默

如果在表達幽默時，臉上沒有一絲笑容，那麼玩笑就很有可能被誤認為是諷刺。所以在和客戶開玩笑時，一定要面帶微笑。微笑就是在告訴客戶，你希望以自己的幽默讓客戶高興。如果業務員在開玩笑的時候一本正經、不苟言笑，本來有意思的話也會變成極有諷刺意味，將會破壞你與客戶之間的良好關係。

客戶：「請問這台機器怎麼操作呢？」

業務員（面無表情）：「你為什麼不問問這台機器呢？」

客戶（面帶慍意）：「你這是在嘲諷我嗎？」

面對氣沖沖揚長而去的客戶，業務員一副不知所措的表情。他只是覺得「你為什麼不問問這台機器呢？」是一句非常幽默的話，一定會引起客戶極大的興趣。客戶轉身離開的結果是業務員始料未及的。

這位業務員到底錯在哪裡呢？他的語言並沒有錯，錯就錯在他那張冷冰冰的撲克臉。如果業務員面帶微笑，會是怎樣的情況呢？

客戶：「請問這台機器怎麼使用呢？」

業務員（面帶笑容）：「讓我們來聽聽它自己是怎麼說的。」然後展示產品的使用方法。

客戶：「哈哈，原來是這樣的啊。」

這樣一來，客戶不僅知道了產品的使用方法，還會被業務員的幽默所感染。

 幽默也要切合銷售主題

業務員與客戶交談的目的只有一個——順利達成交易。當然，為了儘快實現達成交易的目的，往往會使用各種手段，幽默也是其中的一種。有些業務員雖然很幽默，說話很風趣，但是一開起玩笑來，就把客戶的思路越拉越遠，最後偏離了銷售主題，即使客戶被你的幽默感染，也會導致交易的延遲或失敗。因此，業務員在展現自己的幽默時，也不能偏離你的銷售主題。

Case Show

業務員問：「這位太太，您知道這個世界上最沒用的是什麼嗎？」

年輕的太太說：「不知道，是什麼？」

業務員回答說：「就是您閒置起來的錢啊！在這個炎熱的夏天，如果您有一個多功能果汁機，您就可以在家製作各種美味又健康的水果冰沙，還能製作營養的豆漿。我想，到時候您的孩子會多麼開心，他們會到處向人誇耀您是一位手藝好又用心的好媽媽！」

業務員邊說邊誇張地眨著眼睛，「這將是一件多麼美妙的事情！」

這位太太被業務員滑稽的動作逗得哈哈大笑，說：「看來，為了做一個好媽媽，我有必要多多了解你介紹的多功能果汁機。」

切合銷售主題的幽默，才能讓客戶在心情上得到放鬆之後，馬上又能將注意力轉移到你的產品上。

 幽默時也要把握時機

美國獨立戰爭的一個晚上，華盛頓與幾位客人坐在壁爐邊聊天，因背後的壁爐燒得太旺，華盛頓感到太熱，就轉過身來，臉朝壁爐坐下。

在座的客人想刁難他一下，於是說：「我的將軍，您應該頂住戰火才對呀，怎能畏懼戰火呢？」

華盛頓笑著回答：「您錯了。身為將軍，我應該面對戰火，接受挑戰，假如我用後背朝著戰火，那不成了臨陣脫逃的敗將了嗎？」

那位客人被華盛頓的一番話說得啞口無言，識趣地閉上了嘴。華盛頓既解決了客人的刁難問題，又不失風度，是因為他善於用幽默來化解問題，避免一些不必要的麻煩。

在介紹產品的過程中，最適合開玩笑的時機就是客戶有異議的時候。如果客戶的異議很難處理，你不妨借用幽默將異議輕輕帶過，讓客戶不再提出這樣的問題。

在一個汽車展示場上，一對年輕夫婦對一輛小型汽車的價錢頗有微詞。那位丈夫抱怨道：「這幾乎等於一輛大型汽車的價錢了。」這時業務員：「當然，如果您喜歡大車的話，同樣的價錢，我可以賣給您兩輛大型的貨車」。

雨天，一位婦女牽著一條腿上沾滿污泥的狗想搭乘火車，她在售票口對對售票員說：「如果我給這條狗買一張票的話，牠是否也能和其他乘客一樣有個座位？」售票員打量了一下那隻狗說：「當然可以。不過牠也必須和其他乘客一樣，不能把腳放在椅子上。」

這位服務生巧妙地用幽默打發了一位刁蠻的客人。當你遇到客戶的異議或刁難時，也不妨運用幽默化解矛盾和尷尬。

成交潛規則

頂尖的業務員大多是幽默高手，因為他們知道幽默能緩解緊張情緒。幽默有助於擺正事情的位置，還是消除矛盾的強力手段。在銷售中，幽默的語言不僅可以緩和洽談的氣氛，還能刺激客戶的消費意識，讓客戶高高興興地與你達成交易。

14 肢體語言幫你拉近與客戶的距離

看懂客戶的肢體語言，業績自然好！超業就要看到別人看不到的，徹底解讀客戶的一舉一動。

人與人溝通時，除了口頭交流之外，肢體語言也能傳達很多資訊。比如：當一個人身體前傾、頻頻點頭時，說明他對某種事物很感興趣或贊同某人的觀點；當一個人突然向上用力揮舞手臂時，說明這個人對某種事物或某個觀點表示強烈不滿……。一名非語言溝通首席研究員雷‧伯德威斯特爾指出，在典型的兩個人的談話或交流中，口頭傳遞的信號實際上還不到全部表達的意思的三十五％，而其餘六十五％的信號必須透過非語言信號即肢體語言的溝通來傳遞。

在與客戶溝通時，除了需要口頭言語上的交流，肢體語言也是一種重要的溝通方式，你可以借助表情、動作、體態等等來傳達你希望客戶知道的訊息，如果沒有了肢體語言，只剩下業務員與客戶動作僵硬地坐在那裡你一言我一語地說話，那麼銷售過程將顯得多麼呆板和無趣。

所以，業務員要在與客戶的溝通中靈活運動肢體語言，讓整個銷售生動、活潑起來。讓客戶在你所營造的氣氛下，被你所感染，愉快地買下你的產品。那麼，業務員在銷售中應如何運用肢體語言？

$ 熱情的握手禮

握手是業務員在與客戶見面和告別的禮貌動作。握手的方式也顯

示了業務員的修養。

握手時，距對方約一步遠，上半身稍微向前傾，兩足立正，伸出右手，四指併攏，虎口相交，拇指張開向下，向受禮者握手。握手時，雙方互相注視、微笑和問候，不要看第三者或眼神飄忽不定。戴著手套握手是失禮行為，女士例外。當然在嚴寒的室外也可以不脫，比如雙方都戴著手套、帽子。

除了關係親近的人可以握手握得稍久一些之外，一般握兩三下即可。不要太用力，而漫不經心地用指尖「蜻蜓點水」也是無禮的。一般將時間控制在三～五秒以內。如果要表示自己的真誠和熱烈，也可以握久一些，並上下搖晃幾下。

握手的基本原則是「尊者居前」，因此，長輩和晚輩之間，長輩伸手後，晚輩才能伸手相握；上下級之間，上級伸手後，下級才能接握。對待異性，特別是男性和女性握手，應伸出右手，握住對方的四個指頭就可以。女性有時會對男性反感，其原因就來自握手，有的用力全握，有的抓住不放，這些都是不禮貌的舉止，會給對方留下不好的第一印象。所以，如果你的客戶是一位女士，你要特別注意自己的握手禮。

💰 靈活的手勢語

手勢是使用頻率最高的肢體語言，透過雙手，人們能表達出豐富的情感。當你在與客戶交流時，記得適當使用手勢語，會為交流帶來方便。

- 對於相識的客戶，你可以把手輕輕搭在對方肩上或胳膊上表示親密。
- 當客戶遇到困難時，你甚至可以張開雙臂擁抱表示喜歡或安慰。
- 有的手勢是讓人厭煩的，比如用食指點指對方的手勢，這樣會

讓被指的人非常反感、不舒服,講話時不要亂揮舞拳頭,這些手勢都是不禮貌表現,業務員在與客戶交談時要禁止出現這些手勢。

💰 大方合宜的站姿

站姿可以分為基本站姿和特殊站姿,以下分別向大家介紹:

① 基本站姿

基本站姿的動作要領是將頭部抬起,面部朝向正前方,雙眼平視,下頷微微內收,頸部挺直。雙肩放鬆,呼吸自然,腰部挺直。雙臂自然下垂,手部虎口向前,手指微曲。兩腿立正併攏,雙膝、腳跟緊靠,兩腳呈「V」狀分開。男士和女士略有區別:

- 男士:雙手相握疊放於腹前,或者相握於身後。雙腳可以打開,大致上與肩同寬。這樣的站姿可以體現男性剛健、瀟灑、英武、強壯的風采,給人一種美感。

- 女士:雙手相握疊放於腹前,雙腳稍微打開。這樣可以表現女性輕盈、嫵媚、嫻靜、典雅的韻味。

② 特殊站姿

一般情況下,業務員可保持自己的基本站姿,但在以下的情況,業務員可適時改變自己的站姿,以便替客戶服務。

- 服務客戶時:保持站立姿勢,腳跟合攏,腳尖自然分開成30度角,雙手微合於腹前,抬頭挺胸,目光平視,面帶微笑,自然大方。為客戶介紹產品時,站在距離產品約30公分處,與客戶的距離約80公分較合適。

- 恭候客戶時:將雙手自然下垂,輕鬆交叉於身前,兩腳微開,平踩在地面上,身體挺直,朝前,站在能夠照顧到自己負責的

商品區域，並容易與客戶進行初步接觸的位置。

業務員要站如松，不良站姿會使自己的形象受損，身軀歪斜、彎腰駝背、渾身亂動等等不良站姿是千萬要避免出現的。

端莊的坐姿

業務員端莊的坐姿會給客戶留下良好的印象。入座時，要從椅子的側面入座，動作輕柔舒緩、優雅穩重。入座時應背向椅子，右腿稍向後撤，使腿肚貼著椅子邊，半身挺直，輕穩坐下。入座後，雙腿併齊，手自然放於雙膝、扶手或桌面上。坐穩後，人體重心向下，腰挺直，上身正直，雙膝併攏微微分開。會談時，身體適當傾斜，兩眼注視說話者，同時兼顧左右其他人員。男女的坐姿也略有不同：

- 男士入座要輕，至少要坐滿椅子的三分之二，後背輕靠椅背，雙膝自然併攏，可略分開。身體可稍向前傾，表示尊重和謙虛。
- 女士入座前應用手背扶裙，坐下後將裙角收攏，兩腿併攏，雙腳同時向左或向右放，兩手疊放於腿上。如長時間端坐，可將兩腿交叉疊放，但要注意上面的腿向內回收，腳尖向下。

蜷縮一團、半坐半躺、翹二郎腿、單腿踩凳等都會嚴重影響你自己和公司的形象，一定要避免。

自然的走姿

行走時，雙肩平穩，兩眼平視前方，下巴微收，面帶微笑。手臂伸直放鬆，手指自然彎曲，擺動時，以肩關節為軸，上臂帶動前臂，雙臂前後自然擺動，擺幅以30～35度為宜，肘關節略彎曲，前臂不要向上甩動。上半身微微向前傾，收腹挺胸，用大腿帶動小腿向前邁步。腳尖略抬，腳跟先接觸地面，依靠後腿，將身體重心推送到前腳腳掌，使身體前移。跨步均勻，步幅適當，一般是前腳的腳跟與後腳

的腳尖相距為一腳長。步伐穩健、自然,有節奏感。男女也有不同:

- 男士以穩健灑脫為標準。抬頭挺胸,收腹直腰,上體平穩,雙肩平齊,目光平視前方,步履穩健大方,顯示男性剛強穩健的陽剛之美。

- 女士以嫋娜輕盈為標準。頭部端正,目光柔和,平視前方,上體自然挺直、收腹,兩腿靠近而行,步履均勻自如,含蓄恬靜,顯示女性莊重文雅的溫柔之美。

行走時要避免橫衝直撞、悍然搶行、奔來跑去、阻擋道路的不良走姿出現。

 誠懇的眼神

當銷售人員的眼睛炯炯有神地向客戶介紹產品時,眼神中的熱情、坦蕩和執著往往要比口頭說明更能讓客戶信服。充滿熱情的眼神還可增加客戶對產品的信心以及對你的好感。

在用眼神與客戶交流時,銷售人員要力求使自己的目光表現得更真誠、更熱情。要想做到這一點,需要注意以下幾點:

- 與客戶對視時,最好勇敢地迎接客戶的目光,不論這種目光表達的資訊是肯定、讚許,還是疑惑和不滿。一般來說,客戶雙眼與嘴部之間的三角部位是你停留視線的最佳位置,這樣可以向客戶傳達出禮貌和友好的訊息。

- 勇敢地與客戶對視,固然可表現你的自信和熱情,但是分寸的拿捏也需要掌握,這裡主要是指注視的時間要保持一定的度:時間太短,客戶會認為你對這次談話沒有太大興趣;時間太長,客戶則會感到不自在。

- 炯炯有神的雙眼可向客戶傳遞你的熱情和執著。如果你常常是

兩眼空洞無神的樣子，就會給客戶留下心不在焉的印象，甚至
認為你不值得信賴。

● 目光游移不定常是為人輕浮或不誠實的表現。客戶會對目光游
移的業務員格外警惕和防範。這顯然會拉大彼此間的心理距
離，形成難以跨越的溝通障礙。

成交
潛規則

你的一舉一動、一笑一顰都可能會打動客戶，促使他下定
決心購買。所以，要時時留意自己的肢體語言在銷售中所
發揮的作用，做到「此時無聲勝有聲」的境界。
日本超級業務員二見道夫說：「用嘴銷售商品的人，只能
將東西賣給本來就想要買商品的客戶。用身體銷售商品的
人，可將商品賣給原本不想要買的人。因為，他們可以用
肢體語言的說服力改變顧客的觀念！」

給客戶一種「我們是老朋友」的感覺

交情是最大的生意絕招，業績好的業務員都是
跟客戶成為朋友，於公於私都混在一起的。

在相同條件下，人們更願意和自己的朋友談生意，因為人們在面對朋友的時候多了一份親切和信任，少了一份陌生與疑慮。因此，當你在與客戶溝通的時候，就是要給客戶營造一種「我們是老朋友的感覺」。

Case Show

聖誕節前一週，在家電賣場裡，各種品牌的電暖器正在做促銷活動，每種品牌的展區前都站著銷售人員，嘴裡不停地說著：「歡迎光臨！歡迎光臨！」事實上，來來去去的人已對這種千篇一律的促銷手法麻痺了，很少有人能停下來「光臨」。這時，一位五十歲左右的男士經過某一電暖器的攤位，迎接客戶的業務員熱情地向這位男士打招呼說：「趙先生，您來了啊！上個月您買的那台電暖器還適用嗎？」這位男士停下腳步，驚奇地說：「你認識我？」

「上個月您不是在我這裡買了一台電暖器嗎？本應該打電話詢問您使用得是否滿意呢！沒想到您今天親自過來了。」

「我沒有買過你的電暖器啊！我今天是打算買一台的，所以就來這裡逛逛。」這位先生笑著說。

> 「哦,是這樣啊,先生,不好意思,我認錯人了。那麼,您想要看
> 哪種款式的電暖器呢?我們有陶瓷的、葉片式的、鹵素燈的……,進來
> 參觀看看吧。肯定有適合您的。」這位業務員熱心地招呼著客戶。
> 「好,那你給我介紹介紹。」於是這位先生走進了這家店。

　　這位業務員的高明之處就在於藉由認錯人這個小「誤會」來拉近
與客戶之間的距離,好像他們之前就認識。這樣就會提升客戶對其的
親切感,為銷售多添加了幾分成功機率。

　　也許你會覺得不解,明明與客戶是第一次見面,怎樣做才能讓客
戶有似曾相識的感覺呢?跟著以下的建議去做,你會有意想不到的收
穫。

💰 記牢客戶的名字

　　名字是一個身分的象徵,如果你能牢牢記住客戶的名字,並且能
親切地喊出他們的名字,可想而知,客戶一定會感到高興,因為他已
感覺到你對他的重視。

　　美國最傑出的業務員喬‧吉拉德(Joe Girard)有一個過人的本
領,那就是他能準確無誤地叫出每一位客戶的名字,即使是一位多年
不見的客戶,只要你踏進他的門,他就有辦法讓你覺得你們好像是昨
天才見過面的朋友,並且非常掛念你。他的這種做法。讓客戶覺得自
己非常重要,這樣一來,客戶就樂意與之交往,也願意購買他的汽車。

　　很多業務員也意識到記住客戶名字的重要性,但卻總是記不住,
有時候還會發生明明那個名字就在腦子裡打轉,就是喊不出來的狀
況,或者能叫得出名字但卻和人對不上。為了避免出現這種尷尬的情

況發生，就必須強化自己的記憶，努力記住每位客戶的名字。

- 要想記住客戶的名字，首先自己要有充分的自信，相信自己能夠記住對方的姓名和相貌。如果總是以「我的記性不好」為藉口，你將無法順利記住客戶的名字。
- 與客戶初次見面的時候，一定要集中精力觀察對方，你甚至可以將對方的特徵記在他的名片上，這樣一來，你只要看到他的名片，就能在頭腦裡勾勒出大概的輪廓。
- 當客戶進行自我介紹時，一定要用心聽，如果第一次沒有聽清楚對方的名字，你可以有禮貌地請他再說一遍。
- 在接下來的談話中，你要儘量提到客戶的名字，不但能加深你自己的記憶，也會給客戶一種倍受重視的感覺。
- 如果上述幾點還無法使你牢牢記住客戶的名字，那麼與客戶分手後，你就有建立檔案的必要了，要將你所會見的人、時間、地點、日期、內容等等記錄下來。

所以，要積極地提醒自己去記住客戶的名字，只要你堅持，就會發現它會為你的工作帶來便捷。

與客戶成為生活中的朋友

「像」朋友說到底還是沒有比「是」朋友來得好些。如果你能在平時就用心與客戶往來，和他們「博感情」形成良好的朋友關係，就更容易談成生意了。

要想與客戶交朋友，首先要瞭解客戶，既要瞭解客戶的性格特點與愛好，又要瞭解其家庭情況；既要瞭解他的現在，又要瞭解他的過去。只有瞭解了客戶，你才能根據他的好惡，投其所好地與其相處。試想，如果客戶是一個大方乾脆的人，你與他溝通交流時卻一副文縐

綹的，想當然爾，他一定覺得和你不對盤，你就不一定能成為他的朋
友；如果一個客戶是內向型性格，你在和他交往的過程中卻不拘小
節，那你也無法成為這個客戶的朋友。

　　與客戶交朋友並非要一味地討好客戶，朋友之交應該是平凡之中
見真情。比如說，業務員每天難免都會遇到一些客戶的嘮叨。真正與
客戶是朋友的業務員面對客戶的嘮叨時，往往就能將心比心，換位思
考，站在客戶的角度去理解客戶，傾心聽取客戶的意見，並幫助客戶
做力所能及的事。而少數無法將客戶視為朋友的業務員，則會把客戶
的嘮叨視為找碴，會想要反駁，有的甚至與客戶發生口角。結果可想
而知，善於理解客戶的業務員會讓客戶打心裡喜歡他，而與客戶爭辯
的業務員，儘管有理，客戶也會從心理上越來越排擠他，自然不會想
再找他服務。當客戶家裡中發生困難時，如果你能及時伸出援手，幫
助客戶去解決，哪怕是一點小事，都一定能感動客戶，在客戶心中留
下極好的印象，客戶自然也會把你當朋友。

　　從事電腦證照推廣業務員的林嶽賢，其接觸的客戶群包含了各行
各業，從資訊管理到資訊工程博士，也有高中職的電腦教師，每人的
專業領域各不相同。林嶽賢說，推廣證照工作時，他總是把客戶當成
朋友來看待，用真誠的心去協助朋友。朋友有困難時，只要能幫上忙
的，儘管是芝麻綠豆般的蒜皮小事，也都盡力協助。例如，有人半夜
電腦當機了，即使時間再晚，他都會想辦法找出解決方案協助修復，
長期下來，這些人都成了他的「忠實客戶」，這樣不但能做好工作，
又能交到好朋友，這些相處經驗，對他日後業務的擴展，常有意想不
到的功效與助益。

　　和泰汽車南松江營業所所長陳先尊曾說：「這世界上是沒有奧客
的。」陳先尊表示，每個人都有放在心裡最重視、且不能妥協的那個

點，只有讓客戶的堅持與需求獲得滿足，才有成交的可能。因為客戶不只要信任你的產品，客戶更需要信任業務員。

「車子賣不成，做朋友也很好。」陳先尊總是秉持著這句話，用交朋友的方式賣車子，於是他能創下三年內由新進業務員一路跳升為營業所長的紀錄。而升任主管職沒有時間跑業務，他每年還是能賣出超過一百台汽車，原來這些業績都是朋友介紹的。這些朋友，都曾經是他的顧客。

$ 與老客戶建立良好的友誼

很多業務員在成交一筆生意之後，就開始立即尋找下一個潛在客戶，而忽視了已成交的客戶。其實對業務員來說，維繫老客戶與開發新客戶同樣重要。

有人做過統計，在商場的銷售中，五十％的業績是來自二十％的老客戶。如果業務員向客戶推薦自己的產品，客戶可能還會半信半疑，但如果是老客戶的推薦和介紹，效果可是大大不同了。

老客戶的口碑，是對產品最好的宣傳。客戶用了你的產品後，如果認為不錯，一定會向他的親朋好友宣傳，他的親戚、朋友、同事也會受其影響而買你的產品。

因此，優秀的業務員會採取多元方式，做好老客戶的回訪工作，並在回訪的過程中爭取更多的訂單。通常在產品使用過一段時間後，產品的效果也就出來了。這時，你可以打個電話關心一下客戶，瞭解他們對產品的意見。如果客戶買的是電腦，你可以問一問電腦的使用狀況如何；如果客戶購買的是護膚產品，你可瞭解客戶是否有皮膚過敏的反應，膚質是否有改善。一句關心的話，就可以得到最直接的訊息，並為下一次的銷售做好鋪陳。

**成交
潛規則**

屬害的業務員在有了幾個原始客戶之後,就會認真服務好
這幾個客戶,和他們做朋友。等到雙方熟悉了、交情深
了,就開口讓他們介紹同行或者朋友給你。

如果你跟你的客戶維繫了良好的關係,他們成為你的朋
友,你就不需要再討價還價或是計較送貨時間,你偶而犯
個錯,他還是會跟你買。而且與客戶成為朋友之後,你的
競爭就變少(或不存在了),因為你最強的競爭對手也無
法搶走你的客戶兼朋友。培養友誼需要時間,這急不來
的。重點是要跟客戶一起做你會跟朋友一起做的事情,這
些活動的地方通常是辦公室以外的場合,這有助於你與客
戶之間友誼的加溫。一旦你順利成為客戶的朋友,將可大
大降低銷售產品的難度。

Rule 16

投其所好，把客戶套牢

要經常留意客戶喜歡的話題和他的愛好，他喜歡的就多跟他聊一些，留意他的一舉一動，你就能緊緊抓住他的心。

俗話說：「龍生九子，九子各不同。」即使是雙胞胎，脾氣個性也各不相同，而不同年齡、不同工作、不同環境的人更是千差萬別。銷售就是這樣一份工作，需要每天與形形色色的人打交道。要想把客戶套牢，就需要業務員有一雙「火眼金睛」，懂得察言觀色，根據不同年齡的客戶在不同環境下具有的心理特徵，瞭解他們的愛好並且投其所好，這樣一來，就會拉近彼此之間的距離，促進銷售工作的順利進行。

要想做到投其所好，就應該在與客戶的交談中知己知彼，巧妙周旋，贏得客戶的信任，拉近與客戶之間的距離。

Case Show

立國是一名保險業務員，準備去拜訪一位知名的企業家王先生，但這位企業家是個大忙人，他對業務員的態度就是離他遠一點。

以下是立國與王先生第一次見面時的對話：

立國：「王董您好，我是保險公司的業務員立國。這是我的名片。」

王先生（一臉不高興的樣子，瞥了一眼名片後，便隨手扔在桌子上）：「又是一個業務員。」

立國：「是的，我這次來主要是……」

王先生（在立國還沒來得及進一步說明情況時就被打斷了）：「你已經是我今天見到的第八個業務員了。我還有很多事情要做，不可能花時間聽你們這些業務員說話，別再煩我了，我沒有時間。」

立國：「我只打擾您一會兒，請允許我做個自我介紹。我這次來只是想和您約一下明天的時間，如果不行，晚一點也可以。您看是上午還是下午？我只要二十分鐘就夠了。」

王先生：「我說過我沒空！」

立國（他發現辦公室地板上的產品）：「這些是您的產品？」

王先生：「是的。」

立國：「您做這行多久了？」

王先生：「有二十多年了。」

立國：「您是怎麼開始做這行的呢？」

王先生（仰身靠在椅背上，神態可親）：「說來話長了。我十七歲就到一家工廠打工，沒日沒夜地做了十年，後來自己就開了現在這家公司。」

立國：「您是本地人嗎？」

王先生：「不是，我老家在高雄。」

立國：「那您一定在年紀不大的時候就北上了。」

王先生：「我離開家的時候只有高中畢業就隻身來台北打拚。」

立國：「那您一定是帶了大筆資金北上來開拓事業的。」

王先生（微笑著）：「我是白手起家，直到今日，才有這樣的規模。」

立國：「參觀您產品的生產過程一定是一件非常有意思的事！」

王先生：「不錯！我為我們家的產品感到驕傲。你願不願意跟我到工廠走走，看看這些產品是怎麼生產出來的？」

立國：「當然！這是我的榮幸！」

接著，王先生搭著立國的肩膀陪他一起參觀工廠。不用說，立國最後拿到了訂單。

聰明的業務員都知道，在拜訪客戶時，要先你細觀察對方辦公桌上的擺設，才能投其所好，打開話匣子。如果能在第一時間抓住客戶的興趣，就能將客戶套牢，順利達成交易。這裡所講的「投其所好」不是狡詐，而是一種征服客戶的手段。投其所好，可以從以下幾點做起：

明白客戶的優勢

業務員與客戶談生意時常會陷入僵局，其根本原因就在於雙方在立場、原則上出現了分歧。這時能有效緩和這種氣氛的方法——就是發現客戶的優勢並進行讚美。

Case Show

　　一位打扮入時的小姐在美容院做頭髮，美髮師正在向她推薦護髮專案。

　　美髮師：「小姐，您的頭髮經常燙染，如果能做一次全面的護理，髮質會變得更好更有光澤。我們店裡的護髮很不錯，要不要考慮一下？」

　　客戶：「下次再說吧。」

　　美髮師：「小姐，像您這麼有品味的人實在很少，您想想，沒有好的髮質，哪會有好看的髮型，髮質好了，更能展現您的優雅，所以，您不妨趁這次剪髮，順便做一次全套的護髮，不要等下次了。」

　　客戶笑笑說：「那好吧。」

積極尋找客戶的優勢，並學會讚美，不僅可以打破洽談過程中的僵局，還能為進一步的合作打下良好的基礎。

💰 客戶對什麼感興趣

　　如果你發現客戶會對你的話毫無反應，你就要放棄原有的話題，將話題轉移到客戶感興趣的事物上。但要如何才能知道哪些是客戶感興趣的話題呢？其實就是把與客戶見面時，與客戶有關的一些細節記下來，比如：當時的天氣；他喜歡談論的話題；包括當時是在一個什麼環境聊的⋯⋯等等，把這些記下來了，就總能夠找到客戶關心和感興趣的話題的。例如，你剛認識了一位新客戶，回到公司後，你可以把與這位客戶有關的東西記下來了，比如：她當時點的是一杯拿鐵半糖，她說她的女兒今年考大學，她戴著一條紅黑相間的格紋圍巾。後來，當你有機會再和這位客戶見面，你可以說：「還是喝拿鐵半糖嗎？」「妳上次戴的那條圍巾很漂亮，在哪裡買的？」她一定會非常意外且高興你有留意到她的喜好。

　　一開始就是要引導出客人愉快的情緒，讓對方先講個幾分鐘，接著，帶入「你今天想買什麼？」的銷售話題，因為聊了那麼久，慢慢熟了，對方會不好意思，就會想買，最後一定會成交。當然，也有可能你和客戶聊了老半天，卻什麼都不買，所以，你還要學會判定客戶是否有意購買。如果客戶講話的時候臉上有笑容、眼睛發亮，你感覺到他是真心願意和你聊幾句講的，就是有意願買東西的客戶。若在你丟出上話題之後，對方還是一副愛理不理的死魚臉，就是無效，這時就要考慮先放棄這個客人了。

Case Show

　　喬治・伊斯曼（George Eastman）是柯達（Kodak）底片的發明者，柯達底片使他功成名就，成為知名的企業家。某日伊斯曼打算訂一

批椅子，紐約座椅公司的董事長詹姆斯・愛德莫生想拿到這筆生意的訂單，於是去拜訪伊斯曼。伊斯曼原本不想把這筆生意交給前陌生人，但是愛德莫生的一番話，讓他改變看法。

走進伊斯曼的辦公室，愛德莫生熱誠地說：「您的辦公室佈置得真雅緻，雖然我經營木材生意，但在我還沒見過這麼雅緻的設計。」

伊斯曼笑道：「是啊，這辦公室確實不錯，我每一次坐在這裡就感到很興奮。因為太忙，我幾乎沒時間好好欣賞這個精巧的設計，只是每天坐著辦公。」

愛德莫生環視一下整個辦公室，摸著窗框說：「這是橡木的吧。」

伊斯曼答道：「是啊！英國進口的，我朋友特地為我挑選的。」

接著，伊斯曼帶他參觀了自己的一些設計，還邀請他一起為慈善機構捐款捐物資。愛德莫生伺機打開了話匣子，和伊斯曼大談了起來。不知不覺過了很長的時間，最後愛德莫生對伊斯曼說：「我上次到日本時，採購了一批椅子，並重新整理了一番，你願意來看看我的那些椅子嗎？明天下午到我家吃午飯吧，我帶你參觀參觀。」

隔天午飯後，愛德莫生先生給伊斯曼看了那些椅子。伊斯曼非常滿意，再加上愛德莫生適時地敲敲邊鼓，就這樣，一筆九萬美元的生意被愛德莫生爭取到。不僅如此，他們還成了好朋友。

VOLVO汽車全省業務冠軍曾偉智曾說：「並不是每個業務員都有本事賺進大筆獎金，一台VOLVO要價二、三百萬元，想買車的客戶，從口袋裡掏出的，不只是錢，更是信任。想博取客戶信任，業務員的態度、性格是否合客戶胃口，往往比業務員的話術還重要。」所以他認為雖然最終目的是把車賣出去，但也不能只和顧客聊車子，閒聊是有必要的，而且要懂得「投其所好」。隨著VOLVO的車款增加、走向年輕且時尚化，曾偉智所要接觸的客群逐漸多元化，需要的背景知識

也更博且雜：所以他能跟土財主聊兒孫、聊古董；跟企業家聊兩岸經貿；與科技新貴聊3C產品；與年輕OL聊精品服飾等等。

談論客戶的興趣是你拉近與客戶距離的最佳方式，所以要懂得瞭解客戶的興趣後去迎合他的興趣，才能刺激客戶產生購買欲望。

💰 客戶需要什麼

很多時候，業務員雖知道客戶的需要，而自己的產品也能完全滿足他的需要，但客戶卻仍未按照預想的那樣去購買你的產品。這就需要業務員將客戶的需求轉化成強烈的購買欲望。業務員要想激發客戶的購買欲望就要因人而異，根據不同的客戶採納不同的策略。在本書的其他章節有詳細介紹不同的方式，這裡就不再贅述。

優秀的業務員都是朵「解語花」，能知道、明白客戶的心，善於和客戶進行心靈溝通。其實，客戶也是普通人，也有自己的喜怒哀樂、家庭瑣事、對錢的憂慮以及工作上的問題等，所以，你在與客戶溝通時，一定要站在客戶的角度，真心替客戶設想，也只有這樣，才能實現與客戶的心靈溝通。

Case Show

小葉是某汽車業務員，方先生是他的一位客戶。方先生付清車款後，小葉拿出事先準備給方先生的禮品——腳踏墊和座套，此外，小葉手裡還拿了一樣東西，對方先生說：「方先生，上次您說不太滿意我們的贈品，所以我特地為您準備了兩套贈品：一套就是我們事先說好的腳踏墊和座套；另外一套則是家庭式帳篷和烤肉用具，這套本來是為SUV提供的，但上次聽您說喜歡郊遊和戶外活動，所以我向公司申請了一套，不知道您想選哪個贈品？」

方先生一聽，又驚又喜，購車時，他的確說過自己喜歡郊遊和戶外活動，並且鍾情於他們店裡的一款SUV，但由於價格較貴而未考慮，所以只能買這款價位相對較低的轎車。方先生看贈品時，也的確抱怨過座套品質差，因為是贈品，他也沒有要求什麼。沒想到這些都被小葉看在眼裡，並且在付款之後還提供兩套贈品選擇，方先生因此非常滿意，連聲道謝，臨走還說：「下次買SUV，我一定會來找你！」

很多業務員認為與客戶交普通朋友還可以，但是要做到交心似乎比較難，看看小葉的舉動我們就能明白，其實要想牢牢抓緊客戶的心並不難，只要用心，每個人都能做得到！

成交潛規則

每個人都喜歡被特別對待的感覺。投其所好的根本目的就在於滿足客戶希望被捧在手心裡的虛榮心。在很多情況下，客戶會為了滿足自己的虛榮心而不去計較產品的價格。面對虛榮心強的客戶，只要是能夠滿足其虛榮心的高單價商品，他反而能一擲千金而面不改色；只要能填滿其渴望最高級的東西的需求，就能成功售出。若是你一味地強調非常便宜，反而引不起他們的興趣，就會與這筆訂單擦身而過。

Rule 17 為客戶著想，給他需要的建議

徹底瞭解客戶的想法，給「客戶真正想要的」，
而不是硬把產品賣出去就好。

　　每個業務員都知道「客戶就是上帝」這句話，但是你在實際的銷售工作中，真的把客戶視為上帝了嗎？業務員都把「為客戶著想」當作自己的職業準則，但是為客戶著想並不是一句口號，喊喊就算做到了，它是業務員應具備的一種特質。業務員要想確實做到為客戶著想，就應該為客戶提出一些可行性建議，替客戶解決眼前的問題。

　　心理學家研究發現，「建議」是人類關係中最有影響力的一種方式。不少富業務都擅長利用這種方法來擴大銷售範圍。心理學家還給了人們這樣一個結果，即七〇％的人會對以正確方式所提出的建議作出積極地反應。因此，只要學會利用「提建議」的方法拉近與客戶之間的距離。

💰 向客戶證明，你的商品是他想要的

　　卡內基訓練總經理黑立言在《人人需要銷售力》中，分享了一個失敗的例子：

　　當時，黑立言陪同父親黑幼龍到銀行開戶，行員一發現對方是個重量級客戶，便開始口若懸河地介紹各項金融產品。

　　黑立言越聽越覺得不對勁，因為他發現行員介紹的部分內容，連

擁有MBA學位的他都聽不明白，何況是他父親，更是聽得一頭霧水。最後，雖然銀行理專介紹得很盡興，黑幼龍也只能以「你介紹得很精采，但我決定還是先把錢存在戶頭就好」為由回絕對方。

客戶之所以會心甘情願地掏出錢購買產品，最大的原因就是「有欲望、有需求」。所以，身為業務員，你必須讓顧客知道這個產品有用、瞭解購買產品是一項穩當的投資，同時相信你、也喜歡你，才能讓客戶想要「擁有」你的產品。因此，你必須先從挑起顧客的「欲望」著手，給客戶心目中想要的產品。至於如何讓產品聽起來既誘人又非買不可呢？你可以從以下四個基本要素來檢視：

1.你的產品與用途；

2.為什麼你的產品比競爭者優秀；

3.競爭者有什麼樣的產品；

4.你所屬公司的介紹，包括歷史、財務、聲譽等。

你的建議必須是符合客戶需要的

有些客戶在購買產品時有明確的目的，但有些客戶卻是比較模糊的，你在與客戶溝通時常會發生這樣的情況：客戶認為自己需要的某種產品和服務不適合他們或他們並不看好的產品卻剛好能滿足其需要。一旦銷售過程中出現了這樣的狀況，你就要及時向客戶提出衷心的建議與意見，如果你沒有提出合理的建議而讓客戶買到不合適的產品，那麼這位客戶絕對不會成為你的老客戶。

以下結合案例向大家介紹在客戶沒有明確目的時，業務員該如何給客戶可行性的建議。

★**客戶自己選的產品並不合適**　有些客戶的購買目的比較模糊，他們不知道哪種產品更適合自己，在這種情況下，你就應結合客戶的具體情況進行分析，幫助客戶挑選最合適的產品，比如：

客戶：「我覺得那套棕色的沙發看起來很大方，而且我也一直比較喜歡布藝的東西……」

業務員：「那您家的客廳有多大呢？如果坪數不大的話，您不妨考慮旁邊那套比較小巧的沙發。」

客戶：「我家的客廳有九坪左右，應該可以放得下的。」

業務員：「您看這套沙發的寬度，放在九坪的客廳裡是不是會顯得有點擁擠了呢？因為這個展廳比較大，所以才顯得這套沙發小，實際上這套小巧的沙發更適合年輕人，它也是布藝的，看起來更時尚、更活潑一些，而且價格也比剛才那套漂亮多了。」

對於這類購買目的模糊的客戶，你一定要讓他們明白自己選擇的產品哪裡不合適，而你推薦的產品有哪些優勢。如果客戶購買了不合適的產品，不但會為他們的生活帶來不便，事後還可能要求退貨，或是把錯推到你身上，這豈不得不償失。因此，要積極讓客戶第一次就買到合適的產品，這樣就不會有後顧之憂了，也能替自己贏得服務佳的美名。

★ **客戶不知道如何選擇**　有一種客戶，他們有需求，但卻不知該購買什麼樣的產品。這類客戶可能會直接告訴業務員，希望業務員幫助他們做出選擇。請看以下的例子：

Case Show

客戶：「我想在母親節時送媽媽皮包，但是又不會挑，我看你這裡有很多款式的，你能幫我選一下嗎？」

銷售員：「很高興能為您服務。請問您母親平時喜歡穿什麼顏色和風格的衣服？」

客戶：「她喜歡穿……」

銷售員：「那您看看這幾款怎麼樣？我覺得都非常適合。」

客戶：「我覺得這些都挺一般的，還有其他的嗎？」

銷售員：「當然可以了，您看這邊……」

客戶：「嗯，這邊的還不錯，但是我不知道哪一種更合適，你覺得呢？」

銷售員：「我覺得這三款皮包都很適合時尚的媽媽使用，主要是看您比較喜歡哪一種。相信您看中的，您的母親一定非常喜歡。如果她覺得不合適的話，您放心，一週之內都可以帶她本人來換。」

　　業務員向客戶提出意見確實重要，但需注意的是，你只需要提出建議，最後的決定替還是要交給客戶自己拿主意，千萬不能替客戶決定買哪一種。

💰 你的建議要被客戶所接受

　　在日常生活中，人們都有這樣的經驗：當你坐在車上遇到緊急煞車時，身體會因慣性作用而向前傾。其實在銷售過程中也是這樣，假如你提出好幾個建議，當客戶贊同第一個、第二個建議之後，就會習慣地接受第三個、第四個建議。比如：

Case Show

銷售員：「您將穿著這件禮服去參加晚宴嗎？」

客戶：「是的。」

> 銷售員：「這個耳環的顏色比其他的更搭配您的禮服，您瞧瞧！」
>
> 客戶：「挺不錯的。」
>
> 銷售員：「其實這款耳環的黑色款也很好配衣服，是不是一次買紅的和黑的這兩副，您覺得如何呢？」
>
> 客戶：「這兩個色都很好看，那就替我包起來吧。」

　　由於經過前兩個問題的鋪墊，當業務員再提出中肯建議的時候，往往就會得到肯定的答覆。

 你的建議應該「一勞永逸」

　　由於少數不負責任的業務員的行為，造成不少人都曾被業務員欺騙過，以至於他們一聽到「業務員」「推銷員」等等詞語就十分反感，致使業務員剛介紹自己的時候，他們就會有這樣的反應：

　　「又是一個業務員，你們這些人能不能離我遠一點？」

　　「我已經上過一次當了，再想讓我上當，那是不可能的！」

　　「我朋友已經被這種東西害得夠慘了，難道我會讓自己也惹上這樣的麻煩嗎？」

　　這些不肖業務員在向客戶提出建議時，昧著良心只想如何多賺點錢，根本沒考慮到客戶的利益，也因此他們給客戶的建議往往會遭到客戶的反感和厭惡，比如：

- 為了得到更多的收益，教唆客戶購買超出需求的產品。
- 不顧客戶的需求，勸說客戶購買價格昂貴的產品。
- 惡意攻擊競爭對手及競爭對手的產品和服務。
- 以次充好，勸說客戶購買其產品。

這類業務員向客戶提建議時，完全沒有為客戶著想，所提出的建議也是不可行的。他們所提出的建議或多或少都會給客戶帶來一些損失，因此這類業務員終究是會被客戶所拋棄的，只有那些全心全意為客戶著想，考慮客戶需求的業務員才能得到越來越多的客戶。

玫琳凱（Mary kay）創辦人玫琳凱曾說過：「有效的溝通是最重要的，如果客戶對你反感，那麼你的口才再好，對銷售也無濟於事。在銷售中，要讓自己多去詢問客戶的需求，而不是過分功利地指示客戶怎麼做！」

很多業務員會不自覺地犯這樣的毛病，就是不考慮客戶的感受，企圖想要去命令客戶。要知道，我們與客戶處於平等地位，沒有權力去命令客戶，而客戶也沒有義務接受任何的命令。

一位四十歲左右的男士走到商場的電腦區，指著一台筆記型電腦，問：「這個型號的電腦多少錢？」

年輕的女業務員皺著眉頭說：「你還是買另外一款吧，這款很笨重，攜帶不方便。」接著又喋喋不休地介紹起另一款電腦的優點來。

男士白了她一眼，說：「我自己想用什麼樣的電腦，難道還得由妳決定？」說完轉身離開了，留下尷尬的業務員。

銷售中，業務員所說的每句話，其目的都是要說服客戶購買自己的產品，但最不可取的就是對客戶用命令和指示的口吻，因為客戶購買的不只是產品，還希望能買到被尊重和重視的感覺。一旦你讓客戶感覺到他沒有受到尊重，就會引起客戶的反感甚至不滿，自然地，交易可能就泡湯了。

當然，並不是每個客戶都對他想要購買的產品有充分的瞭解，這就需要業務員的介紹和建議，然而如果你開口閉口都是「應該這樣」、「不應該那樣」、「應該買這個」、「不應該買這個」，即使

你說的是對的，你給客戶的建議也是最適合的，但你強硬的態度反倒
是惹來客戶的反感。如此一來，不但賣不出產品，還會把客戶越推越
遠。

　　所以，你要替這些「建議」稍微包裝、美化一下，讓客戶感受到
你的誠意，客戶一定會樂於接受的。

　　業務員要想與客戶建立長期的合作關係，就應該著眼於今後，不
能為貪圖眼前利益而損失潛在的長期客戶。

　　如果你能站在客戶的角度，向他們提出一些可行性的建議，那麼
你就不僅是一個業務員，而是進階成為客戶的產品顧問。當客戶開始
依賴你，買東西就自動想到你的時候，與客戶長期合作的目標也就達
成了。

**成交
潛規則**

當你向客戶提出建議時，你要知道你所說的只是建議，不
是命令，最後的決定權還是掌握在客戶手中。

此外，如果你感覺到客戶購買的意願已經出現，就一定要
勇敢地提出銷售建議。大多數人在決定買與不買之間，都
會有猶豫的心態，因為客戶有時真的不是不喜歡，而是需
要有考慮的時間，想再確定自己是否真的想要。這時只要
敢大膽地提出積極而肯定的要求，營造出不買很可惜的購
買環境，客戶的訂單就可以順利到手了。

面對不同類型的客戶，我們該怎麼做

業務員所會面對的客戶形形色色，就是要堅持
有一個原則：順著他們的毛摸。

客戶不同，需求也不盡相同，如果業務員能根據客戶的不同類
型，掌握其需求特點，然後根據客戶的需要，選擇不同的產品或介紹
產品不同的側重點，對症下藥才能取得成功。

在此，我們將客戶劃分成感性客戶、理性客戶，男性客戶、女性
客戶，年輕客戶、年老客戶，等六種典型類型，一一分析在遇到這些
客戶時，業務員應該採取哪些不同的應對措施。

💰 以情動人──面對感性客戶

感性客戶購物的過程中，感情決定是否購買時有著非常重要的作
用，這類型的客戶往往會買許多計畫外的產品，也就是我們一般所說
的「衝動型消費者」。在這類客戶的眼裡，產品不是按照「有用」和
「沒用」來劃分，而是依「喜歡」和「討厭」區別的。他們的感情甚
至可以轉移，比如他喜歡你，那麼他也可能會對你的產品感興趣，即
使他一開始並不想買，最後會買，可能有一半的原因是因為他覺得和
你很投緣；如果你沒有客戶的緣，令他厭煩，即使你的產品是他所急
需的，他也會毫不猶豫地拒絕你。因此，在面對這類型客戶時，應注
意以下幾點：

★**在語言上親近客戶**　談話的方式最好親切自然，但要隨時準備應對客戶提出的各種問題，特別是客戶可能提出的反對意見。

★**在感情上靠近對方**　面對感性客戶，你一定要熱情，全心全意為客戶的利益著想，一旦你攻破了這類客戶的感情防線，就能輕易讓對方買單。

★**在交流中傾聽**　在與感性客戶交流時，你更要認真聆聽對方，你的聆聽將會是對客戶的鼓勵和支援，足以誘發他說出更多心中真實的想法，然後有針對性地進行勸購。

💰 以理服人──面對理性客戶

如果說，感性客戶是一團火，那麼理性客戶就是一潭水，他們非常理性，有著很明確的購買目標，不會因感情因素而衝動購物。其實，理性客戶在某種程度上比感性客戶更容易應對，因為一旦他找到你，就代表他需要你的產品，只要你的產品在各方面都能滿足他的需求，那麼生意也就成了。但如果你沒有以對方所認定的事實來說服他，成交也就變成天方夜譚。面對理性客戶，以下兩點非常重要：

★**專業的產品知識**　對於產品知識你必須做到胸有成竹，對於客戶提出的任何問題都能分析得頭頭是道。

★**逐步引導**　在引導客戶下定購買決心時要穩紮穩打、步步為營，不妨利用舉例子等方式，不斷提示產品能為其帶來的益處，一步步得到他的肯定。

💰 給其面子──男性客戶

男人往往愛面子，他們總希望別人眼裡的自己是個成功者。所以，男人比女人更加重視品牌。他們認為品牌代表著自己的地位、修養和品味。在與男性客戶溝通時，「這是××牌子的，像您這樣有品

味的企業菁英才配得上。」遠比「我們正在打折，這時買，既經濟又實惠。」更具吸引力。

　　對於男性客戶，你一定要把握一點，就是滿足他們的虛榮心，最好讓他們以為自己是一頭雄獅，有著無所不能的力量。

 ## 給其甜頭──女性客戶

　　女性客戶的心思多半細膩，她們往往精打細算，並且善於從各個角度權衡利弊，她們總想以最少的錢買到功能最齊全的產品。在男性面前不懼任何威力的「特價」產品，一放在女性消費者面前卻成了致命的誘惑。你是否有過這樣的經驗，你或你的女性朋友是否曾因「特價」而購買一些平時基本用不著的東西。

　　在與女性客戶進行交易時，要注意以下幾點：

- 利用小贈品引起她的興趣。
- 適當運用價格戰術。
- 不失時機地讚美她。

 ## 令其時尚──面對年輕客戶

　　年輕客戶追求時尚，越是新鮮的東西，對他們越有吸引力。他們更重視有個性且流行時髦的產品。所以，注重不同的東西更能得到年輕客戶的關注。你的產品要想吸引年輕客戶，至少必須具備以下兩點中的一點：

- 產品與眾不同。
- 包裝獨樹一幟。

 ## 給其實用──面對年老客戶

　　與年輕客戶截然不同的是，年老的客戶往往比較保守，不容易接

受新鮮事物，他們重視的是產品是否實用，是否物有所值。針對老年客戶的這種消費心理，你應把握以下重點：

● 你推薦的產品應該要經濟耐用。

● 銷售過程中，要始終尊重他們。

此外，面對不同個性的客戶同樣地也要採取不同的應對方式，例如：面對完美型客戶的「雞蛋裡挑骨頭」傾聽和微笑能為你化解問題；面對猶豫型客戶，你就要抓住客戶的心理幫他做出決定；面對暴躁型的客戶，你要真誠並有耐心，盡量配合他說話，語速可以快一點，不要拖延到他的時間；面對謹慎型的客戶，你要比客戶更小心謹慎，減少一些誇張的表現和言辭；面對沉默型的客戶，你要誠懇、認真地回答他的問題；面對節約型的客戶，你唯一的策略就是要讓他們感到物超所值。

面對不同的客戶類型，銷售也有不同的技巧，只有針對不同的客戶類型轉換不同的銷售技巧，才能達到銷售目的。

成交潛規則

掌握客戶的類型是業務員開始銷售產品的第一步，根據不同的客戶類型，掌握其心理特點選擇合適的溝通技巧，以達到良好的互動。

你可以善加利用記錄，對每個客戶的各種狀況都一一詳實地記錄下來，把一切的服務都做完整的註記，並妥善保存！以便日後採取適當的交流方式，搭配銷售技巧，即可收到意想不到的收穫。

Rule 19

注重銷售時間和環境的選擇

成交必須對合適的客戶，在合適的時間提出合適的方案，不要等對方開口。

業務員在與客戶約定拜訪時間時，選擇適當的環境和時間是至關重要的。如果你選擇的環境吵雜不堪，那麼，最基本的說和聽都會受到干擾，又如何談做生意呢？如果你選擇的時間是客戶最忙或休息的時間，是不是會影響客戶的情緒，又怎麼能期待客戶給你好臉色呢？

因此，業務員在約見客戶時，一定要在適當的時間並選擇合適的地點，使自己與客戶在良好的氛圍下進行交流。

 你選擇的時間合適嗎？

在與客戶約見面的時間時，不能只是考慮自己，還要考慮到客戶是否方便，這樣客戶答應你的機會才會增加。

那麼，業務員該如何選擇合適的時間與客戶會面呢？

★瞭解客戶的時間安排　每個人都有自己的工作計畫和時間安排，客戶自然也不例外。如果你沒有先調查客戶的時間安排，那麼你選擇的時間若是客戶不方便的，就會遭到客戶的拒絕，這樣一來就會浪費更多的時間和精力，還可能會給客戶留下不好的印象，認為你存心找麻煩。雖然客戶的時間安排不盡相同，但是根據他們的工作性質，業務員可以從中整理出一些規律。

- 與公務員會面，最好約在上下班時間，避免約在午休和臨近下班的時間。
- 與學校老師會面，應該約在週末、寒暑假和下午放學之後。
- 與財務人員會面，最好約在月中，因為月初和月底時的他們比較忙。
- 與銀行工作的人士約見面，應該約在上午十點之前或下午四點之後。

　　一般情況下，最好不要在週一約客戶見面，因為經過了兩天的休息，客戶的手上可能會累積了一些工作要先處理，如果這時貿然打擾客戶，客戶可能會毫不猶豫地拒絕。此外，在鄰近下班時，也不要與客戶會面，因為你並不確定客戶今天是否會加班。

　　★**選擇時間的原則**　要想選出最佳時間，就應遵守以下原則：

- 如果可能的話，讓客戶自己決定見面的時間。
- 根據不同的客戶，選擇不同的時間，避免在客戶繁忙的時候約見，也不要在客戶心情不好時約見。
- 為了提高工作效率，同一地區的客戶應該盡量安排在同一天拜訪。

　　一旦與客戶約定了見面時間，一定要遵守，如果沒有時間觀念而遲到的話，將會給客戶留下惡劣的印象，而你們的交易也可能因為你的遲到而畫下休止符。

你選擇的環境合適嗎？

　　在選擇與客戶的見面地點時，也應當以有利於銷售為目的，如果你選擇的地點讓客戶感到不安，當然也會影響客戶的成交決定。所以，要根據不同客戶的個人特質、喜好和所要溝通的內容選擇適當的地點。你所選擇的應該是能讓客戶感到輕鬆和愉快的地點，如果不是

那些需要透過商務談判來保持聯繫的大客戶，一般而言不用選擇商業氛圍濃厚的地點。

那麼，在地點的選擇上，業務員應該注意哪些呢？

★以客戶方便為前提 在選擇地點時，盡可能方便客戶，不能只顧著自己方便而讓客戶感到麻煩。為了讓客戶出行方便，你可以選擇在客戶家、公司附近的餐廳、咖啡店等等。如果有必要，甚至可以服務到家或親至辦公室登門拜訪。

如果約定的會面地點是客戶不方便到達的，應儘量前往接送客戶，讓客戶感受到你的貼心與重視，在未見面之前就會對你留下好的第一印象。

★以介紹產品方便為重點 由於產品特點和溝通內容的各不相同，所以在選擇見面地點時，也要有利於產品的介紹。業務員在確定地點時，也應注意以下幾點：

- 確實約好時間和地點，以免撲空，浪費時間。
- 如果你銷售的是日常生活用品，最好到客戶的家中，這樣更方便展示產品的使用效果。
- 如果你的產品與客戶的工作有關係，當然也可以選擇客戶的工作地點，但是要注意時間的掌握，以不耽誤客戶的正常工作為前提。
- 如果你想在見面之後送客戶禮物或請客戶吃飯，就要選擇人少的場合，以免客戶尷尬。

不同的環境的特點和氛圍是不同的，就像家庭讓人感覺溫馨、娛樂場所讓人感到放鬆、工作場所讓人感到緊張一樣，每個環境帶給人的感覺是不一樣的。因此，選對地點就具有加分作用。

成交
潛規則

約客戶見面時，絕對不要問：「請問你什麼時候有空？」
或「請問你有沒有空？」你應該使用二選一法則，挑出兩
個時間來，讓你的客戶選擇，這才是一個比較有效的方
式。同時在邀約的過程中，要站在對方的立場著想，盡量
告訴對方你會配合他的行程與時間，約在他的工作地點或
住家附近等等，表現出你的誠意讓對方很難拒絕。並記得
在見面日的前兩天，再與對方聯繫，提醒或確定一下你們
見面的時間、地點。一定要注意環境和時間的選擇，合適
的時間和環境就是一個好的開始，有了好的開始就等於成
功了一半。

給客戶足夠的談話空間

業務員來說「雄辯是銀；傾聽是金！」讓客戶多說，能捕捉到更多有利資訊。

很多業務員為了說服客戶，總是一見面就向客戶介紹自己的產品、售後服務，甚至價格等等，儘管他們說得頭頭是道，條理清晰，但卻忽視了客戶也有傾訴的欲望，這種「一言堂」式的銷售是不會得到客戶的青睞的。反而是業務員要少說，先多聽客戶的心聲，讓客戶暢所欲言，業務員才能從中聽到可以著力的攻擊點，讓客戶對你說 Yes。

剛到職一個月，還沒有業績的小劉在這次銷售賣場上負責簡單的接待工作。臨近中午時，一名中年男子來到攤位，細心地看著每一臺照相機。這時攤位上只有小劉一人，其他同事都去吃飯了。小劉只好硬著頭皮上前詢問客戶：「先生，您好！您中意這款相機嗎？」

「嗯，是的。」對方禮貌地回答。

「好的，我來向您介紹一下。這款相機是N95型號，屬於多功能一體機，可以照相、錄影，是上個月才剛上市，目前的價格是××元。這款機器設計非常先進，您還可以從網上下載軟體，還能拍照並修飾您的照片加上花邊或相框等，還有……」小劉宛如一台播放機滔滔不絕地介紹著產品，客戶時而看看相機，時而看看小劉，彷彿是一個局外人。

不一會兒,這名中年男子打斷了小劉的介紹:「不好意思,小夥子,你說的這些我都瞭解,但是我想先隨便看看,謝謝!」就這樣,客戶離開了。

可以想像,會特意來銷售賣場的客戶,一定都是有需求的準客戶。但可惜的是,小劉只顧滔滔不絕地介紹產品,卻忽略了與客戶的互動,雖然他介紹的每一句話都與產品有關,但卻都是一個人的獨白,沒有擅用問與答的互動來挑起客人的購買欲望,只能遺憾地失去這個準客戶。

客戶每天都會跟很多業務員進行溝通,並接收到大量的產品介紹。作為一個業務員,在介紹產品特點時,如何做才能給客戶留下一個非常深刻的印象呢?

以下是業務員在介紹產品時,一定不能誤觸的地雷:

● 介紹產品時如同背臺詞一樣。

● 把客戶晾在一邊,使他覺得自己像個局外人。

● 沒有留意客戶的肢體語言和表情語言。

● 沒有認真瞭解客戶的需求。

業務新手最常犯的錯誤就是沒有給客戶足夠的談話空間。建議你要多多善用「二八法則」,即在銷售過程中,業務員要給客戶80%的時間,讓客戶表達自己的需求或問題,而業務員只需20%的時間就夠了。然而很多業務員卻只給客戶20%的時間,自己卻佔用了80%的時間,上述例子中的小劉更是有過之而無不及,恨不得所有的時間都是自己在說,客戶只要說「成交」或「不成交」就足夠了。

在銷售過程中,一定要創造良好的談話氛圍,與客戶之間保持融洽的關係。可透過以下數點進行檢示:

● 在介紹產品的過程中,要想擺脫一個人獨白的狀態,你就要想

辦法激發客戶興趣，讓他們親自參與你的銷售，對產品有一個直接的認識，隨著對產品的逐步瞭解，切身體驗並對你的產品愛不釋手。

- 讓客戶親自體驗產品。客戶只有對產品有一些親身體驗之後，才會對產品好的印象。因此，你要積極創造機會讓客戶親身體驗產品，讓客戶親自感受產品的性能和特點，滿足他們的心理需求。

- 讓客戶參與問答活動。在介紹產品時，不妨在描述產品性能之後提出一些問題，以吸引客戶的注意力，讓客戶更能參與到產品展示中，而你也能完全掌握整個銷售進度，活躍現場的氣氛，引導客戶心理，使其最終做出購買的決定。

- 試用產品後，瞭解客戶的意見。客戶試用產品後，業務員一定要及時瞭解客戶的反應，傾聽客戶的意見，適時對客戶進行勸購。

銷售就是一個買方與賣方互動的過程，既要有來言，也要有去語。互動的關鍵在於讓客戶參與其中，盡可能增加客戶親身體驗的機會，是提高溝通效率的關鍵。在銷售中，客戶的話往往蘊藏著玄機，因此，你要給客戶留有充分的時間，讓他開口說話，讓他多說，你才能更了解你的客戶，才能對準方向，引他購買。

 巧妙提問，讓客戶開口

客戶不會主動把自己的想法告訴你，你要不斷地提問，從問與答之間逐步掌握客戶的需求。要想客戶開口說話，提問是個不錯的選擇，因為礙於面子，客戶對你的問題也會做出回答。但是在提問時，要語氣親切、態度誠懇，並且要有很強的目的性，如果只是盲目地亂問，連自己對答案有什麼樣的期待都不知道，只是在浪費客戶與自己

的時間。因此，問對問題很重要，要帶著一定的目的性，既能讓客戶開口說，也能得到自己需要的資訊，如：

- 您對於電腦的配備有什麼要求？
- 你希望能在來年的產品加工中節省50000元嗎？
- 您覺得輕薄款好，還是功能強重要呢？

從客戶的話中發現商機

客戶在說話時，往往會提到自己心中最理想的產品是怎樣的，如果業務員能留心並記下客戶的需求，滿足客戶的需求，就能從中發現無限商機。

Case Show

石達明大學畢業後在學校當一名數學教師，幾年之後，他不滿足平靜的生活，於是轉換跑道到一家裝修公司當普通的業務員，想為自己日後的創業累積經驗。

石達明在工作上很勤奮，不像其他業務員那樣僅憑一張嘴不停地向客戶介紹產品，在與客戶溝通的時候，他很少說，反而是拿著本子，認真聽客戶說，還不時地記錄一些有用的資訊。三個月後，他記錄了滿滿的筆記本，並且將那些客戶的意見彙總，然後再進行分析。

第四個月，石達明覺得時機成熟了，便主動請辭，開起一家液態塗料裝飾公司。一年半以後，液態塗料風靡整個裝潢市場，石達明成了最大的贏家。後來在與以前的同事閒談時，石達明道出了自己起家的秘密：

石達明那陣子從客戶的話語中瞭解到，大多數的客戶在考慮居家裝潢塗料時，都會考慮塗料裡含不含甲醛，而現在有部分塗料裡都含有甲醛，而且顏色過於呆板。他從網上搜尋，液態塗料是一種綠色產品，不含甲醛，還可依據客戶的需要塗成不同的圖案，於是他看準商機，取得了成功。

　　由此可知，客戶的話裡蘊含著很多資訊，能為你帶來許多幫助。有時候，客戶的話就像一張藏寶圖，只要你用心聆聽，認真揣摩，就能從中挖掘出大量的寶藏。

贏得客戶的信任

　　業務員要想讓客戶開口說話，就要讓客戶降低對你的戒備心理，讓他感覺到你和他是站在同一陣線。你可以說「您的心情我可以理解。」這樣一來，客戶就會覺得你是來幫助他解決問題的，自然也就會多信任你一分。

　　當客戶在你的鼓勵之後說出了自己的想法或問題時，你就要重複你所聽到的，瞭解並確認客戶和自己相互認同的部分，這樣做可確保你的客戶是否明白產品的益處，才能針對客戶想聽的再做介紹，如此將能為銷售增加幾分勝算。

成交潛規則

　　無論在什麼時候，業務員都要給客戶創造充分的談話空間，不要輕視客戶話中的含義，也許正是因為客戶一句漫不經心的話，就能讓你挖掘到巨大的機遇傾聽有兩種，一是「聽得懂」意指聽得懂對方傳達的內容；「懂得聽」，則是懂得聽話的技巧，能聽出弦外之音。對做業務的人來說就是要多聽少說，全程用眼睛觀察客戶的身體語言。客戶有沒有在對話的過程出現不耐的訊息？有沒有表現出想要買的肢體動作？……等，你才能適時調整銷售策略及話術。多開口問話，要激起客戶的不斷的說與問（Say or Ask），客戶說得越多，成交的機會也越高。

Rule 21

客戶的興趣，應該也是你的興趣

業務員要廣泛涉獵各方面的知識，即使做不到精通，也要瞭解一二，這樣才能在與客戶的交談中遊刃有餘。

拜訪客戶時，往往會遇到態度冷淡的客戶，他們在面對業務員熱情的介紹總是無動於衷。令很多業務員因找不到施力點而無功而返。

其實，應對態度冷淡的客戶最好的辦法就是談論一些他感興趣的東西，這樣你就能挑動客戶的熱情，進而打破沉悶的局面。

興趣，讓你與客戶走得更近

拜訪客戶之前，最好能先掌握他的興趣愛好。因為人們面對自己感興趣的事都會欲罷不能。一旦我們談及客戶的興趣點，就能打開他的話匣子，滔滔不絕地說起來。此時如果你能有自己獨特的觀點就更好了，因為客戶很有可能因此視你為知己。

當然，如果我們在拜訪客戶之前沒有瞭解到他的興趣也沒關係，在談話的過程中，我們也可以逐步發現他的興趣。

一位業務員登門拜訪一位準客戶，對方剛剛換了新居，所以業務員一開始就不停地讚美客戶的新家，稱讚房子的地理位置優越、裝修得有品味，客戶卻顯少有所回應。業務員馬上轉移話題，談到客戶的傲人成就，但不論業務員說什麼，客戶的反應總是淡淡的，眼看就要談不下去了，突然間，業務員發現客戶的書架上擺滿了有關股票的

書，所以他及時把話題轉移到股票。果然，一聽到股票，客戶馬上精神一振，開始滔滔不絕地說起近期的股市行情和未來的熱門股。一會兒，業務員就與客戶熟絡起來，完全一掃剛開始的尷尬。不用說，這名業務員最後順利拿到了訂單。

當然，我們應該對客戶感興趣的事有所瞭解，這樣才能與客戶進行交流。如果客戶發現你完全是個門外漢，根本就不會有和你多聊一句的欲望。「酒逢知己千杯少，話不投機半句多」說的就是這個道理。因此，要盡可能地廣泛涉獵各方面的知識，即使做不到精通，也要瞭解一二，這樣才能和客戶相談甚歡。

$ 滿足客戶的願望

如果一個人對某種東西感興趣，那麼他便會想方設法收集有關這件東西的一切。如果你正好也懂這方面的資訊，能幫助客戶滿足這方面的需求，他將感激你，也一定會給你相應的回報。

李艾是一個辦公用品業務員，她曾多次向一家大企業的總經理銷售自家公司的辦公用品，但卻久攻不下。這天，當她跨進這家公司的大門時，聽見秘書對總經理說：「王總，真是對不起，我沒有找到新款賽車的模型。」

李艾聽到這句話之後，立即轉身走出了公司。第二天，李艾又來到這家公司，對櫃台小姐說：「麻煩妳轉告總經理，我是來送模型的。」這次，李艾輕易就見到了總經理。她拿著兩個模型說：「我是專程來給您送模型的，這兩款是這一季最新的賽車模型。」

總經理看到之後非常高興，連連向李艾道謝，然後便聊起了賽車的事，並且告訴李艾他對賽車模型的狂熱。李艾一直微笑著傾聽，不時點頭表示贊同，也不刻意提起生意上的事。最後，還是總經理主動

提出想看看李艾的辦公用品，並承諾會一直與李艾保持合作。

中國人講究禮尚往來，如果你幫了客戶的忙，客戶也會轉過來幫你的忙。所以，你要懂得先幫助客戶滿足他們的願望，即使這些願望與我們的銷售毫無關係。

 誘導客戶談及自己的興趣

小娟是一位化妝品直銷公司的美容顧問，她每週都會有兩天的時間進行到府銷售。這天，她來到一位太太的家裡，詳細介紹了化妝品的功能和效用，但遲遲未能引起她的興趣。

臨走之前，小娟無意間發現這位太太的客廳裡有一個非常別緻的櫃子，一臉欣賞地對太太說：「您的這個櫃子真別緻，不知道您是在哪裡買的？」

這位太太立即得意地說：「這個櫃子是世界上獨一無二的，它是我和我先生親自設計製作的結婚禮物。」這位太太顯然沉浸在甜蜜的婚姻生活中，向小娟講述了自己種種美好的回憶。聽完這位太太的分享，小娟微笑著說：「您真讓人羨慕，希望下次我再來的時候，還能聽到你們夫妻間幸福甜蜜的小故事。」太太不好意思地說：「真是對不起，耽誤了妳這麼長的時間。對了，妳剛才介紹的那個化妝品幫我留一套吧！」

及時誘導客戶將話題轉移到他感興趣的事情上，有助於替你的銷售打開新的局面。因此，業務員應學會誘導客戶說自己感興趣的話題，銷售過程才不至於冷場。

 瞭解客戶家人的興趣

有些客戶把自己防衛得很密實，讓你實在找不出他感興趣的事物。遇到這樣的客戶，我們可以採取迂迴戰術，從他的家人下手，瞭

解客戶家人的興趣，試圖打開話匣子。

鮑爾在舊金山的一家大銀行任職。有一次，他被指定準備一份有關某公司的機密報告。鮑爾知道，只有一個人掌握著他所急需的情報，這個人就是某公司的董事長，於是他立即前去拜訪他。

當鮑爾被帶進董事長辦公室時，總經理的秘書正為難地告訴總經理今天沒有為他找到郵票。

董事長對鮑爾解釋說他正在為十二歲的兒子收集郵票。

鮑爾說明了來意，並開始提問。但那位董事長顯得心不在焉，根本無心對鮑爾透露半點情報。

鮑爾愁眉苦臉地離開後，絞盡腦汁地想還有什麼辦法可以得到那些情報，突然間，他想到了那些郵票。銀行業務部不是收集了很多來自世界各地的郵票嗎？

第二天下午，鮑爾帶著郵票去拜訪那位董事長。董事長滿臉喜悅地接待了鮑爾，接下來的時間，他們都在談論董事長的兒子。之後，董事長也主動把他所知道的資訊都告訴了鮑爾。

當你與客戶交談時，若是不顧及對方的感受，只是一味地將自己想讓客戶知道的資訊傳遞給客戶，結果往往是不歡而散。但如果與客戶聊他們感興趣的事，就能讓整個銷售充滿生機。所以，你要把客戶的興趣當作自己的興趣，而與客戶交流自己的心得和經驗就是一個提高成交率的不錯選擇。

成交
潛規則

想想你的潛在客戶會在哪裡,你就要時常出現在那裡。如果你是高級汽車業務員、銀行理專,那麼高爾夫球是你必須要會的興趣,因為你的潛在客戶都在球場裡,一場球打完十八洞,少說要六個小時,整天耗下來,球友間很容易卸下心防、大吐心事,從誰家的股票要上市、聊到誰的女兒在找工作。如果有人透露了想買車或投資的意向,那麼你可以發揮的機會就來了。

你還可以刻意讓你的生活節奏與你的客戶群同步,這樣你們的共同話題也會自然而然同頻、氣場也會相投,談起生意就順利多了。

要和客戶維持良好關係，經常親切地喊出對方的名字也是拉近雙方距離的有效方法之一。

當然，能叫出他人的名字，首先就要記住他的名字。記住一個人的名字，並自然地叫出來，就是等於對他進行不著痕跡的恭維和讚賞。反之，如果你在打招呼時，把對方的名字忘記了或是叫錯了，這樣效果就大打折扣了。

在社會學來看，一個人的稱呼可以看出他的地位；從心理學來看，稱呼反應了彼此的距離和親暱程度。不恰當的稱呼會引起對方的排斥心理，令對方反感，而影響到你們進一步的關係。

一般來說，隨親密程度的不同，我們的稱呼也有所不同，以同年齡的人為例，業務員和客戶還不太熟悉的時候，一般稱呼他的頭銜，比如「張老闆」、「王總」、「趙秘書」等，這樣的稱呼不免顯得生疏。彼此熟悉後，我們開始直呼其名，關係再親密一點，就可以叫其暱稱或是「張大哥」、「王姐」等。

我們也能從稱呼來判斷一對男女戀愛關係的發展。每一對親密的戀人必定會有相互稱呼的暱稱。從心理學上來看，兩個人的心理距離越來越近時，他們的稱呼也會由頭銜而姓而名。有些人，我們雖然與之見面不久，也不算親密，假如你想拉近和他的距離，不妨以名字或暱稱來稱呼他。

一個剛認識不久的人，如果他下次再看到你，能親切地叫出你的名字，你一定會很高興，而且對他的好感瞬間大增。同樣地，在他人心裡，也會有這樣的感覺。我就常有這樣的體會：每次被一些地位比自己高，或是年紀比自己大，或跟自己並不太熟的人喊出名字時，我就感覺特別高興，心想：「他居然知道我叫什麼名字。」、「他還記得我？看來我留給他很深的印象。」

對於那些叫不出我名字的人，或是知道我的名字而不叫名字的人，給我的感覺就不太好了。有的人不管看到什麼人都是「哎」、「喂」、「那個誰」，或直接地來一句「你早」、「你好」、「吃飯了嗎？」什麼稱呼都沒有就直接說話，這樣感覺很不禮貌。

在這裡筆者提供一個小的技巧，如果客戶打電話找你，你一聽就知道是誰，這時候，不要接上電話就問：「什麼事啊？」或是毫無表情地來一句「你好！」這樣顯得太生疏了。不要忘了，既然你已聽出他是誰，那麼開頭第一句就是要有稱呼，「陳哥，有什麼事？」或是「陳哥，你好！」

當然，也有一些人特別喜歡聽人家稱呼自己頭銜。面對這種人，我們便不能直呼其名，而是順從他的要求，稱呼頭銜來滿足他那不自覺的虛榮心。他喜歡被人叫做「張總」，你就不要叫他「張哥」。

我有個學生，他每見一個客戶，都懂得如何從稱呼上拉近與他人的關係。如果對方是長輩，他會這樣講：「張科長，我是晚輩，以後就直接稱呼您為張叔吧！」如果對方是他的同輩，他就這樣講：「王廠長，我以後就直接稱呼您為王哥吧，這樣叫，您不會感覺我過分吧？」

　　這種稱謂的變換，會一下子把雙方的距離拉近。等下一次他再打電話給對方的時候，就直接稱呼：「張叔，你好，我是小王啊，最近……」這種拉近距離的稱謂變換，對下一次的見面有決定性的作用。

　　對年齡比較忌諱的女性客戶，誰也不願意無緣無故就被叫老了幾歲。見人就叫「哥」、「姐」的這種方式，也不是每次都行得通的。有位女性客戶剛從國外回來時，一開始很不習慣某些人對她的稱呼。她說如果去逛街，有些店員會故作親切地問她：「大姐，看看這個吧！」去餐館吃飯，服務員會問她：「大姐，您要吃點什麼？」儘管對方的態度很熱情和誠懇，但是這個稱呼卻叫得她很不舒服，因為在她的生活經驗裡從來沒有人叫過她「大姐」。所以她經常抱怨這些人真不會做生意，客人一進門，好情緒就被他們叫走了。儘管她已經三十多歲了，也不算美女，但每當聽到別人叫她「小妹」、「美女」時，她都會很高興，這是人的天性嘛！

Chapter 3

成交第三步
——讓客戶自願說出想說的話

把握客戶的購買心理是成功銷售的第一步，而引導
客戶說出疑問和顧慮則是把握其心理最有效的手
段。在和客戶互動時，業務員要說得少，反倒要讓
客戶一直說，給客戶說話的機會，因為客戶的言談
之間往往蘊藏著無限的商機，反而有助於銷售。

透過提問，判斷客戶的購買心理

客戶通常不是很清楚自己的需求為何，這時候
就有賴業務員善用問問題的方式來發掘。

　　在日常工作中，會遇到各形各色的客戶，有的會主動說出自己的
要求，有的則遲遲不願透露自己的想法。當你的客戶不說自己的需求
時，這時就要以提問的方式來判斷客戶的購買心理了。

　　很多業務員之所以經常被客戶拒絕，往往原因就在於他沒能讓客
戶產生信任感。某種程度上而言，業務員的角色與醫生或顧問頗為近
似，同樣是透過提出精準的問題，加上敏銳細微的觀察力，才能切中
要害，贏得客戶的信任。

　　在許多時候，客戶可能根本不清楚，甚至是渾然不覺自己的需求
為何，這時候就有賴業務員善用問問題的方式來發掘。

　　在拜訪客戶時，請先暫時放下銷售產品這件事，先真誠地瞭解客
戶的現況，例如：「貴公司成立多久了？」、「未來有什麼營運計
畫？」透過問問題，可以讓客戶多說話，自己則是專心聆聽，要用心
聽出關鍵核心。你可以先簡單地介紹產品，接著就展開提問，讓客戶
有機會多說話，表達自己的意見和需求，這樣你才能準確掌握客戶在
想什麼。

　　那麼，應如何提問，才能問出客戶心中的想法呢？

抽絲剝繭，順序提問

向客戶提問的目的就是要瞭解客戶的購買心理，唯有知道客戶需要怎樣的產品，才能展開下一步的銷售活動。那麼，要怎麼問才能與客戶深入交流，找到客戶真正的需求。

以下幾個技巧是你需靈活掌握的提問順序：

★ 提問時旁敲側擊　與客戶初次見面時，最好不要馬上把話題引到銷售的細節上，而是從客戶熟悉並願意回答的問題入手，比如問客戶：「您對產品有哪些具體要求？」、「您所滿意的產品都具備哪些特徵呢？」先向客戶提一些較為容易接受的問題，邊問邊分析其反應，從客戶的回答中找出談話重點，再一步步引導客戶進入正題。

使用這種旁敲側擊的提問方式時，在話題上要做到有效地規範和控制，既不可漫無目的地與客戶談論與產品毫無關係的話題，又不可過於直接地向客戶詢問與產品直接相關的問題。做到不給客戶咄咄逼人之感，又能在之後順利引入正題。總之，就是要讓客戶多表達。

★ 提問時多重複幾次　如果你在與客戶交流時，適當使用重複性的提問，既能表現出對客戶所談內容的理解和興趣，也能確認對方提供的資訊，及時找到客戶的興趣點與關心點。

客戶：「店裡的裝修方案我已經確定了。」

業務員：「您已經確定了您店裡的裝修方案？」

客戶：「是的。」

業務員：「就是上次您提到的裝修方案嗎？」

★ 試探性的提問　當我們還不清楚客戶的購買心理時，可以進行試探性地提問，這種提問方式非常實用。在具體的交談中，試探性提問可以分為兩種：

● 舒適區試探。一般用於銷售溝通初期。在與客戶初次見面時，

為了營造愉快的談話氣氛，你需要針對客戶感覺比較舒服的內容進行提問，使客戶願意主動傳遞相關資訊。例如在與客戶初次交談時，你可以向客戶提問：「不知您比較欣賞哪種款式的產品？」這樣較開放式的問法，可以讓客戶根據自己的意願做回答，往往能使客戶說出更多內心的想法，而根據客戶的回答，業務員就能逐步掌握客戶真正關心或在意的部分，進而從客戶關心的話題展開攻勢。

● 敏感區試探。所謂敏感區試探，指的是業務員針對客戶所存在的問題，或客戶比較在意的問題進行提問。一般用在雙方已建立良好的互動，也就是客戶的戒備心已經消除，開始信任並願意與業務員進行進一步的溝通的時候。

💰 一針見血，問出實質

當你在向客戶提問時，一定要有的放矢，讓對方感受到購買產品的必要性和緊迫性，如此才能儘快促成交易，取得訂單。你可以透過以下實質性提問來激發客戶的購買欲望。

★問題要深化客戶的困難 當你瞭解了客戶的需求之後，就要對他的內在需求進行分析，向客戶提出他在缺少你的產品時可能會遇到的困難，並強調這些困難會對客戶帶來的影響。

以下來看一下一位抽油煙機業務員在面對客戶時，是怎樣利用提問的方式增加客戶需求的迫切性。

「您在做飯時，沒有抽油煙機會感到不舒服嗎？」

「當您在烹調時感到不舒服，會有怎樣的感覺？」

「您會在烹調之後，有眼睛和喉嚨不舒服的感覺嗎？」

「您瞭解多少油煙會對人體產生傷害？」

「您知道哪些是因油煙導致的疾病？」

……

如果業務員能深化客戶將會面臨到困難、不便或障礙，就能提高客戶對產品需求的緊迫度，促使他更快做出成交決定。

★ **提問要細化困難** 在客戶有需求的情況下，指出客戶缺少產品時所遇到的困難，並一一羅列出這些困難對客戶的影響。

以銷售汽車為例，當客戶想買汽車時，你可以這樣問：

「放假時，您也希望帶著家人去郊外放鬆一下吧？」

「當您遇到突發狀況時，有自己的車是不是會方便些呢？」

業務員細化客戶可能會遇到的問題，也能加快客戶想要擁有的需求。

★ **提問要環環相扣** 想要讓客戶的需求轉化為購買產品的強烈欲望，還要注意向客戶提問的頻率，儘量保持提問的連續性。客戶只有在連續被提問的過程中，對需求的緊迫感才會持續增強，一旦業務員將提問中斷，就會如同橡皮筋鬆了一般，失去了應有的效果。

💰 以牙還牙，巧用反問

在銷售過程中，總是會需要回答客戶的各種問題，如果你能以反問的方式回答客戶的問題，就可借由客戶的口回答他提出的問題。

那麼，在具體銷售過程中，業務員應如何向客戶提出反問呢？

★ **機智地問** 這種反問是指業務員從側面和不同的角度表達態度、傾向和觀點，機智巧妙地回應對方。在購買產品時，客戶有時會提出一些「另有它意」的異議，這些異議一般是指客戶為了壓低價格，或有意擺脫客戶身分的假異議。當銷售中出現這種情況時，難免會讓業務員感到尷尬，面對這種狀況時，你可以使用機智型的反問，來消除尷尬，並活絡銷售氣氛。比如：

客戶：「你們的產品品質太糟糕了，一定不會有人來買！」

業務員：「是嗎？其實我和您的意見完全相同，不過遺憾的是，

只有我們兩個來反對那麼多來買產品的客戶有什麼用呢？」

★**幽默地問** 幽默型反問是指反問者的問話既能令人感到很有意思，又能使人從中有所領悟。這種反問一般用於銷售氣氛緊張的情況下，例如投訴、提出重大異議，或雙方因某些問題即將展開爭論時。

業務員使用幽默的反問回應客戶，不僅能夠明確表明自己的觀點，又不傷及客戶心理，具有緩衝氣氛和融洽雙方關係的作用。以下這則笑話就是使用了幽默型的反問：

新手業務或是娃娃臉業務最常遇到的狀況是，當客戶調侃業務員太年輕或太嫩時，一時就不知要如何應對，這時不妨用幽默來化解：「我知道我長得有點像年輕時候的比爾・蓋茲（Bill Gates）。」然後再回到原來的討論主題。

★**諷刺地問** 諷刺性的反問是指反問者在受到不平等回應時，所使用的一種表面不傷及雙方感情，但卻一語中的的反問方式。這種反問方式既表達出反問者的想法，也維持氣氛的和諧，但卻給對方一種自打耳光的窘況，在實際銷售中，使用這種反問方式時，一定要掌握分寸，才能為接下來的溝通留下操作空間。

成交潛規則

成功銷售的關鍵在於你是否瞭解客戶面對的困難和煩惱，只要學會主動傾聽，貼心挖掘他的煩惱，引導他往你的產品服務尋找解決方案，這樣就能做成生意了。當然，客戶可能會刻意隱瞞他的想法，或者他自己也不清楚問題所在，因此，你也必須善用提問技巧，既可獲取客戶的信任，又可幫助他瞭解自己真正的需要。

不管業務員選擇哪種提問方式，其最終目的都是為了瞭解客戶的購物需求，然後滿足客戶的需求，最終得以成交。

Rule 23

客戶身邊的陪同者也很重要

客戶的陪同者既可成為業務員的敵人，也能成為業務員的朋友。

　　在實際的銷售工作中，很多業務員都害怕自己一對多地同時面對幾個人。他們其中只有一位是你的潛在客戶，其餘可能是同事、朋友或親人。面對這樣的客戶群，銷售的難度會成倍增加，因為陪同者的一句話常會讓買賣就此停擺，導致許多業務員視客戶的陪同者為自己的敵人。其實，客戶的陪同者既可成為你的敵人，也可成為你的朋友，是敵是友，其關鍵就在於你如何處理自己與陪同者的關係。

　　在遇到這樣的客戶群時，要注意以下幾方面，發揮陪同者的積極影響，就能減少陪同者在銷售中的負面影響。

誰是客戶，誰是陪同者

　　如果客戶以群體的方式與業務員會面，那麼業務員應仔細觀察，判斷誰是客戶，誰是陪同者。如果陪同者人數較多，業務員還應判斷誰是客戶的第一影響人，誰次之。在有陪同者的銷售中，客戶和第一影響人是關鍵的兩個人物，因為客戶在下定決心購買之前一定會徵求第一影響人的意見。

　　那麼，該如何分辨誰是客戶，而誰又是陪同者呢？以店面銷售為例，我們來看看業務員如何進行角色定位。

一家服飾專賣店走進像學生的年輕女孩，其中一個一走進店裡就開始瀏覽衣服，不時地停下來摸一摸，然後與另一個女孩耳語一番。另一個女孩的眼睛則始終盯著自己的手機，只有在同伴說話的時候才會抬起眼睛看一眼，小聲嘀咕幾句後，注意力就又回到自己的手機。

很顯然，把注意力放在衣服上的女孩才是店員的潛在客戶，而把注意力放在手機上的女孩則只是陪同者。只要用心觀察，不難發現誰是客戶，誰是陪同者。如果業務員無法判斷出客戶與陪同者，就應該問：「你們需要點什麼？」一般情況下，聽到這種提問後，他們會主動告訴你哪個是客戶。

💰 讓陪同者感覺到他自己也很重要

前文中我們提到業務員一定要帶給客戶一種「你們是老朋友」的感覺？為什麼呢？因為這樣一來，你的客戶才會信任你。在這裡，同樣地，業務員說出來的話，客戶可能不相信，但如果是他朋友說的，他則可能採信，這就說明客戶更相信他的朋友。所以，千萬不可以忽視陪同者，別眼中只有客戶而將陪同者晾在一邊。陪同者雖不具有購買決定權，但卻有購買否決權，是不容小看的。

因此，你要給陪同者充分的尊重，讓他感覺到自己也受到了重視。為了讓陪同者感覺到自己受到了重視，你可以這樣做：

- 與陪同者進行眼神的交流。在介紹產品、說服客戶購買的時候，雖然只能與一個人講話，但你的眼神也要照顧到陪同者。
- 給陪同者一些時間。為了表示對陪同者的尊重，你應該花一些時間與陪同者交流，不論是對其進行稱讚，還是徵求他的意見，這些都是必需的。

巧妙利用雙方關係互相施壓

一般來說，客戶與陪同者關係都是非常密切的，所以你不妨利用他們之間的親密關係互相施壓，這會給銷售帶來意想不到的效果。

在有陪同者的情況下，經常會發生這樣的事：

- 有的陪同者可能會為客戶推薦產品，如果客戶也覺得陪同者推薦的產品不錯時，你就要牢牢抓住這個機會，給客戶施加一定的壓力，你可以這樣說：「小姐，您的朋友真是瞭解您，她推薦給您的這套產品確實非常適合您。」這句話會讓陪同者與你站在一起，還會給客戶一定的壓力。因為客戶也不好直接說東西難看，或多或少要給朋友一個面子。如果他本身也喜歡，那交易成功就不在話下了。

- 如果客戶非常喜歡自己選擇的產品，那麼業務員就可以給陪同者施加壓力了。你可以這樣說：「您看，您的朋友應該非常喜歡這件裙子。」一旦你說出這樣的話，陪同者也就不好意思提出反對意見了。

 適當徵求陪同者的意見

客戶購買產品時，經常會出現拿不定主意的狀況，這時，陪同者的意見就變得尤為重要了。陪同者的一句話可以令客戶欣然付款，也可以令客戶轉身離去。有很多業務員把全部精力都放在如何說服客戶，而忽視了陪同者的感受，這樣反而會令你錯失成交的機會。

甚至有的業務員不僅忽視了陪同者，還讓自己與陪同者對立，這對銷售一點兒好處都沒有。一旦發現陪同者對銷售產生了不良影響，你就要想辦法將陪同者拉攏過來，使他成為自己的夥伴，讓他站在你這邊，為你敲邊鼓。

Case Show

案例一

　　業務員：「這位先生，您不僅精通家居裝修知識，而且對朋友也非常用心，能帶上您這樣的朋友一起來買家具，真好！請教一下，您覺得還有哪些方面不太合適呢？我們可以交換一下看法，然後一起幫助您的朋友挑選到真正適合他的東西，好嗎？」

案例二

　　業務員（對顧客）：「您的朋友對電腦滿內行，而且也很用心，難怪您會帶他一起來買電腦呢！」

　　業務員（對陪同購買者）：「請問這位先生，您覺得還有什麼地方有疑問的呢？您可以告訴我，這樣的話，我們可以一起來為您朋友提建議，幫他找到一套更適合使用的電腦，好嗎？」

　　以上的話術不僅肯定了陪同者的眼光，而且也給了陪同者展現自我的機會。只要陪同者願意提供自己的意見，就代表業務員爭取到陪同者的支持，成交率也會大大提高。

💰 不能對陪同者說的話

　　當陪同者發表了不同意見之後，有些話業務員是不能說的，例如：

- 不會呀，我覺得很好。
- 這是我們最新上市的主打產品。
- 這個很有特色啊，怎麼可能不好看呢？
- 不要管別人怎麼說，您自己覺得好就可以了。

　　如果你的客戶詢問陪同者的意見，而陪同者的意見又不是你希望的回應時，很多業務員會用以上的說法來說服客戶，但事實上，這些

話很容易招致陪同者的反感，一旦你與陪同者的意見相左，客戶一定是站在陪同者那一邊，畢竟他們的交情比你好，而這筆生意也就無望談成了。

> 業務員要將陪同者視為自己的夥伴，利用陪同者的力量，讓他成為你的銷售小幫手。此外，拜訪客戶，常會約在客戶的家裡碰面。除了與客戶詳談外，通常他會有其他家人陪同在旁，此時，便是您展現巧思的時刻了，不可忽略其他的人員，你也要照顧到他們讓他們也覺得備受禮遇。如此，成功的契機便掌握在你的手中了。

成交潛規則

Rule 24 如何破解客戶的藉口

客戶各種不購買、下單的理由，都是讓業務員有更多磨練的機會。

在與客戶交談時，業務員最苦惱的不是直接拒絕的客戶，而是那些以各種藉口表示拒絕的客戶，因為這種客戶向業務員拋出了一個煙霧彈，如果業務員無法穿過重重迷霧洞悉客戶的真實意圖，那麼交易往往面臨絕境。

如果你希望自己的工作不被客戶的藉口影響，就應該掌握銷售的主動權，引導客戶做出有利於銷售成功的決定，不給客戶找藉口的機會。

 謝謝，我不需要

在實際的銷售中，客戶經常用「我不需要」來擺脫業務員。而面對客戶的「不需要」，有很多業務員往往會選擇主動放棄，因為他們認為既然客戶不需要，介紹也是徒勞。其實這樣的想法並不完全正確，客戶的「不需要」往往也是拒絕的藉口。如果你能從客戶那裡找到拒絕的真正原因，再加以引導，還是有可能達成交易。

那麼，面臨客戶的「不需要」時，業務員應該怎樣應對呢？

● 當客戶表示「不需要」的時候，可能隱藏了拒絕購買的真正原因。你可以主動詢問客戶不想買的真正原因。比如，你可以問

「您是不是還有其他的原因呢？」、「您對我們的產品有什麼不滿意的地方嗎？」如果客戶能說出自己拒絕的真正原因，就能節省不少時間和心力。

● 客戶說「不需要」，很可能是對產品及業務員存有戒備心理。因為面對不瞭解的產品和生疏的業務員，人們往往不想接觸也不想多費唇舌。對銷售環境感到陌生，就有可能成為客戶拒絕的原因。

當你與客戶溝通時，最好使用較溫和的語氣，事事多為客戶考慮，以拉近自己與客戶之間的距離，幫助客戶消除陌生感。如當客戶以「不需要」為由，拒絕你推薦的服裝時，你可以說：「您是在擔心這件衣服不適合您嗎？其實您是多慮了，如果您能穿這件衣服，您身邊的朋友一定會讚不絕口的。」只要業務員營造出一個親切、和諧的銷售氛圍，感染客戶主動參與，就能讓銷售工作進一步地開展下去。

我沒錢

業務員使出渾身解術說服客戶購買產品的目的是什麼？當然就是賺客戶的錢。但是有很多客戶都有這樣一個殺手鐧，只有三個字：「我沒錢」。聽到這句話，很多業務員都識趣地放棄，因為客戶已經說沒錢了，再糾纏也無益。然而，客戶真的是沒錢嗎？這其中的玄機恐怕也只有他自己才清楚的了。

面對「沒錢」的客戶，我們要見招拆招，在他還未說「沒錢」的時候就封住他的嘴。

我們來看看張先生的一次購物經驗：

Case Show

　　一次，我去外地出差，與客戶談完生意之後到處逛逛。無意間，我走進一家服飾店，立刻就被一套西裝吸引了。一位漂亮的售貨員走了過來。在她熱情地勸說下，我試穿了一下，不但非常合身，而且穿在身上人顯得特別有精神。

　　我當時衝動地就想把這件衣服買下來，可是一看標籤八千多元，對我來說，這可不是個小數字。可是售貨小姐非常熱情，一直稱讚這件衣服的特點，讓我左右為難。正當我想以「沒錢」為理由拒絕的時候，服務員一個勁地誇起我的手錶，說這麼好的手錶不是一般人能用得起的，能戴這麼好的手錶的人一定是上流人士。我一聽，不禁想，對呀，這麼好的手錶我都買得起，沒理由買不起一套質料好的西裝啊。於是，為了滿足自己上流社會的虛榮心，我只好打腫臉充胖子，買下了這套西裝。

　　我們不得不說這位售貨小姐很懂消費者心理。每個人都有虛榮心，我們要充分利用虛榮心的力量，讓客戶根本沒有機會說「沒錢」，乖乖地主動掏錢出來。

太貴了

　　「太貴了！」是客戶經常說的一句話，這話可能意味著你的價格超過了他的消費水準，更有可能的是他覺得你的產品根本不值這麼多錢。所以我們不要認為「太貴了」是客戶的一種拒絕，這其實是一種積極的信號。

　　我們來看一組對比案例，看看業務員遇到這種情況時都是怎麼處理的：

NG Case

業務員：「歡迎光臨，先生您好。這是我們今年的新機型，如果喜歡的
　　　　話，我可以幫您介紹一下。」

客戶：「我覺得這款還不錯。」

業務員：「先生，您的眼光真好，這是今年最受歡迎的一款，它採用了
　　　　……」

客戶：「這款多少錢？」

業務員：「您來得正是時候，趕上我們的促銷，打完折後是6888元。」

客戶：「太貴了。」

業務員：「不會啊，這是目前最低價了。」

客戶：「可我還是覺得貴了一點。」

業務員：「那我也沒辦法了，這已經是最低價了。」

　　　　於是客戶轉身離開了。

Case Show

客戶：「這條牛仔褲多少錢？」

業務員：「1980元。」

客戶：「太貴了。」

業務員：「不會啊，小姐，這可是最低價了。」

客戶：「我還是覺得有點貴。」

業務員：「小姐，您摸摸這質料，比一般的牛仔褲要好很多，對吧。而
　　　　且這款是今年的新款，數量不多，保證會大大降低撞衫的幾
　　　　率。而且這個版型很有塑身效果，更能突顯您的身材。一分錢
　　　　一分貨，您說是嗎？」

客戶：「那就替我包起來吧。」

　　業務員總想賣出最高價，而客戶則是希望以最少的錢買到最好的東西。要想讓客戶購買我們的產品，就要讓他覺得我們的產品值這麼多錢，要讓他知道我們的產品是同類產品中最好的，花這些錢是物有所值，甚至是物超所值的，給他們加強信心。這樣一來，我們就能讓客戶心甘情願地買單。

$ 我再考慮考慮

　　我想很多業務員都曾遇過這樣的客戶，在你為其介紹了產品情況後，他仍然沒有購買的意思，詢問之下，也只是拋出一句「我再考慮考慮」，讓你心涼了一半。其實客戶說出「考慮考慮」的原因很多，可能是因產品不符合自己的期待，也可能是對價格不滿意，甚至是對購物氣氛不滿意。很多業務員覺得，當客戶說出「考慮考慮」時就代表著銷售活動的終結，其實不然，如果你能留住客戶，再多問幾句，深入了解原因，就有機會成交。

　　以下這個案例將告訴你如何應對客戶的「考慮考慮」：

Case Show

　　安真是一名汽車業務員。一天，一位男士走進安真的賣場，準備挑選一輛小轎車，安真負責接待他。經過一番挑選後，這位男士選定了一輛黑色的轎車。起初，客戶對黑色的轎車非常感興趣，並稱讚車內的配置與功能很好，但是當安真對這輛轎車做了相當多的介紹之後，客戶的態度卻開始冷淡下來，遲遲沒有要購買的意思。

　　安真：「我相信這輛車很適合您這樣的商務人士。有一輛漂亮的車代步，無論去哪裡都會非常方便。而且這輛車的性能很好，絕對是高品質的產品，可以說是物有所值。但是我覺得您好像有什麼不好說出來的

想法，不知您遲遲未做出決定是什麼原因呢？」

客戶：「沒有原因，我只是想再考慮考慮而已，哪有什麼原因。」

安真：「這樣啊，但是您一定是在為某件事而擔心對嗎？如果您有什麼擔心的事，儘管可以說出來，也許我能幫上忙。」

客戶：「真的沒有什麼擔心的事情，我只是想再考慮一下，給自己一個思考的時間。」

安真：「作為一名業務員，我想我應該瞭解到您對產品的不滿意和擔心之處，這是我們的責任，而且我也真心希望能為您解答。是不是您能說出您的顧慮，這樣我才能幫您解決啊。您說是嗎？您對產品有什麼不滿意的地方嗎？」

客戶：「好吧，我是覺得這輛車的價格有點偏高。」

安真：「很高興您能說出您心中的疑問，我也正在想您是不是在擔心價格的問題。」

客戶：「對，這輛車的價格太貴了。在我看來，似乎不需要這麼高的價格，因為我問過同等級車的價格，他們的價格都沒有你們的高。」

安真：「可能和其他廠牌相比，這輛車的價格是有點高，這是因為這款車的品質和性能優越，關於這方面，我想您也是認可的，『一分價錢一分貨』的道理您一定比我明白。我們也承認我們的價錢的確相對較高，但是我們的銷售不僅是賣出產品，更重要的是，我們更注重售後服務，如果您在使用中出現什麼問題，我們都會為您服務到家，替您省去很多麻煩，您一次購買，就能享受我們的終身服務，如果您仔細想一想，就會發現在我們這裡買車是相當值得的。您覺得呢？」

客戶：「你說的似乎也有道理。那好吧，就買這輛了。」

安真：「好。如果您現在購買的話，只需要兩天的時間就可以交車了。那麼，要麻煩您到前面的櫃台辦一下手續，這邊請。」

案例中的業務員做得很好，當客戶說需要考慮的時候，她並沒有主動結束交易，而是引導客戶說出考慮的原因，儘量給客戶說話的空間。當發現影響成交的因素之後，就能向客戶做出了合理的解釋。世界潛能大師安東尼・羅賓（Anthony Robbins）曾遇過一位在充分瞭解過產品資訊之後，仍不願購買產品的客戶。於是安東尼對這位客戶說：「您不買我的產品，一定是因為我沒有解釋清楚，那麼就讓我再來為您解釋一遍。」就這樣，客戶一次次推拖，安東尼就一次次解釋。最後安東尼拿到了訂單。

為了讓客戶找不到拒絕的理由，業務員可以以「行動」來卸除客戶的藉口，例如你是房仲業務員，你可以帶著你的客戶去看附近所有符合客戶需求的房子，同時邊看屋時邊教育客戶說：「最近附近哪間房屋剛成交了」、「這一帶的房屋很搶手，好屋子通常一掛出就很快賣掉」等等，讓客戶覺得「該看的都看了，應該是要做決定了」，讓成交壓力回到客戶身上去。

可見，當客戶試圖拒絕購買時，只要不厭其煩地為客戶多做解釋，最後往往能夠打動客戶，令他說出真正拒絕購買的核心原因。堅持不懈、鍥而不捨是每一個業務員都應具備的基本素質，只要不放棄追求，就有成功的可能。

成交潛規則

很多時候，不是客戶不需要你的產品，而是你的工作做得不到位。客戶的藉口就像是變色龍的偽裝，業務員要練就一雙慧眼，識破客戶的藉口，並找到客戶拒絕的真正原因，就有機會取得成功的銷售。

Rule 25 巧言妙語化解客戶疑慮

知道客戶可能的問題、疑慮是什麼之後，還要對症下藥地提出解決方案，成交就不遠了。

業務員在實際工作中，常會遇到舉棋不定的客戶，這時，應該思考客戶的疑慮到底是什麼，然後根據客戶疑慮的對症下藥，從根本上解除問題。

客戶有疑慮是一種正常現象，如果你能站在客戶的角度思考，就可以理解。一般情況下，客戶在決定購買時都會表現得猶豫不決，他們會貨比三家，權衡利弊，選擇自認為物美價廉、能給自己帶來最大利益的產品。但對業務員來說，客戶始終猶豫不決並不是一件好事，一是非常浪費時間和精力，二則可能最後未能成交。所以，當你在與客戶溝通後，應儘快給他吃一顆定心丸，把主動權掌握在自己手裡。

客戶要從自己口袋裡拿錢給一個陌生人，自然會保持一定的警覺。在你瞭解客戶疑慮產生的原因之後，還要想辦法瞭解客戶的需求，如：過去使用過的產品在哪些方面沒有滿足其需要，希望產品具有哪些功能、特點等。在對這些資訊充分瞭解之後，才能具體分析，採取相應的銷售溝通技巧，最後化解客戶的疑慮。

💰 客戶對公司有所質疑時

不瞭解就會產生不信任，客戶在與業務員剛接觸的時候，往往會

因為不了解而懷疑公司的可信度。因此，你要能理解客戶最初產生的不信任是正常的。任何一個客戶在購買之前都至少要確定這是一家正規的、不會拿到定金就消失或剛買完產品後就橫眉冷對的公司。

客戶的這種顧慮是正常的，也會常遇到的，你除了要能理解外，還應努力來消除這種顧慮，才能儘快進入溝通的實質階段。

- 在與客戶接觸時，你要做到自信而誠懇——對產品表現得有信心，對客戶顯示出誠懇的態度，耐心與客戶溝通、交流。

- 向客戶提供能夠證明公司信譽和實力的有力證明，這些證明可以是公司的相關證書，也可以是某些具有一定影響力人物的介紹信，還可以是與公司有著長期合作的客戶關係說明等。

- 在銷售的溝通過程中，你的專業態度和說明資料必須互相結合，根據具體情況巧妙運用才能真正消除客戶的顧慮，而不是僅靠態度積極，或一股腦兒地把證明公司實力的相關資料擺放在客戶面前就可以解決的。

客戶對產品品質有所懷疑時

擔心產品品質有問題和擔心公司誠信度一樣是正常而合理的。這是由於客戶缺乏親身體驗和必要的證明，以至於客戶對產品品質沒有信心。當客戶對於產品品質產生懷疑，並提出一連串的疑問，往往不是要產生對抗的情結，相反地，也說明了他們有這方面的需求，而且他們已經開始關心產品了。所以這個時候，業務員更應該抓住這個能進一步開展彼此溝通的積極訊號，消除客戶對於產品的顧慮，然後就可以進行促使客戶下決心的最後環節了。如果把客戶的質疑當成是拒絕的訊號而放棄努力，那麼前期所做的都將白費。

那麼，如何消除客戶對產品品質的顧慮呢？

- 其做法與證明公司信譽和實力的方法大同小異，只要把證明公司信譽和實力的相關資料換成能夠證明產品品質的資料即可。
- 透過一些方式展現產品的種種優勢，比如現場展示、權威機構證明等等，效果更好。

需要注意的是，消除客戶對產品品質的顧慮時，業務員要更有耐心和仔細，而在涉及到和競爭對手的產品比較時，則更需要講究技巧。

客戶不瞭解行業情況時

業務員也常常聽到客戶這樣對自己說：「我們要多看幾家，然後再決定」，或「有家公司提供的產品比你們的功能多，但價格卻比你們的便宜」等。出現這種情況，往往是因為客戶對具體的市場行情缺乏瞭解。在對市場行情沒有一個大致瞭解的情況下，客戶是不會做出購買決定的。

其實客戶在購買產品之前，對產品、業務員以及業務員所屬公司有種種的疑慮，是很正常的，所以，你應事先做好充分的準備，再以自己的巧舌去化解客戶的疑慮，這樣才有可能繼續談下去。當客戶不瞭解行業情況時，你可以這樣做：

- 你不能要求客戶立即決定是否購買你的產品，而要給客戶足夠的考慮時間。
- 你若能幫助客戶瞭解市場行情，反而容易讓客戶產生好感，打消心中的顧慮。你可以主動扮演客戶顧問的角色，讓客戶感受到你是站在他的立場替他設想，而不是急於銷售自己的產品，在溝通過程中進一步深入瞭解客戶的需求，適時而巧妙地告訴客戶，你能夠滿足他的需求，甚至可以在某些方面做得更好。

有些業務員面對客戶的種種疑慮會不耐煩，經常是隨手遞給客戶

一些產品和公司資料讓客戶自己去看，這是銷售中的大忌，這樣的舉動會讓有客戶有被看輕的感覺，一旦客戶有了這樣的感受，就很難談成交易。

在具體尋找原因時，你可以透過觀察客戶的舉止、表情等，做一個大致的揣測，也可直接詢問客戶的意見，使其說出猶豫的原因。例如你可以直接向客戶詢問「還有什麼其他的原因讓您無法現在做出決定？」或「請問對您所關心的問題，我是否解釋清楚了？」等，如果客戶自己也被類似的疑慮糾纏，更願意說出來，以尋求業務員的幫助，所以業務員不必擔心客戶會產生反感。

成交潛規則

面對猶豫不決的客戶，不要給他太長的考慮時間，因為考慮得越多，顧慮也越多，最後客戶也許就放棄購買了。但也不能催得太緊，否則會讓客戶反感，導致交易失敗。業務員的話不在多，在於精，如果沒有說到關鍵，說一千句也是白費力氣；反之若說到重點，一句話就能促成交易。

Rule 26 如何讓客戶說出不願說的話

通常客戶的要求不一定是嘴巴上說出來，但如何去挖出並了解客戶內心真正的需求才是真正的學問。

　　一般來說，客戶不太喜歡輕易說出自己對產品的需求，尤其是面對陌生的業務員時，更是懷有戒心。不僅如此，有時候客戶越是有意購買，為了贏得更多優惠，越會隱藏自己的想法。要想與客戶順利成交，就該瞭解和發現客戶的根本需求，引導客戶說出他們不願意說的話，並且想辦法滿足客戶的心理，才會有成交的可能。

　　安妮在知道客戶只聽說過自家公司的大名，但卻沒有使用過公司任何產品的情況下，再次確認道：「也就是說，您只聽說過我們公司，但從未使用過我們公司的產品，是嗎？」

　　客戶：「對，是的。」

　　安妮：「這是為什麼呢？」

　　客戶：「嗯，這個……因為你們公司離這裡太遠了，我想可能會不方便。」

　　安妮：「這是唯一的原因嗎？沒有其他方面的原因了嗎？」

　　客戶：「嗯……我想是的。這個……因為你們的產品口碑還不錯。」

　　安妮：「這麼說，只要我們能夠保證及時交貨，是否有合作的機會呢？」

　　客戶：「嗯……應該是這樣的吧。」

客戶不願表明自己的想法，一定是有原因的，你要仔細觀察客戶的表情，揣測客戶心理，巧妙地瞭解客戶的需求，而不是毫無禮貌地去盤問客戶不購買的原因。案例中的安妮用幾個問題就得到客戶的顧慮，而這些顧慮是客戶之前不願意說出口的。當安妮知道客戶的顧慮之後，又及時提出解決方案，因此，交易就很有可能會達成。

業務員在實際的工作中常會遇到這樣的狀況，你還沒開口介紹產品就已被客戶擋了回來，「我不需要」、「我很忙」、「改天吧」，其實這些理由只是客戶不想與你交易的藉口。如果你想讓客戶談論他的需求，但又怕客戶心生排斥，就是要營造氣氛和環境讓客戶主動聊起自己的資訊就行了。一旦客戶開始思考這些事，便能以比較輕鬆的心情聊起自己的經驗與產品需求；更重要的是，他們會覺得說出這些事是自己的意思，因而沒理由覺得反感或抗拒。

那麼，應該怎樣做，才能讓客戶說出那些埋在心底的話？

💰 面對客戶的質疑要有自信

任何人在購買產品之前都會提出各種的質疑，在面對這些質疑時，你要表現出充足的自信。當然，光有自信是不夠的，你還得有保證產品良好品質的證據，利用這些證據告訴客戶你的產品是沒有任何問題的。

客戶：「我從來沒聽說過你們這個品牌，不會是山寨版的吧？」

業務員：「這是我們產品的保證書、說明書、獲獎證書，您完全可以放心，而且我們的產品已通過了國家認證，網路和電話都可以查詢到，此外，每件產品都有防偽標識，您看就在這裡。」

客戶的質疑可能是關於產品製作，可能是關於產品品質，可能是關於服務水準，也可能是關於產品價格的，不論客戶質疑的是哪一方

面，你都要以有力的證據解答客戶的質疑。一旦你的回覆令客戶啞口無言，那麼交易也就告一段落了。但是有時候客戶也會使用聲東擊西的策略，他表面上可能質疑的是價格，實際上是對產品品質有微詞，因此，你要懂得察言觀色，明白客戶不願說出的話是關於哪一方面的。

提問是瞭解客戶的最好方法

有些客戶不願主動透露相關訊息，這時，如果只是業務員一個人唱獨角戲，那麼溝通就會顯得非常冷清和單調，而且這種缺少互動的溝通往往是無效的。這時你可以開放式提問的方式使客戶更暢快地表達內心的需求，比如用「為什麼……」、「什麼……」、「怎麼樣……」、「如何……」等疑問句來發問。在對話中運用多重選項的方式來探測客戶的需求，還能為下一個問話鋪路。例如：「您買數位相機是要自己用？還是要送人的呢？」「您喜歡的是輕便型的還是多功能的呢？」這樣問的好處，一來是表現出尊重客戶的態度，其次是展現出自己的專業能力，目的是讓客戶信任你，喜歡和你繼續對話。客戶會根據業務員的問題表達自己內心的想法。在此之後，你就要針對客戶說出的問題尋求解決問題的途徑。你還可以利用耐心詢問等方式，與客戶一起商量以找到解決問題的最佳方式。例如：

「您擔心的售後服務問題，在我們公司是絕對不會出現的，這在合約上是有載明，如果我們做不到，那麼我們損失的會更多。」

「您的顧慮我們可以理解，不過我想您真正在意的一定是其他問題吧。」

總之，面對客戶的拒絕，不應立即被打敗，要根據實際情況，有技巧地讓客戶說出那些不想說出的話，打消其顧慮，實現成交。

聊一些看似與銷售無關，但卻是客戶感興趣的話題

業務員在與客戶溝通之前，應先花時間了解客戶的喜好，如此才能在溝通中有的放矢。

在尋找客戶感興趣的話題時，你最好也能對這個話題感興趣。因為整個溝通過程是互動的，否則是無法激化買氣的。如果只有客戶一方對某個話題感興趣，而你卻表現得興味索然，或者內心排斥，卻故意表現出喜歡的樣子，那麼客戶的談話熱情和積極性馬上就會被澆熄，客戶的購買就很難被激起。所以，你應在平時多培養一些興趣，多累積各方面的知識，至少該培養一些比較符合目前流行、或普及的興趣。

此外，在溝通之前，還要對客戶的實際需求進行認真分析，以便準確把握客戶最強烈的需要，然後從客戶需求出發，尋找共同話題。在確定了客戶的需求之後，雖然可針對這些需求與客戶進行交流，但還達不到銷售溝通的目的，這就需要銷售人員巧妙地將話題從客戶需求轉到銷售溝通的核心問題上，才能順利成交。

為客戶提供一些力所能及的幫助

為客戶提供一些力所能及的幫助，讓客戶接受你，進而向你說出那些不願意說的心裡話。但是要注意，幫助客戶時要自然，不要過於熱情，以免讓客戶有壓力。

Case Show

某飯店接待了一位外國來賓，那個外國房客對服務人員說：「我是第一次來到台灣，明天想去參與你們的國慶升旗儀式，但不知道怎麼去？可以麻煩你幫我拿一張地圖嗎？」

服務員微笑著說：「當然可以。請您稍等一下，我馬上拿給您。」

服務員很快就拿來一張地圖，說：「因為台北的交通路線比較複雜，我告訴您說比較方便的行走路線，好嗎？」

外國朋友非常高興地答應了。

於是，服務員將地圖攤放在茶几上，先用鉛筆標出飯店的所在位置，再標出客人想去的位置，然後告訴他坐什麼車到達最方便，並且建議他走另一條比較遠的路，因為近路紅燈多、易塞車，而遠路比較通暢，花費的時間反而較少，最後還提醒他，因儀式開始的時間很早，如果他需要，飯店可以提供「Morning Call」的服務。

第二天，這位旅客按照服務員指點的路線坐車，非常順利。參觀完升旗儀式後，他有意從另一條路返回，果然一路紅燈不斷，多花了將近一個小時。要是去的時候走這條路，一定會錯過儀式。他非常感謝這位服務員的熱情和負責，還特別在飯店的網路留言版上寫下了好幾百字的感謝信。

這些力所能及的幫助，在業務員看來是舉手之勞，但卻能給客戶帶來便捷，因此，你應不吝惜自己可能提供給客戶的幫助，這樣客戶才會信賴你，而你也才能從客戶身上順利取得利益。

成交潛規則

客戶拒絕購買產品，並不意味著他不會購買產品。當你察覺到客戶有一些顧慮而不願意說出口的時候，就應該引導和鼓勵客戶說出自己期望的產品特徵和成交條件，有的放矢地為客戶解決問題，使自己在談判中掌握主動權，這樣談及價格時才能占據有利地位。

充分利用客戶的折衷心理

業務員不僅要深入理解客戶的折衷心理，而且
要根據他們的這種心理幫助他們做出決定。

　　折衷就是對幾種不同的意見進行調和，產生出折衷方案或折衷辦法。客戶在購買產品之前都會有一個目標，即能夠滿足自己需要的產品所具備的條件，如果所有的條件無法全部滿足，那麼客戶也會選擇放棄某些條件。

　　許多業務員都遇到過類似的問題，明明已詳細地向客戶展示了產品，並對各方面都進行解說，但客戶的態度還是猶豫不決，不肯購買產品，也不說堅決不買，令業務員無所適從。但如果你能站在客戶的角度去想，你就會明白每個客戶都希望買到最能符合自己需求的產品。當自己期望中的條件不可能全部實現時，客戶就要在心裡進行一番權衡，希望利用現有的條件使自己買到物有所值而又盡可能地滿足自身需求的產品。所以，瞭解了客戶的這種心理，當你在向客戶推薦產品時，不妨給他們更大的選擇空間，讓他們能更有彈性地選擇購買哪種產品，從而滿足客戶的折衷心理。

💰 客戶購買之前也要權衡利弊

　　客戶的猶豫不決，不僅使整個交易延長，而且還會使一些沒有經驗的業務員不知所措。其實，如果站在客戶的立場去想，他們的猶豫

不決是有多方面原因的。假設你現在需要購買某種產品，那麼你一定會先考慮這種產品是否能滿足你的需求；接著，你還會考慮產品的品質是否有保證、使用期限等，產品的價格當然也在你的考慮範圍內。只有在你確定各方面的條件都比較滿意的情況下，才會做出購買決定。

就如同業務員期望中的目標並非總能實現一樣，客戶在購買產品時，也會因為受到各種條件的局限而無法買到完全滿意的產品。比如，品質滿意的產品價格太高，顏色漂亮的衣服款式老氣，價格適中的東西使用年限又太短等等。

當自己期望中的條件不可能全部實現時，客戶就會在心裡權衡一番，希望利用現有的條件買到物有所值且盡可能滿足自身需求的產品。這時你就要把握時機，根據他們的這種心理幫助他們做出決定，請看以下的例子：

Case Show

一位女客戶走進一家辦公用品專賣店，她指著兩張椅子問：「這些辦公椅都是同一價位嗎？」

業務員走上前扶著其中的一張說：「不是的，這種椅子1200元，旁邊的那把2600元。請您到那邊的沙發上，我替您做個介紹吧。」

客戶回答：「不了，我今天只是想先看一看。這兩張椅子看起來差不多，為什麼價格相差那麼多呢？」

業務員：「您可以坐上去比較一下。」

客戶分別到兩張椅子上坐了片刻，然後又問：「為什麼那把價格便宜的坐上去反而更舒服，而貴的那一張坐起來有些硬。」

業務員微笑著說：「這是因為貴的這張椅子內部彈簧數較多，剛開始坐上去感覺有點硬，但它是完全依照人體工學設計的，您即使長時間坐在上面，也不會感覺疲累。此外，彈簧數多，就不會因變形而影響坐

姿，有助於調整人們不正確的坐姿。長期坐在辦公椅上的人們常因不正確的坐姿而導致脊椎骨側彎，於是出現腰痛、肩膀痛等問題。除了增加了有助於正確坐姿的彈簧之外，這張椅子還配備了先進的純鋼旋轉支架，這種支架比普通支架的壽命長，而且不會因為過重的體重或長期的旋轉而磨損、鬆脫。如果支架出現問題，那麼椅子就無法正常使用了，而且支架的品質沒有保障，還容易在使用過程中出現突然掉到地上等問題。所以這種椅子不但更有益於人體健康、使用壽命更長，而且還可以避免意外的發生。」

　　停了一會兒，業務員又說：「那張1200元的椅子也不錯，不過在對人體健康和使用壽命上卻遠不如這種。您覺得哪一張更合適呢？」

　　最後客戶決定購買2600元的椅子，雖然多花了1400元，但是客戶卻認為物有所值，為了保護自己的脊椎健康，這是完全值得的，更何況這張椅子的使用壽命還長得多。

💰 客戶希望買到最好的產品

　　既然客戶會對產品的各種條件進行一番權衡，那麼他們在購買產品時，當然希望自己能有一定的選擇空間，以使自己更有彈性地選擇購買哪種產品，這種是折衷心理的重要體現。瞭解客戶的這種心理，當你在向客戶推銷產品時，不妨給他們留下彈性選擇的餘地，讓他們能在更大的空間內進行選擇。比如多準備幾種不同型號、不同造型、不同品質的產品，當然了，產品的價格也要分不同層次。這樣一來，既可滿足不同客戶的不同需求，又能讓每位客戶都能在一定範圍之內充分選擇，進而滿足客戶的折衷心理。

　　當然，在把握客戶的折衷心理時，你不僅要把不同種類和特徵的產品一一陳列在客戶面前，同時還要根據自己的觀察和分析，針對不

同的客戶需求對客戶提出合理建議。比如,當客戶在面對諸多選擇而猶豫不決時,你若發現客戶更在意產品的品質和價格,就要著重推薦簡單實用的產品;如果客戶在意的是產品的外型,則全力主推造型特別的產品。而在客戶經過自己內心的一番權衡和業務員的合理建議之後,客戶會結合自己的權衡結果及業務員的建議,做出選擇,進而完成交易。

關鍵時刻幫助客戶抉擇

在很多情況下,即使客戶有購買意願,也不喜歡迅速做出決定,這時業務員就應該在關鍵時刻幫客戶抉擇,加快成交腳步。客戶猶豫不決有時並不是你的產品不好,而是因為他覺得你和其他家的產品難分伯仲,遲遲下不了決定,這時的你如果不儘快引導客戶做出抉擇,就可能被對方搶了機會。你不妨試著幫客戶做抉擇。

★揚長避短介紹產品 強調產品優勢,吸引客戶注意,會增加客戶購買的機率。

★強調產品給客戶帶來的利益 強調產品可能給客戶帶來的利益,讓客戶明白買與不買的結果有什麼差別,才能讓客戶更快付錢買單。如業務員不時提醒客戶「這件產品真的很適合您」、「如果您沒買到這件產品該是多麼遺憾啊!」、「您完全不用擔心,您購買產品以後,一定會有很多人對你投以羨慕的眼光」等。這些肯定的話語可以在一定程度上堅定客戶的購買意願,助其排除猶豫心理。

★適當給客戶一些壓力 適當給客戶一些壓力,如對客戶說「產品數量已經不多」、「還有人打算訂購」或是「優惠活動即將結束」等,能製造緊迫感,促使客戶儘快做出決定。

總之,在看到客戶猶豫不決時,業務員應該儘快找到客戶猶豫的原因,先給客戶吃顆定心丸,這樣你才有機會拿到訂單。

Case Show

　　一位年輕人到自行車行買車，挑到最後時看著一輛車說：「這車好是好，就是貴了點兒，能算便宜點嗎？」

　　業務員：「這車身是採用錳鋼材質製造，外形設計新穎，不僅高貴，還非常耐用，這樣的價格您是在其他地方找不到的？」

　　年輕人：「但這台車圈有點不正。」

　　業務員：「我們可以馬上調試。」

　　說完，業務員以試探的口氣說：「或是如果您不急，我們馬上為您從別家調新貨。」

　　年輕人：「那就調貨吧。」

　　我們這裡所說的幫助客戶抉擇，並非要你替客戶做出決定，你在幫助客戶抉擇時，一定要使用「商量」的口吻，肯定句或命令句會使客戶感到不舒服，即使你是對的，客戶可能也不會認同。

成交潛規則

客戶總是希望以更少的金錢購買到更合意的商品，當條件不允許時，他們會根據自身特點和需求來選擇，因此你必須把握客戶的選擇傾向，並持續在一旁加強並催化他購買的決心。

Rule 28

向客戶展現 你的「用心」

業務員要想征服客戶，就必須讓客戶看到你的 用心，讓他深刻感受到你的貼心。

　　每個人都渴望受到別人的重視，客戶也不例外。業務員要想征服 客戶，就必須讓客戶看到你的用心。唯有如此，才能贏得客戶，甚至 感動客戶，而客戶才會與你真誠交往。有了真誠的交往，成交就不是那 麼難以推動了！

 讓客戶明白你的關心

　　在與客戶的溝通過程中，業務員總是想盡辦法依客戶的需求展開 銷售活動，總認為自己處於絕對的被動地位，客戶則常感到業務員對 自己展開了進攻，所以，他們經常把自己置於一種防守的被動狀態 裡。

　　其實，客戶越是對業務員心懷戒備，越是期望得到業務員的關 注。因為雙方的利益點不同，目標也就不同。業務員的目的很簡單也 很明確，就是說服客戶購買業務員的產品。相對於業務員來說，客戶 的目的就沒那麼「單純」了，他們既希望得到能滿足自己的產品，又 希望自己的需求得到業務員的關注，然而出於種種的顧慮和猜忌，使 得他們對業務員又存在一定的戒備心理。

　　因為客戶有著不安全感，所以在與業務員溝通時，會有相互矛盾

的複雜心理。你若想成功消除客戶的不安全感，就要表現出對他們十足的關注與重視。

如果業務員在與客戶的溝通中出現了以下狀況，客戶就會感覺到自己不受重視，最後使成交破局。

- 業務員口若懸河地介紹產品、說服客戶購買等等，不給客戶說話的機會，甚至打斷客戶的話。
- 業務員把自己需要表達的內容說完後，便不再詢問客戶的意見。
- 當客戶說話時，業務員表現得心不在焉，並且對客戶的話未能及時給予回應。
- 當客戶表達出自己的意見時，業務員未給予足夠的重視與回應。

當業務員有上述行為時，客戶就會認為自己沒有被業務員所重視，一旦如此，也就失去了繼續與業務員溝通的興趣和耐心。因此，你應該善用客戶渴望被關注的心理，並且在溝通時表達出對他們的關注。比如：

- 與客戶溝通時，看著他的眼睛。
- 始終保持微笑。
- 多詢問客戶的意見，並重視客戶提出的疑問。
- 客戶說話時要表現出足夠的興趣和耐心。

💰 讓客戶感覺到你的熱心

業務員如何向客戶表達出自己的關注呢？當然是透過自己的熱心了，如果你的關注沒有建立在熱心的基礎上，那麼你所做的一切努力都將白費。所以，在與客戶進行第一次溝通時就應表現出自己的熱心，並在日後的各個環節中展現出你的真誠。

Case Show

　　一位身材稍胖的女士走進百貨商場的仕女服裝區，某知名品牌服裝的櫃姐安林發現這位女士雖然在逛街，但她臉上的表情卻很嚴肅，並不像其他女士一樣散發著購物的優閒。其他櫃姐在看到這位女士急匆匆的步伐和緊皺的眉頭之後，多半不會挽留。

　　這位女士來到安林負責的區域，她仍然是眉頭緊鎖，匆匆瀏覽後，搖搖頭繼續向前走。

　　看到這位女士的神情，安林猜測這位女士可能是想買衣服參加某個重要的活動，但又不知道自己合適穿哪種衣服。這種客戶雖然有強烈的需求，但沒有明確的購物目標，他們通常需要別人的建議或介紹。

　　安林迅速從貨架上取下一件適合這位女士體型的衣服，然後微笑著對她說：「我看您在這裡滿久了，是不是一直沒有找到合意的衣服？」

　　女士回答說：「好看的衣服是不少，可是我太胖了，現在的衣服好像都是針對瘦的人設計的，我穿上一定不合適。」

　　安林說：「您非常有氣質，像您這麼有氣質的人最適合穿套裝了！不論是上班、約會還是重要的社交場合，套裝都很合適。您看這件衣服怎麼樣呢？」說著，安林向這位女士展示了自己手上的衣服。

　　女士看了一眼說：「這種顏色有點亮，會不會太顯眼？」

　　安林解釋說：「這是今年流行的顏色啊，很多年齡比您大得多的人穿了都很好看。這種顏色還會讓您的皮膚看起來更有光彩。您不妨先試穿看看效果怎樣，如果覺得不合適，我們這裡還有其他顏色。」

　　安林接著熱情地說：「這件尺寸剛好合適，您先試這件，我再多找幾件其他顏色的，好讓您比較一下。」

　　女士試了好幾套衣服還是拿不定主意，安林建議她還是選擇第一次試的那件亮色套裝，因為她穿上那套衣服給人的感覺充滿了活力，而且與她的膚色十分相襯。安林還告訴這位女士：「如果您穿這身衣服去參加重要約會，一定會給人留下十分深刻的第一印象。」

　　其實女士自己也對那套衣服比較滿意，聽到安林的建議，就更堅定了購買的決心，於是開心地刷卡買單了。

安林成功的秘訣就在於熱情地接待客戶,並為客戶提出合理的建議,而這些熱情的舉動就能留住客戶。

業務員應如何緩解客戶心中的緊張情緒、使客戶和自己彼此友善地展開溝通呢?就是讓客戶看到你的熱情與誠懇,這是頂尖業務員的最佳建議,也是與任何人相處時獲得認可的根本。

讓客戶看到你的真心

很多客戶在面對業務員時總是充滿了警戒,對業務員存有很深的不信任感。或許他們以前被一些不肖的業務員欺騙過,或許身邊的親友被欺騙過,所以他們害怕一不小心就掉入業務員精心設計的「陷阱」裡。有些業務員為了達到自己的銷售目標,不惜犧牲客戶的利益。這類業務員可能會在短期內達成自己的銷售任務,然而一旦他們的嘴臉被揭穿,勢必無法在銷售領域立足。這類業務員不僅損害了自己在客戶心目中的形象,還醜化了所有業務員在客戶心目中的形象。如果你想要想扭轉這種局面,就是拿出自己的真心,真心誠意地幫助客戶解決問題,讓客戶明白,你不僅僅只是從他的腰包裡掏錢,也是在幫助他解決問題。只要你能把客戶當成朋友來對待,你的真心就會被客戶看見並感受到,例如:如果你把客戶當成朋友的話,如果剛好遇到你的客戶在接一通重要電話,你會不會主動幫他照顧一下孩子呢?當客戶因開會而錯過了吃飯的時間,你會不會順手也替客戶買一份咖啡和點心給他呢?只要你是真心替客戶想,對方就會感受到的。

Case Show

　　被喻為「經營之神」的松下幸之助從小就立志要從事銷售工作。他年少時在一家銷售自行車的店鋪裡當學徒。每當老闆和前輩向客戶介紹自行車時，他總是羨慕地站在一邊認真聽著，夢想自己有一天也能賣自行車。

　　機會終於來了。一天，一位富商派人來到店裡表示想買一輛自行車，但因那時候自行車交貨前不准試騎，於是松下信心十足地來到富商家。

　　見到買主後，松下把自己知道的所有關於自行車的知識都一次傾洩而出，雖然他平時留心記住前輩對客戶說的話，但是由於是第一次，所以他說起來也很費勁，講話也結結巴巴，不過在整個過程中卻始終保持著真誠地微笑，好不容易才講完，他鞠躬，有禮貌地對富商說：「這是品質優良的自行車，請您買下吧，拜託了！」

　　那位富商聽了松下的介紹之後，說：「真是個真誠的孩子，我決定買下了，不過要打九折。」討價還價是習以為常的事，所以松下立刻答應了。

　　當松下滿心歡喜地報告老闆這個好消息的時候，老闆竟然板著臉說：「誰叫你九折出售的，你再去告訴客戶只能減價5%。」這句話像一瓢水澆熄松下的滿腔熱情，他心裡充滿了委屈。他想，以前店裡不止一次以九折的價格出售自行車，為什麼他就不能以這個價格賣自行車呢？然而學徒是沒有資格與老闆理論的。

　　老闆的命令不能違抗，但是要松下到買主那裡討價也實在難以啟齒。無奈之下，他只好膽怯地請求老闆答應以九折出售，說著說著淚水奪眶而出，竟然放聲大哭起來。這時，富商等得不耐煩了，他派人瞭解情況後說：「即使只減價5%也買定了，日後只要這個孩子還待在這家店，我絕不會到別家店購買自行車。」

　　松下為什麼能征服客戶的心？就是因為他用真心對待了客戶，為了不在客戶面前食言而不放棄地請求老闆。

成交潛規則

　　有些客戶不是去一次就能談成合作的，通常需要持續拜訪、追蹤，所以你要經常電話聯繫，也不是一定要談合作，而是去關心客戶的生意或生活，把對方當朋友看待。對客戶用心，就要以自己的熱心去感染客戶，用真心打動客戶，要實實在在地找客戶談生意，讓客戶有安全感，認真做好每一件你應該做的事，即使出了問題，也要坦然面對，負起責任來。

給客戶自己選擇
的機會

替客戶做決定，是自找死路。客戶都喜歡自己
選擇，請一定要給他們選擇的時間和空間。

　　很多業務員常犯這樣一個毛病，那就是替客戶做決定。業務員之所以會幫客戶做決定的原因，可能是自認所推薦的產品非常適合客戶，但是有時客戶卻不這麼認為，他們認為自己完全有能力決定自己要買怎樣的產品，並且能從琳琅滿目的產品中選出最好的。因此，你要給客戶自我選擇的機會，一定要讓他們自己決定要買哪一款。

Case Show

　　某房地產公司招待一對看屋的夫妻，他們打算購買一間二十七坪左右、坐北朝南、客廳較大、格局方正的兩房兩廳的房子，業務員小賈負責接待了這對夫妻。

　　小賈將這對夫妻帶到接待處的模型區旁，向他們介紹社區周邊及內部的大致情況。當他介紹到「社區設備齊全，周邊擁有正規的中小學校和大醫院」時，那位妻子打斷了他：「這大樓有幾種戶型，我們可以看看戶型圖嗎？」

　　於是，小賈讓他們到茶几邊坐一會兒，然後拿了幾張戶型圖，同時他告訴他們：「因為熱賣的關係，現在只剩下十幾套房子沒有賣出去，而且這十幾套都屬於同一種戶型。」

聽到這話，夫妻倆疑惑地看了小賈一眼，然後妻子問到：「那是不是剩下的都是別人看不上的呀？」

「不是這樣的，其實這十幾間房子正好是格局比較好的戶型，只是因為一開始公司是將這些房子預留給一位大客戶，後來這位大客戶的資金周轉出現問題，所以就留到最後賣了。」

「那這十幾間房子都分布在哪兒？」

「都分布在臨街的這棟樓裡，而且都是三樓到四樓，大多數客戶都優先選擇這幾層，不是嗎？」

「可是這幾層的價格也比較貴，不是嗎？」

女客戶又提出了異議，然後說：「讓我再考慮一下吧。」然後他們就離開。

幾天後，當小賈打電話詢問他們的購買意願，那位妻子告訴小賈：「我們已經買了另一處房子，就在離你們不遠的一個社區。」後來，小賈經過打聽得知，這對夫妻購買的房子與自己銷售的房子各種條件都相差不多，只不過那個建案的戶型種類更豐富，可以讓他們夫妻倆在決定購買之前能精心挑選。

　　每位客戶都希望自己在購買前能擁有最大限度的選擇空間，客戶似乎也很享受這個自我選擇的過程，在眾多的產品中選擇出最心儀的那款能讓客戶有成就感。

$ 客戶才是決定者

　　客戶在購買產品時，可能會諮詢業務員的意見，但是業務員不要忘了，客戶詢問的僅僅是意見而已，實際的決定權仍掌握在客戶手裡。因此，業務員在向客戶闡述自己的意見時，切忌誇誇其談地說：「這款產品最適合您了，就買它吧。」這種類似於「命令」的建議，

多半會讓客戶感到很不舒服。在遇到客戶詢問意見的時候,業務員的回應應該是這樣的:「我覺得這件產品比較適合您,您覺得呢?」這種「商量」的語氣更容易使客戶接受。或是讓客戶在多個選擇中做決定。舉例來說,與其問客戶「要買或不要買」,或許可以改問:「請問您(客戶)是打算要投資這筆海外基金200萬?還是300萬?」將主導權交回給客戶,讓他們覺得是自己主動有意購買,而不是接受業務員的強迫推銷。如此,成交率自然會提高。

我們來看以下這則小故事:

Case Show

　　有一位果農在路邊的田地裡種了幾畝桃子,桃子成熟後,他開始為桃子的銷售發愁了。因為家裡人手少,他不可能把所有的桃子都採摘下來,然後再運到市場去賣。他只能摘了一些桃子放在果園路邊賣,但因路過的人少,自然也就不太有人來買。

　　一天,一個客戶左挑右揀,選不到幾顆中意的,於是要求自己進園裡採摘。這個提議讓果農茅塞頓開:為什麼不讓客人自己動手採摘呢?第二天,他就在自家果園的門口掛了一個醒目的大牌子「開放採果,門口過秤。」沒想到這種方法效果出奇得好,很多路過的人都紛紛駐足嚐鮮,有些人還主動替果農廣為宣傳。不到一週的時間,他所有的桃子就被搶購一空。

　　這個故事看起來很普通,但是卻有著非常重要的意義:DIY採果的方式將客戶的被動選擇轉化為主動選擇,如此一來,也就大大提升消費者的積極性。

適時給客戶提出建議

要想真正得到客戶的信賴，業務員就要在適當的時機給客戶提出一些建議，而這些建議要在盡可能在滿足客戶的前提下提出。

Case Show

客戶：「我想送一條領帶給男朋友，但是又不太懂，聽說有很多樣式的，您可以幫我挑選嗎？」

業務員：「很高興為您服務！請問，您的男朋友平時喜歡穿什麼顏色的襯衫？此外，他的膚色是怎樣的？」

客戶：「他平時喜歡穿……」

業務員：「您可以看看這幾款怎麼樣？這幾條都是這個月賣最好的……」

客戶：「這些我都不太喜歡耶，還有其他的嗎？」

業務員：「當然有了，您看這邊……」

客戶：「這邊的不錯，但是我不知道哪一種更合適，你有什麼建議嗎？」

業務員：「我覺得這三種圖案的領帶都不錯，主要看您最喜歡哪一種？相信您看中的，您的男友也不會有多大意見的。況且，如果他真的不喜歡，七天內都可以帶發票來換……」

在為任何一位客戶提供建議的時候，要注意以下幾點：

- 業務員只是針對客戶需求提供個人建議，最後的決定權仍在客戶手中，因此不要強迫客戶服從你的意見。
- 為客戶構建一個夢想，增加一些感性描述，以激發客戶的購買欲望。

- 多用積極性語言，盡量避免負面且消極的表達方式。
- 告知客戶一旦使用不合適時的解決方法，解除客戶的後顧之憂。

　　有對比、有選擇，才能讓客戶感受到購物的樂趣。業務員雖幫助客戶做決定，但也抹煞了客戶樂趣。因此，要給客戶適當的空間，使其選擇自己喜歡的產品。但要注意的是，如果你提供的選擇過多，也會讓客戶挑花了眼。

成交潛規則

　　每個客戶都期望擁有更大的選擇空間，以使自己能更有彈性地選擇產品。因此你在向客戶介紹產品時，不妨留下選擇的餘地，使客戶能在足夠的空間內進行挑選。

　　隨時用問句請教客戶，可以使「發言權」回歸到擁有「決策權」（客戶）的人身上，讓他們掌握「主動權」去買東西，而不是被動地接受推銷，這樣一來客戶的購買欲望自然就提高許多。

Rule 30 客戶永遠是銷售中的主角

頂尖的業務員，是「創造價值」這齣戲的幕後導演。他會讓客戶成為主角，業務員只是陪襯的綠葉。

如果我們把銷售過程中的業務員和客戶比作相聲表演中兩人的關係，那麼客戶就是主Key的，業務員就是敲邊鼓的，也就是說，客戶才是銷售中的主角。但業務員往往混淆了自己與客戶之間的關係，把自己擺在主角的位置上，客戶反而成了陪襯。這種做法是一定要避免的。你應該時刻讓客戶感覺到他的重要，如此才能增加交易成功的機會。

業務員的「我覺得」並不一定是客戶的「我覺得」

每個人看待問題的角度不同，所得出的結論也就不同。很多人習慣把自己的觀點強加於別人身上，業務員也不例外。請看以下這小故事：

Case Show

一位朋友加盟日本餐廳的連鎖店。營業前，日本總部派來了一位很年輕的小夥子青木一郎來幫他培訓員工。培訓的最後一天，朋友說要請他吃飯，他說：「好的，就在我們餐廳吃吧，我也好上完最重要的一課。」

朋友覺得很奇怪，不是已經培訓完了嗎？怎麼還有最重要的一課呢？

一郎沒有點餐，而是把所有的員工都集中在大廳，然後微笑著對他們說：「今天，謝謝大家的款待，也謝謝大家在這幾天裡給予我的幫助和支持，更謝謝大家給我留下的美好回憶。」一郎向各位店員深深地鞠了一躬，然後說：「最後，我想問大家一句話，各位，有誰能看出我今天的心情是好還是壞呢？」

店員們聽到這個問題就開始七嘴八舌地說出自己的意見。出乎意料的是，店員們一直認為一郎的心情很好。原因是：一郎在的任務完美結束，理應感到高興；一郎馬上就要見到在日本的親人了，應該感到高興；一郎在這裡不但傳遞了知識，而且也學到了很多東西，應該感到高興……大家的理由很多，而每一個理由也都看似充分。

然而一郎卻說：「其實我的心情是不好的，因為我馬上要離開你們了，內心很不捨。很遺憾，你們都猜錯了。但我必須要告訴各位，千萬不要用『我覺得』來猜測客戶的心情，不要用自己的感受來取代客戶的感受。因為你們不是他。這就是我給大家上的最後一堂課，也是最重要的一堂課。」

我們在與客戶交流時，常會依客戶的表情、神色和語言來判斷客戶的內心感受，這是一個很重要的方法，但卻不是判斷客戶心情的全部依據。因為這些外在的東西可能會矇騙你的眼睛。所以無論在哪種情況下，在沒有弄清楚客戶的真正意思前，別盲目去猜測，更不要以自己的感受代替客戶的感受。如果你猜對了，一切都好；萬一你猜錯了，客戶則會離你越來越遠，進而錯失成交機會。

💰 坦然面對客戶的不滿與刁難

作為業務員，有許多突發狀況都常使得我們焦頭爛額，比如：當

你好不容易賣出一件產品，結果到了下午客戶便要求退貨；客戶故意刁難你，說一些傷人的話；因為你的小失誤，客戶硬是要投訴你，讓你拿不到獎金……所有的這些都有可能讓你的工作變得一團糟。聽到這些不願意聽到的話時，我們應該怎麼辦？是逃避，爭辯，還是聽之、任之？

如果你是一個勇於負責的業務員，即使客戶說出很難聽的話，你都會用心去聆聽，唯有如此做，客戶才會知道你是一個敢於面對和承擔責任的人。其實，「萬事如意」只是一個美好的願望，大部分時間裡我們是不如意的，面對這種種的不如意，如果我們都選擇逃避，那麼問題永遠也解決不了。當客戶向我們說一些我們並不願意聽到的事情時，我們更應該用心聆聽，才能找到問題點並徹底解決問題。

💰 讓客戶覺得他很重要

玫琳凱化妝品公司的創辦人玫琳凱說：「每個人都是獨特的，讓別人有相同感覺也很重要。無論我遇見誰，我都會為他佩戴看不見的信號：我是重要人物！我也會立即回應這個信號，而且效果會出奇地好。」

毫無疑問地，我們都希望自己是不被人忽視的重要人物。如果你讓客戶覺得他是重要的，你就可能抓住其他業務員沒有抓住的機會。

一天，喬‧吉拉德在汽車展場工作，有一位戴著一頂安全帽、滿面灰塵的客戶走了進來。其他的業務員都不打算理睬這位客戶，只有喬‧吉拉德主動和他打招呼：「嗨，先生，您是做建築工作的？」

「沒錯。」這位客戶回答道。

「哪一類的呢？鋼鐵還是混凝土？」喬‧吉拉德繼續發問，試圖引起客戶繼續對話的興趣。

「我在一家螺絲廠工作。」客戶回答。

「是嗎？那您整天都做些什麼工作呢？」

「我做螺絲釘。」

「真的嗎？我還真想像不出來螺絲釘是怎麼做的。我可以找一天到你的工廠區參觀你製作螺絲釘的過程，可以嗎？」喬‧吉拉德興奮地說。

「當然，到時候我會樂意做你的導遊！」客戶爽快地回答說。

就因為喬‧吉拉德重視客戶，重視客戶的工作，最後客戶在喬‧吉拉德的推薦下買了一輛汽車。

要想客戶感覺到我們對他的重視，你可以記住客戶一些重要的節日，這樣一來，我們就可以和客戶保持良好的互動，進而建立持續的聯繫。在客戶重要的節日裡，發一則問候的簡訊或送一份精美的小禮物，都有助於你與客戶建立良好的關係。

客戶在消費前通常都會有很多的選擇可以挑，假如你給客戶留下「你很重視他」的印象，那麼他也會在眾多的業務員中選擇你作為自己的合作夥伴。

> **成交潛規則**
>
> 要讓客戶覺得你很重視他們，你當然要以同理心對待。例如，你如果老是拖很久才回他電話、你老是延遲交件、或者你老是說話不算話，客戶並不會覺得你是個看重他的人，相信他也不會在他朋友或同事面前替你美言，說好話，更別說推薦你的產品。

當你給予別人的時候，實際上也是你得到的時候。

人們最在乎的東西往往是他們最感興趣的東西。所以，經常必須接觸到陌生人的業務員在與不太熟悉的人相處，最好談論一些對方在乎的事情，以引起他的興趣。趨利避害是人的本性，先站在自己的角度想問題，也是人的本能。換句話來說，在處世方面，人們會主動接近與自己利益關係緊密，以及能給自己提供幫助的人。

當然，光談論還不行，還要讓對方有獲得的可能。要打破一切為自己的想法，別總是想著自己要如何從他人那裡獲得利益，如此，你才有可能賣出你的產品。

身為業務員的你在與客戶接觸時，首先要能夠洞察對方需要什麼，你是否能提供或幫助他獲得他所需要的東西，而不是把注意力集中在自己接下來要如何鋪陳產品介紹。仔細想想，你會發現，當你給予別人的時候，實際上也是你得到的時候，而這個過程常不被人發覺。

好比你與一個不太熟悉的客戶一起閒聊，起初你們彼此並不瞭解，而且關係一般，你從他的言談中得知他喜歡看電影，若這時你也表現出跟他相同的興趣，那麼你們之間可談的內容就多了，頓時他會對你大感興趣。這還不夠。假如他期待已久的《阿凡達》，但是買不到票，如果你及時地告訴他，你正好有兩張票可以分給他一張。你會

發現，他與你講話的態度會與之前的有很大的轉變。這並不是對方勢利，只是人們的一種本能反應——對自己在乎的東西感興趣。

過程結束，你可以這樣分析：你給予了他人你的票，但是得到了對方對你的親近。當然，這只是一個很簡單的比喻。關於「給」與「得」，還有更加微妙的過程，需要你自己去體會。

相信你一定經歷過，你在跟他人說事情的時候，不管你怎麼說，對方都不太關心，總是敷衍地應付。對方不是在聽你說，而是在做或想別的事；或嘴裡應付著你，眼睛卻注意別處；或轉移話題，跟你瞎扯……這時候，如果你想要突破障礙，就必須先消除對方心理上的漠不關心，提一些他關心的事作為誘導策略。所謂漠不關心，就是內心裡完全不起波浪，沒有任何起伏的狀態；而能激起他內心波瀾的是——他感興趣的東西。

對一個集郵迷談談幾枚好郵票；對一個足球迷談談他喜歡的球隊、球星；對於書法愛好者談談字的結構；對注重養生者談談氣功、太極拳……當對方對你產生認同甚至好感時，你擺脫窘境，再言歸正傳，開始進入商品介紹、買賣溝通也不遲。

如果你希望別人喜歡你，那麼你就要瞭解對方的興

趣，針對他所喜好的話題與他聊天，不知不覺地在聊天中
與他建立感情，事情就好辦多了。

　　總之，要想得到別人的歡迎及合作，你必須知道他個
人的愛好，也得記住他的愛好和習慣，他曾經做過些什
麼，他有什麼引以為自豪的事情，他的才智知識，他的意
見以及他所尊敬的人物，他缺少些什麼，需要些什麼等
等，知道得越多越好。

Chapter 4

成交第四步
——把產品介紹說到客戶心坎裡

想要賣得好，產品介紹是不可或缺的環節。精彩的
產品介紹帶給客戶的是一次奇妙的體驗之旅。在產
品日益同質化的今天，如何才能使你的產品在眾
多的選擇中脫穎而出？把產品介紹說到客戶的心坎
上，你的產品也會變成客戶的心頭好。

事實是征服客戶的有效武器

業務員需具備的最基本的素質就是誠信，任何
欺騙和誇大其詞都是銷售的天敵。

　　業務員最重要的一個品質就是真誠，如果業務員用花言巧語欺騙客戶，可能會得到一時的利益，但是很快地，你將失去所有的客戶，因為沒有人會願意和一個騙子做生意。

　　世界上並沒有十全十美的產品。而客戶也沒有非要買完美產品的想法，但是偏偏有些業務員把自己產品誇為世上僅有。這是沒有必要的，而且客戶也不會輕信你的花言巧語。

Case Show

　　一家建築公司成功開發了一個住宅區，但這個社區西邊圍牆的不遠處就是鐵路，火車每天會經過三次，正是因為火車惱人的噪音，所以兩年過去了，這個社區的西半邊還有十多戶房子沒有賣出去。

　　房屋代銷員小馬向建築公司打包票說他有辦法把這些房子賣出去。所有人都不相信小馬，建築公司經理甚至調侃地說：「你是打算把房價降到零，然後白白送給別人嗎？」

　　小馬搖搖頭說：「不，我建議你將價格提高。」

　　建築公司經理更加疑惑了。但大家決定按照小馬的想法試一試。

　　小馬先用每戶房子抬高的價錢為每一戶添購了一套高級音響，然後

打出廣告:「此棟房子有非凡之處,敬請參觀。」

　　小馬選在每次火車駛過前十分鐘為客戶進行介紹,也就是他用七、八分鐘的時間向客戶介紹房子,然後與客戶一起聆聽火車駛過的「隆隆聲」。

　　小馬的做法是——他先讓客戶在房中轉一圈,然後帶他們到書房,指著桌子上的音響設備說:「這組漂亮的音響是免費贈送給您的,您或許會奇怪為什麼這樣做,這是因為火車每天會經過這裡三次,每次達九十秒鐘,也就是您一天要忍受四分半鐘的噪音,但你們很快會習慣,因為用這音響來聽四分半鐘的音樂,該是多麼美妙的事情呢?好了,先生太太你們想想看,是否願意用這四分半鐘的噪音來換取這棟物超所值的大房子和這台豪華音響嗎?」

　　結果非常令人驚訝,不出一個月,小馬就將這些房子全部賣出去了。

　　每種產品難免都會有缺陷,因此在面對產品缺陷時,業務員非但不能回避,反而是要勇敢面對。

💰 不欺騙客戶

　　業務員千萬不能為了業績而欺騙客戶,對自己產品的優勢和好處誇大其詞,短時間內,這種方法雖然可以替你帶來好業績,但是後果卻會帶來負面循環,它將使你在銷售業中無法立足。

　　現在有很多業務員會利用同性、同鄉等取得客戶的信任,然後誇大自己產品的功能和用途,逐步控制談話局面,引導客戶的想法好進行銷售。一旦產品出現問題,客戶要求退貨,業務員就使出渾身解數來阻止退貨。這種業務員或公司也許一開始是賺錢的,但時間久了,就會完全喪失客戶的信任,其最終的下場往往是走向失敗。

業務員最需具備的基本素質就是誠信，任何欺騙和誇大其詞都是銷售的天敵，而建立在欺騙上的成功就像是根基不穩的大廈，一陣清風就可能導致大廈的倒塌。

 正視產品的缺點，不躲避、隱藏

一名優秀的業務員必須為產品說實話，他必須承認產品既有優點也有不足的地方。如果產品明明具有某種缺陷卻刻意隱瞞、不敢承認，那麼一旦客戶發現真相，業務員再做多少解釋，也將難挽回客戶的信任。

當然了，承認產品的不足也有一定的技巧。要做到既保持誠信，又不至於讓客戶在產品缺陷面前望而卻步，你一定要懂以下兩種溝通技巧：

① 對於可以告訴客戶的事情，要主動。

從來就沒有完美無缺的產品，客戶尤其深信這一點。因此你可以主動談產品不足的問題，談論時，態度一定要認真，讓客戶覺得你夠誠懇，此外，這些產品問題一定要是無礙大局且被對方所接受的。比如：

「這種產品的設計水準和品質都是國內一流的，只是它在外形上不如國外某某企業的產品，正由於這點不足，我們的價格要比國外那家產品的價格少了將近三分之一。」當業務員主動將產品存在的問題說出來之後，客戶就會認為你更值得信賴。

② 對於那些不方便說或不能說的問題，更應該誠實告知客戶，不要遮遮掩掩。

諸如商業機密的事情是不能讓客戶知道的，對於這類問題，你不妨採取以下的回答方法：

「實在不好意思！關於這個問題，公司有明文規定，只有產品研發部門才有權在公司允許的情況下向外界公布。作為銷售人員，我們瞭解的也不多，不過對於您想瞭解的產品性能、品質等，我一定盡可能提供詳細的介紹。」

誠實是獲得客戶信賴的基礎。客戶一旦發現他眼前的業務員欠缺誠實的品性，無論之前雙方的溝通多麼契合，也會馬上產生警惕心理，甚至放棄可能剛剛萌芽的購買決定。

成交潛規則

每個客戶都希望能買到產品資訊透明的產品，你的敷衍只會引起客戶的懷疑，以至導致交易失敗，只要讓客戶發現自己受騙了，那麼你將永遠失去這個客戶了。因此，我們在與客戶溝通時，要以事實征服他。

Rule 32 客戶沒有異議才可怕

客戶所提出的異議，大多是購買的主要障礙，所以，異議即是你的機會，異議處理得好，距離成交就不遠了。

　　對銷售而言，最可怕的並非異議，而是客戶沒有異議。沒有任何意見的客戶通常是最令人頭疼的。因為客戶想買到最合適的產品，所以他不但要知道產品的優點，更要知道產品的缺點，經過綜合考慮之後才能決定你的產品值不值得購買。所以，在面對客戶一連串的發問時，我們要耐心解答，要知道，「嫌貨才是買貨人」。所以，客戶的異議具有兩面性：既是成交障礙，也是成交信號。正如俗話所說：「褒貶是買主，無聲是閒人」說的就是這個道理。

　　有異議，表示客戶對產品感興趣；有異議，也意味著有成交的希望。透過對客戶異議的分析，業務員能瞭解對方的心理，而知道客戶不買的原因之後也才能對症下藥，若業務員對客戶的異議能有滿意的答覆，那更有利於成交。

　　通常，客戶異議處理得越好，距離成交也就越近。

處理客戶異議四原則

　　業務員在處理客戶異議時，要掌握一定的原則，才能做到心中有數、遊刃有餘。

　　● 在客戶說出異議之前，你就該先做好準備工作。「不打無準備

之仗」，這是面對客戶異議時所應遵循的一個基本原則。銷售前，業務員要充分估計客戶可能提出的異議，做到心中有數。如此一來，即使遇到難題，也能從容應對。如果事前沒有準備，就可能不知所措，而客戶得不到滿意的答覆，自然無法成交。

- 根據美國對數千名業務員的研究，優秀業務員所遇到的客戶嚴重反對的機會只是其他人的十分之一，其原因就在於優秀業務員往往能選擇適當的時機，對客戶的異議提供滿意的答覆。在適當時機回答客戶異議，也就是說他們在消除異議負面性的基礎上發揮了積極性的一面。

- 不管客戶如何批評，永遠不要與之爭辯，有句話說得好：「占爭論的便宜越多，吃銷售的虧就越大。」與客戶爭辯，失利的永遠是業務員自己。

- 無論客戶的意見是對是錯、是深刻還是幼稚，業務員都不能輕視對方，要尊重客戶的意見，講話時面帶微笑、正視客戶。

掌握處理客戶異議的方法

明白處理客戶異議的原則之後，業務員還要掌握好處理客戶異議的方法，才能有效化解客戶的異議。

① 直接反駁法

當客戶提出有關品牌聲譽、企業信譽以及產品品質等原則性問題的異議時，你應該對客戶的異議進行直接的否定，以維護企業形象，顯示對企業及其產品的信心和堅定的立場，這樣的做法常會給客戶留下講原則的好印象，增加客戶對品牌的信心。當然，溝通時一定要注意技巧。

反駁是指業務員根據較明顯的事實與理由「直接」否定客戶異議的一種處理策略。在實際運用中，反駁可增強銷售溝通的說服力，強化客戶的信心，提高成交率，提供客戶一個簡單明瞭、不容置疑的解答。因而正確而靈活地使用反駁是可以有效處理好客戶的異議。但若不當運用，極易引起與客戶的正面衝突，可能因此增加客戶心理的壓力，甚至激怒客戶而導致銷售破局。如果因直接反駁而使客戶感到自尊心受到傷害，那麼即使產品再好，客戶也會拒絕購買。此外，反駁法在使用過程中，如措詞不當，會破壞銷售氣氛以及買賣雙方的情緒，致使銷售陷於不利之中，使銷售活動在客戶原有異議之外，又增加了新的障礙。所以反駁要謹慎使用。

②間接處理法

間接處理法是指業務員根據有關事實與理由「間接」否定客戶異議的一種處理方式。間接處理法適用於因客戶的無知、成見、片面經驗、資訊不足與個人偏見所引起的購買異議。使用間接處理法處理客戶異議時，可先表示對客戶異議的同情、理解，或是簡單地重複客戶的問題，使客戶心裡有暫時的平衡，然後轉移話題，對客戶的異議進行反駁處理。因此一般來說，間接處理法不會冒犯客戶，能保持較良好的銷售氣氛；而重複客戶異議並表示同情的過程，又給了業務員一個躲閃的機會，使業務員有時間進行思考和分析，判斷客戶異議的性質與根源。間接處理法能讓客戶感到被尊重、被承認、被理解，雖然異議被否定了，但在情感與想法上是可以接受的。用間接處理法處理客戶異議，比反駁法委婉些、誠懇些，所收到的效果也較好。

③將計就計法

「將計就計」是指業務員直接利用客戶異議進行轉化的方法。其實，客戶的異議具有既是成交障礙、又是成交信號的雙重特性。客戶

提出了一個實際問題和看法,如果你能將計就計,利用客戶異議正確的、積極的一面,去克服客戶異議錯誤的、消極的一面,就可變障礙為信號,促進成交。比如:

客戶:「價格怎麼又漲了。」

業務員:「是的,價格是漲了,而且以後勢必還會再漲,現在不進貨,以後損失更多。」

這是對中間商而言,如果對最終消費客戶就該說:「以後只會漲不會跌,再不買,就虧更多了!」

你還可以根據事實和理由,間接否定客戶意見。比如客戶提出店員介紹的服飾顏色過時了,店員不妨這樣回答:「小姐,您的記憶力真好,這顏色前幾年前已經流行過了。不過服裝流行是會循環的,像是今年秋冬又開始這種顏色,現在買正划算呢!」

面對客戶的異議,業務員首先要瞭解異議產生的原因,進而根據產生原因個個擊破,找到解決異議的辦法。

消費者都是希望買到價廉物美的產品,但同時對某些商品價格又帶有不確定性,因為對底價不瞭解,所以往往會覺得主動降價一定還有降價的空間,所以才會進一步要求降價,致使業務員陷入銷售的困境。好的業務員應在不損失利潤的前提下,使客戶得到心理上的滿足,提升商品在客戶心裡的價位,使之滿意而歸。同時也要持續養成瞭解自己和對手商品的習慣,知己知彼,這樣在客戶看中短缺的商品時,可引導其注意相似的替代品。

除非你是以極明顯的低價促銷,不然很少有客戶不嫌價格貴的。因此,把握客戶對價格異議的過程,就是通往成交的必經之路。價格異議的處理唯有「利益」二字。在客戶沒有充分認同您能給它的利益之前,你要小心應對,不要輕易地陷入討價還價中。以交易習慣而

言，客戶要求折扣是難免的，若是能讓客戶充分知道他能得到哪些利益後，「討價還價」也許只是一個習慣的反應。

記住——

①當客戶提出異議時，要運用「減法」，求同存異。

②當客戶殺價時，要運用「除法」，強調留給客戶的產品利潤。

成交潛規則

反對意見往往是成交的前奏；接受拒絕才有機會成交；挖掘藏在拒絕背後的隱情，弄清你的客戶最關心什麼。在遇到客戶的異議時，業務員無需害怕，因為這也意味著他對你的產品感興趣，如何化解客戶的異議才是銷售成功的關鍵，永遠記得這一點——客戶的異議，就是你的施力點。

Rule 33 善用「現在不買，以後將錯過」的緊迫感

「害怕失去某種東西」的緊迫感，往往更能激
起客戶「想要擁有」的欲望。

　　在現今的消費環境中，客戶有越來越多的選擇，因此他們在購買產品時多半也不會心急，往往是貨比三家甚至是貨比多家，直到找到自己最為滿意的產品為止。客戶的這種心理狀態是業務員最不願意見到的。

　　選擇機會越多的時候，人們越拿不定主意；而選擇機會越少時，人們越急著做出選擇。害怕失去某種東西，往往比希望得到同等價值東西的想法對人們的激勵作用更大。在受限的環境下，人們很容易就被激發出「得到它」的欲望，因而將「需要」變成「必須要」。

　　所以在產品介紹時就要針對這點，掌握一些技巧，讓客戶有種緊迫感，甚至會有「機不可失，失不再來」的感覺，這樣就能大大提高客戶購買的積極性，業績自然就提高了。

　　想在產品介紹時增加客戶的緊迫感，以下幾種方法供讀者參考：

 暗渡陳倉法

　　這裡所說的「暗渡陳倉」，就是業務員若希望賣給客戶甲產品，首先要引起客戶對甲產品的興趣，然後再告訴客戶甲產品已被別人訂走了，請他更換乙產品，這樣一來，客戶的心理就會產生甲產品要比

乙產品要好，自然也會產生對甲產品的迫切需求。這時業務員再表示可以努力替客戶喬喬看，最後，客戶終於能如願買到甲產品，自然也會更加重視甲產品，也調快了成交的速度。

Case Show

　　房仲業務員林志楠手上有甲、乙兩套房子要代售。他最想賣出的是甲房子，但是他在介紹時，卻未極力向客戶推薦，而是說的：「您看這兩套房子怎麼樣，現在甲房子前兩天有一組客人看了很喜歡，要我替他留著。所以您還是看看乙房子吧，其實它也很不錯。」

　　客戶當然是甲乙兩套房子都要去看的，而林志楠的話在他心裡留下了深刻的印象，讓他產生一種「甲房子已經被人訂購了，想必是不錯的房子」的感覺，於是在這種心理暗示的影響下，他越來越覺得乙房子不如甲房子，尤其是看完了房子後，他更是確定了自己的看法，希望能購買甲房子，但林志楠並沒有立即答應，只說要斡旋看看，讓客戶帶著幾分遺憾。臨走前，林志楠對客戶說：「您如果真的喜歡甲房子，我一定會想辦法看看還有沒有可能賣給您，我想後天下午就會有答案了。」

　　第三天下午，客戶果然來電話詢問房子的事，林志楠以略帶興奮的口吻對客戶說道：「好消息！您現在可能能買到甲房子了，您真是幸運，正巧上回訂購甲房子的客戶因資金一時周轉不過來，所以我勸他不如暫緩購房，因為我那天答應過您要想辦法幫您爭取到這房子的，所以我就順水推舟一下，現在房子的主人很可能就是您了！」

　　聽到這裡，客戶當然也慶幸自己有機會買到甲房子，想要的東西送上門來了，此時不買，更待何時？因此，這筆交易很快便達成了。

　　讓客戶產生緊迫感的銷售才是真正到位的銷售。房仲員林志楠選擇「暗度陳倉」的策略，成功地吸引了客戶的心理，把客戶的注意力轉

移到甲房子上，同時又給了他一個遺憾，加深了客戶想要得到甲房子的
緊迫感，後來再給他一個「失而復得」的機會，讓客戶心甘情願地簽下
合約。

 ## 限量供應法

俗話說「物以稀為貴」，對於每天都能遇到的機會，我們一般不
太會去在意，但是對於那些千載難逢的機會，我們就會認真以對了。
經濟學上有一個「短缺原理」（Shortage Principle），是說機會越
少，價值越高。

限量供應的意思大家當然都明白，利用限量供應法的最主要的目
的，就是給人們一個「千萬不要錯過」的暗示。人的潛意識裡總認為
還有更好的會出現，而「限量供應」就打破了人們的這種意識，告訴
客戶，如果現在不抓住這次機會，就不會再有第二次機會了。

限量供應的方法不僅局限在時間上，也可運用在數量上。比如
「只送給前二十名的消費者。」、「只有前五名的購買者可以打七
折」等等。

Case Show

據報導，北京一家房地產公司正是利用了這一點作為銷售技巧，引
來了大賣的業績。

儘管北京房價一直居高不下，但仍然有很多人等待時機，或持觀望
態度。有一處建案採取了「排隊取號」的方法來銷售房子。

開發商故意每次只開賣一棟樓，造成房源緊張的狀況，很多買主去
看房，但是不一定能買得到。大家為了買到房子，還得排上一天的時
間，而排到的買主也不一定能買到房子。每次開發商會通知六十個有意

購買的買主過去抽籤，而實際上卻只有四十間房子要賣。也就是說，這六十人當中將有二十人買不到房子。

在這種氣氛下，買主已不在乎房子的價格到底有多高了，他們更在乎的是自己是否能「幸運」地中籤，好順利買到房子。結果那些抽到籤能買房的人都非常高興，他們認為自己是幸運的，因為他們抓住了這次的好機會，而且還有好多人有錢都買不到呢！

購物時，如果你發現貨架上的物品還很多，我們會猶豫一下，心想，今天不買，明天買也是一樣的，結果拖到最後還是沒買。但若存貨不多只剩下一、兩組，你就會想，今天如果沒買，明天可能就沒有了，特別是當售貨員說「這是全球限量版」時，腦子裡的那根線就會緊繃，覺得這麼好的機會被自己遇上，不買就可惜了。因此我們常被某店鋪櫥窗外那些「數量有限，欲購從速，售完即止」所征服，最後不得不掏腰包；到商場購物，你也會發現「限時限量搶購」的地方永遠是顧客最多的地方，因為人們都不希望自己錯過難得的機會。

妥善利用限量供應的策略，往往可促使客戶由猶豫不決迅速轉變為果斷下單，馬上成交。限量供應雖然會使客戶產生「不買就會吃虧」的心理，但這種方法不宜經常使用，否則就會失去新鮮感。要使消費者產生「只有一次」或「最後一次」的意識，才能成功喚起客戶的緊迫感，主動催著你買單。

💰 在漲價之前購買

物價的起伏也是刺激客戶迅速做出購買決定的關鍵因素之一。有經驗的業務員常會利用這一點來加強客戶的緊迫感，促成交易。比如：

Case Show

「因為日幣升值的關係，公司準備在月底提高這款車的價格，如果您很喜歡，我建議您今天就先訂下來。」

「本公司正在考慮再次提高鋼鐵的價格，所以我建議您馬上下單，以便能以低價取貨。」

「由於最近柚木的價格不斷上漲，我們公司也將漲價，所以如果您很中意這組原木椅的話，還是現在買會比較划算哦！」

業務員在運用這種策略時，一定要確保物價真的會上漲，如果欺騙客戶，一旦被揭穿，你就會喪失客戶對你的信任。

成交潛規則

一件事物，人們原本對它的興趣不大，但是當人們佔有、享有或觀賞它的自由受到了限制，人們就會變得開始渴望這件事或物了。因此，你可以多加善用這點，介紹產品時，適時增添一些緊迫感，讓客戶產生「只有這一次機會」或「錯過了，將十分可惜」的感覺，促其加速做出購買決定。

Rule 34 先讓客戶試用，
他會更願意聽你說

讓客戶看到、摸到或使用到你的產品，透過試用與體驗，先讓客戶對你的產品或服務留下好印象，緊接著你說什麼都是中聽的。

「耳聽為虛，眼見為實」，人們往往相信自己看到的，而對聽到的則抱有一定的懷疑。相信業務員或多或少會碰到這樣的情況，當你眉飛色舞地向客戶介紹你的產品時，迎接你的卻是客戶懷疑的眼神，是不是很可惜呢？。因此，當你誇誇其談地想客戶介紹產品時，不妨讓客戶親身體驗一番，其效果要比你說得口沫橫飛還要好上幾百倍。

Case Show

法蘭克是一名人頂尖的汽車業務員，無論是新車還是二手車，他都會親自駕駛著所要銷售的車去拜訪每一名可能買車的客戶。他的銷售方法如下：

「史密斯先生您好！我現在正要去客戶那裡試車，正巧會經過你那兒，您要不要看看這部車的性能如何？我想先將不順的地方調整一下再送到客戶那兒，還好遇到您這位駕駛高手，如果您能替我鑑定一下，我將感激不盡。」

法蘭克向客戶解釋了一、二公里以後，接著便徵求客戶的意見說：「您覺得怎麼樣？有什麼意見嗎？」

「這車子的方向盤靈敏度過高。」

「說得太對了！您不愧是內行人，我也擔心方向盤的靈敏度過高，

那您還有沒有其他的意見呢？」

「散熱器的效果還不錯。」

「不愧是專家，連這一點也能注意到，實在令我佩服！」

「法蘭克，你這部車到底賣多少錢？你別誤會，我並沒有要買，只是問問而已。」

「您是內行人，應該瞭解市面上的汽車售價，如果您要購買，您願意出多少錢呢？」

如果價格是雙方都能接受的，在一邊駕駛一邊談價中，法蘭克就可輕易地將車子賣出了。

客戶試用產品的過程，其實是一個自我實現的過程。自我實現心理是人的一種深層次心理需求，而參與，是自我實現的一個重要途徑。在參與的過程中，人們的心理會得到滿足，感受自身價值的存在，進而獲得愉悅的心情。因此在銷售過程中，業務員應儘量使客戶參與到你的銷售活動中，讓客戶親身感受到產品的性能與眾不同。在讓客戶親自體驗產品後，業務員再運用形象的語言加以介紹，客戶會更願意聽你說，並期望對產品有一個更深入的認識。

💰 展示是產品試用的第一步

業務員在邀請客戶試用產品前，應先向客戶展示一遍，特別是對產品使用方法不熟悉的客戶，更該認真展示。

業務員展示的目的是為了讓客戶掌握產品的操作方法、瞭解產品的效果，以此來激發客戶強烈的興趣。如果你的產品與其他同類產品不同，那麼你一定要向客戶展示出產品的與眾不同。例如：你要向客戶介紹數位相機。你對客戶這樣說：「這款多功能的數位相機，內建

很多可愛相框，你要不要試拍一下，我替你加個框再列印出來給你看。如果搭配複合式印表機，就可以在家操作，不用跑到相片沖印店就可以印出相片，真的很方便！」言談中好像是與客戶一起購物的好朋友，讓客戶感覺你是為他著想的。提供客戶可以在家列印出相片的「立即、方便」利益點，會讓客戶覺得你和他是同一國的，對於你接下來的介紹，自然是句句中聽。

展示產品絕不是業務員一個人的獨角戲，因此，業務員在演示的過程中要注意與客戶的互動，如果客戶提出疑問，代表他能跟得上你的步調，這時你要針對客戶提出的問題重點示範，不能在展示中留下疑問而不去解決；如果客戶對你的展示漠然以對，你就不要急於展示下去，而是要巧妙利用一些反問與設問，想辦法讓客戶參與其中。

 ## 給客戶充足的試用空間

我們在這裡所說的讓客戶試用產品，也就是體驗式銷售，讓客戶自己去感受產品的性能和效果，這種真實的體驗會讓客戶更安心。業務員在決定要客戶親自試用之後，一定要給客戶充足的試用空間，讓客戶真實感受到產品給他的享受。

Case Show

吳子傑準備買一台電腦，由於他並沒有設想要買什麼樣子的電腦，準備跟著感覺走。

他先來到第一個電腦品牌的銷售區，店裡放著四台筆記型電腦，但都處於關機狀態。在前三分鐘的時間裡，他就像透明人一樣站在那裡，沒有一個銷售人員招呼他。他不得不主動詢問，然而銷售員也只做了簡單的介紹。

接著他來到第二個品牌電腦的銷售區，當他要求現場比較一下這個

品牌的電腦與其他產品有什麼不同時，銷售員卻拒絕了他的要求。

懷著沮喪的心情，他又來到了第三個品牌電腦的銷售區，在這裡，他足足待了兩小時。期間，他透過遊戲感受到顯示卡的效果，透過電影體驗到了影音效果。最後在銷售員說得口乾舌燥時，他掏出了錢包。

希望大家要明白，客戶都希望買得安心，用得放心。但要如何實現客戶的這個希望？讓客戶試用是最直接，也是最有效的方式了。當客戶試用完產品後，會在心裡為其估出一個分數，權衡自己是否需要購買。

💰 試用後詢問客戶的意見

別以為只要客戶試用了產品後就萬事OK了。客戶試用產品後，業務員一定要及時知道客戶試用後的反應，傾聽客戶的意見，適時對客戶進行勸購，把客戶導引到自己所預期的銷售方向。

在客戶試用完產品後，你可以提出這樣的問題：

- 「經過了體驗，您瞭解我們產品的功能嗎？」
- 「我們的產品是不是能使您的工作更為便捷？」
- 「您喜歡我們的產品嗎？」
- 「穿上這件衣服，是不是讓妳看起來更苗條呢？」

透過這些問題，你就能揣測客戶的態度，如果客戶體驗產品的效果不是很成功，你還可以進一步強化產品的價值，或以有力的證明來展現產品的優勢。

業務員若想售出產品,就不能只停留在對產品誇誇其談地陳述,而是要讓客戶親眼看一看、摸一摸、試一試。先讓準客戶試用你的產品或服務,直到他割捨不下,最後決定把產品留下來為止。

另外,銷售高單價產品時,可以多加善用讓客人免費試吃、試乘、試玩、試用,藉由免費體驗的方式讓顧客上癮,並了解到你的產品之所以賣高價的價值所在,而願意花大錢來購買。這是因為人性都是「由奢入儉難」,住過高級飯店的人,下次還是會想訂高級飯店;開過大車的人,就會一直想買大車。

Rule 35 讓客戶接受產品的不足

介紹產品時，要針對客戶最迫切需要、最在意的點來進攻、來打動客戶。

　　每個合格的業務員都對自己的產品有全面的瞭解，這就包括既瞭解產品的優點，也知道產品的不足。優秀的業務員會讓客戶瞭解產品不足卻又能欣然接受，而一般的業務員不是向客戶隱瞞產品不足，就是在說出產品不足後被客戶拒絕。那麼，到底該如何做才能既讓客戶瞭解到產品的不足，又不影響客戶的購買意願呢？

介紹產品時要揚長避短

　　業務員在向客戶介紹產品時，一定要強化產品的優點、淡化產品的缺點。

　　「雖然我們的冰箱價格是高了點，但是它是同類產品最省電的，而且幾乎沒有噪音，它的品質是有國家保證的，使用壽命也比其他的品牌長。」一位業務員這樣向客戶介紹自己的冰箱。

　　「雖然我們不是知名的品牌，但它的優點卻非常適合您的。我們這款手機的待機時間長，能解決您經常出差，旅途中不方便充電的困擾，而且它的價格也比同類產品便宜很多，您覺得呢？」一位業務員這樣向客戶介紹自己的手機。

　　這些業務員的銷售語言非常高明，因為他們抓住了產品的特點，突顯產品長處，弱化產品的劣勢。如果你在介紹產品時無法讓產品的價值和優勢打動客戶，那麼接下來的銷售將會陷入僵局。因此，你要針對客戶最迫切的需求來打動客戶，以取得銷售的最終成功。

　　一般來說，吸引客戶產生購買欲望的原因不外乎以下幾點：省錢、方便、安全、關懷、成就感。業務員要知道客戶最關心的是什麼，然後根據客戶最需要得到的服務，進行針對性的介紹。

　　★**如果客戶最關注的問題是希望省錢**　業務員不妨這樣說：「我們的產品是同類產品中價格相對便宜的。」、「我們的產品採用了先進的技術，會給您帶來巨大的經濟效益。」

　　★**如果客戶關注的問題是使用方便**　一句「我們的產品使用方便，會大大節省您的時間，讓您省下時間做更重要的事」往往就能促使客戶下定決心購買。

　　★**如果客戶關心的是安全問題**　業務員則應舉例說明產品的安全保障。

　　★**如果客戶在意產品的人性化設計**　業務員也可以說：「我們產品的特色就是人性化的設計，這款產品能充分展現您對家人的關懷。」

　　★**如果客戶看中產品的時尚感**　業務員則可說：「這是我們這一季最新的產品，它時尚的外觀能突顯您的不凡的品味。」

　　揚長避短的介紹產品能讓客戶對產品的優勢產生深刻的印象，使客戶在不經意間忽視了產品的不足。強化產品優勢、淡化無法實現的要求，客戶說出購買條件之後，業務員要將自己的產品與客戶的需求進行對比，先找出產品的哪些特徵與客戶的期待相符，哪些方面難以達到客戶的要求，只有掌握了這些情況，做到心裡有數，業務員才能

以優點保住價格，不讓客戶抓住把柄。

具體應該怎麼做呢？

★強化產品優勢　要如實向客戶介紹產品，瞭解客戶的實際需求，而強化產品的優勢不只是最基本的產品特徵，而要從潛意識裡影響客戶，讓客戶覺得這些產品的優勢對自己非常重要。

★淡化無法實現的需求　客戶發現產品達不到理想需求時，會想辦法以這一點來殺價。這時業務員要主動出擊，防止客戶步步緊逼，使自己處於被動地位。巧妙地暗示客戶，十全十美又價格便宜的產品是不存在的。要讓客戶覺得即使產品在某方面無法滿足自己的要求，那也是微不足道的。

值得注意的是，產品的不足必須是不會影響客戶的使用情形，一旦產品的不足是客戶關心的焦點，即使你的產品在其他方面有著無法匹敵的優勢，客戶也不會購買。

保持對產品的信心

在現實的銷售活動中，很多情況下，產品的不足不是由業務員說出來的，而是由客戶主動提及。有的業務員在得知客戶反應產品的一些小毛病時，就馬上抱怨公司產品的品質差，把自己完成不了的銷售任務一股腦歸因為品質問題。但是，這種心態是不可取的，我們必須要明白的是，世界上沒有十全十美的人，當然也就不可能出現一款十全十美的產品。每家公司都有自己的銷售冠軍，如果產品有問題，為什麼他們還能賣出那麼多產品，並且讓客戶滿意呢？

只要你的產品符合國際、國家的標準，那麼它就是好的產品。業務員要始終保持對自己產品的信心，只有你相信自己的產品能為客戶帶來價值，客戶也才會相信你。

Case Show

馬志弘是一位優秀的廚具業務員,他口才過人,思維敏捷,善於掌控客戶的心理。

這天,他在大賣場舉辦廚具的促銷活動,他熱情洋溢的介紹引來了眾人的圍觀,現場氣氛非常活躍,但是人群中的一句:「你的廚具太貴了,比××廚具貴了差不多5%!」瞬間凍結了現場的氣氛。然而馬志弘並不因此手足無措,而是說:「這位先生說得沒錯,我的廚具確實貴了一點,但是卻有貴的理由。我太太使用的也是這種廚具,從來沒有發生過問題。有興趣的可以去我家看一下。」接著馬志弘摸摸自己已經發福的啤酒肚繼續說:「大家從我的身材就可以看出我的廚具燒出來的飯菜是多麼美味啊!」圍觀的人群中發出了笑聲,結果馬志弘這天的銷售業績出奇的好。

如果業務員能購買和使用自己正在銷售的產品,以自己的經驗來說明,無形之中就會增加客戶對產品的信心,因為他們會覺得業務員自己都在使用,即使有一些小問題,也是值得信賴的。

 ## 誇大的優勢=劣勢

雖然業務員在向客戶介紹產品時要重點介紹產品的優勢,但也不能誇大。如果你過分誇大了產品的優勢,一旦客戶發現你的產品並未達到你所說的水準後,產品的優勢就變成了劣勢,就會讓客戶對你產生抗拒和厭惡的情緒。

一位藥廠的業務員對一家醫院負責採購的醫生說：「我們這種藥是治療肝病中效果最好的，可以說是藥到病除。」

聽了這句話，醫生生氣地說：「你也真敢吹牛，你的藥我們用過，效果並不好。」於是他拒絕了藥廠業務員的推銷。

事後，院長問醫生：「這種藥真的沒有效果嗎？」

醫生回答：「其實還是有效果的，它確實能緩解病情，但是並沒有像他說得那麼神奇。」

業務員的一句大話就把自己產品的優勢轉化成劣勢，最後遭致客戶的拒絕。因此，當你在介紹產品時，要儘量簡單明瞭，運用真實可靠的資料，如果你的介紹存在誇大和虛假的資訊，必然會讓客戶對你的產品產生不良的印象與影響。

成交潛規則

要想讓客戶瞭解產品的不足而又不影響產品的成交，業務員就要讓客戶知道產品的不足是不至影響其正常使用，還要讓客戶明白產品的其他優勢會給他帶來超值的享受。

介紹要以客戶
需求為重點

客戶需要什麼，你就給他介紹什麼；客戶不感
興趣的，你應該一語帶過，甚至完全忽略。

　　不知道業務員有沒有想過這樣的問題，客戶為什麼會購買你的商品？因為它物美價廉，因為它外觀時尚，還是因為它功能齊全？當然，這些都可能是客戶購買你的產品的原因，但最重要的一點就是你的產品能滿足客戶的需求。所以你要給的是客戶需要的理由，而不是你銷售的理由。如果客戶需要晚宴時穿的晚禮服，而你只有運動服，那麼即使你的衣服再精美，款式再新穎，價格再經濟，也絲毫無法引起客戶的興趣。想要得到成交的機會，你就必須在成交時讓客戶產生心理需求，使他對你的產品產生強烈想要擁有的購買欲。

　　提問比羅列產品的優點好。未聽取客戶的意見就向客戶介紹一大堆產品的好處，即使產品確實好，如果自己說出，也會讓客戶覺得你在自賣自誇，因而產生逆反心理，反倒不容易達到目的；但如果由客戶自己說出，那就是真理了。但是在實際的銷售中，大部分的業務員只要有機會，就開始停不了的「個人秀」，展開遊說攻勢。比如「陳總，向您介紹一下我們公司的產品……我們的產品品質非常好，是有經過國家認證的，非常適合您能的需求……」、「先生，您要買手機吧，看看這款吧，這款是今年的新款，很時尚，拿在手中更能突顯您的身價，而且品質非常好，功能齊全，能照相，播放MP3、MP4，音質

清晰。我向您展示……」這一連串精彩的「演講」換來的往往是「我
不需要」、「我不買」等等。究其原因,就在於業務員在介紹產品
時,沒有抓住客戶的需求。

💰 介紹產品前,先瞭解客戶的需求

介紹產品要以客戶的需求為重點,所以,在介紹產品之前,要先
將客戶的需求瞭解得清清楚楚。

★聽客戶說,你會有意外的收穫 聆聽客戶說話也是一種瞭解其
需求的方式。業務員在聽的過程中,要將重點放在客戶希望得到什麼
上和客戶為了得到,希望可以付出什麼。因為客戶有了需求,並不代
表可以合作,而且有些客戶往往因不想暴露自己的真實想法,會說一
些假話,但假話說得越多,越容易暴露真實想法,因此業務員對客戶
的假話也要格外留意。

★業務員要善於提問 問什麼,在何時問都非常重要。提問前,
你要先明確自己想知道什麼,有時客戶為了拒絕你,會找到很多藉
口,而你明知道是藉口卻無法揭穿,這時提問就是探究客戶需求的最
好辦法了。邊聽邊以探索的口吻提問,以瞭解客戶的真正意圖,引導
客戶。當客戶表示贊同時,應立即表示肯定;反之,若客戶有異議,
也別冒失地否定他的見解,要用事實說話,使之心服口服。在提問客
戶之前,你要考慮幾點,如:客戶聽到你的問題之後,是否願意告訴
你他的想法;你的問題能否建立起客戶對你的信任;你的問題能否直
擊客戶現在的情況等等。透過詢問的技巧,你就能導引客戶的談話,
同時取得更明確的資訊,有助於你銷售產品或服務。洽談的過程,常
常是問答的過程。恰到好處的提問與答話,有利於促使銷售成功。透
過提問,理清自己的思路,盡快瞭解客戶的真正需求和想法。讓自己

清楚客戶想要什麼，你又能給予什麼。這對於業務員來說，至關重要。透過提問，引導客戶講述事實，讓客戶自由發揮，讓他多說，讓我們知道更多的東西，千萬不要採用封閉話題式的詢問法來代替客戶作答，以免造成對話的中止，如：「你們每個月的銷售數量大概是六萬件，對吧？」而應該說「您能說說當時的具體情況嗎？您能回憶一下當時的具體情況嗎？」這句話問出來，客戶就滔滔不絕了。

瞭解客戶需求最重要的一步就是對你的銷售溝通做進一步的分析總結，真正瞭解客戶的需求，才能在介紹產品時句句擊中要害，增加成交幾率。

💰 產品介紹時，緊扣客戶的需求

業務員得知了客戶需求，在介紹產品時，就要以客戶的需求為核心。如果業務員為了一點蠅頭小利，就鼓吹客戶去購買一些不需要的產品，將使自己失去良好的信譽和口碑。業務員只有把客戶的需要當做自己的行動指南，找到最適合客戶使用的產品，才會讓客戶滿意而歸。

美國汽車大王福特（Henry Ford）曾說：「成功是沒有秘訣的，如果非要說有的話，那就是時刻站在對方的立場上。」唯有站在客戶的立場，真心誠意地為客戶考慮，才能真正瞭解客戶的需求，知道他們最想要的是什麼。如果業務員能做到一切從客戶的立場出發，進行換位思考，想客戶所想，急客戶所急，不僅有利於雙方之間的溝通，還可在通往交易成功的路上做到有的放矢、對症下藥，能針對性地解決問題，進而為客戶提供最滿意的、最需要的產品和服務。提供能為他們增加價值和省錢的建議給客戶，那麼你就會受到客戶的歡迎。

很多人都有網購的經驗，有的網站購物程式相當繁瑣，先是要求

註冊,光填寫用戶名就反覆多次,接下來又是填寫一大堆個人資料,好不容易輸入完成,卻斷線。也許網站的初衷是好的,是想取得更多的客戶資訊,瞭解客戶,為客戶提供更好的服務,然而其設計的流程並未從客戶的角度去思考,反而平添客戶許多麻煩。

想客戶所想,就是真正站在客戶的立場上想一想,省錢、效益是客戶所想,先不考慮你的公司能得到多少利潤,先想一想如何為客戶省錢,如何為客戶賺錢。先為客戶省錢,才有機會賺錢,這並不矛盾。

因此,業務員在向客戶介紹產品時,應該做到客戶需要什麼,你就給他介紹什麼;客戶不感興趣的,你應該一語帶過甚至完全忽略。

Case Show

李宇智的新家剛裝修完畢,他與太太打算添購家用電器,於是他們來到電視機展售區。

李宇智與太太都看上了一台三十四吋的平板液晶電視,看起來既高級又時尚。

這時業務員走了過來,問:「請問二位希望電視是放在哪個房間呢?」

「是客廳。」太太回答。

業務員:「那麼您家的客廳有多少坪?」

李宇智太太:「大概六坪,或者小一點。」

業務員:「這樣啊,那我覺得您不如選擇那個三十吋的平板液晶電視。那個牌子是主營電視機的,想必二位都聽說過這個牌子,有幾十年的歷史了,口碑一直很不錯。最重要的是,如果您還想在客廳放置音響設備,那台三十四吋的可能就大了點。」

李宇智:「我們家的客廳寬敞,放得下三十四吋的電視機。」

業務員：「是嗎？那您有規劃還要添置音響設備嗎？」

李宇智太太：「當然想了，這次我就想備齊。」

業務員：「那麼電視兩側還有放置音響的空間嗎？」

李宇智想了想：「可能不太夠了。」

業務員：「如果您想一次購齊音響設備，那麼我還是建議您購買那台三十吋的。首先，小空間放置過大的電視，對視力是有害的。此外，那款三十吋的電視機現在正有促銷活動，您只需要付原價的四分之三就可以把它帶回家。」

李宇智太太：「哦，是嗎，這麼便宜呀，會不會品質有問題才做促銷的嗎？」

業務員：「品質的問題請您放心，這款電視機之所以降價，是因為廠商每季都會推出一款來酬謝客戶，這季度剛好是這款電視機。」

李宇智太太：「聽起來還不錯。」

業務員：「而且最重要的是，您可以利用省下來的錢購買一套音響設備。如果您需要，我可以替您推薦一款既實用又高級的音響。」

李宇智和太太聽了都很開心：「是嗎，那太好了，我們就買這台三十吋的液晶電視，那請你再介紹一款音響吧。」

……

　　案例中的業務員不但成功地售出了一台電視機，還賣出了一台音響，原因就在於他在向客戶介紹產品時，抓住了客戶的需求，根據客戶的實際情況向他們介紹了最適合的產品，這樣一來，當客戶對業務員有了信任，自然也能得到更多的成交機會。

　　客戶需求的基本結構大致有以下幾個方面：

● 品質需求：包括性能、使用壽命、可靠性、安全性、經濟性和外觀等。

- 功能需求：包括主導功能、輔助功能和相容功能等。
- 外延需求：包括服務需求和心理及文化需求等。
- 價格需求：包括價位、價質比、價格彈性等。

業務員在提供產品或服務時，均應考慮客戶這四種基本需求。不同的消費人群對這些需求有不同的需求強度。收入豐厚的人喜歡高檔名牌，對品質和功能需求的強度要求就高，而對價格需求不強烈；收入相對較低的薪水階級追求價廉物美，以經濟實惠為原則，因此對價格和服務的需求強度要求高。所以，我們應該根據不同的客戶需求，確定主要的需求結構，以滿足不同層次客戶的要求，使之滿意。

著名的DELL公司之所以能在群雄紛爭的IT市場脫穎而出，非常重要的一點就是DELL建立了一套能快速滿足客戶個人需求的企業文化體系。因此，DELL公司建立了一套包括銷售、生產、採購、服務的全套系統，為用戶提供個性化訂製和配送服務，奇蹟般地保持了多年五〇%以上的成長，成為目前世界最大的電腦廠商之一。中國內地知名企業海爾也嚐到了滿足客戶個性化需求的甜頭，推出個性化冰箱才短短一個月的時間，就接到一百多萬台訂製冰箱的業務。

💰 介紹產品後，徵求客戶意見

有些業務員在實際的工作中常會有這樣的疑問：我介紹的產品明明是客戶需要的啊，為什麼還是無法成交呢？很可能是客戶對你介紹的產品大致上是滿意的，但因產品仍有一些美中不足導致其未能下定決心購買。要想擺脫這種情況，業務員應該在介紹完產品之後，及時詢問客戶的意見，不斷修正，儘量給客戶最滿意的產品。

Case Show

業務員：「小姐，您的眼光真好，這是本季的新款，剪裁非常有時尚感
　　　　……您覺得怎麼樣？」

客戶：「嗯，是不錯，但若上班穿的話，就有點不合適了。」

業務員：「這樣啊，那您來看看這款，不論是上班還是日常生活都很合
　　　　適，對嗎？」

客戶：「可是這個顏色我不太喜歡，還有其他顏色嗎？」

業務員：「當然，這款衣服有黑、白、灰、藍四種顏色，您喜歡哪個顏
　　　　色？」

客戶：「那麼拿白色的，給我看看吧。」

　　如果你在介紹完產品後，客戶還是猶豫不決，代表你的產品並不
能使其滿意，這時，就要進一步徵求客戶的意見，協助客戶找到最滿
意的產品。

成交潛規則

　　你要給客戶需要的，而不是你想給的。客戶的需求是業務員介紹產品時的指揮棒。一般而言，客戶是為了要買產品才會找上你的，成功的業務員的工作只是幫助客戶選到他真正需求的產品。所以，你要在第一時間知道客人的需求，知道客人想要什麼東西。所以你一定要了解客戶的背景，要知道客戶的預算有多少，主要用途是什麼……。這些資訊都是你提出建議時很重要的參考。

生動自然地介紹產品

一個動作，可能為你的產品介紹加分，也可能
是減分。不能讓任何一個小動作，毀了大局，
而使客戶改變主意。

　　耳聽為虛，眼見為實，相較於業務員所說的，客戶更相信自己親眼所見的事實，這就是展示的力量。如果客戶可以用視覺、嗅覺、味覺、觸覺等感覺親身體驗產品，他們很快就能明白產品的效果和好處。

　　在一個城市的偏僻小巷裡，人們擁擠得水泄不通。

　　有一名五十多歲的男人拿著一瓶強力膠水，接著他拿出一枚金幣，他在金幣的背後輕輕塗了一層薄薄的膠水後貼到牆上。「各位朋友，大家看到了，這是一枚500法郎的金幣，被我用一種新型的強力膠水黏住，有誰能拿下這枚金幣，金幣就歸誰。」

　　小巷裡人來人往，卻沒人能取下這枚金幣，金幣被牢牢地黏在牆上。

　　「大家都看到了，也試過了，沒有人能把金幣拆下來，是不是？」

　　「是的。」大家同聲回答。

　　「是什麼原因呢？不是大家的力氣不夠大，而是膠水黏力夠強，這是本公司最新研製出來的膠水。」

　　原來，那名男子是個老闆，由於他的商店位於市郊，生意不好，於是他想出了這個能吸引人的銷售方法。

　　那天，雖然沒有人拿下那枚金幣，但是，大家認識老闆的強力

膠。從此,那家商店的膠水供不應求。

　　為什麼老闆的膠水成了搶手貨?就是因為老闆讓人們看見膠水的效果。我們常說「百聞不如一見」、「耳聽為虛,眼見為實」,如果我們能讓客戶真真切切地看到產品的功能和效用,就不怕產品賣不出去。

　　如果你賣的是流行服飾,你乾巴巴地說上半天,客戶恐怕也沒有太大的興趣,不如讓客戶試穿,然後在鏡子前面轉兩個圈,你在一旁多稱讚幾句這樣才會給客戶留下深刻的印象,從而產生購買的欲望。

　　實際的生活中常會有這樣的事情出現:一件事被甲說出來變得乾癟、毫無生氣;但若由乙來說,卻是活靈活現,給人一種身歷其境的感覺。原因非常簡單,就是一個將自己置身事外,另一個則將自己置身其中。

　　每個業務員都希望自己的聲音圓潤,講起話來生動有趣,好大大吸引客戶的興趣。但實際上,並非每個業務員都能做到這一點。很多業務員在向客戶介紹產品時,由於沒有將自己的感情融入其中,導致他們聲音乾澀、語調平淡。客戶在聽他們說話,就像是在喝一杯無味的白開水,即使業務員的介紹無懈可擊,還是無法引起客戶的興趣。

　　我們來比較以下兩種產品介紹,看哪一種更能打動客戶的心:

　　客戶:「這件衣服是純棉的嗎?」

　　業務員(面無表情):「是的,是純棉的。」

　　客戶:純棉的穿起來很舒服,但會不會褪色或縮水啊?」

　　業務員:「不會,這款的品質非常好,從來沒有出現過您說的那種

情況。不過您在清洗的時候也要注意……」（一氣呵成地向客戶介紹保養知識）

案例二

　　客戶：「這件襯衫是純棉的嗎？」

　　「是的，您真有眼光，這就是純棉的，穿起來非常舒服。」業務員微笑地看著客戶，眼神充滿了對客戶正確判斷的肯定和讚許。

　　客戶：「純棉的穿起來是很舒服，但會不會褪色或者縮水呀？」

　　業務員依然保持微笑：「您一看就是選衣服的行家，的確像您說的，很多純棉的衣服會褪色、縮水，但是您放心，這款衣服我們今年已銷售了二千多件，從來沒有客戶反應過這樣的情況。您仔細看看這種純棉面料（將衣服拿近，和客戶一起仔細觀察），是採用特殊手法處理過的，有普通純棉衣服的舒適性，但卻不會縮水、變形。」

　　當客戶自己也確認後，業務員再簡單地向其介紹衣服清洗的注意事項。

　　試想，如果是你，你會選擇在哪家購買呢？我想所有的人都會選擇在第二家購買吧！

　　由於業務員每見到一位客戶都要想為其介紹自己的產品，於是工作的重覆性就導致了他們常會犯這樣的錯誤：那就是對待客戶熱情不足，介紹產品時又過於呆板。此外，一旦客戶產生了異議，也只是說：「你說的問題不會出現的」或是「這款產品不錯，購買的人也很多」等等。要知道，客戶消費的不僅僅是產品，還有服務。當你這樣介紹產品時，客戶反而會沒興趣購買了。

　　那麼，如何向客戶展示產品，才是有效益的呢？

示範要有針對性

業務員向客戶介紹新產品時，最大的障礙是客戶對新產品的性能、特色不瞭解，所以對業務員的說辭會覺得無感。如何才能讓客戶產生興趣呢？展示的力量這時就顯現出來了。

展示是為了打動客戶，讓他們產生強烈的購買欲望，瞭解產品的效用，明白產品的操作、使用方法，最後決定購買，增加交易成功的可能性。如果你所銷售的商品具有特殊的性質，那麼你的示範動作就該一下子把這種特殊性表達出來。

有一名連續保持了數年銷售安全玻璃冠軍的業務員，在一次最佳業務員的頒獎大會上，人們問他：「你是用什麼獨特的辦法讓自己始終保持在領先地位的？」他只回答了一句話：「將你的產品充分展示給客戶，一次展示勝過一千句話！」

原來每次這位業務員去拜訪客戶時，他的皮箱裡總是放著許多被截成15平方公分的安全玻璃，同時還帶一個小鐵錘。當他看到客戶時，就問對方：「你相不相信這種安全玻璃？」客戶常搖頭，隨後，他把皮箱裡的安全玻璃放在客戶面前，拿起錘子，用力一敲。

這個時候，客戶總會被這位業務員的舉動嚇一跳，而當他發現那塊玻璃果然沒碎時，就會驚嘆：「天啊，竟然真有敲不碎的玻璃！」

這時候，這位業務員就會問他：「那麼，請問您想訂A方案還是B方案？」

客戶大都被這種展示所折服，於是紛紛向他購買。

可見，業務員在找到最能打動客戶的訴求點之後，有針對性地進行產品展示，對促成交易是有十分重要的作用。拿出產品讓客戶看一看，摸一摸，聞一聞，嚐一嚐，比費盡口舌的效果要大得多。

💰 展示要新奇

一句古老的生意格言是：「先嚐後買，方知好歹。」這句生意經的精髓是：要讓客戶認識產品，就必須把產品的優點展示在客戶面前，讓客戶親自體驗產品的好。如果你能以新奇的展示手法激起客戶的好奇心，無疑是加深客戶對產品特性瞭解的一個好方法。

銷售是一門藝術，也是一種文化，它不是簡單的買賣，業務員要想把自己的產品賣出去，既要有高品質的產品，又要令人耳目一新的產品介紹方式。

💰 展示時，注意與客戶的交流，最好請客戶加入

演示過程中，若只顧著自己操作，而不去注意客戶的反應，是犯了展示的大忌。如果在展示過程中，客戶提出疑問，代表他能跟得上你的銷售節奏，這時你要針對客戶提出的問題進行解說，或再重覆示範一次，不能在留下疑問而不去解決。如果客戶對你的展示表現漠然，你就不要再急著演示了，而是該巧妙地利用一些反問與設問，想辦法讓客戶參與其中，或在示範時請客戶幫點小忙，我們最常見到的賣場裡賣果汁機或食物調理機的業務員，是不是都靠這一招來吸引來人潮觀望。總之，展示的過程中千萬不能忘記與客戶的交流。

💰 展示客戶的興趣點

如果我們發現客戶的興趣所在，那麼就要重點展示客戶的興趣，以此來證明你的產品既能幫他們解決問題，又符合他們的需求。如果你的客戶個性隨和而且又不趕時間，你就可以將產品的優勢一一向客戶介紹清楚。但是有很多客戶不希望被業務員占用太多時間，所以你就要視情況斟酌，學會有選擇、有重點地向客戶介紹產品。

沉著應對展示中的失誤

意外的出現會給業務員的展示帶來麻煩。如果展示中出現了意想不到的失誤，業務員也要冷靜，靈活應對各種問題。

Case Show

一位業務員向客戶介紹一種強化玻璃杯。介紹完產品之後，他便開始向客戶展示，也就是把強化玻璃杯扔在地上，讓客戶看到杯子不會碎。但是他剛好拿到的是一個品質不良的杯子，當他猛力一扔，杯子碎了。

這樣的情況在業務員的職業生涯中還是第一次遇到，他雖吃驚，但卻沒有流露出來。客戶也是目瞪口呆，因為他們已相信了業務員的說明，只不過是想親眼看到一個證明罷了，結果卻出現了如此尷尬的場面。

不到三秒鐘，聽到業務員沉穩的聲音：「你們看，像這樣的產品，我們是絕不會賣給你們的。」客戶笑了，一掃沉默的尷尬。接著業務員又扔了五個杯子，個個完好無損。

業務員的隨機應變自然得到客戶的好感，很快地就賣出去了幾十組的玻璃杯。

隨機應變，能讓業務員挽救面臨失敗的交易，如果例子中的業務員面對失誤不知所措，恐怕就不可能達成交易了。

有的業務員也確實向客戶展示了自己的產品，無奈效果不佳，這時就要檢討是否是自己在展示時出了問題？

- 誇大產品的功能。你是不是在展示產品前強調了太多產品的優點？如果是這樣的話，客戶的期待心理就會很高，那麼在接下來的展示中，即使你和產品的表現都非常好，也難達到客戶的期望值。

- 沉溺於表演而非展示。有的業務員高估了自己的表演才能，在展示過程中極力表現自己。在展示中加入一些表演元素，確實能加深客戶的印象，但是若過分表現，就會給客戶留下華而不實的印象。記住，你不是演員，展示時，只要把產品的功能和優勢以簡練的語言、優雅的舉止表現出來即可。

- 不重視客戶的反應。展示產品的大忌就是一味地只顧自己操作，而不去注意客戶的反應。如果客戶在你展示的時候提出問題，就代表他已經開始注意你的產品了，這時你要針對客戶的問題重點展示。如果客戶對你的展示漠不關心，你則要想辦法讓客戶參與其中，比如提一些小問題，或送小贈品。

總之，在介紹產品時，切忌空口無憑，一定要將有形的產品展示給客戶，並且讓客戶切真實感受到產品為他們帶來的好處，如此才能提高成交率。

如果在介紹產品時能面帶微笑，適時加上一些肢體語言，這種聲情並茂的介紹就會給客戶親切的感覺，也增加了客戶對你的信任感，一旦建立起了信任感，銷售成功也就不在話下了。因此，介紹產品也是要講究一定的戰略、戰術，你的產品介紹要做到聲音洪亮、聲情並茂，讓客戶聽完後對產品產生極大的興趣。

以下幾點是你該注意並確實要做到的：

微笑，讓你在任何情況下都倍感親切

前文提到了，要用免費的微笑收買客戶。的確，微笑不需要任何費用，但卻能讓你的客戶感到親切。

當你帶著笑容地向客戶介紹產品時，代表你非常重視他，並對他抱有積極的期望。你的笑容越真摯，客戶就越能感受到自己的重要性，成交的可能性也會越大。

當你面帶微笑的時候，客戶與你之間的陌生感就會消失。俗話說「和氣生財」就是這個道理。融洽的氣氛往往容易達成交易。

洪亮的聲音讓客戶能聽完你的介紹

讓客戶聽清楚你在說什麼，是業務員進行產品介紹的基礎，所以在介紹產品時聲要洪亮，底氣要足。如果你在介紹產品時的聲音很小，說話含含糊糊，不僅客戶不明白你在說什麼，還會給他留下做事拖泥帶水的印象。

如果你在銷售中經常遇到客戶說：「什麼？麻煩你再說一遍。」那麼你就該檢討自己是否在哪方面出了問題。

如果你確實聲音低沉，就要清楚原因是什麼，是天生低沉還是比較害羞，沒自信？找到原因後，要積極改善。

如果你的聲音生來就比較小、沙啞，可以透過後天的鍛鍊彌補這樣的缺陷，比如大聲唱歌、每天抽出半小時的時間朗讀書報、聽著音樂和朋友聊天，只要堅持下去，不用多久，你就會發現自己的說話的聲音變得很大。

如果你說話聲音低沉是因為沒有自信，那就要找回自信。拿出紙筆，陳列出自己的優點，告訴自己是一名優秀的業務員，能幫助客戶解決他們遇到的問題。當你解決了客戶正面臨的問題時，他們會因此而感激你。透過這樣的心理暗示，你在面對客戶說話時，也會變得充滿信心了，聲音自然就大了。

讓你的產品介紹有起伏有節奏

寫作文時，老師會教導「文似看山不喜平」，告訴學生寫文章時候要有伏筆，才能抓住讀者的心。其實，業務員在介紹產品時也是如此，有節奏的產品介紹，才能進一步感染客戶。

　　然而有很多業務員在介紹時忽略了節奏的問題。他們有些比較性急，產品介紹時語速過快，令客戶無法完全理解他的意思；有的業務員則因性格內向，語速過慢，在介紹時也沒能引起客戶的注意。

　　當你在介紹產品時，要彈性運用語速快慢、聲音強弱等等提醒客戶，哪些是重要的，哪些是需要注意的。這樣你的介紹才能時時刻刻牽動著客戶的心。

讓動作為你的介紹加分

　　眾所周知，每個人在說話的時候都會自然地運用一些動作，但是這些動作有的能使我們的表達更完整，有的卻會招人反感。因此，業務員在向客戶介紹產品時，動作一定要運用得當，別因一個不禮貌的動作而毀了一樁生意。在進行產品介紹時，以下姿勢是絕不能出現的：

- 用手指對客戶指指點點。
- 隨意揮舞拳頭。
- 手臂交叉放在胸前。
- 雙手放在口袋裡。

　　一個動作，可能為你的產品介紹加分，也可能減分。業務員一定要注意，不能讓任何一個小動作而使客戶改變主意。

成交潛規則

只要令客戶無法忘記你的產品，你就有機會成交。一名優秀的業務員，一張嘴就能引起客戶的注意。打動人心，莫先乎情。因此，要想打動客戶，就要在介紹產品時聲情並茂，在展示產品時，要針對他喜歡或關心的點做介紹，說到客戶的心坎上，就能進一步實現交易。

Rule 38 專業的業務員才是值得信賴的

客戶期待業務人員能提供專業的服務，能替他們解決問題，而不是一個報價機器、或是滿腦子想賺錢的貪婪鬼。

怎樣才能打動客戶的心？最直接有效的方法就是——業務員知道的永遠比客戶多一點，讓客戶感覺到自己是在與產品專家對話。喬・庫爾曼（Joe Culmann）說：「這是一個專家的年代。魅力與教養能使你每週獲得三十美元的收入，而超出的部分，只有少數人能得到，就是那些孰知自己專業的人。」

如果一個業務員無法完整回答客戶提出的所有問題，銷售會陷入怎麼樣的局面呢？

Case Show

王先生剛換了大房子，他貼心地想減輕太太做家務的負擔，所以打算買一台吸塵器。他們來到一家吸塵器廠家的專櫃前，業務員熱情接待了他們，向他們簡單介紹了該公司的產品，然後他說：「讓我示範一下這把吸塵器吧。」業務員拿起了吸塵器。

王先生似乎注意到了什麼，指指吸塵口說：「握把裂了。」王先生對業務員說。「看來很破舊。」王太太也補上一句。

但業務員不以為意，開動機器操作，但動作卻十分笨拙。

「它是怎樣運作的？」王先生邊問邊跪下來檢查機器。「當它碰到傢俱時，會有一個保險裝置使它反方向行進嗎？」

「我不太瞭解機械上的細節。」業務員說，「我只知道向後拉棍把，吸塵器就倒退。」

「對地毯的絨毛，它又怎麼自動調節呢？」王先生又問道，「是不是有各指針試探地毯的厚度，然後啟動另一個零件升高或降低旋轉器和吸頭呢？」

業務員抓著腦袋，「真不好意思，這個我不清楚。」他說，「但我知道是自動調節。」

王先生又蹲下去檢查機器的底部，「哦！」他說，「秘密在這兒。這些有槽溝的橡皮輪在絨毛的上面轉動，當它們上引或下降時，旋轉刷和吸頭也上升或下降。」

「對極了！」業務員說，「先生，您真厲害。您還有別的問題嗎？」他翻開訂購登記簿。「我們還有幾把銷售不錯的吸塵器，我再給您介紹介紹……」

「我們先考慮考慮，一會兒再回來。」王先生和太太異口同聲地說，隨即離開。

「我的天！」王先生說，「這個業務員實在太差勁了，你說呢？」王太太也說：「在我看來，跟這樣的業務員買東西，真是不保險。」

一個絕佳的成交機會，就因為業務員的不夠專業而失去了。在現在這個高速發展的社會，客戶對業務員的要求自然也高，人們都希望與見多識廣、專業知識豐厚的業務員打交道。

業務員在與客戶溝通之前，一定要明白以下的問題：

● 客戶為什麼要購買我的產品？

● 我的產品要如何操作？

- 我的產品能給客戶帶來哪些好處？
- 我能否熟練地向客戶介紹產品的優點和能帶給客戶的利益。
- 我能否發現客戶主要考量的問題，而這些問題我的產品功能能否解決？
- 我能否詳細區分自己的產品與其他同類產品的優勢和劣勢？
- 我能否堅持不斷地蒐集競爭對手的資訊並進行分析？
- 我能否確定行業內競爭對手的產品？
- 我是否知道競爭對手的弱點，而這些弱點又正好是我的強項？
- 我能否看出市場未來的發展趨勢並得出結論？

業務員要想成為業內的專家，對行業內的各種動向瞭若指掌，需要做出怎樣的努力呢？

 ## 對自己的產品瞭若指掌

一個專業的業務員最好能熟知自己的產品。如果你在向客戶介紹產品時，無法詳細說出自己產品的特徵、功能、用途、使用方法、型號、價格等等，那麼客戶也就不能準確地知道你的產品是否符合他的要求，交易自然就無法順利進行下去。所以，業務員在賣產品前，一定要熟知產品知識，哪些途徑可以幫助業務員儘快熟悉產品知識呢？

- 重視公司的業務培訓。業務員都會有職前培訓。此外，當公司推出新產品時，也會召集業務員進行培訓。在公司的培訓會上，如果業務員對產品有不明白的地方，應積極提出來，不要覺得提問是一件羞恥的事，因為對產品知識的一知半解，將使你在日後的工作中遭遇困難。
- 主動學習。在公司的業務培訓時，你要進行有意識地自我學習，你可以反覆閱讀產品資料，如遇到不明白的地方，及時請

教同事或上司。

- 從客戶那裡獲得知識。在某種程度上說，客戶是業務員最好的老師。由於客戶才是真正使用產品的人，所以他們對產品會有獨到的看法。你應抽時間拜訪客戶，與客戶交流產品知識。

- 「知己知彼，百戰不殆」，這句話在銷售中也同樣被使用。業務員在與客戶溝通時，客戶常會拿競爭對手的產品與業務員的產品對比，因此，你除了對自己的產品要有深刻的認識之外，還要充分瞭解競爭對手的產品和銷售情況。

$ 熟悉行業發展趨勢

只熟知產品知識是不夠的，還要進一步瞭解行業知識和行業發展動態。

- 上網留意行業發展。網路已成為目前最便捷的工具，滑鼠輕輕一點，就能瞭解行業的動態，因此，業務員要時時關注行業發展。

- 與同行交流。同行是冤家的說法早已過時了。如果業務員能積極地與同行交流，就能瞭解更多的行業知識，擴大視野。

- 多參加業務交流會。為了交流經驗，有些組織會召集各路銷售精英進行業務學習，千萬不要錯過這樣的機會，因為在這樣的交流會上，即使你學不到銷售技巧，也能累積人脈，了解行業的未來發展方向。

$ 客戶需要的是專業，非專業術語

有些業務員認為，專業就要在與客戶的溝通中使用大量的專業術語。這是錯誤的觀念，業務員掌握專業術語的目的是為了企業內部交流，而不是向客戶傳達，那些繁瑣的專業術語可能會把客戶嚇跑。客

戶需要的專業是專業的產品介紹和專業的服務，而非專業術語的羅列。

當你在向客戶介紹產品時，以通俗的話介紹產品性能是非常重要的。一位電腦業務員在向客戶解釋雙核心處理器（Dual Core Processor）時是這樣說的，值得大家借鑒學習：

「如果把電腦比作汽車，處理器就好比是它的發動機。原來的單核處理器就好比汽車只有一個發動機，現在的雙核則具備了兩個發動機，有兩個發動機的汽車當然會跑得更快些。這樣，如果你在家一邊下載電影一邊玩遊戲時，就不會受到速度的干擾。是不是很方便呢？」

這樣一來，客戶對雙核心處理器就有了生動直觀的瞭解。所以，業務員的介紹要專業，但是也要防止過於專業，以免讓客戶越聽越不了解而作罷。

成交
潛規則

專業的業務員總能快速得到客戶的信任，因此，你必須讓客戶覺得你是他們的專家，你是用產品或服務來幫客戶解決問題的人，而不僅僅是業務員而已。

Rule 39 客戶提到競爭對手時，你該怎麼辦？

當客戶問起對手的產品時，業務員要適時將焦點導引對自家產品有利的優點。

　　業務員要明白，每個消費者都想以最少的金錢去購買性能最高的產品，所以他在決定購買前，一定會貨比三家，權衡每家產品的利弊，然後挑選出最適合自己的產品。任何一名業務員不能阻止客戶與其他公司的業務員進行聯繫，而且有很多客戶在進行談判時喜歡說這樣的話，即：「××的產品比你的產品款式新穎」、「××的產品比你的價格低」等等以迫使業務員讓步。如果你的客戶提到競爭對手及其產品，你應該怎麼辦呢？

💰 不迴避競爭對手

　　任何消費者都一樣，包括你自己也是，當消費者有打算要買某件產品時，不會只看一家的產品，他或多或少會在與業務員交談時提到競爭對手的產品。有些業務員認為在客戶提及競爭對手時，最好的辦法就是裝作沒聽見或搪塞客戶，然後想辦法把客戶的注意力轉移到自己的產品上。當然，如果你的客戶容易應付的話，這也不失為一個好主意。但客戶真的這麼容易打發嗎？實際銷售中常會出現這樣的狀況：業務員對競爭對手的態度越閃躲，客戶越是步步緊逼，當業務員無法再迴避下去時，只好利用競爭對手的缺點來過關。

　　這種迴避競爭對手的方法是不明智的。當客戶詢問競爭對手的相關情況時，你要告訴他們最真實的資訊，而且還要針對客戶的需求，為他們提供最貼心的建議。接下來我們看看一位玩具業務員在面對客戶詢問競爭對手的產品時是這麼做的：

Case Show

　　一位年輕的媽媽想為孩子買玩具。在看完了幾種玩具之後，她想向業務員詢問一家知名品牌的玩具。業務員很耐心地為她進行了詳細的介紹，然後問：「您的孩子多大了，男孩還是女孩？」這位年輕媽媽說：「剛過完兩周歲的生日，是個男孩，很淘氣，讓我們都很頭疼。」業務員說：「頑皮的孩子更聰明，況且又是個男孩。不過，剛滿兩歲的孩子更適合比較簡單堅固的玩具，那些結構複雜、功能又多的玩具，他們可能不太會玩，而等到會玩時，恐怕早已經被摔壞。您說是不是呢？」聽到業務員合情合理的解說，年輕媽媽決定放棄購買知名品牌的玩具，轉買業務員推薦的玩具。

💰 不惡意攻擊競爭對手

　　很多業務員在向客戶介紹自己產品時，常不自覺地惡意攻擊競爭對手及其產品，這種做法不但達不到做成買賣的目的，反而會引起客戶的反感。

　　雖然生意場上有著太多的競爭，誰征服了客戶，誰就占領了市場；誰占領了市場，誰就在這場沒有硝煙的戰爭中取得了勝利。然而不管競爭有多激烈，惡意攻擊競爭對手都不會成功的。無論事實與否，都應該避免批評競爭對手，強調產品或服務的競爭優勢是較為重

要的，尤其是客戶現有的供應商，也許跟客戶相當熟悉，不再購買產品，但是也合作過，批評他們，也容易造成客戶的反感。在客戶面前，一直批評他人，只會讓客戶記住別家公司的不好，而不是自己公司產品的優勢，那就得不償失。以下就請你來看一個因為惡意攻擊競爭對手，而失去訂單的例子：

Case Show

　　某機械公司的業務員李健仁在一次偶然的機會下認識了一家造紙廠負責採購的王先生。第一次與王先生交流時，李健仁感覺王先生人很隨和，可是當時卻並沒有明顯的購買意向。之後，在一次產品展示會期間，李健仁看到展會距王先生所在的工廠不遠，於是就送了一份請柬過去，這一次王先生說他們工廠正準備更新一批機械，王先生又介紹了醫院採購部門的總負責人張主任。張主任讓李健仁先報一下價，不過張主任認為這個報價太高，他們似乎對另外一家報價較低的公司比較感興趣。

　　雖然張主任並沒有對李健仁的產品表現出多大的興趣，不過李健仁卻認為，只要張主任還沒與另外一家公司簽合約，自己就還有成交的機會。於是，李健仁繼續找張主任進行聯繫，與此同時，他還安排張主任派相關工作人員來公司參觀並對產品進行試用。結果這些工作人員參觀過後都普遍反應很好。

　　經過一段時間的努力，李健仁發現另外那家公司的銷售人員也跟得很緊，而張主任則一直沒有決定與哪家公司合作。後來，一位曾到李某公司參觀過的工作人員打電話向李健仁詢問是否可以幫助他們修理一下舊機器，因為那些舊機器已過了保固期，而工廠的工作人員又不會修理。李健仁迅速聯繫了公司的工程師，很快就把幾台舊機器修好了。

　　……

　　期間經過了很多努力，張主任最後終於決定購買李健仁公司的產品了。在準備成交時，張主任透露，他們原本沒想要購買這麼貴的機器，

可是看到李健仁替某家公司的服務工作做得很好，於是就有些動搖了。而讓他們放棄另外那家公司的原因則出乎李健仁的意料之外，原來那家公司的業務員也發現李健仁一直緊緊盯著這筆生意，於是常在張主任面前對李健仁公司進行惡意攻擊，反而引起了張主任的極大不滿，與李健仁始終一心一意為自己提供幫助相比，那位業務員的表現十分差勁。所以，張主任最後決定放棄原先的購買計畫，決定與李健仁簽約。

　　惡意攻擊競爭對手向來不是爭取客戶的明智之舉，不論客戶是否相信你的話，你的職業操守和內在涵養都會在他們心中大扣分，因為客戶絕不會與一個道德品質不良的人進行交易，他們需要的是一個可以完全放心的合作夥伴，而非四處傳播競爭對手不良資訊的謠言家。

不吝惜讚美競爭對手

　　當客戶提及競爭對手及其產品，並要業務員對競爭對手做出評價時，你該怎麼辦？死命批評競爭對手，無疑是為自己埋下了一個未爆彈。其實解決這個問題並不難，你可以對競爭對手進行讚美，但你的讚美要真誠，還要有所節制。

　　讚美競爭對手時，業務員要符合下面的要求：

　　① 讚美要有客觀性

　　業務員對競爭對手做評價時，一定要客觀，如果你讚美競爭對手存在的缺陷，不僅會讓知情的客戶感覺被愚弄，還暴露你的不專業。如果競爭對手的產品外觀時尚，但是產品品質卻差強人意的話，你就可以針對它的外觀進行讚美，不要言不由衷地讚美。如果你對競爭對手知道甚少，就不要隨意編造一些優點，而應直接告訴客戶自己對競爭對手並不瞭解，不方便評論。

如果競爭對手現在或曾經與你的客戶有合作關係，那麼你對競爭對手的評價更要謹慎。另外，在評價競爭對手的產品之後，把客戶的注意力轉移到自己的產品上是業務員之重要的任務。你可以這樣說：

「我當然知道貴公司以前一直與××公司保持著良好的合作關係，他們確實有一定的實力，不過，我們公司的具體情況您可能還不太瞭解……」

②讚美點到為止

業務員的目的不是為了讚美競爭對手，而是售出自己的產品，因此對競爭對手進行讚美的時候，業務員不需過分深入，只要根據銷售過程中的實際情況進行一些表面性的讚揚即可，否則你可能就會替人做嫁衣了。

業務員要學會掌控局面，爭取充分展示自己產品的機會。請看以下的例子：

Case Show

客戶：「××公司的業務員也在與我們聯繫，他們的價格比你們的產品要低得多……」

業務員：「的確，他們的價格具有一定的競爭力。不過，產品的價格高低也不是絕對的，如果產品的使用壽命更長、性能更好，那麼您的購買成本實際上就大大降低了。」

客戶：「可是，你們公司的產品在價格上與他們的產品相差太懸殊了，而他們公司的產品品質也不錯啊！」

業務員：「我們曾經對那家公司的產品進行過研究，品質還算不錯。不過，您也是這方面的專家，建議您到我們公司的生產工廠去實地考察一下，當然您現在就可以先看到我們的產品，您看這種產品的製作工藝……」

　　總之，即使業務員讚美了競爭對手的產品，其目的也是要向客戶售出自己的產品。切忌本末倒置地將客戶推向競爭對手身邊！

成交潛規則

平時就要分析你主要競爭對手的特點，找出自家產品勝過對方的三個優勢。如果碰到客戶提到競爭對手，一定要強調這三個優勢。當你與客戶交談時，你要儘量避免主動談及競爭對手，實在無法避免時，也不能惡意攻擊競爭對手，必要時可對競爭對手進行蜻蜓點水式的誇獎，讓客戶對你留下好印象。

Rule 40 信心是介紹產品時的第二語言

介紹產品就是把自己推銷出去,業務員要對自己有信心,只有把自己推銷給客戶,才能成功把你的產品賣給客戶。

　　試想,如果兩名業務員向客戶介紹相同的產品,說的內容也大同小異,只不過A業務員神采飛揚,言談舉止間都透露出對自己和產品的信心;而B業務員說話卻結結巴巴、畏畏縮縮。哪一位業務員的業績好呢?答案自然是那位有信心的A業務員了。

　　向客戶介紹產品時,信心就是你的第二語言,你若充滿信心,也能感染客戶,讓客戶對你和產品也建立起信心。業務員的信心是可以加快銷售的進程的。那麼,業務員想要在銷售產品時向客戶展示出自己的信心,應該在哪些方面積極努力呢?

給自己信心

　　有很多人認為銷售是不入流的職業,正在從事和即將從事銷售工作的人中也有一部分的人抱著這樣的心態,好像銷售是一份任何人都可以做的行業。雖然銷售工作的門檻較低,表面上看起來人人都可以做,但真正做好的又有多少人呢?你可以計算一下,在龐大的銷售大軍中,有幾個喬‧吉拉德(Joe Girard)?有幾個原一平?因此,我們要對自己有信心,因為銷售不是人人都能做好的。

　　業務員對於自己的信心,主要來自以下幾方面:

- 你對產品、價格和管道做好明確的定位了嗎？你調查和瞭解當地市場了嗎？你對市場開發是否有自己的想法？
- 你在拜訪客戶之前，準備好產品說明、報價、樣品、談話內容了嗎？你提前預約客戶了嗎？你的穿著打扮得體嗎？
- 你在向客戶介紹產品時，發現客戶的關注點了嗎？你瞭解客戶的需求了嗎？你知道誰是客戶中的決策者？你已分析過客戶的類型嗎？
- 你瞭解自己的競爭對手嗎？你知道競爭對手的優勢、劣勢嗎？

當業務員對這些問題都胸有成竹時，一定能充滿信心地拜訪客戶和介紹產品。只要你能相信自己！相信經過不懈的努力後，你一定會在銷售業界取得佳績。

給產品信心

在產品高度同質化的今天，只要公司產品符合行業或企業標準，就是合格的產品，就是公司最好的產品。銷售過程中，你要相信你的產品，相信它可以為客戶帶來方便和實惠。

不要因為聽到客戶對產品品質的一點抱怨，就開始懷疑產品的性能。你越是對自己的產品不確定，客戶對你就越不確定。沒有一個業務員是抱著「千萬別被趕出來」的心態而拿到訂單的，銷售業績的好壞主要取決於你的自信。

自信的業務員會向客戶成功傳遞對產品的堅定信念，成功說服客戶成為該產品的忠實購買者，即使客戶最後購買產品，他們同樣會被銷售人員的熱情所感染，會被業務員自信的魅力而折服。

給企業以信心

在選擇了自己的職場後，就要對自己的公司充滿信心，相信自己

的企業在不久的將來會有良好的發展。

你要相信自己的公司是一家有前途的公司，是時刻為客戶提供最好產品與服務的企業。客戶在很多時候不僅會看業務員怎麼樣，還會在意其屬的企業的信譽和實力。如果你對自己的企業缺乏信心，無法向客戶展現出一個有信譽、有實力的企業形象，同樣會使客戶產生疑慮，而遲遲不肯與你簽約。

💰 給市場以信心

每一名業務員都會有一塊屬於自己的市場範圍。業務員要對自己的市場保持足夠的信心，要確信你的市場有著廣闊的發展空間，你可以在自己的市場範圍內做出一定的業績。

當然，對市場的信心不是盲目的，這種信心是建立在做了充足的市調的基礎上。即使發現市場對你產品的需求量小，你也要對產品做出適當的改良，使之適應你的市場需求。

世上很多事情之所以成功，很大一部分取決於做事情的人是否對自己有足夠的信心。而信心是一個人做事成敗的重要條件。

**成交
潛規則**

銷售就是信心的傳遞，業務員應要有強烈的信心，這種信心不僅是對自己有信心，更重要的是對銷售工作的自信，對產品的信心，對企業的信心，對市場的信心，當你強烈的信心成功地影響、傳染給你的客戶，他就會採取購買行動了。

想知道對方在想什麼，他的表情將告訴你答案。

瞭解一些基礎的表情技巧，對於與人良好的交往是有幫助的。我們可以從他人的表情，掌握對方的心理，瞭解對方對你的態度、對事物的看法，進而誘導、確認或控制對方的想法。

臉部的變化，如笑、皺眉、生氣，能迅速提供更多的資訊，由此我們能明確地瞭解人們當時的心情、意圖。心裡的事全在寫在臉上，想獲取你信任的人會對著你笑，想嚇唬你的人會對著你發怒。可見，「閱讀」一張臉時，有非常多的資訊需要我們去發現。

2009年，美國有一部熱播電視劇《Lie to Me》，劇中的主角萊特曼博士（Dr. Cal Lightman）看著眼睛、觀察小動作、聽聲音、握手，就會知道你是否說謊，以及為什麼說謊……如此神奇而專業的技能，迷倒了大批電視迷。《Lie to Me》裡提出一個重要的心理辭彙——微表情。也就是當人們的臉部做某個表情時，一些持續時間極短的表情。人的臉部可以傳輸資訊，是媒介，也是資訊傳輸器。而這些微表情，能「洩露」人們內心的許多秘密。接下來，我們就來看看一些表情中所包含的心理和情緒。

＊眉毛上挑，並擠在一起表示恐懼。

＊真正的吃驚表情轉瞬即逝，若超過一秒鐘便是偽裝

的。

＊當人陷入悲傷時，額頭、眼角都應該有紋路產生。

＊真正在笑時，眼角有皺紋；假笑時是不會有的。

＊當臉部表情兩邊不對稱的時候，極有可能是裝出來
　的。

＊說完後抿嘴，表示對自己的話沒有信心。

＊明知故問時，眉毛會微微上揚。

＊如果對方對你的質問顯露出不屑，代表你的問題觸
　及對方的痛處。

＊害怕、憤怒和興奮都會使人的瞳孔放大。

＊眉毛上揚、下顎張開表示驚訝。

＊眉毛朝下緊皺、上眼瞼揚起、眼周繃緊，表示將要
　實施暴力行為。

＊說話時，兩邊嘴角下拉、眼睛向下看，表示尷尬。

＊鼻孔外露、嘴唇緊閉是生氣的表現。

＊用手撫額頭眉骨處，如擦汗狀，表示羞愧。

＊嘴微張，眼睜大，表示錯愕；而向一邊撇嘴唇則表
　示不屑。

＊對方手插口袋，眼睛左顧右盼而不敢直視，表示他
　正在緊張害怕，對自己沒有信心。

＊抿嘴唇、抓頭髮、窘迫緊張，是不知所措的表現。

＊對方說話很急，坐著時，將物品放在胸前形成一種障礙，刻意與你保持距離，代表焦慮。

＊如果對方五官向臉部中心聚攏，代表暗暗反感。

＊向對方詢問某事時，對方一側肩抖動，表示對方對自己所言沒有自信。

　　當然，以表情判斷一個人的內心和情緒，還要結合當時的處境，有的人的表情可能是一時的下意識反應，還有的是習慣性動作，所以，我們還是要懂得變通運用，視情況判斷，別生硬地照套表情的教條，才不至於令自己出了大糗。

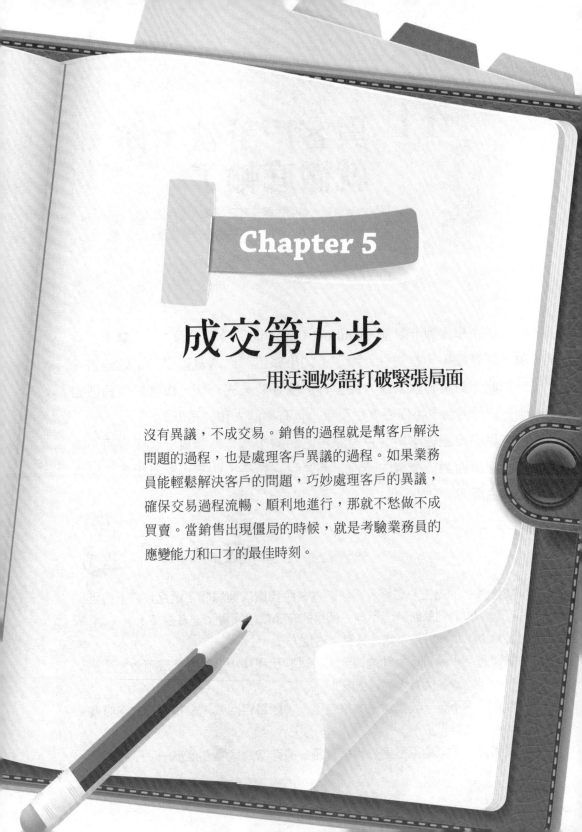

Chapter 5

成交第五步
——用迂迴妙語打破緊張局面

沒有異議，不成交易。銷售的過程就是幫客戶解決
問題的過程，也是處理客戶異議的過程。如果業務
員能輕鬆解決客戶的問題，巧妙處理客戶的異議，
確保交易過程流暢、順利地進行，那就不愁做不成
買賣。當銷售出現僵局的時候，就是考驗業務員的
應變能力和口才的最佳時刻。

Rule 41

與客戶爭執，你就徹底輸了

資深的業務員，都明白即使客戶是錯的，也絕對不會跟客戶爭執，反而會有技巧地和客戶溝通，讓客戶很有面子。

　　成功學大師卡耐基（Andrew Carnegie）曾經說過：「你贏不了爭論。要是輸了，當然你就輸了；如果贏了，你還是輸了。」做銷售就是如此，對業務員來說，失去客戶就等於失去一切，與客戶爭論則如同拆自己的台，不僅令客戶反感，也有損個人和公司形象。

　　務必要記住：與客戶爭論，吃虧的永遠是業務員。在與客戶交談時，無論面對什麼樣的情況，都要耐心對待，切不可意氣用事，與客戶發生衝突。

NG Case

業務員：「先生，您好，對我們這台跑步機感興趣嗎？這是我們上個月剛到的新款，不到一個月的時間就已經賣了十多台了！」

客　戶：「功能好像不錯，只是太占地方了。」

業務員：「就是因為功能齊全，所以它比那種小型的跑步機稍微大了一些，大有大的好處呀！」

客　戶：「不行，我家房子本來就不大，如果買回去，家裡活動的空間就更小了！」

業務員：「剛剛不是還覺得這台跑步機非常合適嗎？怎麼一下子就變卦

了？」

客戶：「我想還是在社區裡運動就好了，聽說跑步機對膝蓋和軟骨的損傷很大。」

業務員：「先生，您這是聽誰說的？完全沒有這樣的事，您錯了！跑步機對膝蓋和軟骨一點損傷都沒有。」

客戶：「反正不太好就是了！」不愉快的表情在客戶臉上表現得很明顯。

業務員：「其實，是看您怎麼跑的，如果要是每次跑四、五個小時，您在哪裡跑對膝蓋和軟骨都不利……」

客戶：「你會不會賣東西，怎麼這樣說話？」

　　可以想像上述的對話繼續下去就是爭吵了，而旁觀者的我們可以看出，這完全是業務員挑起的。客戶對產品和服務有異議、誤解，甚至是曲解都是很正常的事，業務員要借此機會耐心向客戶解釋，而不是與客戶辯解、爭執。一旦發生爭執，無論你的產品有多好，客戶都不會向你購買。即使你能在與客戶的爭執中，拿出各種理由去說服客戶，在爭執中取勝，但你也徹底失去了與客戶成交的機會，因為沒有一個客戶願意花錢買罪受。此外，爭執還會讓客戶對產品和服務的印象降到最低。

　　所以，我們應該借鑒案例中的教訓，拿出真誠和耐心，心平氣和地和客戶溝通，才能讓銷售變得順利。

　　一名身穿名牌西裝，但臉上一點笑容也沒有，顯然不是好應付的客戶，走進了一國產汽車商場。他一開口，就很不客氣地說：「不用花費心思招呼我，我只是隨便看看罷了。因為我已經決定要買進口車了，絕不會買你們這種國產車！」

「為什麼呢？」

業務員不問還好，這麼一問，男子就開始數落國產車的不是，而且話越說越難聽。

業務員感覺自己受到侮辱，眼看脾氣就要爆發了！這時一名資深老鳥立即跳出來接手這名客戶。

約莫一小時之後，客戶離開了，資深老鳥也回到了辦公室。

剛才那名業務員還氣憤未平地說：「剛剛那個傢伙，真的很難搞吧？」

「是很難搞沒錯。」老鳥業務接著說：「不過，他剛才跟我買了一輛車。」

業務員吃驚地問：「這怎麼可能？你是怎麼做到的？」

「很簡單！當他開始批評我們生產的汽車，我就順著他的話，說『沒錯，您說得很有道理』。」

「但他說的明明不是事實，你不但不反駁，還表示贊同，這究竟是為什麼？」

「因為只要我順著他的話，就可以堵住他批評的嘴。」

老鳥說：「然後，他才能夠安靜地聽我介紹我們車子的優點，我也才有機會說服他購買我們的汽車！」

業務員聽了，感覺相當佩服，但卻又忍不住問：「可是，看到他那麼囂張的模樣，難道你都不會生氣嗎？」

「我當然會生氣。」老鳥業務說：「面對這樣的顧客，我有兩個選擇：第一個選擇，是狠狠地罵他一頓，但是我什麼都不會得到；第二個選擇，是我嚥下這口氣，然後賣他一輛汽車！」

「永遠不要跟客戶發生爭執」，這是每一位業務員在服務客戶時應謹記在心的一句話。因為我們還未曾聽聞能在跟客戶爭執中獲益的

事。跟客戶論出一個是非曲直對增加業績和利潤並沒有什麼幫助。客戶永遠是對的，這是每一位業務員都要牢記的。那麼，在面對客戶的質疑時，如何避免爭執的發生呢？

💰 冷靜分析客戶的異議

如果客戶的觀點和自己的觀點相抵觸，就要冷靜分析客戶的異議，獲取更多資訊，以便找到「病根」，對症「下藥」。客戶的異議一般有三種情況：

★真實異議　真實異議是客戶對產品的某些功能或特點提出的不滿。此時，你應強化產品優勢，扭轉產品的劣勢。如果客戶依舊不滿意，你可以向客戶提供其他能滿足客戶需求的產品。

★假異議　任何產品都不是十全十美的，倘若客戶對產品顏色、款式等方面有意見，提出錯誤或不真實的異議，你要儘量避免直接反駁客戶。可以先一笑置之，不予理會。如果必須說出觀點糾正客戶，也要儘量採用「間接反駁法」，先肯定客戶的一些正確觀點，然後再闡述自己的理由，採用「您說的很對，但是……」的句式來回應。

★潛在異議　有的客戶並不是真的對產品有異議，其主要目的只是想要殺價，但他卻委婉地表示對產品有其他無關緊要的異議。對此，業務員不要揭穿客戶的想法，而要巧妙引導，把談判內容轉移到產品價格的問題上，之後再透過使用價格談判的方法來應對。

要想順利實現銷售，業務員就要冷靜地分析，有的放矢地處理客戶異議，以免錯過成交的最佳時機。

💰 把說話主動權讓給客戶

當客戶對產品或服務出現異議時，業務員切不可一味長篇大論地解釋，或直接打斷客戶的異議，否則就是火上加油，使客戶變得更加

急躁。那麼，應該怎樣做才最合適呢？

在這種情況下，應該把說話權交給客戶，給客戶表達不滿的機會，讓他盡情地發牢騷。在與客戶洽談的過程中，難免有需要說服客戶，或是觀念不同的時候，千萬不要與客戶爭執，你只要反問客戶問題，點出客戶的盲點，讓客戶在回答問題時，再次思考即可。這樣做既能平息客戶不愉快的情緒，又能給自己一個傾聽客戶異議、判斷客戶真實需求的契機，是處理客戶異議一舉兩得的好方法。

💰 注意用字遣詞，用言語打動客戶

與客戶交流時，如果不注意自己的語言，會不小心說一些觸及客戶自尊和痛處的話而自己卻全然不知，導致客戶感到不舒服，甚至使其大動肝火。所以，僅僅只是意識到「不與客戶爭吵」是不夠的，還要注意用字遣詞，避免使用一些過於生硬的官方說法，時刻考慮到客戶的感受，說客戶喜歡聽、能接受的話，這樣才能避免激起客戶的負面情緒，維持溝通氣氛的和諧。

案例中的業務員就是沒有留意到語言的運用，言語中明顯帶有對客戶指責和否定的情緒。如果換一種說法，以平和的態度和客戶容易接受的語言表達觀點，相信客戶會欣然接受的。如：「先生您放心，只要您在跑步機上跑步時，身體各部位動作協調、順暢，不緊張，效果跟您在戶外跑步是一樣的，完全不會損傷膝蓋和軟骨。」

當然，在銷售溝通中，有的客戶的確很「固執」，非要就某個問題與業務員爭論個「你死我活」。遇上這類客戶，就千萬別在言語中帶著藐視客戶的言辭，諸如：「你怎麼這樣不講理呀？」、「我不是跟你說了嗎，怎麼還是不懂呀？」之類的，反而加深雙方的衝突。

業務員要時刻記住：客戶就是上帝，永遠是對的。與客戶爭執只

會失去客戶，丟掉生意，最後失敗的還是自己。唯有尊重客戶，巧妙消除雙方矛盾，才能贏得客戶，實現成交。

與客戶的意見相左時，有的業務員往往沉不住氣，開始和客戶爭論起來，我們在前文中也說過，與客戶爭辯，即使贏了也是輸。業務員要知道，自己的最終目的是要銷售產品，而不是要與客戶分出高下，因此，業務員要懂得向客戶「示弱」，讓客戶在「我比你強」的情緒中放鬆警惕，爭取訂單。

Case Show

王麗雅是一個個性內向的人，和不熟悉的人說話都會臉紅，但卻偏偏做了業務員。同事們都暗地裡議論她：「像她這種內向的人，不敢在陌生人面前說話，能有好業績嗎？」一年下來，讓大家出乎意料的是，王麗雅的銷售業績竟然是前幾名。問她有什麼特殊的銷售技巧，她卻說沒有，只不過是真實地向客戶介紹了自己產品的情況而已。後來有同事特意和她幾個客戶交流，客戶的對王麗雅的看法竟不謀而合，他們都認為王麗雅這種靦腆害羞的人是不會誇大自己產品的功效，更不可能騙人，所以覺得和她合作很放心。

很多人都覺得，只有那些誇誇其談、能言善辯的人才能成為優秀的業務員，像王麗雅這樣的性格，會讓她在銷售工作中處於劣勢。但是，在客戶越來越重視信譽的今天，正是因為王麗雅的靦腆、內向，使她的劣勢轉變成優勢，在同事中脫穎而出。

我們要明白，雖然可以利用各種銷售技巧來提高銷售成功的可能性，但決定權仍牢牢掌握在客戶手中。因此，「客戶就是上帝」這句話也不無道理。在實際的銷售工作中，如果客戶比較強勢，有經驗的

業務員往往會假裝弱勢，以柔克剛，將客戶拿下。

 裝作不明白

　　如果業務員發現客戶對自己的產品非常感興趣，確定客戶有著強烈的購買欲望，不妨試試這一招。這一招的精髓就是「揣著明白當糊塗」，無論是面對客戶的討價還價，還是種種要求，你只要裝作聽不懂就可以了，請看下面的例子。

Case Show

　　黃行義是一名香港藥廠的業務員，他所經營的產品非常齊全，還有一些是比較罕見的特殊藥品，因此，他的生意夥伴遍布兩岸三地。黃行義是廣東人，但由於長年往來中港粵洽談生意，國語也說得非常標準。但是在談生意時，黃行義總是操著滿口的粵語，裝著自己說不好，也聽不太懂國語。他還常嘰哩呱啦地說一大段讓客戶聽不懂的粵語，雙方在一頭霧水的情況下交談，經常是持續不了半小時，客戶就舉白旗投降了，由於他們認為黃行義的藥品品質好，價格也可以合理，反而很快就決定簽約了。

　　你是不是也很好奇，為什麼黃行義不費吹灰之力就拿到了訂單？黃行義的高明之處就在於「裝作不明白」，既然客戶聽不懂他的話，他也聽不懂客戶的話，那麼談判就無法繼續進行，客戶對他的要求和條件也就無法暢所欲言，但是客戶對他的產品又非常滿意，不想放棄，唯一的方法就是簽約。

　　但是當你在使用這種方法時，一定要保證你的產品具有獨特性，而且對客戶有很大的吸引力，如果你的產品到處都有、被取代性高，使用這種方法導致的結果就是，客戶毫不猶豫地離開，尋找下一家賣

家。在此奉勸大家一句：「沒有瓷器活，千萬別攬金剛鑽。」

💰 裝作不關心

為了拿到訂單，業務員往往使出渾身解數討客戶歡心。但是當面對這種業務員時，客戶心裡也免不了犯嘀咕：他為什麼會這麼積極、熱心？他是不是可以得到很大的利潤。因此，當你的客戶被一群熱情的業務員團團圍住時，你不妨反其道而行，冷靜地對待他。

Case Show

　　某辦公大樓需要重建，一時間，許多建築團隊蜂擁而至，紛紛前來洽談裝修事宜。負責裝修事宜的主任不論是手機還是家裡電話都快被打爆了，送禮的人也是從未間斷過。可是主任是一個正直、細心的人，他不願讓自己在這件事情上出問題，於是暗地裡對前來接洽的人進行瞭解。發現其中有一個人不但沒有天天打電話催他，也沒上門送禮，即使見了面，也是一副不太在乎的樣子。雖然也曾和他談論過一些關於重建的事情，但大部分也是泛泛而談，而且除了這件事就再也不說其他的了。一來二去，王主任認為這個人是個老實人，一定不會在材料和價格上有什麼小動作，於是便與他簽了合約。

　　這個人真是個老實人嗎？答案仁者見仁，智者見智，不過可以確定的是他是一個精明的人，其精明之處就在於明明知道王主任正在做考察，所以才裝作一副滿不在乎的樣子，想藉此得到王主任的信任。這種「示弱」的方式就是一種取得訂單的手段，大家不妨試看看。

💰 裝作不做主

有經驗的業務員在與客戶談判時，明明自己可以做主，但卻推脫

做不了主，這也是向客戶示弱的一種手段。具體的使用有以下方式：客戶要求降價，需要請示上司；交貨時間提前一天，需要請示上司。也就是說，你的每一個決定都要請上司來定奪。這樣一來，客戶很快就會被你的「沒權力」磨得失去耐性，也就會亮出自己的底牌，然後等待是否能達成交易。

要注意的是，使用這種方法的前提是客戶對你的產品非常感興趣，否則，沒有客戶會有耐性等你沒完沒了地請示。

很多業務員為了顯示自己的實力，把自己的能力、智慧等全展現給客戶。當然，這樣做固然能讓客戶對你刮目相看，但別忘了，客戶仍對你處處提防，生怕一個不小心，就落入你的圈套，所以也千萬別讓自己看起來太精明。

有時業務員遇到與客戶意見相左時，會想為了證明自己是對的而選擇和客戶爭執，好像自己要是錯了，客戶就會認為自己的程度不夠、專業不足或是產品不行，只有爭贏了，客戶才會買單，但事實正好相反，不論你是對是錯，只要你與客戶爭執，這筆生意恐怕就此飛了。

成交潛規則

在任何場合下，你都要讓客戶感覺自己受到尊重，這是成交的關鍵。爭執非但無法解決問題，反而會使問題擴大，因此，你要學會有選擇性地傾聽客戶的異議，運用語言技巧，消除彼此間劍拔弩張的緊張氣氛。

銷售就是一場業務員與客戶的爭奪戰，你要想取得戰爭的勝利，就要讓客戶看起來是自己贏了，主動示弱，也就是讓客戶覺得自己贏了的最佳手段。

你知道客戶的異議
是真？是假嗎？

絕大多數異議的背後都掩藏著一些其他實質性
的問題，顧客的異議只是拒絕購買的藉口。

在銷售過程中，業務員會遇到客戶形形色色的異議，而這些異議
有的是經過客戶深思熟慮之後提出來的，有的只不過是客戶說不出想
要購買的原因，只好在一些無關痛癢的細枝末節上打轉。面對第一種
客戶，你只要將他的異議解釋清楚便可繼續溝通；但對於第二種客
戶，即使你費九牛二虎之力解釋，也不會成交。所以，這就要求業務
員在處理客戶的異議前，要練就一雙火眼金睛，區分出異議的真假。

我們來看看以下兩位業務員是如何處理客戶的異議。

Case Show

案例一

客戶：「這件外套多少錢？」

業務員甲：「定價是1600元。」

客戶：「啊，這樣的外套還要1600元，你看這款式和顏色都是去年流行
過的，難道你們店裡就沒有今年流行的款式嗎？」

業務員甲：「小姐，櫥窗裡掛的那件就是今年的新款，但我還是認為這
件外套更適合您。」

客戶：「是嗎？」

業務員甲：「是的，您的皮膚比較白，所以這種顏色最適合您了，而且

您進來不是第一眼就看上這件外套了嘛，通常第一眼的感覺總是最靈敏的。」

客戶：「可是款式舊了點啊……」

業務員甲：「這樣吧，您如果真的很喜歡的話，我可以用我的員工卡幫您購買，依原價打八五折，我真的覺得這件外套很適合您。」

客戶：「這樣……那好吧，就是這件吧。」

案例二

業務員乙：「王總，這台多功能事務機在目前市場同類產品中是最先進的，它不但有普通印表機的所有功能，而且還有紅外線和藍芽介面，輕而易舉地就可以幫您列印相機和手機中的相片，省去了您跑沖印店的時間，而且……」

客戶：「你說的這些都非常吸引人，可是我們公司只需要一台最普通的印表機就可以了。」

業務員乙：「原來是這樣啊，那您看看另外這台印表機的性能，它具備了印表機的基本性能，最重要的是，相較於市場上其他同規格的產品，我們是最物美價廉的了。」

客戶：「讓我來仔細看看……」

　　案例一中，客戶提出的異議其實並非外套的款式和顏色，而是價格，而業務員甲也及時看出了問題關鍵。業務員甲是如何看出客戶異議的真假呢？客戶第一眼就看上了這件外套，代表她對這件外套的顏色和款式很滿意，但是當得知外套價格時，她認為價格偏高，所以才以款式過舊、顏色不好做文章，希望能砍砍價。如果此時業務員無法領會客戶的真實意圖，而是圍繞款式和顏色與客戶展開拉鋸戰，結果無疑是失敗的。

　　案例二中，客戶所提的異議就是真實的異議，因此業務員及時轉

移了話題，開始介紹簡單實用的印表機。如果業務員還是一味地介紹新款印表機的良好性能和各種功能，銷售也會走向失敗。

其實在很多情況下，銷售失敗的原因不是客戶不需要，而是業務員並未看到客戶的真實心意。若業務員能辨別處客戶的異議是真是假，那麼接下來的對策就容易多了。對於客戶的假異議，你不必太在意，只要將遊說的重心放在假異議背後的關鍵點。如果客戶提出的問題是真的，你只要針對這個異議解釋清楚即可。

看出客戶異議的真假，可以從以下各點來練習：

 真聆聽

認真傾聽對方的講話是一種美德，認真傾聽是業務員必備的基本功，尤其是當客戶闡述自己的異議時，業務員更應小心應對，因為客戶的話語中往往隱藏著玄機，而這又是解決問題的關鍵。

Case Show

> 客戶：「誰敢買現在市面上的產品啊，都是些假冒偽劣的，尤其是化妝
> 品之類的，更不敢輕易購買……」
> 業務員：「這一點您放心，我們店裡有正規的進貨管道，肯定是真貨。
> 我們的客戶大多都是熟客，如果賣假貨的話，又怎麼能累積客戶
> 群呢？再說，產品上都有防偽標識和電話，如果您還是不放心，
> 不妨打個電話確認一下……」
> 客戶：「是嗎？那我試試看。」

業務員常會遇到客戶對產品品質抱持懷疑的情況，一旦出現這種狀況，業務員就要靈活處理了，你必須聽客戶把他要說的話講完，不能中途打斷，然後再真誠地引導客戶進入愉快、輕鬆的溝通氛圍中。

當然，你也有可能遇到客戶的一些異議是需要認真具體回答的，這時，就要運用自己的知識和經驗去應對客戶的問題，切忌敷衍。

 細觀察

在有些情況下，客戶的異議不是透過語言表達出來的，而是以肢體語言表現。如果客戶對你的產品不感興趣，又不好意思打斷你，他會做出很多動作向你傳達這樣一個資訊：「嘿，先生，你該結束你的介紹了。」這些動作通常包括：

每隔幾分鐘就看一次手錶；眼睛看著窗外，不停地變化坐姿；陷入一種無意識的狀態，對你的話沒有反應；頻點頭示意等等。

在這種情況下，從客戶嘴裡所說出的異議都是假的，其實不用特別放在心上。但是要注意的是，如果交易無法順利進行，你應該和客戶另約一個時間。

 看反應

當你分辨出客戶的真假異議並解答完之後，如果他還是猶豫不決，遲遲不下定決心購買。那麼，一般情況下會有兩種理由：一是，他根本沒打算購買；二是，你沒有完全消除客戶的疑慮。面對第一類客戶，你要拿出更多的誠意和耐心，來誘發客戶的購買欲望，如果客戶確實不需要，那麼也不必強求。面對第二類客戶，業務員就要自我反省了，努力找到一種適合客戶的解決方案。

> **成交潛規則**
>
> 只要能正確把握客戶的異議，不管是真是假，都是走向成交的訊號。如果客戶的異議是假的，業務員要用更多的耐心瞭解客戶的真實意圖；若客戶的異議是真的，業務員則應想辦法消除客戶的疑慮。

Rule 43 讓客戶把成交條件說出來

客戶沒有說出口的，才是成交關鍵。要多多利用問「為什麼？」、「怎麼辦？」等開放式問題，讓客戶說出自己的想法和觀點。

　　客戶在決定購買產品之前，都會有自己的底線，所以，只要業務員掌握客戶這個底線，那麼達成交易的難度就大大降低了。知道了這個底線，你與客戶溝通的似乎就有一定的目的性，而你的每一句話都是要套出客戶願意成交的條件。

　　約翰在惠普（HP）做業務員時，惠普公司剛涉足資訊領域。

　　一次，他去一家公司銷售產品，那家公司的經理直接告訴他：「你不需要浪費時間，我們一直與IBM保持良好的合作，並且還會繼續合作下去。」

　　約翰仍微笑著注視那位經理：「您覺得IBM是值得信賴的，能否請您說一說IBM公司令你滿意的特點呢？」

　　經理饒有興趣地說：「IBM的產品品質是一流的，而且這些產品的研究技術是領先全球的，更重要的是，IBM有著多年的良好聲譽，幾乎是業界的龍頭。」

　　約翰又問：「我想，您理想中的產品不應該只包括這些特徵吧？如果IBM能夠做得更好，您希望它們有哪些方面的改進？」

　　經理想了想，回答道：「我喜歡技術上的細節更加完善，因為我們公司的員工曾埋怨有些操作步驟太繁瑣；還有價格若能降低一些就

更好了，因為我們公司的需求量比較大，每年花在這上頭的成本一直居高不下。」

約翰胸有成竹地告訴經理：「經理，我要告訴您一個好消息，您這兩個願望，我們惠普都可以滿足您。我們公司的技術人才也是世界一流的，因此，對於產品的技術和品質，您都不必擔心；此外，由於我們公司這項業務剛起步，所以操作更加靈活，我們的技術部完全能依照您的需求替貴公司量身打造；而我們的價格則更低，因為我們的目的就是先以低價策略打開市場，爭取到像您這樣的大客戶。」

聽約翰這麼一說，公司經理隨即表示可先購進一小批產品試用。

約翰在與客戶溝通時，先讓客戶說出使用中產品的好處，這就是客戶可以成交的條件；然後詢問客戶產品的不足，即客戶希望得到改進的地方。最終再綜合這兩點，給客戶一個滿足其所有條件的產品，對客戶來說，這無疑是一個非常具有誘惑力的事，客戶當然也就願意去嘗試。

但是，如果客戶在說出願意成交的條件之後，有些條件是可以滿足的，有些條件則無法滿足，這時應該怎麼處理呢？

💰 強化可以滿足的條件

一旦滿足了客戶的成交條件，業務員就要強化自己所擁有的優勢，對客戶發動攻勢，如：「您要求的產品品質和售後服務，敝公司都可以滿足，而敝公司的產品的特點在於……另一方面，我公司還為客戶提供了各式各樣的服務專案，如……」

在強化這些條件時，業務員必須保證自己的產品介紹是真實的，並且要表現出沉穩、自信和真誠的態度。同時，還有一個問題值得注意：你要強化的是產品的優勢，而非最基本的產品特徵。介紹這些優

勢時，要圍繞客戶的實際需求展開，從潛意識影響客戶，讓客戶感到
這些產品的優勢對自己非常重要。

如：「如果您現在下訂單的話，後天就能在炎炎夏日中享受到清
涼的空間了。」

💰 淡化無法滿足的條件

無論業務員多麼努力地向客戶表明產品的各項優勢，但聰明的客
戶還是會發現，你銷售的產品在某些方面達不到客戶理想的要求，這
是不可避免的。此時，你要主動出擊，以免讓客戶步步逼進，使自己
處於被動地位。

如果你的產品達不到客戶的要求，可以運用以下方法來弱化客戶
的異議：

★**形象化差價法**　這種方法適用於很多產品的銷售，如：「只要
多付1800元，您就可以享受家庭劇院帶給您的震撼。」

★**進行貼近生活的比較**　要運用這一點，業務員必須對自己的產
品有相當的瞭解，而這種理解符合大多數人的生活習慣，如：「您只
要每週少喝一杯拿鐵，買這個產品的錢就有了。」

成交潛規則

「問對問題，提出建議」是成交關鍵。提問時最好問客戶
開放性的問題，透過提問步步了解客戶的需求。業務員一
旦知道客戶願意成交的條件，就能有針對性地向客戶介紹
其所需的產品，不會像無頭蒼蠅一樣四處亂飛亂撞。

Rule 44 適當沉默，給客戶一點壓力

沉默能給客戶充足的時間權衡自己是否真的需要這種產品，一旦需要了，就會下決心購買。

有些人認為銷售是靠嘴皮子的工作，這樣的說法有些片面。我們不能否認良好的口才確實對銷售是有幫助的，但這也不意味著好口才就等於銷售成功。然而有很多業務員並未意識到這一點，依然口若懸河地說個不停，殊不知，客戶早已厭倦了你的說辭。超級業務員們一致認為成交訂單的黃金比率為：說服占二○％；沉默占八○％。有時候，沉默的力量可能更勝一籌。

作為一名業務員，在與客戶談判時，要善於保持沉默，適時地閉嘴，因為沉默可以給自己和對方都留有餘地。

沉默，讓客戶考慮到後果

業務員在向客戶介紹產品時，總是向客戶介紹擁有產品之後能得到什麼好處。在每問一個問題後，都要保持沉默三十秒，等待客戶的回答，不能給客戶被催促的緊迫感。如果你能在介紹產品之後沉默一會兒，讓客戶自己想像沒有你的產品將會給生活或工作帶來怎樣的不良影響，其效果更佳。

Case Show

　　保險業務員鮑伯去拜訪一對擁有三個孩子的夫妻。在最近一次調查中，鮑伯得知男主人剛死於一場車禍，所以，他這次拜訪的是一位剛喪夫的女士。

　　當走進這戶人家時，鮑伯首先看到身穿黑色套裝的女主人，女主人臉上的神色顯得很悲傷。在聽完鮑伯的自我介紹後，女主人表示最近沒有心情談任何事，鮑伯表示，他已經知道了一切，此次來只是想為已故的男主人獻上一束花，同時也希望女主人要節哀、保重身體，因為還有孩子需要她照顧。

　　在向男主人的遺照獻上鮮花之後，女主人請鮑伯坐下來喝一杯咖啡。接著，女主人開始向鮑伯訴說那場突如其來的車禍以及車禍之後的悲痛。女主人悲傷極了！鮑伯無法用合適的語言安慰她，只能保持沉默，靜靜地聽。最後，女主人描述完自己的悲痛後，又說明自己目前沒有任何心思去為孩子們購買保險，她告訴鮑伯別在她這裡浪費時間了。聽到女主人的拒絕，鮑伯說：「如果您現在為孩子們購買儲蓄保險的話，那麼即使您以後沒有固定收入，孩子們的教育和未來也不至於無以為繼。」然後，他一言不發。

　　在鮑伯的沉默中，女主人撫摸著依偎在她身邊的小兒子的頭，過了將近十分鐘，女主人表示她決定為所有的孩子都購買一份儲蓄保險。

　　案例中，業務員並沒有一味地說服客戶購買保險，而是獨闢蹊徑，在向客戶介紹了儲蓄保險的益處之後，再交由客戶自己考慮利弊，最後實現了交易。這就是沉默的力量，它能給客戶充足的時間權衡自己是否真的需要這種產品，一旦需要了，就會下定決心購買。

沉默，讓客戶感到緊張

　　銷售的過程其實就是一個討價還價的過程，客戶總是提出很多要求，希望能一一得到滿足。當業務員意識到客戶的要求可能不容易滿足或不想馬上答應客戶的要求時，就可以運用沉默的力量。

Case Show

　　一間工廠生意清淡，廠長因此想轉行，於是打算變賣自己的舊器材。他心想：這些機器磨損得非常厲害了，能賣多少就賣多少吧！如果別人壓價壓得狠，8萬元我也咬牙賣了。」

　　終於來了一位買主，他在看完機器後，從剝落的油漆說到老化的性能，再到緩慢的速度，挑三揀四地說了一大堆，幾乎沒有停過。廠長知道這是壓價的前奏，於是耐著性子聽客戶滔滔不絕地挑三揀四。

　　買主終於轉入正題：「說實話，我不想買，但如果你的價格合理，我可以考慮一下，你說個最低價吧！」

　　廠長靜靜地思索著：忍痛賣了還是不賣？就在他沉默的那三秒鐘裡，他聽到了一句話：「不管你想著怎麼提價，首先我要說明的是，我最多給你12萬，這是我出的最高價。」

　　就這樣，一個不經意的沉默成就了一椿生意。

　　當然，案例中的廠長是在不經意間用沉默使銷售成功，但業務員在實際的運用中要掌握好時機，而且，你的產品也要有足夠的魅力，如此一來，沉默才會在銷售中發揮應有的作用。

不主動提及價格，但客戶問起時要及時應答。話太多反而洩了自己的底。「話多不如話少，話少不如話好」話少反而可以搏得客戶信任，給客戶說的空間，更能深化彼此的互動。例如向客戶提問後，注意停頓，保持沉默，把壓力拋給客戶，直到客戶說出自己的想法。而這一小段時間的沉默，正好能給客戶提供必要的思考的時間。

在與客戶談生意時，如果你無法確定自己的話能否有效促進銷售的發展，還不如把那句話吞到肚子裡。

45 把談判局勢控制在自己手裡

業務員要善於營造對己方最有利談判氛圍,緊握發球權跟主導權,交易就會順利得多。

在戰鬥中,占據有利地勢的一方往往能取得勝利。在銷售談判中,占據較多主動權的業務員也更容易取得成功。與客戶交談時,業務員要把主導權牢牢掌握在自己手裡,不受制於客戶,這樣才能扮演導演的角色,一步一步將話題轉向成交之路,並引導客戶說出希望瞭解到的資訊。

有些業務員明白掌握談判主導權的重要性,但在實際銷售中卻找不到方法,總是不知不覺丟了主導權,主要是因為他們沒有抓住客戶的興趣點,談論的話題無法對客戶形成吸引力,使得客戶很快就失去溝通的興趣,致使銷售局勢變得尷尬。業務員要想把談判主導權牢牢握在手裡,就要成為談判桌上的焦點,吸引客戶的注意。

Case Show

客戶:「你們這次推的建案好像和其他的沒什麼兩樣啊?」

業務員:「您可能對我們的建案還不太瞭解,但我一說出建案的特點,您一定感興趣!來我們這兒的很多客戶都是因為這個特點購買的。」

客戶：「是嗎？是哪一方面這麼特別？」

業務員：「我們的理念是『觸摸海市蜃樓』。這個建案是依山傍水建造
　　　　而成的，在結構和空間上都有與眾不同的設計，營造出一個世
　　　　外桃源般的社區，將人們所憧憬的海市蜃樓帶到大家的身邊
　　　　來。」

客戶：「哦？聽起來不錯。」

業務員：「這是我們的戶型圖，這種建築面積三十六坪的戶型是現在賣
　　　　得最好的，從落地陽臺看出去，您就能看到碧綠的湖水，而且
　　　　是正南朝向，採光非常好。」

客戶：「這樣啊，那你帶我去看看樣品屋吧！」

　　……

　　正所謂「先下手為強」。在開始銷售洽談時，業務員要盡快占據
主動地位，先引起客戶興趣，時刻注意客戶的興趣轉移，在互動溝通
中不斷引導客戶，讓客戶跟著自己的思路，最後再將客戶興趣轉移到
產品上。那麼，在與客戶溝通時，你可以從以下幾方面來進行：

💰 說客戶感興趣的話題

　　人們往往受控於自己感興趣的事物。與客戶談判時，你若能主動
談起客戶感興趣的話題，就能迅速吸引客戶注意力，接著引導客戶進
入你的銷售中。所以你必須在拜訪前，提前瞭解客戶的興趣愛好，並
事先準備好話題。

　　如果來不及事先準備，在談話過程中更要認真觀察客戶，儘快找
到能讓客戶感興趣的話題，如看到客戶帶著女兒來，不妨誇上兩句
「您的女兒長得真可愛，您一定很疼她吧？」；看到客戶精心打扮，

可以說：「您很有品味，這件衣服一定很貴吧？」迅速引起客戶想聊的興趣，接著就可以進一步引導，將話題轉移到銷售事宜上。

 適當提出建議，把握談判節奏

與客戶溝通時，一定要善於傾聽，讓客戶多說，但這樣又會有一個問題：在不知不覺的傾聽中，客戶漸漸居於主導地位，業務員則處於劣勢。如何才能避免這種情況的發生呢？當你在認真傾聽的同時，還要適當提出對客戶有幫助的建議，並且根據建議內容引導客戶朝購買方向思考，時刻把握洽談的節奏和進程，這樣你就等於掌握了這個客戶。

 適當地向客戶提問，把握談判方向

行銷及溝通專家Kelley‧Robertson認為：對銷售過程的最佳控制方式在於提出更多更好的問題。銷售就像開車：問題的提出者是司機，控制著銷售過程的方向，而問題的回答者則是車上的乘客。

然而，多數業務員認為，回答客戶的問題才是銷售的重要部分。他們誤以為這樣能顯示自己豐富的專業經驗，並能促使潛在客戶做出決定，一旦由客戶頻頻發問，就等於是讓客戶坐上了駕駛座，控制了整個銷售進度。

向客戶提問並讓客戶回答問題，就是最易集中客戶注意力的方法。在詢問客戶的過程中，業務員能因此得到更多客戶的資訊，進而針對客戶在意的點多施力。倘若業務員不積極詢問客戶的意見和看法，只顧自己侃侃而談，不僅容易使客戶反感，而且也難以瞭解客戶的真實想法，費了好大的力氣，最後也只能是「竹籃打水一場空」。

因此，你要習慣向客戶提問，透過提問引導客戶，以下幾個步驟將有助於你展開提問：

- 用簡單的提問瞭解客戶的基本情況。與客戶見面之初的問題都應以閒聊的方式逐一帶去，看似閒聊，其實是在收集客戶的資訊，然後根據客戶的資訊為他量身打造銷售方案。
- 透過提問瞭解客戶的需求。以環環相扣的提問得知客戶的潛在需求，為接下來的銷售做鋪陳。
- 透過提問解決客戶的疑慮。以詢問的方式確定客戶在哪些問題上還不清楚，接著再做詳細解答，消除客戶的疑慮。

成交潛規則

業務員要想掌握談判的主導權，就必須瞭解到客戶的興趣點，這是激發客戶購買欲望的前提。與客戶的溝通過程中，要細心觀察客戶的一切反應，找到讓客戶感興趣的事物，並以提問和提建議的方式，牢牢抓住談判的節奏和方向，這樣才能將主導權實實在在握在手裡。

該放手時放手，迂迴戰術帶來轉機

直攻不成，就改以迂迴，暫時放下銷售，另找
客戶在意的人或事，或是另尋時機再出擊。

《孫子兵法》上說：「知迂直之計者，可以常勝。迂者，彎曲也；直者，近直也」。兩點之間，直線為最短的距離，比任何曲線都短，這是常識，人人都知道。但在人際溝通中，看似最直接、最便捷的線路未必是最「短」且最有效的線路，有時可能正好相反，繞個圈，可能會帶來轉機。

每一位業務員在工作時都會遇到一些又臭又硬的客戶，無論你怎麼說產品的優勢以及他可以得到的益處，始終不為所動，在這種情況下，業務員如果採用「正面進攻」的方式，只會讓客戶更加反感，這時不妨適時放手，採用迂迴戰術，可能會帶來意想不到的結果。

採用迂迴戰術時，可利用客戶最關心的人或事進行，如果你能利用客戶最在意的事物打動他，那麼，就有機會成交了。

💰 利用客戶最關心的人

當客戶的態度非常強硬時，業務員不妨暫時放手，認真觀察與客戶交往密切的人，一旦發現客戶最關心的人，就要及時出手，利用客戶最關心的人的力量來打動客戶。

白緯辰是一名重型機械業務員，他到一家建築公司銷售自己的機械，但受到了冷落。白緯辰並未因此放棄，而是積極蒐集這位客戶的所有資料。他在蒐集資料的過程中得知客戶有個小孫子，然而，這孩子患有輕微的憂鬱症，不愛說話，臉上鮮少露出笑臉。這位客戶十分疼愛這個小孫子，積極尋找各種方法治療孫子的病。得知這消息之後，白緯辰把自己的工作重心轉移到這個孩子身上。他透過幼稚園的另一名小朋友結識了客戶的孫子，努力地打開了孩子的心結。

終於有一天，客戶的小孫子笑容滿面地摟著白緯辰的脖子對他說：「爺爺，我喜歡這個叔叔。」這位客戶一下子就接受了白緯辰，並且與他達成了交易。

業務員要知道，任何人都不可能是堅而不摧的，每個人都有自己的弱點。案例中的這位客戶，患有憂鬱症的小孫子就是他的弱點。白緯辰正是找到了這個點，還將這個薄弱環節打通，銷售產品也就水到渠成了。

透過客戶最在意的事

銷售產品時，業務員遭到客戶的拒絕，簡直就是家常便飯！但業務員要有極強的心理承受力，不能被客戶的拒絕壓垮。在遭遇客戶的拒絕時，業務員要知道如何去應對，積極尋找在遭遇拒絕後任何能與客戶交談下去的機會，用客戶察覺不出的動作，進行迂迴式「反擊」。

Case Show

　　劉禎祥是一名冷氣空調業務員，在他所居住的城市，業界人士只要一提到他，無不豎起大拇指。劉禎祥銷售的是××牌的空調，只要家裡購買的是××品牌的空調，半數都是向劉禎祥購買的。劉禎祥的銷售之所以成功，原因就在於他能運用迂迴法的方式讓客戶甘心掏錢買。

　　新開發的別墅區裡，那裡居住的都是經濟實力雄厚的企業家和暴發戶。劉禎祥得到消息，有位叫楊立城的業主已經搬了進去，但尚未安裝空調。作為一個經驗豐富的業務員，劉禎祥怎麼能放過這條大魚呢？於是他直接找上門，可是當他說明來意之後，楊立城的一句「我不需要」就將他擋在門外。

　　劉禎祥當然不會這麼輕易就放棄。他透過朋友瞭解楊立城本來是學室內設計的，因為畢業之後沒有找到合適的工作，無奈之下投資了一座煤礦。那幾年煤礦經營得非常好，他這才購買了一間別墅。朋友還告訴劉禎祥，楊立城的別墅裝修都是他自己設計的，這消息讓劉禎祥茅塞頓開，他馬上再次前去拜訪楊立城。

　　這次劉禎祥不等被拒絕，直接說：「我今天不是來賣空調的。我聽人說這房子室內裝修全是您自己設計的，我才在××社區買了房子，想來參觀一下，順便向您請教。」楊立城就讓他進去了。劉禎祥一邊參觀，一邊讚嘆，同時就一些裝修的問題，虛心地向楊立城請教。楊立城本來就對自己的設計很滿意，聽劉禎祥詢問，忍不住把他所學的專業知識都搬了出來，仔細地講解。劉禎祥很崇拜地說：「您的講解真專業，簡直比得上科班出身的高材生！」楊立城說：「我大學就是學室內設計的。」劉禎祥說：「怪不得！我一定要參考您的設計來裝修我自己的房子。」這裡裝個吧台，那裡放個酒櫃，餐桌在這裡，沙發在那裡，都說得差不多了。劉禎祥看到時機成熟，就指著客廳的一角說：「我要把空調安在這裡。楊先生，您的房子裝修得這麼好，怎麼不安空調呢？如果您大熱天回家來，滿身大汗，怎麼坐得住這麼好的沙發，睡那麼好的床

呢？」楊立城大笑起來：「原來你是醉翁之意不在酒啊！不過，難得我今天心情好，就替我安裝兩台吧！客廳我要裝內嵌式的，臥室則裝窗戶型的。」劉禎祥又做成了一筆生意。

　　每個業務員的工作都不可能是一帆風順的，在實際的工作中，一定會遇到各式各樣的困難。而且有些客戶天生就是業務員的死敵，他們對業務員有與生俱來的反感，他們不相信你和你的產品，認為你是以次充好來欺騙他們。這時，你就該找到他的薄弱環節，趁勢進攻，讓客戶乖乖就範。

成交潛規則

　　在銷售過程中遇到困難時，務必要記住，強攻是攻不下的，因為客戶本身對你和你的產品沒有興趣。你不妨先把銷售放下，透過觀察，瞭解客戶的軟肋，用其他方法讓客戶對你產生好感，這時候再把你的產品拿出來，達成交易的機率就大得多了。

Rule 47 以退為進，化解尷尬並不難

銷售中的讓步並不意味著妥協，而是選擇另外一種方法獲得成功。

　　絕大部分的業務員在與客戶溝通時都一直扮演著主動的角色，為了達到銷售目標一步一步向前邁進，想盡一切辦法讓客戶認同自己和自己的產品。這些業務員的銷售目標是明確的，為了達到自己的銷售目標而努力也是值得稱讚的，但在遭到客戶拒絕或客戶有異議時，與其直接「進攻」，不如先退一步，以退為進，化解尷尬之後再進行銷售。

　　實現銷售目標的方式並不是單一的進攻說服，巧妙地利用讓步來與客戶進行溝通，往往能達到意想不到的效果。當你與客戶的意見相左時，如果業務員毫不猶豫地堅持己見，將使整個銷售陷入尷尬的局面，也會在失去交易時，讓客戶感到不滿，進而失去這個客戶以及與之有關的潛在客戶群。

　　銷售中，很多業務員都會有意無意地使用一些讓步的方式。實際的溝通過程中，若業務員毫不妥協地堅持己見，常會在失去交易的同時，引起客戶的不滿，導致一連串不利長期目標實現的問題發生。比如在保證利潤的前提下，進行價格方面的讓步。銷售溝通中的讓步策略如果能運用得當，將有利於成交，同時也有利於長期銷售目標的實現。然而並非所有的業務員都懂得靈活運用以退為進的銷售技巧。

　　在銷售的過程中，業務員會遇到各形各色的客戶，每個客戶都有

自己的想法和要求，相對地，業務員也將遇到各種五花八門的困難和挫折。如果業務員無法好好解決客戶的問題，一旦遇到不友善的客戶，就容易使談判陷入僵局。

傑佛瑞・吉特默有句名言：「總而言之，只有一個觀點是重要的，只有一個看法是重要的，只有一種感受是重要的，那就是客戶至上。」也就是說，不管遇到什麼情況，都不能激怒客戶，哪怕一切都是客戶的錯，你也要時刻顯示對客戶的尊重，要以寬容的態度化解自己和客戶的矛盾，先安撫客戶的心情，然後再尋找解決問題的方法。

銷售中的讓步並不意味著妥協，而是選擇另外一種方法獲得成功。如果說積極介紹和熱情解說是銷售過程中的進攻策略，那麼，巧妙地利用讓步的方式與客戶溝通，以寬容的態度面對客戶的異議，則是防守策略。當進攻的方式不奏效時，不妨試試防守的方式，對客戶報以寬容的態度，做出適當的讓步，可能會取得令人滿意的效果。

銷售過程中，懂得進退很重要。如果業務員能用寬容的態度包容客戶的刁難，適時做出讓步，不僅能提升成交機率，還能客戶留給好印象。

做出讓步時，業務員要注意以下幾點：

- 以大局為重，著眼長遠利益。業務員要考慮全局，分析每一次讓步是否有利於長遠利益的實現。

- 瞭解客戶的接受底線在雙方的底線上進行讓步。銷售過程中，應盡可能蒐集客戶的資訊，在客戶可以接受的範圍內談判。此外，業務員在做出讓步時，還要注意維護自己利益。

- 讓步前，考慮清楚有關得到回報的問題。業務員要考慮是否值得讓步，以及讓步後是否能得到回報。如果可以的話，要在讓步的同時，向客戶提出具體的回報要求，否則就不宜輕易讓步。

● 始終給雙方留有溝通的餘地。讓步要盡可能地遠離利益底線，給雙方留有較大的溝通餘地，不使局面繃得太緊。

因此，我們為業務員提出以下建議：

 ### 在雙贏的基礎上以退為進

我們最終的目的就是要以自己滿意的價格售出更多的產品，但是如果你只在意自己的銷售目標而未考慮客戶的需求和接受程度，那麼你的銷售也將無法成功。因此，在每一次與客戶溝通前，要針對自己和客戶的利益得失進行評估，不僅要考慮到自己的利益，也要考量到客戶能接受的底線，這樣才有成功的機會。

由於業務員和客戶的立場和訴求不同，他們在銷售中所得到的利益點也就不相同：客戶希望以更低的價錢獲得較好的產品或服務，而業務員則希望自己提供的產品能獲得更大的利潤。業務員與客戶是一個矛盾的統一體，業務員既要從客戶那裡得到利益，也要滿足客戶的需求，反之，客戶也一樣，他既要從業務員那裡得到自己的需求，又要給業務員一定的利益。在這種相互制約又相互利用的情況下，如果你能把握客戶特別關心的需求，而在一些自己可以接受的範圍內進行讓步，就能使雙方的矛盾得到有效解決。比如：

客戶：「你們能不能縮短交貨的週期，三天可以嗎？」

業務員：「您有急用是嗎？那您看這樣好不好，如果產品可以不像以前那樣採用精緻包裝，這樣可以節省裝貨時間。至於產品的品質，您絕對不用擔心……」

 ### 選對時機以退為進

業務員在退步前，應該充分掌握客戶的相關資訊，並有效分析，這樣你才能判斷出何時讓步才具有最佳效果。如果業務員過早退讓，

就會讓客戶覺得他們只要再堅持一下，你還會繼續讓步；如果你讓步得太晚，客戶可能已對你的產品失去了興趣。請看以下的案例：

★過早讓步導致失敗的案例：

業務員：「您看還有什麼問題嗎？」

客戶：「其他方面我都很滿意，但是價格太高了，只要你再調降一些，我就會好好考慮的。」

業務員：「那您看這樣好不好，每件我降100元，這是最低價，絕對不能再降了。」

客戶：「這個價格也不低啊，難道不能再降嗎？」

業務員：「這個……真的不能再降了。」

客戶：「那我還是去別家看看吧。」

★過晚讓步導致失敗的案例：

業務員：「您看還有什麼問題嗎？」

客戶：「其他方面我都很滿意，但是價格太高了，只要你價格再調低一些，我就會好好考慮的。」

業務員：「我給出的已經是最低價了，真的不能再降了。」

客戶：「我一次購買這麼多的產品，只要你能再降一些，我馬上下訂單。」

業務員：「一分錢一分貨，您看看我的產品確實值這個價錢啊。」

客戶：「我知道產品不錯，但這個價格我無法接受。」

業務員：「您看，我們的產品採用的是……」

客戶：「算了，不降價就算了。那我再考慮考慮吧。」（轉身離開）

業務員：「……」（小聲嘀咕）「你再堅持一下我就降價了啊。」

以退為進的技巧

以退為進並非盲目地讓步。讓步時，業務員要掌握一定的技巧，以達到預期的效果：

★在小問題上作出讓步 為了與客戶順利實現交易，業務員應該明確自己可退讓的範圍和程度，爭取在一些細枝末節的問題上讓步，讓客戶感到自己占了便宜。

★你的每一步退讓都要表現得異常艱難 如果業務員在讓步時表現得非常容易，就會增加客戶的期待心理，他也會提出進一步的要求；而如果你的每一步退讓都表現得異常艱難，那麼客戶也會理解你的為難，並且接受你的讓步。

與客戶產生分歧時，以退為進是化解尷尬的最好的方法。只要你能暫時同意客戶的觀點，把自己由客戶的對立面成功轉移到和他同一陣線，要實現交易，就不難了。

成交潛規則

業務員在運用以退為進的讓步法時，一定要著眼於全面的、長遠的利益，如果你的讓步不利於長遠利益的實現，就要果斷地停止讓步，轉而尋找其他解決問題的途徑。

切記！不要做無謂的讓步，每一次讓步都需要客戶用一定的條件來交換。不要單純以為你善意的讓步會感動對方，這只是你一廂情願的想法，沒有要求的讓步，只會讓客戶更有恃無恐，對你要求更進一步的讓步。

Rule 48 應對棘手客戶有妙方

行銷不只是賣產品,還賣人心;業務員要與客戶交易,更要與客戶交心。

在溝通過程中,業務員常會遇到一些棘手的客戶,他們或一言不發,或說個沒完沒了,或遲遲不肯下決心購買,或對你的每一句話都心存疑慮,總之,這些客戶不是非常有自己的主見,就是對你百般「刁難」,業務員面對這些客戶常常是束手無策,摸不清對方心理。

當你在與這些棘手的客戶溝通時,可參考以下的應對方法:

當你的客戶沉默不語時

什麼樣的客戶最讓你頭疼呢?對,就是那些少言寡語的客戶,不論你怎麼說,他們始終不肯透露自己的想法,讓你不知如何出擊。

Case Show

業務員:「小姐,您好。看來您對這款平板電腦很感興趣,我拿出來給您試試好嗎?」

客戶:「嗯。」

業務員:「這款平板電腦的外觀和觸感都很不錯,非常適合年輕女性使用,您覺得如何?」

客戶:「哦。」

業務員：「它的性能是……是否能滿足您的需求嗎？」

客戶：「嗯。」

業務員：「現在價格是……我看您也蠻喜歡它，現在能買到自己喜歡的東西也是講緣份的。我可以再請示一下經理，看看能否給您優惠的折扣。」

客戶：「我再看看吧。」

　　如果客戶不善言辭，業務員就束手無策了嗎？當然不是，有經驗的業務員會透過客戶的肢體語言來揣測他的心理。比如透過眼神的停留和腳步的逗留，你就會發現客戶是否對你的產品感興趣，一旦客戶有了感興趣的跡象，你就該抓住機會，向客戶介紹自己的產品。從客戶的一個動作，一個眼神去洞悉客戶的想法，是接待沉默寡言客戶最好的方式。

　　沉默寡言的客戶不會主動提及自己的想法，這就需要業務員以提問方式，多讓他開口發言以瞭解他的購買心理。當客戶流覽產品或業務員介紹產品性能時，業務員應適時追問客戶幾個小問題，如：「您以前用的是什麼類型的產品？」、「你需要什麼性能的呢？」等問題，基於禮貌，客戶一般都會回答。一旦客戶開口說話，你就有機會發現很多與銷售相關的資訊，成交也就變得容易了。

　　一般來說，寡言少語的人不喜歡喋喋不休的人，因此，業務員要適應他們的談話方式，不要滔滔不絕地自己講個不停，只要在客戶有疑問時進行必要的回答就足夠了。

💰 當你的客戶喋喋不休時

業務員既然會遇到不愛說話的客戶，自然也會遇到多話型的客戶。面對喋喋不休的客戶，你要掌握談話的主導權，不能讓話題偏離銷售主題，以確保銷售過程的順利進行。

客戶喋喋不休的原因主要有兩個，一是他們想利用口才使業務員知難而退，一是天生具有愛說話的個性，所以，當你在面對話多的客戶時也要區別對待：

- 有時客戶會把話多當擋箭牌，利用時間戰術讓業務員不戰而退。面對這類型的客戶時，你應學會從客戶的談話中發現其內心真實的想法，利用客戶心理的誤解，使事情明朗化。

- 天生話多的客戶往往沒有什麼壞心眼，在面對這類型客戶時，不管他說什麼，即使是對你的產品出言不遜，你都不要與其爭執或表露出沒自信。等客戶把他的不滿和疑慮全盤說出後，你再詳細解釋，其效果要比與客戶爭執好得多。

- 當成交無望而業務員想抽身時，怎樣與喋喋不休的客戶道別是一件令人頭疼的事。因為不適宜的道別方式會讓客戶覺得你沒禮貌。你不妨這樣說：「您講的實在是太有意思了！與您聊天收穫頗豐。您看我把時間都忘了，希望下次有機會再和您長談。」這樣一來，不但稱讚了客戶，又表明自己確實有重要的事而無法再談下去，還表示要與客戶經常聯繫。

💰 當你的客戶猶豫不決時

客戶的猶豫不決是很常見的，他們也許是不知該選擇哪種產品，也許是在買和不買之間搖擺不定。

NG Case

一位女士走進某家服飾店,她拿起一件套裝左看右看。售貨員小珍
見狀便迎了過去⋯⋯

小珍:「小姐眼光真好,這套裝看起來和您很相配,無論是顏色還是款
　　　式,都非常適合您。」

客戶:「真的嗎?我也覺得這個挺適合我的,不過⋯⋯」

小珍:「真的非常適合您,您就不用再考慮了。」

客戶:「可是這衣服顏色太淺,我怕容易髒。」

小珍:「淺色的衣服看起來較清爽,正好合適春天穿。」

客戶:「我還是再考慮一下吧。」

小珍:「⋯⋯」

　　客戶之所以會猶豫,是因為產品並未滿足他所有的要求,於是在
這種情況下,就會拿不定主意、左右權衡。其實你只要對客戶加以引
導,找出客戶猶豫的原因並進行解決,還是能達成交易的。比如當客
戶說「我再考慮考慮吧」時,你可以問:「您能不能說出您的疑慮,
看看我有什麼可以幫您解決的。」一般情況下,客戶基於禮貌也會多
少透露一些。只有瞭解了客戶猶豫的原因,才能找到促成成交的關
鍵。

　　找到客戶疑慮的原因之後,就要想辦法消除客戶的疑慮:如果客
戶對產品價格有疑慮,你就要讓他明白「一分錢一分貨」的道理,必
要時也可做合理的讓步;如果客戶對產品的性能不滿意,則要以產品
多數的有利面來彌補客戶認為的不利面,強化客戶對產品的滿意度,
增加他的購買欲望。

　　當你做了很多努力仍無法留住客戶時,你應該保持謙和的態度,

體諒客戶想要「貨比三家」的想法。在客戶離開前,你要再向客戶強調產品的性能和特點,因為他在貨比三家之後,很有可能再回來找你。需要注意的是,一旦客戶表現出不耐煩,你的介紹就要馬上停止,否則客戶會因為討厭你而拒絕購買你的產品。

當你的客戶疑慮重重時

有些人天性多疑,他們在購買產品時更是將多疑的性格發揮得淋漓盡致:他們懷疑業務員所說的話和所做的事都是在欺騙他,始終保持著懷疑的眼神和抗拒的態度。

但如果你知道客戶多疑的原因,也就可以理解了。客戶的多疑通常是:曾上過當。一朝被蛇咬,十年怕井繩。客戶可能曾上當受騙過,所以對所有的業務員都存有戒心。有的客戶在購買產品時非常謹慎,購買前,要從產品的性能、品質、售後服務等各個方面都滿意了才會決定購買。

應對多疑的客戶,業務員首先在態度上要誠懇親切。這類客戶大多喜歡老實的業務員,如果你說得眉飛色舞、口沫橫飛,很容易給客戶留下浮誇的印象,甚至會將這種感覺轉移在你的產品上。

成交潛規則

棘手客戶是業務員的老師。不論你的客戶有多棘手,只要他有購買的欲望,業務員應迎「難」而上,找到棘手客戶的弱點,將他們一一擄獲。

Rule 49

挽留無須低聲下氣

有些客戶值得我們花時間和精力來為其服務，
但有些則不值得。

　　業務員在工作中難免會遇到流失客戶的情況，如何挽留將要流失的客戶，就成了考驗眾多業務員的一個難題。因為留住一個客戶比開發一個客戶的成本要低十倍，流失一個客戶就會減少一分收入，同時也增加一分成本。正因如此，業務員在遇到客戶流失時，總是如臨大敵，使出渾身解數地想挽留他們，甚至用乞求的口吻要求客戶考慮。但這樣的效果往往適得其反。面對你的苦苦哀求，客戶會產生這樣的疑惑：「難道他的產品賣不出去了嗎，所以才這樣挽留我。」、「他的產品是不是有什麼問題呢？算了，我還是去看看別的產品吧。」一旦客戶產生了這樣的想法，那麼你留住這名客戶的機率幾乎為零。

NG Case

　　杜家德是一個新入行的業務員，他從事的是汽車銷售。在接待第一位客戶時，杜家德的表現糟糕透頂。

杜家德：「先生，您要看這款汽車嗎？」

客戶：「哦，我只是隨便看看。」

杜家德：「這款汽車是今年的最新款，非常不錯，要不要我幫您介紹？」

客戶：「謝謝，不用了，我隨便看看。」

> 杜家德（哀求的語氣）：「這車真的不錯，您試試吧。」
> 客戶：「不了。」（轉身離開）

　　杜家德如此挽留客戶，顯然是失敗的。由於市場競爭激烈，很多業務員怕失去客戶，因此在心理上畏懼客戶，不敢得罪客戶，認為自己輸不起。仔細想一想，客戶有選擇的權利，但業務員也有選擇客戶的權利。

　　那麼，業務員要如何巧妙地留住客戶，使其順利與自己成交呢？

挽留客戶，態度決定一切

　　客戶流失對每個業務員來說都是必然會遇到的情況，也是很稀鬆平常的現象。但是，作為業務員應想辦法減少這種現象出現的次數。你該明白：流失一名客戶就會減少一份收入、增加一份成本。你更要知道，在挽留客戶時，會遇到很多困難和委屈。

　　在你挽留客戶前，要先做好心理準備，不是卑躬屈膝、阿諛逢迎，而是要與客戶站在一個平等的位置上，不卑不亢。雖然客戶是上帝，但是你並非乞丐。你向客戶推薦產品不單是為了填飽自己的肚子，更重要的是你能為客戶的生活和工作帶來方便，你是在分享，你是在助人。有了這種想法，業務員在挽留客戶時也就不會低聲下氣了。

　　挽留客戶，要避免以下「乞求」的言語和做法：

- 業務員成了客戶的勤務兵，有大部分的時間都是在幫助客戶處理雜事。
- 不要把你所有的空閒時間拿來陪客戶。客戶打牌，你作陪；客戶健身，當陪練；客戶宴請，當陪飯。這種做法不值得效法。

● 不要對每個客戶都說：「主任，幫幫我吧，我就差這個單就達
　　到業績了啊！」

 挽留客戶，首先要知其需求

　　在任何情況下，以產品挽留客戶都是最有效的方法，因為客戶與
你交易的根本目的就是對你的產品有需求。如果業務員與客戶的意見
不同而導致客戶有放棄這筆交易的打算，那麼業務員一定要及時向客
戶展現他們最需要的產品。隨著競爭越來越激烈，許多業務員為了追
求眼前的利益，不顧客戶的需求情況與滿足程度，為了完成任務而胡
亂推薦自己的產品，導致客戶反感，最後造成客戶的流失。

 挽留客戶，使其看到受益點

　　除了要用符合客戶需求的產品挽留他，還要讓客戶看到自己的受
益點。客戶的受益點要貫穿於服務客戶的全程，才能有所成效。

Case Show

　　一位業務員向客戶介紹他們公司的新款電子字典：
　　「首先，我希望您能伸手摸一下它，因為它的金屬外殼十分光滑，
觸感佳。您知道嗎？它輕巧的外型，方便攜帶學習，由於它具有真人發
音的功能，也可以帶著它一起外出旅遊，它並內鍵有日常生活常用會
話，旅遊時，可折疊起來放在包包裡或衣服口袋中，隨時可以拿出來應
急。這款電子字典還有其他功能，如定時、備忘錄、計算機等等，您可
根據自己的需要將它變成隨身記事本，運動時還可以做為倒數計時器…
…」

在上述的產品介紹中，業務員將產品特徵全部轉化成了產品將會帶給客戶怎樣的好處，客戶在看到了自己的受益點時，自然會萌生想購買的意願。

💲 取悅上帝也要有底限

Oylair Specialty公司的總裁兼銷售經理Ray Didonato說：「如果一個客戶不是定期地向我們購買，或沒有興趣發展長期合作關係，那我們就在浪費我們的時間。」加拿大Geanel公司的銷售代表Scott Gander也非常同意這觀點。對新客戶，他總是做得有點過頭：他給新客戶自己家裡的電話號碼，並鼓勵他們一旦有問題，不論是晚上或週末隨時都可以打電話給他，為的是可以拿到客戶的訂單。Gander問：「如果我們的產品比競爭對手略貴一些，同時競爭對手不提供同樣程度的服務，這些客戶願意為我們服務付錢嗎？是不是更好的服務就一定會導致客戶的忠誠？」如果答案是否定的，他想他有可能對那些客戶提供了太多無謂的服務。你是否也曾有這樣的困惑嗎？

面對激烈的市場競爭，商家總是不斷取悅自己的「上帝」。很多大型商場都推出了「7日鑑賞期」甚至「無條件退換貨」的承諾，因此每逢耶誕節、元旦、春節，高檔禮服、套裝、晚禮服賣得特別好。但節後兩、三天，就會有一些客戶來退貨，他們多半會仔細地保管好各種單據，衣服上的吊牌也都完好；很顯然，他們只想穿穿，過過癮，並不想購買。如果是像這樣無條件地取悅客戶，到頭來遭受損失的都是商家。

有些客戶值得我們花時間和精力來為其服務，但有些則不值得，所以，你沒有必要服務所有的客戶，應該重新考慮對待那些你無須服務的客戶的方式。

總之，銷售中的溝通和談判要把握一個原則——平等互利，既不強加於人，也不接受不平等條件。業務員要能堅持這原則和底線，不自降身價，更不要將客戶的一切要求視為合理。如果太過考慮競爭，不擺正心態，就會落入「窮途困境」的窘境，導致無法實現「溝通和談判」，只知道一味地「低聲下氣」。

成交潛規則

業務員要時刻記住自己與客戶是平等的。你在從客戶身上得到好處的同時，客戶也從你這裡拿到了好處。產品銷售的過程也是一個互惠互利的過程，唯唯諾諾的業務員是不會得到客戶的青睞，是無法在業務這個行業做得長久。

Rule 50 認錯：用一句話 換回一筆生意

認錯並非解決問題的關鍵，只是一種讓客戶情緒平靜下來的方法。

　　人非聖賢，孰能無過。從古至今，沒有一個不犯錯誤的人。對於業務員來說，犯錯在所難免，重要的是在犯錯之後該怎麼彌補。

　　透過以下兩個案例，我們來看看不同的業務員在遇到客戶投訴時的不同態度以及得到的不同結果：

NG Case

案例一

客戶：「××，前天你送來的印表機突然卡紙了，怎麼弄也弄不好。」

業務員：「噢，您看一下印表機背面的客服電話，修理機器不是我負責的。」

客戶：「我們一開始接觸的就是你啊！這樣吧，我誰也不認識，你幫我聯繫一下技術員吧？」

業務員：「這不是我的責任，而且我和技術部也不是很熟。」

　　　　客戶第二次打來電話。

客戶：「技術部的電話一直在占線，我已經打了好幾次。」

業務員：「那你等會兒再打吧。」

客戶：「你怎麼這麼不負責任呢？」

業務員：「哪有，我不是跟你說了嗎？修理是歸技術部負責的。」

客戶：「算了，印表機是不是還在七天的保證期，我要退貨。我再也不
　　　會和你這樣的業務員合作！」

案例二

　　一位先生怒氣衝衝地找到業務員小王，「我懷疑這台DV連基本的
錄影功能都不具備！」

　　小王連忙接過客戶手中的產品，滿臉歉意地說：「真是對不起，買
東西本來應該是件開心的事，沒想到讓您煩惱了。」

　　聽小王這麼說，客戶的情緒稍微緩和了些。

　　小王問：「請問它到底是哪裡出了問題，你能說清楚嗎？」

　　客戶告訴小王他所遇到的問題，小王發現DV本身沒有問題而是客
戶不熟悉使用方法所造成的。

　　客戶知道問題後，非常不好意思地對小王說：「真是不好意思，都
怪我自己沒正確操作。」

　　小王微笑著說：「不，責任在我，是我昨天沒有為您講解清楚。如
果您回去又發現什麼問題或是有什麼不懂的地方，請儘管來找我。」

　　客戶滿意地走了，結果他第二天真的又來找小王，不是為別的，而
是又買了一套音響設備。

　　一句簡單的「對不起」，很可能會挽回一筆生意。業務員在面對
客戶的質疑時，應該如何應對，才能平息客戶的怒氣，順利完成交易
呢？

$ 切忌推卸責任

有些業務員在犯錯後，極力撇清自己的關係，這就給客戶留下沒有擔當、不負責任的印象，自然也得不到客戶的好感。試想，誰會跟一個不負責任的人做生意呢？

業務員要反省自己在工作中是否會有為了逃避而推卸責任的毛病。如果你常說：「我不是故意的。」、「都怪……，才會出現這些問題的。」、「公司有明確規定，是不可以越權的……」

從現在開始，你可以這樣說：「真是對不起，給您造成了麻煩，我一定會盡力補救的。」、「雖然這部分不是我的負責範圍，但我會幫您聯繫負責人，請稍等。」

當客戶找到你時，你一定不能將客戶拒之門外，客戶費了好大的工夫好不容易找到你，你卻推三阻四地表示不知道，把「皮球」踢了一圈又一圈。這樣會讓客戶對你失望透頂，日後也不會再想和你合作了。

$ 認錯後尋求補救措施

如果業務員確定是因為自己的錯誤而遭到客戶抱怨，與其掩飾，不如大方承認並道歉，立即採取補救措施，以減少客戶的損失。即使客戶沒有理，也應向他表示歉意。例如：「抱歉，讓您的心情這麼不好！」認錯之後，再表達你無法接受他的請求的遺憾。認錯容易贏得客戶的同情，並把客戶提出的意見看成是留住客戶和改善服務的一個機會，與之交朋友。

當然，認錯並非解決問題的關鍵，只是一種讓客戶情緒平靜下來的方法。認錯後，你還要與客戶討論糾紛發生的原因和解決方法。除了公司認可核定的補償之外，不妨在合理的範圍內，在業務員可承受

Rule **50**

認錯：用一句話換回一筆生意

Rule **50**
認錯：用一句話換回一筆生意

$ 切忌推卸責任

有些業務員在犯錯後，極力撇清自己的關係，這就給客戶留下沒有擔當、不負責任的印象，自然也得不到客戶的好感。試想，誰會跟一個不負責任的人做生意呢？

業務員要反省自己在工作中是否會有為了逃避而推卸責任的毛病。如果你常說：「我不是故意的。」、「都怪……，才會出現這些問題的。」、「公司有明確規定，是不可以越權的……」

從現在開始，你可以這樣說：「真是對不起，給您造成了麻煩，我一定會盡力補救的。」、「雖然這部分不是我的負責範圍，但我會幫您聯繫負責人，請稍等。」

當客戶找到你時，你一定不能將客戶拒之門外，客戶費了好大的工夫好不容易找到你，你卻推三阻四地表示不知道，把「皮球」踢了一圈又一圈。這樣會讓客戶對你失望透頂，日後也不會再想和你合作了。

$ 認錯後尋求補救措施

如果業務員確定是因為自己的錯誤而遭到客戶抱怨，與其掩飾，不如大方承認並道歉，立即採取補救措施，以減少客戶的損失。即使客戶沒有理，也應向他表示歉意。例如：「抱歉，讓您的心情這麼不好！」認錯之後，再表達你無法接受他的請求的遺憾。認錯容易贏得客戶的同情，並把客戶提出的意見看成是留住客戶和改善服務的一個機會，與之交朋友。

當然，認錯並非解決問題的關鍵，只是一種讓客戶情緒平靜下來的方法。認錯後，你還要與客戶討論糾紛發生的原因和解決方法。除了公司認可核定的補償之外，不妨在合理的範圍內，在業務員可承受

的情況下，額外提供一些客戶意想不到的補償，無論是精神上還是物質上的，關鍵是要能超出客戶的預想，讓客戶有驚奇的感覺，就對了。這樣對客戶來說，他的抱怨不但得到了解決，還意外獲得了補償，這樣就能有效提升客戶對你的產品或服務的忠誠度，順利化危機為轉機。

成交
潛規則

每一位客戶都是通情達理的，他之所以大發雷霆，一定是有使之惱火的原因，一定要以同理心體諒之。如果在客戶氣頭上與之理論出對錯是徒勞無功的，這時最好的方法是承擔責任，並主動認錯。當客人冷靜下來後，再向對方提出解決問題的方法，相信問題很快能得以解決的，達到雙贏的局面。

如何說「不」而
不使客戶反感

要敢於對客戶說「不」以外，還要學會「教
育」客戶。

　　銷售中，讓業務員最頭疼的兩件事就是遭遇到客戶到客戶的拒絕和拒絕客戶。如果兩者再需要比較一下，那麼拒絕客戶的難度遠高於遭遇客戶的拒絕。因為每個業務員都有接受客戶拒絕的心裡準備，但客戶卻沒有接受業務員拒絕的心理準備。一旦業務員拒絕了客戶，客戶可能就會產生不滿，銷售也就因此告終。業務員和客戶代表的是買賣雙方的利益，由於立場的不同，難免會發生矛盾和衝突。在業務員與客戶的根本利益發生衝突的情況下，既要維護公司的利益，又要安撫客戶的情緒，業務員需要豐富的經驗和高度的智慧。

　　那麼，在協調客戶與公司的矛盾時，如何巧妙說「不」，才能既解決問題，又不使客戶反感呢？

💰 告訴客戶順從他的後果

　　當客戶提出一些不合理的要求，先別急著拒絕，你可以站在客戶的角度，從他的利益點出發，說明如果答應客戶的要求會引發的利益關係，讓客戶知道自己無法從中取得好處，這樣一來，你也比較能取得客戶的諒解。比如：

客戶：「請問我什麼時候可以交屋呢？」

業務員：「一般來說是簽完合約並且收到頭期款的三個月後。」

客戶：「三個月？這麼久啊！一個月可以嗎？」

業務員：「如果您要求一個月交屋，裝修人員就要加緊時間趕工。您也知道，慢工才能出細活，如果在忙亂中出現差錯，影響了裝修品質，那就划不來了，您說是嗎？」

客戶：「嗯！你說得有道理，三個月就三個月吧。」

　　當客戶明確地知道了自己的要求會帶來不好的後果時，會自動取消那些不合理的要求，但需注意的是，這些不好的後果應該是確實存在的。如果業務員誇大，甚至捏造後果，一旦被揭穿，將嚴重損害自己在客戶心目中的形象，交易也隨之終止。

對客戶上演一齣「苦肉計」

　　如果業務員與客戶相識已久，那麼當客戶提出難以接受的要求時，業務員不妨說出如果接受客戶的要求，自己將會受到怎樣的處罰，借此來取得客戶的諒解。比如：

客戶：「小白，這個月本應結清欠你們公司的五十萬貨款。但你也知道，最近是銷售旺季，進貨多，資金周轉有些困難，你看這個月先結清二十五萬，下個月結清剩下的二十五萬，行不行？」

> 業務員：「王總，您讓我為難了。上次進貨時，因為您是我們合作多年
> 　　　　的老經銷商，我已為您向公司提出優惠價格的申請，還免費提
> 　　　　供您100件的促銷贈品。為了這件事，公司一直頗有微詞。上
> 　　　　週的銷售會議中，銷售總監點名批評，要我做檢討。王總啊，
> 　　　　您這次可不能再讓我為難了。」
>
> 客戶：「這樣啊。咱們合作了這麼多年，一直都很愉快，你也幫了我不少
> 　　　忙。好吧，即使資金再緊，我也會及時結清，不讓你為難的。」

　　每個人都是有感情的，巧妙地利用「感情牌」拒絕客戶，也是一
個不錯的方法。

💲 安撫客戶的情緒

　　有些客戶的脾氣比較暴躁或心情不好時，會提一些過分甚至無理
的要求。此時如果直接拒絕，往往會將矛盾激化。這時就要懂得先安
撫客戶，比如：

Case Show

> 客戶：「你們公司這麼搞的！合約上明明寫的是五號到貨，現在都已經
> 　　　八號了，貨在哪兒呢？你看這麼處理吧？不行就退貨！」
>
> 業務員：「趙總，真是對不起！因為亞運會，造成了部分經銷商的貨物
> 　　　　延期，針對這種情況，公司內部已決議，加送5%的促銷贈品
> 　　　　作為補償。不過您放心，您的貨已經在路上了，預計十號就會
> 　　　　到。合作這麼久以來，我們一直都很愉快，如果談退貨，多傷
> 　　　　感情啊，您就再給我個機會吧。」
>
> 客戶：「好吧，這次就算了。不過我的貨要盡快到啊！」

　　業務員在拒絕客戶的退貨要求時，一定要先安撫客戶的不滿情緒，然後再給客戶一些補償，最後以和客戶之間的良好合作關係或交情打消客戶的想法，最終達到目的。

💰 與客戶交換條件

　　在如今的市場經濟時代，客戶有了更多的選擇，因此經常希望業務員單方面做出讓步。對於這種客戶，業務員不能硬碰硬，而要巧妙周旋，不輕易讓步，即使讓步，也得要對方同等讓步或更大的讓步。比如：

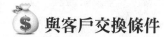

Case Show

客戶：「小張，我們是北部地區最大的經銷商，你們的產品要進入北部還得靠我們。這樣吧，進貨價再降5％吧。」

業務員：「我們當然知道貴公司的實力！不然也不會跟您談這麼久。這次給您的價格確實已經是最低的了。不然這樣，您再多進購20％的貨，我向總公司報告，看看能否再把進貨價調降2％。」

💰 找上司當擋箭牌

　　面對客戶的無理要求，業務員不妨用上司或公司規定做為擋箭牌來應付他們。你可以說：「公司不同意」、「公司的政策不允許」，比如：

客戶：「小李，上次我提出的促銷回饋金增加8％，你們公司同意嗎？」
業務員：「您提出的要求我怎麼能不重視呢？上次從你這回去之後，我
　　　　馬上向公司報告，但公司說，今年旺季的銷售成績很好，供貨
　　　　都出現了問題，所以沒有批准我的申請。」
客戶：「哦，這樣啊，真是辛苦你了。」

　　業務員以上司或公司規定為藉口，可以表明自己為客戶申請了利
益，但因上司或公司的原因卻不能滿足客戶的要求，這樣一來更易取
得客戶的理解和原諒。

替客戶畫一幅藍圖

　　業務員也常會遇到這樣的客戶，他們是公司完成銷售任務的重要
管道，但這些客戶會憑藉自己的優勢提出一些業務員無法辦到的要
求。業務員既無法滿足他們的要求，又不能得罪他們，常常為此感到
很頭疼。

　　其實對於這種客戶，業務員不妨替客戶畫出一個願景，吸引他們
合作。請看以下的例子：

Case Show

客戶：「我們公司在本地區的實力你是知道的，是數一數二的。今年的
　　　合作也很愉快，超額完成了你們的銷售指標。因此，想要我們明
　　　年繼續經銷你們的產品，你必須給我們再提一些額外的銷售獎
　　　勵，否則免談。」

業務員：「我們公司的政策您都知道，您的要求已經超出公司的底線了。其實，經銷我們的產品是很有市場的。××地區的經銷商經銷我們的產品已經有三年的時間了，公司人數從十幾個人發展到上百人，每年的營業額已提升到兩千多萬。我們公司成立以來，短短十年時間就達到年銷售額二十多億的規模，好多跟我們公司合作的經銷商都發財了。這麼好的合作機會，您這次要是錯過了，後悔都來不及呢。」

客戶：「是嗎，那我再考慮考慮吧！」

　　向客戶介紹未來的藍圖，可增加客戶下定決心的欲望。不過要注意的是，你的產品一定要能滿足客戶的需求，而且有很好的發展前景。

　　客戶就是上帝，其實是源於產品與服務同質化的一種無奈。部分銷售人員對大客戶的態度過分謙卑，對他們的無理要求或指責只會點頭稱是，從不提出反駁意見。客戶為何喜歡把你的產品和服務與競爭對手相比，然後把你說的一無是處？目的可能是為了從你那裡獲取更有利的購買條件。一個沒有勇氣大聲反駁客戶無端指責的銷售人員，一定會在買賣中處於下風，最後向客戶做出種種讓步，損害公司的利益。

　　現實生活中，銷售人員常被告知「客戶利益第一」這個似是而非的概念，多少年來誤導了很多銷售人員，特別是商家和廠家都以盈利為最終目的，在商業行為中，雙方都有各自的利益，片面強調對方的利益是極不恰當的。業務員往往以「客戶利益第一」為擋箭牌，為了完成個人的銷售目標，對客戶做出沒原則的讓步。

　　為客戶創造價值是很重要，但無論如何，公司的利益永遠是第一順位，而非客戶的利益。為公司的利益據理力爭的銷售人員，才會使

你的上司對你刮目相看。

除了要敢於對客戶說「不」以外，還要學會「教育」客戶。

雀巢（Nestle）「力多精」是一種國外品牌的奶粉。「力多精」的包裝除了一系列的圖形表格代表專業化、權威化使人信賴之外，還在細微處顯示它的科學性。在多少奶粉加多少水時，早年的國產奶粉上只寫著這樣一句：「飲用時，將奶粉倒入溫水中稍加攪拌即可飲用。」既沒有寫明用多少奶粉，也沒有寫明加多少水，而「力多精」則不然，在明確指出不同年齡段的孩子適用的奶粉量及配水比後，還明確指出：「用少於或多於指定粉量的奶粉，會使嬰兒吸收不到適量的營養或導致脫水，未經醫生建議，切勿改變牛奶的濃度。」如此嚴謹科學的態度，在教育消費者的同時，吸引了眾多的年輕母親的青睞。

在教育客戶這一方面，外國企業給我們上了很好的一課，除了「力多精」之外，美國的「雅芳」（AVON）化妝品也是一個成功的範例。有一位「雅芳」小姐在銷售「雅芳」化妝品時，都會先為客戶做一個簡單的皮膚測試，指出皮膚的屬性後，告訴該客戶應使用什麼樣的化妝品，然後教客戶怎樣調理，怎樣按摩，先用什麼後用什麼，這一系列的教育之後，客戶自然就心甘情願地購買一整套「雅芳」產品。如果沒有「雅芳」小姐的示範教學，客戶是不會購買該產品的。然而對於像這位客戶一樣面對眾多化妝品而無所適從的人來說，「雅芳」小姐的展示除了幫客戶一個大忙，也突出了品牌特色。

業務員拒絕客戶時，直接說「不」，無異是給自己的銷售活動畫上休止符。所以，除了要學會說「不」，還要能讓客戶接受。

**成交
潛規則**

業務員不能直截了當地回絕客戶，當你與客戶產生矛盾時，必須留一定的餘地，如果客戶的要求確實無法達到，也要利用各種方式巧妙地回絕他們。硬碰硬是絕對不利於銷售的。

Rule
52 客戶越是挑釁，你越要沉著冷靜

面對聽起來像是批評的漫罵，最好的方法並非
掩住耳朵、或還以顏色，而是更專注的傾聽，
徹底了解客戶想要表達的。

　　業務員每天都會接觸到不同類型的客戶，當然也會遇到客戶的挑釁。有的業務員脾氣比較急躁，因此，在面對客戶挑釁時，往往不能控制自己與客戶爭執起來，非但無法解決任何問題，還會激化你與客戶之間的矛盾。有的業務員則選擇沉默隱忍，其實這也不是解決問題的方法，因為你的隱忍在客戶看來就是默認，他會覺得自己所說的是對的，不然業務員為什麼不反駁？

　　在面對客戶挑釁時，業務員要根據客戶挑釁的原因採取不同的方法應對。

💰 由偏見引起的挑釁

　　由於宣傳不到位或者輿論的偏差，有些客戶在與業務員交流時，總是帶著不瞭解和偏見，一些偏激的客戶甚至帶著敵意與業務員溝通，他們總害怕業務員會欺騙自己或侵犯自己的利益。這樣的客戶之所以會表現出挑釁的態度，就是因為他們本身就有著強烈的不安全感，總感覺到自己是弱者，害怕受到傷害。

　　面對這樣的客戶，千萬別誤以為客戶是在找麻煩，而是要意識到他們只不過是需要被尊重，只是想要你的重視而已。想明白了這一

點，你就不會把客戶的挑釁當成是對自己的傷害，才會真正站在客戶的角度設身處地地考慮問題，努力化解客戶的疑慮，建立起客戶的信任感。

 ## 由驕奢引起的挑釁

有些客戶可能因社經地位較高，收入較好，免不了會目中無人，面對這樣的客戶，業務員不能只是包容，有些原則仍必須堅持的。

週年慶期間，在萬頭攢動的商場，一位女士讓孩子在展示海報上亂畫，經由業務員的勸說，小朋友的媽媽拿出一張千元大鈔蓋在那張海報上說：「這下行了吧！」在這種情況下，業務員要堅持原則了，不能毫無原則地溺愛客戶，不然會使客戶更看不起你，以為他自己的行為是合理的，只要有錢，有地位就可以為所欲為。

如果業務員在面對由驕奢引起的挑釁時毫無原則，會連帶地喪失了自尊，也將被客戶遺棄。

 ## 由理想破滅引起的挑釁

有些客戶比較追求完美，他們對業務員抱著一種天真的完美主義型的期待，一旦期待落空，他們就會非常不滿，轉而貶低業務員及其所代表的企業。

面對這樣的客戶，業務員要向客戶解釋清楚，讓他們知道他們的期待只是一個幻影，不論哪位業務員都沒辦法做到的。當然，業務員也不能一味逃避，應承認自己在工作中的失誤並且努力改正。

我們說這種類型的客戶有些吹毛求疵，因此業務員要非常清楚自己的價值，不因客戶貶低自己而覺得自己差，也不為客戶讚美自己而不可一世。只有這樣，才能在客戶飄忽不定的態度中找到自己的立足點，也才能使客戶接受自己的產品。

Rule 52

客戶越是挑釁，你越要
沉著冷靜

💰 天生的挑戰者

還有一種客戶，他們天生就具有很強的攻擊性，他們察覺不到自己的語言和行為已對業務員進行了挑釁，認為這是正常情況，如果業務員指出他們的挑釁，他們往往會更加失控。

面對這樣的客戶，你要先讓自己強大起來，好包容客戶的挑釁。如果你直接指出客戶的挑釁，客戶就會覺得自己受到了冤枉，導致雙方不歡而散。

成交潛規則

面對客戶的挑釁時，業務員要能找到客戶發出挑釁的原因，根據不同原因去化解客戶的挑釁，不過無論客戶怎樣挑釁，業務員都要保持冷靜才能處理得好。千萬不要被客戶的抱怨或咆哮所激怒，這樣一來你就無法用平常心去回答客戶問題，最終導致失去理智，事情也會變得更難收拾。

305

我們每天都與各式各樣的人打交道，有你熟悉的，有你不熟悉的；有跟你關係好的，有跟你關係不好的；有你的朋友，有你的對手。你如何與他們相處？首先你要讀懂他們。人心是無法從表面瞭解的，我們可以根據他人的舉止來判斷他的用意、心思。一個人的語言可能會欺騙你，但是他的身體語言卻不會。人們可以在語言上偽裝自己，但身體語言卻常「出賣」他們。因此，解譯人們的身體語言密碼，可以更準確地認識一個人。

　　熟悉象棋的人都有這樣的經驗，你若想贏得這盤棋，除了看清楚棋盤上的棋子外，還必須要看透對方下這步棋的用意，進而判斷出其後的佈局，最後才能獲勝。所謂「高手前後看三步」就是這個意思。

　　所以，我們與人交往必須懂得一些「讀心術」，不能單看表面，更不能輕易判定對方的為人。身體語言是由人的四肢運動引起的，可以傳遞許多訊息，包括目光與臉部表情、身體運動、姿勢與外貌、身體間的空間距離等。比如，對方與你目光接觸，代表他願意和你溝通；對方小心地坐在椅子邊上，表示有點焦慮和緊張；緊靠坐椅、雙臂交叉則表示不願再繼續討論下去；在人群中腳尖朝向誰，往往暗示對誰感興趣……這些肢體語言無不透露出一個人的情緒和心理。

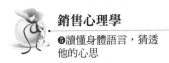

　　我們在與人交流溝通時，即使不說話，也可憑藉對方的身體語言來探索他內心的秘密，而對方同樣也能透過身體語言瞭解我們的真實想法。

　　以下是一些職場上常用的身體語言。

＊皺眉撅嘴：這是當人心理或身體上的私人空間受到侵犯時，會出現不適感，由此產生這種反感的表情。皺眉頭通常都是拒絕的前兆，只是客戶正在思考用什麼理由去拒絕你，因此就不自覺地皺起了眉頭。

＊雙手插在褲子的口袋裡：代表著這個人是很有自信的人，這種客戶不見得會很同意業務員的話，因為他有自己的權威，也認為自己很有地位，不輕易被人說服。

＊手托下巴：說明對方在考慮做決定。此時你若滔滔不絕地與其交談，反而會惹得對方厭煩。

＊碰碰鼻子：該動作和欺騙相關。如果你在說話時，對方用手摩擦自己的鼻子，你可以斷定他沒有誠意，在與他的應對上更是要小心謹慎，以防受騙。

＊用手托腮：若是一般用手托腮，即表示對方覺得無聊，想放鬆一下；但若是用手托腮，手指頂住太陽穴，則說明對方在仔細斟酌你說的話。

＊雙手抱胸：表示他對你剛剛的談話內容「產生防備、有距離」，暗示反對、不認可。業務員和客戶一開始都是陌生的關係，許多客戶都會下意識用雙手抱胸，表達他心中的不信任和沒有安全感，這種手勢表示對方根本沒在聽你說，或對你的觀點持懷疑態度。

＊用手擋住嘴或稍稍觸及嘴唇或鼻子：說明對方想隱藏內心的真實想法。

＊用手指敲擊桌子：說明對方無聊或不耐煩（用腳敲擊地板亦同此理）。

＊手指握成拳頭：說明對方小心謹慎，情緒有些不佳。

＊雙手相碰：這個動作的特點在於時間很短，是為了引起你的注意，想和你建立進一步的關係。這時，別用居高臨下的姿態打消對方的熱情，最好打鐵趁熱。

＊用手指輕輕觸摸脖子：說明對方對你說的抱持懷疑或不同意態度、或有什麼顧慮。

＊腳尖對著門口：腳是人身上最誠實的部位，該動作暗示離開的跡象。無論對方表面看起來多麼熱心或專注，實際上他已拿定主意要從這樁生意中抽身了。

Chapter 6

成交第六步
——巧說，讓客戶沒理由不買

成交，是銷售的最終目的。一個優秀的業務員總能
在適當的時機不著痕跡地促成交易。業務員應把握
的黃金定律就是在客戶「心動」時，掌握成交的契
機。而產品銷售的成功與否往往取決於業務員是否
能抓住這個良機。

利用客戶的話說服他

在處理難纏的顧客時，切忌用你自己或公司的觀點來說服他們，因為這樣做，會使矛盾更加激化。

每個人都有強烈的自我認同感，也就是說，每個人都相信自己是對的。想要說服一個人放棄自己的觀點不容易，而要說服一個人放棄自己的觀點轉而接受你的觀點更是難上加難！銷售就是這樣的職業，很多時候，你必說服客戶放棄自己的觀點，採納你的觀點。

當業務員不足以應付客戶時，不妨考慮使用客戶的觀點去說服他。但要注意的是，在利用客戶的話說服時，你一定要換位思考，深入客戶的內心，這樣你說服客戶的話才更有份量。

以下的方法提供給讀者參考

利益誘導法

業務員希望從客戶那裡得到利益，相對地，客戶也希望從業務員那裡得到利益。如果在說服客戶的過程中，你能用客戶的思維方式條分縷析地說出客戶可從中得到的利益，就能引起客戶的購買欲望。

Case Show

卡耐基每一季都會花二十個晚上教授社交訓練課程，地點是在紐約某家飯店的大禮堂。

有一季，他剛開始授課時，飯店經理突然要求他付比原來多三倍的租金。入場券在這之前就已印好，並且也發放出去，其他相關事宜也都辦妥，根本不可能臨時再換地點。

於是他去找經理發難：「我很震驚你們會發出這樣的通知，但我能體諒你作為飯店經理要盡可能讓旅館獲利的職責。正因為如此，我要跟你探討增加租金是否對你真的有利。」

「我們先來分析有利的方面：如果這二十個晚上，你將大廳出租給舉辦舞會、晚會等佔用時間不長的活動的客戶，你可以一次收取很高的租金，從而獲得很大的利益。但你有沒有想過，提高租金費用給你帶來的不利之處遠大於有利之處嗎？」

「如果你堅持漲價，我會因為支付不起租金而去改租別的地方，你也會失去我的租金收入，更重要的是，我走了以後，你就失去了一個活廣告，知道為什麼嗎？因為我這個訓練班將吸引許許多多有文化、受過高等教育的中上層管理菁英從四面八方來到你這裡，這是花更多錢做廣告也不可能達到的效果。你現在再想想，你會獲利，還是失利呢？」

卡耐基（**Andrew Carnegie**）的這一番話，句句擊中了飯店經理的要害，說得他啞口無言，只好做出了讓步。為什麼呢？因為卡耐基的每一句話都是在替飯店經理分析利害得失，並將旅館經理沒考慮到的因素也都考慮進去了，比他考慮得更周到、更全面。

希望大家明白：一個人說服另一個人是很難的，因為這意味著必須讓一個人接受另外一個人的觀點。但有一種情況比較容易，那就是用對方在意的點去說服他自己。

💰 讓客戶參與銷售計畫

當你與客戶的溝通陷入僵局時，你不妨讓客戶參與你的銷售計

畫，根據客戶的意見，做一些改變，之後再向客戶勸購，他就不好意思拒絕了，因為他一旦拒絕，也就相當於否定了自己。

Case Show

　　小簡是一名廣告設計師，最近遇到一個非常苛刻的客戶，前前後後也設計了很多廣告文案都未能得到對方的認同。

　　在客戶第五次拒絕後，小簡忍不住問：「先生，我覺得您心裡也一定有大概的雛形，能說出來聽聽嗎？我們一起來解決。」

　　客戶顯然沒料到小簡會這樣問，支支吾吾地說：「我希望你的廣告文案能再活潑，新穎一些……」

　　第六次，小簡帶著設計方案找到客戶說：「先生，我已按照您的意見做了修改，您看一下吧。」

　　客戶翻看了一下設計方案說：「嗯，不錯，就這個吧。」

　　小簡第六次的設計方案真的特別出色嗎？也許是，但這並不是關鍵，客戶之所以會同意的一個重要因素就在於這個設計他是參與了意見，如果再不同意，豈不是拿起石頭砸自己的腳嗎？在這種心態的影響下，客戶最終才敲定了設計方案。

成交潛規則

世界上沒有人能說服別人，也沒有人願意被別人說服，能說服的只有他自己。說服客戶最簡單也最有效的方法就是──讓客戶說服自己。

54 讓客戶看到實實在在的利益

業務員在將產品特徵轉化為產品益處時,要考慮到客戶的需求,只有你的產品益處是客戶所需求的,才會引起客戶的購買欲望

「天下熙熙皆為利來。天下攘攘皆為利往。」面對利益的誘惑,絕大多數的人是不設防或說是難以抵擋的。如果客戶看不到你的產品能給他帶來的利益,他是不會去購買的。美國的銷售大師約翰‧伍茲也曾說過:「如果沒有與用途、價值或服務等相關的好處,客戶是不會購買你的產品的。」

想要順利售出產品,就要讓你的客戶看到實實在在的利益。

$ 有利益,才會動心

客戶在購買產品前,都會權衡一下產品會給自己帶來什麼好處,如果權衡後,發現自己的付出得不到相對的回饋,就會毫不猶豫地拒絕業務員的購買請求。這時業務員要做的就是,證明客戶的付出是物有所值,甚至是物超所值的。

Case Show

陳啟明是健身中心的業務員。在健康話題日益成為人們的關注焦點的同時,他的工作也繁忙了起來。一天下班前,他接待了前來諮詢的李太太。

> 陳啟明：「您好，您對健身感興趣嗎？我替您介紹我們中心的健身項目及促銷活動。」
>
> 李太太：「現在流行健身熱，我也打算湊熱鬧。不過你們的促銷價也不算便宜啊。」
>
> 陳啟明：「您應該經常坐辦公室吧。平時有從事什麼運動嗎？」
>
> 李太太：「沒錯，白天在辦公室坐椅子，晚上回家坐沙發，幾乎沒有運動。」
>
> 陳啟明：「上班族的工作忙、壓力大，即使事業再成功、收入再豐厚、家庭再和睦，沒有健康的身體，其他的也都毫無意義。」
>
> 李太太：「嗯，你說的有道理。」
>
> 　　陳啟明看著李太太動心了，繼續說道：「其實我們每個人的身體健康都不單是我們自己的，它也屬於我們的親朋好友。如果身體不好，親人會為我們擔心，朋友也會為我們牽掛。每年九千元的健身投資，不光是對自己健康的投入，更是讓親友放心的一個投資啊。」
>
> 　　聽到這些，李太太就決定辦了她平生第一張健身卡。

　　在勸說客戶購買產品時，一定要告訴客戶他會得到什麼樣的益處，才能刺激客戶萌生購買欲望。案例中，業務員利用女性感情豐富的特質，對客戶打出了溫情牌。一句「健身不僅是對自己健康的投資，也是讓親友放心的一個投資啊！」讓李太太買業務員的帳。

💰 陳述產品特徵，不如陳述產品益處

　　很多業務員在介紹產品時，只是將產品的特徵陳列給客戶，這樣的做法是無法使客戶對你的產品產生深刻印象的。業務員滔滔不絕地向客戶介紹了一大推產品特徵，但客戶聽完後卻是一臉茫然地說：「那又怎樣？」或「你說這些有什麼用呢？」因此，業務員在介紹產品特徵

時，要結合產品益處，明白告訴客戶某種產品會給他帶來什麼樣的好處，這樣客戶才會對你的產品感興趣，進而與自己的需求做連結。

　　但要注意的是，當你在將產品特徵轉化為產品益處時，要考慮到客戶的需求，只有你的產品益處是客戶想要擁有的，才會引起客戶的購買欲望；如果產品益處是客戶不需要的，那麼你的產品再好，客戶也將不會購買。以下我們來看兩個案例，看看何者才是正確的做法。

Case Show

案例一

　　業務員：「這是我們公司最新推出的新型多功能PDA，它既可以擺在辦公桌上，能及時提醒接下來的行程。當您外出旅行時，它還可以當鬧鐘，準時叫您起床，它還具備簡易的文書處理、收發Email的功能，讓您即使外出洽公、旅遊，也不漏接任何重要訊息，此外還有備忘錄功能，只要您提前設定，它就會在您設定好的時間提醒您，比如您可把家人的生日或朋友的結婚日期提前設定好，這樣一來，即使您再忙，也不會忘記向他們傳達祝福；您還可以根據自己的喜好，選擇不同的提示音，或利用它的MP3功能，隨時撥放您喜愛的歌曲，有了它，您就不必再另外購買MP3了……」

　　客戶：「嗯，還不錯。替我包起來吧。」

NG Case

案例二

　　某辦公用品業務員來到一家研發公司，他向該公司的辦公室主任介紹：「您看這款檔案收納櫃的造型多可愛呀！如果把它放在您公司的辦公室裡，是不是更添活潑氣息呢？我想整個辦公室的氣氛也會因為這些

收納櫃而變得更加有活力。現在購買的話,可以享八折優惠。這種造型的檔案收納櫃是目前市場上真正物美價廉的好產品。」

　　該公司的辦公室主任在耐心聽完業務員的介紹之後回答:「對不起,我們公司一向提倡嚴謹務實的風格,而且我們公司向來是向實力雄厚的供應商直接採購,所以我們不需要貴公司這種花俏的產品。」

　　比較上述這兩個案例,我們不難得知,業務員在將產品特徵轉化為產品益處之前,要先觀察客戶的喜好,權衡自己產品的益處是否為客戶所需。如果你的產品益處與客戶的需求相左,就會弄巧成拙,而出現案例二中的尷尬局面。

額外利益的吸引

　　在業務員的產品能滿足客戶的所有需求後,如果還能有額外的益處,對客戶來說將會是一個驚喜。你可重新幫客戶定位他的利益點,提醒客戶這種產品的益處是什麼,而不要等客戶自己發現。舉一個簡單的例子,夏天時,女性的皮包裡都喜歡放一把遮陽傘,那麼防紫外線就是客戶的首要利益,如果你的產品除了能遮陽之外,折疊起來更小巧、更輕便,樣子也更為美觀,勢必會受到女性客戶的青睞。

成交潛規則

　　當你在向客戶介紹產品益處時,首先要提及某種突出特徵,再根據客戶的需求強調這種特徵所形成的價值,並營造一個使用時的想像,讓客戶印象深刻。要注意的是,你要盡可能讓客戶感到自己從中獲得了利益,這樣才能加深他想要「擁有」的感覺。

Rule
55

別因價格異議
讓成交破功

營造了一個互信且和諧的談判氛圍，巧妙地讓
客戶難以開口談論價格，也不會使雙方過多陷
入價格的爭議中。

銷售過程中，業務員一定會遇到很多關於價格問題的爭議。客戶
常不厭其煩地討價還價，即使業務員已做了很大的讓步，仍難以讓客
戶滿意，多次被要求繼續降價。面對這樣的情況，不少業務員不自覺
地就會深陷與客戶無休止的價格戰中，其實這是很不明智的做法。

當發覺談判已進入價格僵局時，你一定要想辦法抽身，不要讓價
格異議成為自己的絆腳石。為了避免雙方在價格上的爭議，可以從以
下幾方面來做：

營造互信的溝通氛圍

價格爭議往往由客戶發起，而客戶提出的很多異議也都是圍繞於
此展開的。當然，每一個客戶都想買到物美價廉的產品，為了讓客戶
放心地購買產品，你應客觀地評價產品，讓客戶看到產品實實在在的
價值，讓客戶瞭解到產品價格的底線，這樣就能有效避免雙方在價格
上的爭論。

Case Show

客戶：「你好，我想瞭解一下這款冰箱在你們賣場的售價是多少？」

業務員：「您好，這款冰箱是我們現在最新的主打產品，我們的售價是22500元。」

客戶：「網路報價比你們這裡的便宜一千多元呢！」

業務員：「小姐，請您放心，我們薄利多銷，就是希望您在購買我們的產品之後，能介紹您的朋友來購買，我保證你們在我們賣場拿到的價格都很優惠。說實話，現在的市場競爭都很激烈，價格也比較透明化，希望您能理解，多幫我們介紹客源就行了。」

客戶：「既然你們都實行這種『放長線，釣大魚』策略了，為什麼還比人家的報價高出那麼多呢？」

業務員：「小姐，您看到的價位可能是目前網路上團購活動的價格吧！因為這個價格實在是我們的進貨成本，再加上我們還要付房租、運輸和服務等開支，所以，22500元真的就是給您的優惠價了。而且在這裡購買也能享有賣場多項服務專案，比如送貨上門、免費安裝等等。」

業務員見客戶沒說話，就接著說：「小姐，如果您覺得這個價格可以，我就替您結帳了，希望您能多介紹幾個朋友過來。這是我的名片，有什麼問題，您二十四小時撥打我們的服務電話，我們都會為您提供周到的服務！」

　　案例中，在客戶提出價格異議時，聰明的業務員及時轉移了客戶的注意力，向客戶表明了產品價值，讓客戶相信這次銷售絕對透明，營造了一個互信且和諧的氛圍，巧妙地讓客戶難以再開口議價，也不會使雙方陷入價格的爭議中。

用產品優勢巧妙轉移客戶注意力

產品優勢能展現產品的價值，當客戶提出價格異議時，業務員特別強調產品優勢，就能轉移客戶對價格的關注，減少或避免雙方在價格上的爭論。

在向客戶介紹產品優勢時，應注意：不要因為急於轉移客戶的注意力而誇大產品優點，或是客戶由此可能獲得的利益，否則一旦客戶發現並非如此，便會徹底失去對你的信任。在強調產品優點時，一定要實事求是，拿出充分的證據，讓客戶感到產品優勢對他的益處，如此才能成功轉移客戶的注意力，減少雙方在價格上的爭論。

具體來講，你可以從以下幾方面著手：

- 簡明扼要，宣傳自己的公司和品牌，強調公司擁有訓練有素的服務隊伍，並解釋他們將來能帶給顧客的價值和利益。
- 展現產品的品質和價值，尋找客戶的主要需求和利益點，由淺入深，層層深入，說出自己產品的與眾不同，盡量讓客戶「親身感受」產品的優越性。
- 增添相關利益，並多為客戶提供一些周到的服務，大部分客戶很願意為自己得到更多的利益而不會介意價格問題。

表現出對產品有足夠的信心

有些業務員之所以低價賣出產品或因價格問題導致失敗，其原因就是對自家產品自信心不足。當客戶強調產品品質並非那麼好時，業務員也不做任何挽回，甚至漸漸表現出對產品的不自信，似乎一切真如客戶所說的那樣。業務員這樣的表現，無疑給了客戶殺價的機會，在客戶不斷壓低價格的過程中，業務員也漸處於劣勢，價格也一降再降，或低於底線，最後導致銷售失敗。所以，你一定要表現出對自己

的產品充分相信與讚賞，這樣才能使價格的說服力大大提升。

　　知名品牌電器業務員小王被同事稱為「智慧星」，因為他賣出的產品最多，並每次在年度大會中獲得「最佳業務員」稱號。為什麼同樣賣的都是冰箱，他都能創造高業績呢？其實原因很簡單：每次只要客戶來詢問或購買他的產品時，他總是津津樂道地為客戶講述企業的文化背景和產品優勢，以及周到的售後服務。正是他這種對產品的自信深深感染了每一個客戶，使客戶認為自己所購買的產品物有所值，價格合理。

　　業務員在任何時候都要對自己的產品保持自信，倘若連業務員自己都不堅信自己的價格合理，那麼你又能怎麼說服客戶呢？用對產品足夠的自信影響客戶，你就能輕而易舉地說服客戶。

💰 巧妙分解價格，化整為零

　　如果客戶對價值和其他議項已經沒有問題，只在價格上存有異議，業務員可使用「差額比較法」和「價格分解法」來應對：

　　★差額比較法　是指當客戶表示對產品的價格強烈不滿時，你可以採用合適的方法，讓客戶說出他們認為比較合理的預期價格。然後把自己產品的價格和客戶提出的價格進行比較，然後再在這個差額上做文章。與產品的總額相比，差額一定要小得多，這個數字就不會對客戶產生很大的壓力。此時運用這個差額來說服客戶就容易多了。

　　★整除分解法　這種方法的特點是細分之後並未改變客戶的實際支出，但卻能使顧客陷入「所買不貴」的感覺中。由於整除分解法的效果非常顯著，因此經驗豐富的業務員常採用。但在運用此法時，業務員應圍繞在客戶比較關心的興趣點進行，才更容易讓客戶認同產品的價值，實現成交。請看以下的例子：

Case Show

業務員小李向一位阿姨推薦針對銀髮族推出的補鈣營養品,阿姨向他詢問價格,小李不加思索地脫口而出:「3000元一盒,三盒一個療程。」話音未落,那位阿姨頭也不回地就走了。試想,對於一個已退休的阿姨來說,3000元一盒的補鈣品怎能不把她嚇跑呢?沒過幾天,社區又來了另一位業務員,他卻是這樣說的:「阿姨,您好,您每天只需要為您的健康投資30元,就能保持健康而年輕的身體。」阿姨一聽,很感興趣,馬上就坐了下來想再仔細了解一下。

同樣的產品,同樣的價格,但為什麼會有兩種截然不同的效果呢?原因就在於他們的報價方式。前者是按一個月的用量報價,免不了會使人感覺價格比較高;而後一位業務員則是按每天的費用來計算,這位阿姨自然就容易接受了。

差額比較法在銷售中的運用也很常見,業務員在使用這個方法說服客戶時,一定要注意兩個部分:一是引導客戶說出自己預期的價格,二是要巧妙地對差額部分進行有效的說服。

Case Show

客戶:「你們這台電腦的價格未免也太高了吧,遠遠超過了我們的預算。」

業務員:「我想知道您的預算是多少呢?」

客戶:「我知道這台電腦很適合我們的工作,但是我們的預算無法超過30000元。」

業務員：「先生，請您考慮一下，您的預算也只和這個價格相差3000元左右。一分錢，一分貨，我們這款電腦的功能很好，重要的是很適合您工作上的使用需求，難道您真的會為了3000元的差價而放棄這台電腦嗎？更何況，您使用這台電腦會提高工作效率，這對您每個月的收益來說，我想是無法計算的吧！」

客戶：「嗯，你說的有道理，我決定要這台電腦了。」

　　將產品的價格化整為零，能降低購物帶給客戶的壓力，才能促使客戶及早下定決心成交。

　　價格問題永遠是買賣雙方的爭議焦點，業務員的報價若有技巧，更能激發客戶對產品的興趣；隨意報價的話，客戶可能會被你虛高的價格給嚇跑。

成交潛規則

價格異議是客戶與業務員常發生爭議的話題，但它並不是實現成功交易的決定因素。因此，你要學會轉移客戶的注意力，千萬不要一開始就和客戶談價格，要先描述價值，後談價格，化被動為主動，只有這樣，才能讓客戶感覺到產品的物有所值，甚至是物超所值。

Rule 56 給客戶可以兌現的承諾

業務員必須要有值得信賴的特質，就是言行一致，說到做到。

子曰：「人而無信，不知其可也。」意思是說：人若不講信用，在社會上就無立足之地，什麼事也做不成。誠信作為一種品質和精神，不僅是立人之本，還是齊家之道、交友之基、為政之法、經商之魂。

在銷售工作中，為了讓客戶儘早下定決心購買，業務員往往會給客戶一定的承諾，像「如果您發現任何問題，三天包退，七天包換。」、「三天之後，我們一定把貨送到。」等等，這種承諾確實能打動客戶，增強客戶的購買欲望，但問題是，當問題出現時，每個許下承諾的業務員都能一一兌現嗎？

Case Show

案例一

在商場裡，一位年輕的媽媽挑選了一套防蟎的兒童床組，業務員告訴媽媽說：「我們正在舉辦促銷活動，購買這套兒童床組會有贈品。您看，這是贈品宣傳單。」

媽媽剛接過宣傳單，小女兒一眼就認定要喜羊羊的抱枕。媽媽便問：「這個贈品還有嗎？」

業務員：「有的，請您稍等一下，我到後面的儲藏室幫您拿。」業務員回答。

五分鐘過去了，十分鐘過去……二十分鐘後，業務員拿著喜羊羊的抱枕，滿頭大汗地跑來了，她把抱枕交到小女孩手上，然後上氣不接下氣地對媽媽說：「因為這一樓的庫存沒有了，我又跑到地下層的倉庫去拿。您真幸運，就剩這最後一個了。」

「真是太辛苦了。寶寶，快謝謝姐姐。」媽媽說道。

NG Case

案例二

王大華是一家製藥廠的業務員，年紀雖輕，但工作能力很強，剛到公司的第一個月就簽到了三筆大訂單，這使得老闆對王大華格外器重，第三個月就將王大華升至業務部副主任的位置。過了一段時間，王大華的業績卻大不如前，老闆很奇怪，不論銷售技巧還是溝通能力，王大華都不錯，為什麼逐漸走下坡呢？於是暗中觀察，發現情況原來是這樣的：

王大華每次都能與客戶溝通得很順利，但到最後交易階段，都會拍著胸脯告訴客戶公司絕對能完成他的要求，如果客戶要求二十天完工，王大華則信誓旦旦說：「十天完工，您就相信我吧。」實際上，公司根本無法在那麼短的時間內完成任務，結果一拖再拖，失信於客，開空頭支票的次數多了，客戶也就不再相信王大華，就連很多老客戶也紛紛離去。

兩名業務員同樣是給了客戶承諾，結果，一個讓客戶滿意而歸，另一個則與客戶不歡而散。原因就在於業務員向客戶許諾後，卻未實

現自己的諾言。一旦業務員無法實現自己的諾言，就會遭到客戶的質疑，甚至將你歸為「騙錢的」、「奸商」的行列中，如果客戶對你產生了這樣的印象，那麼你想要拿到他的訂單也就變成了天方夜譚。

因此，業務員在向客戶承諾時，一定要想清楚自己能否兌現。對於胸有成竹的事，大可拍著胸脯向客戶保證；如果有難度，就別輕易向客戶許諾。在向客戶承諾時，請注意以下幾點：

承諾要三思而行

即使這個客戶能給你帶來豐厚的利潤，你也不能試圖用無法實現的承諾來爭取客戶。業務員不向客戶許下無法實現的承諾，失去的只是一個機會，但是若業務員向客戶許下了承諾卻無法實現時，失去的是多次的機會。所以，頂尖的業務員在沒有把握之前，是不會輕易向客戶承諾的。他們會在承諾之前三思，看看自己是不是能實現這個諾言。

- 如果你在考慮後確定自己是可以實現諾言的，就要信心十足地告訴客戶，語氣要堅定。如果你在向客戶承諾時，唯唯諾諾、支支吾吾，客戶則會對你承諾的真實性產生質疑。

- 如果你在考慮後，發現客戶的要求是自己無法實現的，一定不能承諾。因為客戶提出的要求往往是他非常看重的部分，如果答應了客戶的要求而無法做到，就會讓客戶覺得自己受愚弄，一定會與你終止交易。當你不能滿足客戶需求時，可採取其他手段淡化客戶這方面的需求，或告訴客戶你的為難之處。如果這些還是無法滿足客戶，那麼你寧可失去這筆交易，也不能給客戶一張「空頭支票」，損害自己的信譽。

- 如果客戶提出的要求，業務員自己不能確定，就要謹慎對待了。如果是你無法作主的，而應將確定權交到上司身上，並且

告訴客戶會幫他爭取。如：「王總，實在是對不起，我沒有權利決定。不過，我會向經理爭取的，看看能不能幫您爭取到這個優惠。」

 ## 說到就要做到

一旦業務員向客戶承諾了，就一定要做到。承諾了就要兌現，這是誠信者的一貫作風，也是業務員必須加強的一項基本素質。承諾可以使客戶產生信任感，但不能兌現承諾也會將你陷入不仁之輩，只有真誠而堅定的承諾，加上努力地兌現，才能為你的誠信加分。

說到做到，是贏得客戶信任的最佳方法。我們的祖先早就給我們立下「人無信而不立」的古訓。誠信是一個人的立世之本，看一個人是否有誠信，最重要的就是看他能否說到做到。

 ## 無法兌現時，要道歉補償

有時，業務員也許會因為不可預期的因素，導致對客戶的承諾沒法實現或延遲實現。這時業務員不要想當然爾地認為客戶不會去追究，企圖矇混過關，而是要馬上向客戶道歉，說明無法兌現的原委。這時要用真誠換取客戶的諒解，不管承諾大小，都不要損壞自己以及公司的信譽。如果情況允許的話，你可以想辦法向客戶詳細報告你的彌補方案，給予其他形式的補償，盡可能減少客戶的不滿。如：

「張先生，真是不好意思。因為堵車，我們的維修人員沒能及時趕到您家，耽誤了您寶貴的時間，不過您放心，他剛才打電話告訴我半小時之後就能趕到您家了。」

「沒關係。」

不論什麼原因導致沒能及時兌現承諾，業務員都要在第一時間表達歉意並提出解決方案，才不至讓客戶失去對你的信任。

　　人無信而不立，業務員在向客戶承諾前，要確定自己可以實現這個諾言，在承諾後，就要積極實現。

**成交
潛規則**

　　不做無法實現的承諾，失去的只是一次機會；但若許了承諾卻無法實現，失去的則是多次的機會。

　　儘管承諾可以增強客戶的購買決心，但是若隨意承諾而無法實現，最後的損失要比失去一次銷售要嚴重得多。所以，一旦承諾了，就應該努力去實現諾言。維護客戶關係，需要花很長的時間，但破壞，卻只是一瞬間。

　　你可以不過度承諾，但你要記得對客戶始終表達願意幫助他的積極態度。

讓真實資料助你一臂之力

真實資料加以說明，業務員的語言會變得更有說服力，更能打動客戶的心。

　　有的業務員發現客戶對產品相當有興趣，但卻遲遲不下訂單。這是為什麼呢？其實原因很簡單：在銷售產品時，業務員只是口頭介紹，空口無憑的，當然難以贏得客戶信服。在人們的意識中，經過精心測算和用心觀摩實踐的資料往往是可信的。相較於業務員的口頭介紹，消費者更願意相信專家的檢測和資料證明或媒體報導等。如果業務員能為客戶提供大量真實準確的資料，用以證明產品的可靠性，就能有效打消客戶的疑慮，增加客戶對產品的信任度，提高成交率。

　　在介紹產品時，你要多使用真實資料，例如在介紹產品時，不妨把「我們的產品已經通過實驗證明，您完全可以放心產品品質……」變為「經過專家的實驗驗證，我們這一系列的產品可以持續使用四萬小時，並不會發生任何品質問題，請您放一百個心。」或「我們的洗髮精是有品質保證的……」變為「我們的產品是經全國八千名客戶的追蹤調查，沒有問題，並經過國際××組織的嚴格認證，絕對符合國家標準」等等。

　　透過這樣的真實資料加以說明，業務員的語言會變得更有說服力，更能打動客戶的心。此外，當你在運用這些真實資料介紹產品時，一定要注意以下幾方面，否則將事倍功半。

確保資料的真實性

資料最大的說服力就來自於它的準確性和真實性，如果你列舉的資料不夠真實，甚至是虛假或錯誤的，不僅無法增加說服力，還會讓客戶質疑你的人品，覺得自己被欺騙和愚弄了，同時也將影響產品和你所在企業的聲譽。

為了贏得客戶更大的信任，業務員在使用資料時，就要保證其準確性，這樣才能助己一臂之力。

借助有影響力的事件或人物說明

使用資料進行說明時，業務員可在此基礎上借助一些有影響力的事件和人物加以說明，這樣既可以讓說服變得更加生動，使列舉出的資料給客戶留下更為深刻的印象，也能提高客戶對產品的重視和信任程度，例如：「某五百強企業從××年就開始採購我們公司的產品，到目前為止，已和我們公司建立了六年又三個月的良好合作關係，所以您完全可以對產品品質和我們的服務放一百個心」。

避免一味地羅列資料

資料的使用可以增強說服力，但如果是一味地羅列資料，不僅達不到預期的效果，而且還會令客戶感到十分枯燥。有些客戶對數字並不敏感，他們認為從單純的資料得不到多少資訊，甚至還認為你是故意賣弄學問，和他玩「數字遊戲」。

在借用資料說服客戶時，一定要避免只是單純地羅列資料。如果客戶沒有過多的疑問，最好用一些簡單的數字說明即可；如果需要較多的資料，也要選擇適當的時機，在客戶對產品提出質疑時再解答，並將資料融入豐富的語言中。

　　此外，還需要注意的是，很多相關資料是隨著時間和環境的改變而有所調整的，比如產品的銷量和使用期限等。對此，業務員必須及時把握資料的更新和變化，力求提供給客戶最新、最準確、最可靠的資訊。

成交潛規則

業務員在與客戶溝通時，要找對時機，用真實資料打消客戶的疑慮，並且不斷蒐集新的市場訊息，及時更新資料，以確保資料的真實性和準確性，增加自己說服力。但在使用資料時，要避免一味地羅列資料，以免因枯燥的資料澆熄客戶的興趣，甚至引起客戶的反感，而失去成交的機會。

Rule 58 正確使用成交策略，促成交易

應根據不同客戶、不同情況、不同環境，採取不同的成交策略，以掌握主動權，盡快達成交易。

　　銷售是一場沒有亞軍只有冠軍的比賽，是一種以結果論英雄的遊戲。銷售的目的就是成交，沒有成交，再完美的銷售過程，也只能是鏡花水月。很多業務員都深刻明白這一點，在他們心中，沒有成交，一切都是白費。

　　雖然業務員把成交作為自己的最終目標，但客戶卻不這麼認為，他們常「賣關子」，甚至有意為難業務員。那麼業務員應如何突破客戶設下的關卡，順利實現成交呢？接下來就給大家介紹幾種高效的成交方法：

非A即B成交法

　　「非A即B成交法」就是給客戶兩個選擇。這種方法是用來幫助那些沒有決定能力的客戶。客戶只要回答問題，總能達成交易。「非A即B成交法」看似把主動權交給了客戶，實際上卻是讓客戶在一定的範圍內選擇，這樣就能有效促成交易。

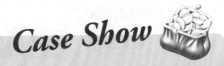

Case Show

> 業務員:「這兩套衣服都非常適合您,一套適合上班穿,一套適合休閒
> 時穿,您看您比較喜歡哪一套?」
> 客戶:「我想還是選上班能穿的吧。」
> 業務員:「那好,我給您介紹一下洗滌和保養的注意事項,順便幫您把
> 衣服包起來。」

　　「非A即B成交法」的最大好處就是把購買的選擇權交給客戶,沒有強加於人的感覺,因而可減輕客戶購買決策的心理負擔,有利於促成成交。

 直接請求成交法

　　「直接請求成交法」就是業務員用最簡單明確的語言,直接請求客戶購買。如果業務員察覺客戶有意成交,就可及時採用這種方法促成交易,比如:

　　業務員:「您看我們的產品價廉物美,您這次準備買多少?」

　　直接請求成交法的好處就在於能有效節約銷售時間,提高成交效率,加速客戶下定購買決心。但其缺點在於直接的請求很可能會引發客戶的反彈與排斥,甚至引發客戶的成交異議。因此,業務員在使用直接請求成交法時,一定要確定客戶已經有強烈的成交跡象。

肯定客戶成交法

　　「肯定客戶成交法」就是業務員以肯定的語氣,堅定客戶的購買決心,進而促成交易。積極地肯定客戶,會讓猶豫不決的客戶變得果斷起來。

　　徐子琪是一位品牌女鞋的業務員。她注意到一位年輕的小姐已經光臨這個櫃位三次了，每次都會在一雙高跟鞋前停留幾分鐘，然後轉身離開。這次，徐子琪主動走到那位小姐身邊，說：「小姐，您的眼光真是好，挑的鞋是今年最流行的樣式，試一試吧。」

　　那位小姐羞澀地笑了，說：「我其實已經試過了，妳幫我包23號的吧。」

　　要想使用「肯定客戶成交法」，就必須確認客戶對你的產品已產生了濃厚的興趣。你的讚揚一定要發自內心，虛情假意的讚揚只會讓客戶反感。肯定客戶成交法在一定程度上，能滿足客戶的虛榮心，強化其想要擁有的「消費決心」也有利於提高成交的效率。

💰 從眾成交法

　　眾所周知，人的行為不僅受到觀念的支配，還會受到周圍環境的影響，在銷售領域就叫做人的「從眾心理」。而「從眾成交法」就是利用客戶的從眾心理下定購買決心。

Case Show

業務員：「您是要買哪一種電視呢？電漿，還是液晶的？」
客　戶：「最普通的映像管電視就可以了。」
業務員：「可是目前大家都是買這種平板的電視啊，外形美觀輕薄，放在家裡，既時尚又節省空間。」

> 客戶：「現在都是買平板電視嗎？」
> 業務員：「對啊，很少有人賣這映像管電視的了，既笨重又占空間，將來可能會停產，所以，在維修上就會變得很麻煩。」
> 客戶：「嗯，那你也幫我介紹一款平板的電視吧。」

　　人們都具有從眾心理，但程度有高有低。業務員在運用從眾成交法時，一定要分析客戶的類型和購買心理。雖然從眾成交法可簡化銷售勸說的內容，但卻不利於業務員準確地傳遞全面的產品資訊。這種方法若用在個性較強勢、有主見的客戶身上，往往會有反效果。

 欲擒故縱成交法

　　業務員可利用客戶「害怕買不到」的心理，假裝停止談判，準備離開，那些性子急的客戶往往就因此主動提出訂單。但運用這種方法的前提是，最好能確定客戶對產品有足夠的興趣，而且自己的產品也具有其他產品不可取代的優勢，否則，只是白白將客戶讓給競爭對手。

 激將成交法

　　業務員在與客戶溝通的過程中，可運用一定的語言技巧刺激客戶的自尊心，使客戶在逆反心理的作用下完成交易。使用激將法，業務員首先要從客戶的言談中分析出客戶的性格，尋找客戶的弱點，再合理運用激將法，針對不同性格的客戶採取不同的技巧。

 鋪陳式成交法

　　業務員在與客戶溝通的過程中，要理清自己的銷售頭緒和銷售步驟，有意識地為實現成交進行循序漸進的鋪陳，使客戶順其自然地做

出購買的決定。客戶在做出成交決定前，一般都會從多方面進行綜合考慮，他們不但要考慮產品情況，也會考慮自己的實際需求。

支持反對意見成交法

客戶都不樂見自己提出的意見被業務員直接反駁。支持客戶反對意見成交法，就是業務員對客戶提出的某些反對意見給予支持和肯定，先拉近你和客戶心理上的距離，讓客戶更容易接受業務員的勸說，然後再闡述自己的觀點，進而獲得銷售上的成功。

成交潛規則

說服客戶購買產品，最好的方法就是引導他不停地說：「是！」心理學家指出，當一個人在說「是」的時候，他是身心是放鬆的，會積極地接受外界事物，而且心情也會變得好起來。設計好你的成交問題，讓每一句問話都能誘導顧客說：「是」，消除客戶對你的戒備心理，同意你說的每一個觀點，自然就會不由自主地對你說：「Yes！」

銷售最終能否成交，這也要看天時地利人和。運用成交策略的前提是，業務員必須把握好向客戶提出成交請求的最佳時機。

59 成交的最高境界
——實現雙贏

> 業務員應站在雙贏的角度上，在考慮自身利益的同時，更要考慮客戶的利益，做到互惠互利。

雙贏是銷售者與客戶實現成交的最高境界。雙贏，顧名思義就是銷售者在既滿足客戶利益的前提下，又可確保自己的利益不受損害。銷售大師喬·吉拉德（Joe Girard）一直堅守一個原則：一個好的業務員應立足於雙贏。客戶買到了想要的產品或服務，業務員獲得收益，這就是「雙贏」。雙贏能使客戶有重複購買的欲望，還能贏得客戶的口碑。雙方只有利益均得，才能既贏得現在，又贏得將來。雙贏還能促使雙方達到穩固的合作關係，有利於雙方的長期利益和整體利益。

日本日立公司（Hitachi）廣告科長和田可一曾說：「在現代社會裡，客戶是至高無上的，沒有一個企業敢蔑視客戶的意志，不把客戶放在眼裡。倘若一個企業只考慮自己的利益，那麼它所有的產品都將賣不出去。」

業務員應站在雙贏的角度上，不要只把自己的利益放在眼前，想盡辦法占對方的便宜，在考慮自身利益的同時，更要考慮客戶的利益，只有做到互惠互利，自己得到適當的利潤，又讓客戶受益，讓客戶和自己利益均沾，將好處擺在眼前，與客戶分享。這樣才能擴大客戶資源，使銷售工作越做越好。

那麼，要怎麼做，才能和客戶達到雙贏呢？以下列點說明：

💰 一定要讓客戶獲得利益

　　銷售產品或服務時，應該站在客戶的角度，考慮客戶有哪方面的需求，針對客戶的需求進行產品說明，讓客戶明白會得到哪些實際的好處。只有瞭解購買這種產品可以為他帶來哪些實質性的改變後，客戶才會有購買產品的欲望，交易才能成功。

Case Show

　　一位金牌汽車業務員剛開始銷售汽車時，老闆給了他一個月的試用期。可是二十九天過去了，他一部車都沒賣出去。

　　最後一天，他抓緊時間，各處奔走，銷售自己的汽車，還是沒有談成一筆訂單。老闆準備收回他的車鑰匙，告訴他明天可以不用來公司了。但這位業務員堅持說，還沒到晚上十二點，他還有機會。於是，這位業務員坐在店裡繼續等著。

　　午夜時分，傳來了敲門聲，業務員開門一看，是一位賣鍋子的商販。他的身上掛滿了鍋，凍得渾身發抖。賣鍋的商販看這屋子還有燈光，就想問車主買不買鍋。業務員看到這個傢伙比自己還落魄，就請他進來坐，並遞上熱咖啡。

　　兩個人開始聊起天來。這位業務員問：「如果我買下了你的鍋，接下來你會做什麼？」

　　商販回答說：「繼續趕路，賣掉下一個。」

　　業務員又問：「全部賣完以後呢？」

　　商販說：「回家再背幾十口鍋出來繼續賣。」

　　業務員又繼續問道：「如果你想讓自己的鍋越賣越多、越賣越遠，你該怎麼辦？」

　　商販說：「那就得考慮再買部車，不過現在還買不起……」

　　兩人越聊越起勁，天亮時，這位商販訂了一部車，取車的時間是五個月以後，訂金是一口鍋的錢。

因為有了這張訂單，業務員被老闆留了下來。

他一邊賣車，一邊幫助賣鍋的商販尋找市場。在業務員的幫助下，商販的生意越做越大，三個月後，商販提前來取車。

只要你能設身處地地為客戶著想，明白客戶真正需要的是什麼，並以此為切入點，為客戶服務，使客戶感受到利益，他就會買單了。

💰 以客戶為中心，重點強調客戶的利益

要想實現雙贏，就必須找到客戶的利益點，找到客戶的利益點後，尋找與自己利益的契合點，這樣一來，在與客戶洽談溝通的過程中，就能在保證自己利益的情況下，滿足客戶的利益。所以在與客戶接觸時，業務員應多關心對方的心情、需求，設身處地地為客戶著想，經常換位思考，站在客戶的角度思考問題，理解客戶的觀點，知道客戶最需要的和最不想要的是什麼。在談判中，當業務員提出雙贏的策略時，應著重強調客戶的利益，以保證客戶在心理上的滿足。積極地為客戶著想，是業務員實現雙贏的基本原則，也是業務員成功的基本要素。

《銷售鬼才──田中道信》一書中講述了這樣一個關於田中道信的故事：

1963年1月，理光公司派田中道信到韓國，在那之前，理光在韓國的代理店一年也只賣出一、兩台理光影印機。田中道信到達韓國之後，韓國的新都理光公司的總經理禹相琦對他說：「時代不同了，理光影印機在這裡沒有銷路。」田中道信聽了發火：「那是因為你壓根兒就沒打算好好賣。有這麼多的大小公司和家庭，怎麼說一年也該賣

出去一百台。還沒賣就退縮，能有成果嗎？」於是田中道信花了一段
時間，相繼走訪了政府行政委員會和第一毛織公司、韓一銀行等大企
業。無論走到哪裡，田中都口不離演講，廣邀聽眾。

於是有一天，韓國《東亞時報》刊出了一篇以「日本的辦公自動
化與韓國的現狀」為題的文章，文章提請讀者注意，在辦公自動化方
面，韓國是何等落後。田中道信隨後免費辦了一場演講會，整個演講持
續了二～三個小時，將要結束時，他說：「總而言之，解決上述問題，
使用這些機器是最合適的。」同時，將身後陳列的理光影印機指給在場
觀眾們看。這一系列活動使田中道信成功地賣掉了五十台影印機。當
時，理光影印機的月產量五百台，各分公司每月的銷售量至多二十台左
右。相較之下，田中道信單槍匹馬銷售了五十台，成績非凡。

為什麼田中道信去韓國以前，那裡的銷售量上不去呢？就是因為
禹相琦的根本態度是消極的。田中道信認為，「如果一開始就態度消
極，即使暢銷的產品也會變為滯銷的，在你對一件工作灰心之前，應
首先確認自己的態度是否是積極的。」

💲 巧妙提出產品的附加價值

即使是雙贏，客戶也想盡可能多地獲得利益。「物美價廉」是每
個客戶最希望得到的效果。業務員在銷售產品的過程中，要滿足客戶
的這種心理，介紹產品優勢的同時，還要充分說明產品的附加價值。

例如，銷售節能冰箱時，在說明冰箱的製冷效果等基本功能後，
還可以告訴客戶，使用這種冰箱一年可以節省多少電費。這些附加價
值也是吸引顧客的賣點之一。

適當給客戶一點小優惠

做生意都以贏利為目的，而客戶想花最少的錢買最有價值的產品，雙方都想獲得利益的最大化，但這是不可能的。買賣雙方都要遵循相互退讓的原則，但客戶會覺得不甘願，這時不妨給客戶一些小優惠，使客戶覺得購買產品物有所值。只要能達成交易，雙方都能得到滿意的效果，這樣雙贏的目的就達到了。

 ### 幫助客戶解決問題

為什麼有的業務員總是與成功有緣，而大部分業務員卻一直無法避免失敗的威脅呢？最主要的原因就在於前者能主動為客戶解決問題，而後者卻盲目地拜訪客戶，整日庸庸碌碌，但是收穫甚少。客戶之所以會購買，關鍵在於業務員幫助他妥善地解決了困擾他的問題。

Case Show

　　一天，業務員小張在向一位客戶介紹產品後，但顯然客戶沒有興趣買，就在他準備離開時，這位客戶接到一個電話，小張無意間聽到他們正計畫成立一個物流公司，他就把這件事記在心中。

　　回到辦公室後，小張急忙從電腦中搜集關於這方面準備工作的資料，並發現一篇很有感觸的文章。於是，他整理好並帶著資料再去拜訪那位客戶，這位客戶對小張提供的資料很感興趣，就當下表示要與其合作。看似一個無關緊要的小細節，最後卻成了業務員實現成功的關鍵。

真正能打動客戶的不僅是產品，還包括業務員為客戶提供的真誠而有價值的建議。因此，在拜訪客戶之前，要先調查、瞭解客戶的需要和問題，然後針對客戶的需要和問題，提出建設性的意見或建議，

使客戶覺得和你交流是有價值的、不會吃虧的，覺得自己有賺頭，這樣才有更大的購買熱情。

💰 真心誠意表示希望與客戶長久合作

客戶在面對業務員時，常充滿警戒和防範，因為他們害怕一不小心就掉入業務員設計的「陷阱」。客戶會如此小心翼翼的背後原因，在於一些業務員使用虛假資訊或承諾換取客戶信任。對這類業務員來說，表面上也許得到了利潤，但實際上，他們在客戶心中的信用已降至零，再也無法贏得合作機會。

在交易沒有達成之前，客戶都怕上當，不敢輕易購買產品，一旦獲得滿意的產品之後，客戶則會希望與業務員建立長久的合作關係。你應將自己的電話、住址、郵件信箱等個人真實資料提供給客戶，讓客戶感受到你想與他長期合作的誠意。只有這樣，在談判中才有可能與客戶達成協定，求得雙贏。否則，只有一次合作機會，客戶很難放棄自己的利益。

Case Show

一位軟體業務員和某著名企業簽訂了一大批訂單，該企業負責人決定把企業內部正在使用的業務軟體更換成這位業務員所推薦的新一代軟體。更換大企業內部的軟體是非常複雜的事情，為此雙方達成了一項協定：在為期三年的時間裡完成改換和調試工作，在此期間，不會影響到企業的正常運營。雙方都很爽快地簽訂了合約。但不久，事情就發生了變化，該企業職員紛紛向負責人反應使用這種新型軟體很不習慣。透過調查，企業負責人也發現新的軟體非但沒提高他們的工作效率，反而大大退步了。於是企業負責人找到這位業務員說：「我們的員工非常不習慣使用這些軟體，而且它嚴重影響到我們的工作進度，員工們紛紛反應了這個問題，我也確實不想再勉為其難，這樣下去不是辦法。」

這位聰明的業務員聽出企業負責人的弦外之音：他們不想再繼續履行合約了。但顯然，如果自己非要以合約相要脅，逼迫負責人繼續履行合約，那麼以後就休想再和他們合作了；但如果為了保全客戶的利益，同意與其解除合約，自己的利益又將受到嚴重損失。最後這位業務員提出了一個兩全其美的辦法：根據企業業務的具體特點，重新為企業量身訂做一種更有利於客戶員工操作和提高效率的軟體。負責人很快就答應了，也放棄了終止合約的念頭。問題就這樣解決了。

由此可見，當客戶利益得到保全時，業務員的利益也就自然而然地擴大了。這位業務員之所以取得成功，就是因為他把銷售建立在客戶雙贏的基礎之上。「付出總有回報」，當客戶體會到你的「良苦用心」，並感受到自己是佔上風時，他們一定會高高興興地與你達成交易。

在銷售產品和處理客戶異議時，你一定要抱著雙贏的心態，本著互惠互利的原則行事，以客戶的利益作為切入點，唯有讓客戶明白你所做的一切都是為他的利益著想，能給他帶來好處，銷售才能成功。

以誠相待才能以心換心，只有真心實意地對待客戶，贏得客戶十足的信任，才能建立長久的合作關係，使雙方都能透過合作獲得利益，這才是真正的「雙贏」。

成交潛規則

與客戶溝通時，要事先瞭解客戶的實際需求，抓住客戶的利益，主動出擊，同時還要積極地進行換位思考，真心誠意為客戶著想，想客戶所想，急客戶所需，這樣才能實現「雙贏」。

在最後一刻讓步顯奇效

技巧性的讓步，會給對方「贏了」的感覺，而這種「你贏了」的氣氛，將使得交易進行得更順利。

談判高手手霍伯‧柯恩曾說：「為了實現談判的目的，談判者必須學會以容忍的風格、妥協的態度，堅韌地面對一切。」在這裡所說的妥協，就是適當讓步，但讓步並非放棄，而是選擇另外一種方式達到目的。

業務員在進行職前培訓時，會聽到培訓師這樣說：「當你與客戶的談判陷入僵局的時候，不妨適當讓步，讓銷售得以進行下去。」有些業務員在實際工作中，只是記住了「讓步」，卻沒記住「適當」，一旦客戶有所猶豫，他們就會主動退讓，以期待能與客戶及早達成交易，但是過早的讓步反而抬高了客戶的期望，客戶便會提出進一步的要求，業務員如果繼續讓步，則是讓自己深陷十分被被動的地位。

NG Case

張先生到某醫院銷售一套醫療器材。他洽談的這個客戶，一共與六家供應商具體商談，其中四家對張先生構不成威脅，只有一家供應商的產品品質與報價和他相當。為了順利地在這次競爭中贏得訂單，張先生抉擇一步到位，把價格讓到最低。他告訴客戶，產品價格可以再降9%，

這已經是底線了。張先生覺得,即使對手也把價格降低,也不會低於這個限度。但第二天,客戶打來電話,不是要和他簽單,而是請求他再降價4%。張先生慌忙與銷售部經理商量,最後的結果是,再降價4%是不可能的,最多可以再降2%。這一次,張先生覺得自己穩操勝券,未料,幾天後的消息是,客戶選擇了競爭對手的產品。

　　一般來說,每個客戶都希望買到物美價廉的產品,張先生的醫療器材明明低於競爭對手的價格,為什麼沒有拿到訂單?其實原因很簡單,張先生這種主動降價、無條件讓步的策略使客戶失去了對他的信任,才導致交易的失敗。

　　我們都知道,在產品的銷售中,買家與賣家之間總會在一些問題上產生分歧,需要業務員做出一定的讓步,但是這種讓步一定要選對時機,讓最後一刻的讓步才能顯出奇效。

　　通常業務員在選擇讓步這一策略時,要遵循以下原則:

 讓客戶知道你讓步的艱難

　　業務員在與客戶談判時,要考慮好讓步的幅度和尺度。你可以找出一些對自己無關緊要的條件,在適當的時候,在這些方面向客戶做出讓步,用這種讓步表現出你的誠意。當然,你在客戶面前不能把這些條件當作時無所謂的條件,而是當作最自己至關重要的條件。要讓客戶感覺到你的每一次讓步都異常艱難,即使是一個你自己就可以決定的請求,也不能立刻就答應,而是要演出一副很為難的樣子,向上司請示,這樣不但能提高你讓步的困難程度,還可以降低客戶的期望。

> 客戶：「我們合作了這麼多年，一直都非常愉快，能不能再給我一點折
> 　　　扣？」
> 業務員：「陳總，我給您的已經是老客戶的價格了。看在這麼多年您照
> 　　　　顧生意的面子上，我跟經理請示一下，看看能不能再給您算便
> 　　　　宜一點。」
> 客戶：「好的，我等你的消息。」
> 　　　過了幾天。
> 客戶：「怎麼樣了？」
> 業務員：「我跟經理申請過了，好說歹說，經理決定再給您2％的優
> 　　　　惠，陳總，這可是最底線了，為了您這2％，我可是被經理唸
> 　　　　了一頓。」
> 客戶：「知道了，真是辛苦你了，那我們簽合約吧。」

　　業務員的讓步表現得越艱難，客戶越會重視，這樣一來，客戶會
對你心懷感激，成交的幾率也會大大升高。

讓步要著眼於未來

　　你的讓步是要有利於長遠的利益，但仍有很多業務員只關注眼前
利益，結果替自己和公司帶來了一定的損失。因此，在每一次讓步之
前都要認真考慮自己的行為是否有利於長遠利益的實現，如果是，你
可以放心大膽去做；如果不是，那麼就要及時收手，透過其他的途徑
去解決問題。

讓步也需要回報

　　業務員要知道，單純地只有一方讓步是做不成生意的，你在讓步

的時候，也要獲得客戶的回饋。客戶讓步幅度的大小也決定了你如何讓步。客戶大幅度地退讓，可換取你較大幅度地退讓；客戶小幅度的退讓，也只能換取你小幅度的退讓。在讓步時，務必要把握好幅度和尺度。就以案例中的價格談判為例，如果你在第一輪談判中降價5％，那麼第二輪談判中，你的降價就絕不能比5％高，否則你會給客戶沒有誠意的感覺。切記！主動的、無條件的讓步是無法打動客戶的，反而會使他們變本加厲。

Case Show

客戶：「產品的售價可以降一些嗎？」

業務員：「您準備要多少？」

客戶：「我想先要兩箱……」

業務員：「如果是只要兩箱的話，我們很難集中送貨……」

客戶：「那怎麼辦？但目前這個價格對我來說確實有點高……」

業務員：「您也知道，兩箱貨確實不多，價格太低的話，我們就很難做了，我想只有一個辦法，您看這樣好不好，如果您可以自己取貨，並且現在帶走的話，那我們可以在原來的價格基礎上再給您3％的優惠。您覺得如何？」

客戶：「嗯，那好吧。」

 始終為自己留有餘地

在很多情況下，客戶會因為某一個問題而僵持不下，不論是價格還是付款方式，這時，業務員要注意就是為自己留有足夠的餘地，而不是在沒有絲毫讓步餘地的情況下與客戶僵持不下，搞壞彼此的關係。如果客戶步步緊逼，而你又無法再讓步，那麼銷售很有可能終

結，在這種情況下，你與客戶根本不可能達成協定。所以，聰明的業務員在任何情況下都會為自己留有一定的餘地。

Case Show

客戶：「只要你的價格再降一點，我馬上簽訂單。」

業務員：「王經理，這真的是最低價了，再降我就要賠本了，如果不是實在沒有錢賺，我也不會耽誤您這麼久了。」

客戶：「是啊，你看你也耽誤這麼多時間，如果因為這麼點小事不能成交，那豈不是太可惜了嗎？」

業務員：「是很可惜啊，如果您不再堅持的話，那我們就都不用再耽誤時間了。」

客戶：「真不能降？」

業務員：「確實是不能再降了。」

客戶：「那我還是再考慮考慮吧。」

業務員：「您可以去別家打聽打聽價格，我敢保證我這是最低價了。如果您比較完後仍覺得我這裡合適的話，一定要找我，我可以按這個價給您。」

　　這位業務員的聰明之處就在於他在第一次溝通無果的情況下，為以後的溝通提供了足夠的空間。有很多業務員在遇到這種情況時，會說：「真的不能再便宜了，你還是去別家吧，看看我這是不是最低價。」一旦業務員發出這樣的「逐客令」，即使客戶日後後悔也不會回過頭來購買了。所以，即使你被客戶拒絕了，你也要讓他記住你，也許下次他還會主動找上你。

對客戶讓步，要把握住適當的機會，不宜過急、過早。一般來說，如果讓步過早，對方會認為這是前一階段討價還價的結果，而不認為這是己方為達到協議而做的終局性的最後讓步。這樣對方有可能得寸進尺，繼續步步進逼。讓步要在最後時刻讓步，才有效果，儘管這種讓步可能小得可憐，因為重要的並不是你讓步多少，而是讓步的時機，對方會覺得你非常有誠意，還能給對方「贏了」的感覺。如果才與客戶剛溝通過，就大幅度讓步，會讓客戶有進一步的期望，希望你能再給予他更優惠的條件。所以，不到最後關頭，絕不讓步，否則就功虧一簣了。

Rule
61 與同事配合，
一唱一和

扮黑臉與白臉的銷售策略能有效給予客戶壓力，還能避免買賣雙方的對立。

　　所謂的配合，就是與同事之間的合作。任何一個系統內部的結合能力都來自於系統各個元素間的協同作用。一個組織的團結、穩定和有序就是來自組織內部各成員的協同合作。如果同事間親密合作、協同一致、互相學習、揚長避短，就會形成全力。俗話說：「一個籬笆三個椿，一個好漢三個幫。」在銷售中，業務員和同事相互配合，一唱一和地將客戶說服，成功拿下訂單。

Case Show

　　小張和老李正在與一個買主談判，試圖賣掉他們合夥開的那家餐廳。他們開價100萬元，但為了成交可降至90萬元。在討價還價中，小張扮演了一個強硬的角色。買主開價88萬元，但是小張滿臉嘲笑地說：「我們開價100萬元，是因為它值100萬元。」他的聲調中包含著他所能表達出所有對對方的輕蔑感。經過幾個回合的拉鋸戰，小張開始收場了，把其餘的一切都交給了滿臉微笑、態度溫和、通情達理的老李。老李對這位被小張氣得滿臉通紅的買主說：「唉，不要介意，我這小老弟有點急躁，性格較魯莽。請別見怪，他還是得聽我的。」買主的防備心因此漸漸退去，他覺得跟這位通情達理的人談生意還比較有希望。與小

張的不客氣不同，老李的溫和在對手心目中建立起信譽，也獲得買主的信任。買主願意與李先生洽談並信賴他。因此，如果老李說：「我想我能想辦法讓我那個難纏的夥伴同意92萬的價錢。」買主就會得到一種感覺，即不僅老李給了他好處，而且這個價碼也是他所能得到的最低價格。鑑於有小張的不良印象在先，老李的開價看起來讓步很大，至少對於買主來說是合情合理的。更重要的是，買主是如此樂於與老李討價還價，以至於他無法反駁老李的提議。

有時候處理事情就是要這樣，雙方先討論，一個負責唱白臉，另一個負責扮黑臉，這樣一搭一唱，可以產生互補作用。

這就是「配合」的高明之處，不論你與同事是一個白臉，一個黑臉，還是始終站在同一條陣線，都會給客戶帶來一定的壓力。

選擇最適合的同事

當客戶提出的要求單靠業務員的力量是不能滿足的時候，就該找一位同事幫忙，但是他必須有利於產品的順利售出，如果你找來的同事起不了作用，那麼還不如你獨自應付客戶。

那麼，怎樣的同事才是最適合呢？

★應具有充分的決策權　當業務員需要同事的幫助時，一定是出現了自己不能獨自應付的狀況，因此，業務員一定要選擇一位具有更充分決策權的人物。

搭配組合，最好是「下黑上白」。也就是由階級或地位較高的人當好人，唱白臉，階級地位低的當壞人，唱黑臉。理由是地位尊，階級高的人，他握有的資源，一定比階級地位低的人多，他要給的也會比階級地位低的人給得多，給得大方。

★要能彌補你的不足 有經驗的業務員都能在與客戶的前期交流中找到自己的不足。當銷售進入實質性階段時，如果業務員無法改進自己的不足，那麼銷售的主動權就很有可能會被客戶緊握在手裡。這就會出現兩種結果，其一是與客戶的交易失敗；其二是即使達成交易，業務員也得不到多大的利益。為了避免在銷售過程中陷於被動，就要盡可能地找一些能有效彌補自身不足的同事幫助自己，以便有效應對客戶。

💰 與同事的配合要有默契

當業務員找到最適合自己的合作夥伴後，要與之默契配合。當銷售隊伍由一個人變成兩個人，甚至多個人時，就必須事先劃分團隊中每一位成員的責任，否則，容易在銷售中出現雜亂無章的局面。

★統一銷售目標 業務員與配合的同事目標要一致，在統一銷售目標的過程中，業務員要與所有參加銷售的人員開展有效溝通，然後確定最終的銷售目標是什麼，希望得到的結果是什麼，能承受的最底線又是什麼，以及哪些目標可以在適當情況下進行讓步等等。

★明確各自的責任與權利範圍 在銷售之前，根據每一位成員的特點以及客戶的能力等進行協調，盡可能做到責任明確、權力清晰，確保每一位成員在之前都知道自己主要負責哪些方面的議題、在自己具體負責的問題中應該努力達到什麼目標、如何與其他成員配合以及自己在哪些方面有權利做出讓步、讓步的範圍有多大……等等。

只有大家的目標一致，才能配合得天衣無縫。如果每個成員不知自己的任務是什麼，那麼在銷售過程中就會出現一盤散沙的局面，甚至會因為口徑不同而引起客戶的懷疑。

$ 合理培養團隊意識

業務員必須明白商場不是一個人單打獨鬥逞英雄的場所，而是需要同事之間進行積極默契的配合。同事之間是一個銷售團隊，往往是一榮俱榮，一損俱損。在鑽研如何提高銷售技巧的同時，也應積極培養自己的團隊意識。

★業務員要想得到更充分的發展 一個員工的業績無法維持一個企業的發展，而一個團隊的業績都好，才能使企業持續發展。這就需要業務員在做好自己份內工作的同時，還要保證整個團隊的進步發展。

★有的業務員只顧自己市場的好壞 有好的方法和技巧而不願意與同事交流，怕別人的業績超過自己，這種短淺的想法應被摒棄。

★業務員要時刻把自己放在一個團隊當中 一榮俱榮，一損俱損，只有和同事默契合作，個人才能更快地進步以及擁有更大的發展空間。

「黑臉白臉」這個招式，是談判上慣用的談判戰術之一，也如其名，有人唱黑臉，一定也有人在唱白臉，互相配套，像極了唱雙簧。在黑白配中，當我們使用了黑臉戰術時，千萬要記住，一定要有白臉來協助轉圜，否則不僅此招會不靈光，或許還會造成不可臆測的後果。

成交潛規則

正因為競爭越來越激烈，很多公司遇到大型的專案時，紛紛開始改採團隊戰，由業務、行銷、服務等部門人員，一起去拜訪客戶以爭取訂單。在商務談判中，有經驗的業務員不會一個人去單打獨鬥，他們一定會帶著自己的團隊共同去完成銷售。

Rule
62
讓客戶從你的服務中獲得快樂

客戶需要的不單是產品，產品加上服務才能為客戶產生價值，唯有服務超出客戶預期，才能贏得客戶的心。

　　客戶的滿意是透過業務員在與客戶的密切交流過程中所創造出來的。在現代商業社會裡，客戶服務已然成了一個口號，或一種流行。喊歸喊，做歸做，有的真服務，有的矇騙顧客，有的則對服務糊裡糊塗，一知半解。

　　這也說明了客戶服務觀念已深入人心，企業主也好，顧客也好，都理解和重視產品價值的延伸——服務的重要性。對企業來說，想賣好產品、做好市場，沒有服務不行；對顧客來說，對客戶服務內容、水準的要求越來越高，只有好產品而沒有好服務，客戶還是不會買。

　　此外，也說明了，不管公司或業務員對真正的客戶服務是否理解，大家都已認同客戶服務不做不行，不得不承認東西好不好賣，並不是你企業自己一家說了算了，還得問問顧客認不認同，買不買單，因此銷售的主動權被牢牢掌握在顧客手裡。在日益競爭的銷售環境中，行銷就是討好顧客，努力爭取顧客的垂青。

　　由於人們的消費觀念已從最初的追求物美價廉的理性消費時代進入感性消費時代，其最突出的一個特點就是，顧客在消費時會追求更多心靈上的滿足。因此，產品本身已被擺在次要位置，消費者往往很輕易就能找到許多在價格、品質、外型等方面相似的商品，而最終決

定取捨的因素就是顧客對產品或業務員服務的滿意度、認同感。

可愛的小孩子牽著他們父母（或爺爺奶奶）的手叫嚷著要吃麥當勞，要跟麥當勞叔叔照相，這些小顧客消費的並不是漢堡、炸雞，而是希望在麥當勞的氛圍裡得到心靈上的滿足和快樂。麥當勞建立在客戶心目中的深厚感情，與麥當勞叔叔親切的微笑，服務生熱情和周到的服務息息相關。

業務員在產品售出後，可以在一週之後打電話關切地詢問客戶使用產品的情況，若有任何使用不清楚的地方，業務員則立即提供周全的諮詢服務。從這些新客戶，你可以開發出許多潛在的客戶。

當你打算購買一些東西時，你是否清楚購買的理由？有些東西也許事先沒想到要買，一旦決定購買時，是不是有一些理由支持去做這件事。再仔細推敲一下，這些購買的理由正是我們最關心的利益點。例如娘家的媽媽最近換了一輛車體積較小的車，省油、價格便宜、方便停車都是車子的優點，但真正的理由是媽媽路邊停車的技術太差，常因停車技術不好而發生尷尬的事情，這種小車，車身較短，能完全解決媽媽停車技術差的困擾，就是因為這個利益點，才決定購買的。因此，業務員可從探討客戶購買產品的理由，找出客戶購買的動機，發現客戶最關心的利益點。充分瞭解一個人購買東西有哪些可能的理由，能幫助你提早找出客戶關心的利益點。

通常我們可從三方面瞭解一般人購買商品的理由：

★**品牌滿足** 整體形象的訴求最能滿足地位顯赫人士的特殊需求。比如，賓士（Benz）汽車滿足了客戶想要突顯自己地位的需求。針對這些人，銷售時，不妨從此處著手試探潛在客戶最關心的利益點是否在此。

★**服務** 因服務好這個理由而吸引客戶絡繹不絕地進出的商店、

餐館、酒吧等比比皆是；售後服務更具有滿足客戶安全及安心的需求。服務也是找出客戶關心的利益點之一。

★**價格** 若客戶對價格非常重視，可向他推薦在價格上能滿足他的商品，否則只有找出更多的特殊利益，以提升產品的價值，使之認為值得購買。

以上三方面能幫助你及早探測出客戶關心的利益點，只有客戶接受銷售的利益點，你與客戶才有進一步的交易。

良好的客戶服務措施或體系必須是發自內心的，是誠心誠意的，是心甘情願的。當你在提供服務時，必須付出真感情，沒有真感情的服務，就不會有客戶被服務時的感動，而沒有了感動，再好的客戶服務行為與體系也只是一種形式，無法帶給顧客或客戶美好的感覺。

「以贏利為唯一目標」是不少業務員所恪守的一條定律，在這個理念下，許多銷售人員為求獲利，不自覺地損害了客戶利益，至使客戶對供應商或品牌的忠誠普遍偏低。這種以自身利益為唯一目標的作法極有可能導致老客戶不斷流失，自然也會損害企業的利益。

日本企業家認為，讓客戶滿意其實是企業管理的首要目標。日本日用品與化妝品業龍頭花王公司的年度報告曾這麼寫著：「客戶的信賴，是花王最珍貴的資產。我們相信花王之所以獨特，就在於我們的首要目標既非利潤，也非競爭定位，而是要以實用、創新、符合市場需求的產品，增加客戶滿意度。對客戶的承諾，將持續主導我們的一切企業決策」。

豐田公司（TOYOTA）也正在著手改造它的企業文化，使企業的各組織部門和員工能將視線關注於如何在接到訂單一周內向客戶交車，以便縮短客戶等待交貨的時間，讓客戶更為滿意。日本企業的做法，使日本品牌的產品遠遠高於世界其他地區。以汽車品牌為例，歐

洲車在歐洲的品牌忠誠度平均不到50％，而豐田車在日本的忠誠度卻高達65％。由此可見，重視客戶利益，讓客戶滿意，是抓緊客戶對企業的忠誠度的有效方法。客戶對企業有了忠誠度，不僅能以低成本從老客戶身上獲取利益，而且可因客戶推薦，提升新增客戶銷售額。

　　客戶滿意度不僅是某些公司考核業務員的重要內容，也是企業經營的重要方針。保持客戶長期的滿意度有利於業務員業績的提升，人際關係的建立。

Case Show

　　一個替人割草打工的男孩打電話給自己的客戶陳太太說：「您好，請問您需不需要割草？」

　　陳太太回答說：「謝謝，不需要了，我已經有了割草工。」

　　男孩又說：「我會幫你拔掉花叢中的雜草。」

　　陳太太回答說：「我的割草工已經做了。」

　　男孩又說：「我會幫您把草和四周的小路修整整齊。」

　　陳太太回答說：「我請的那個人也已經做了。我對他很滿意，謝謝你，我不需要新的割草工了。」

　　男孩便掛掉了電話。這時，他的室友問他：「你不是就在陳太太那裡割草打工嗎？為什麼還要打這個電話？」

　　男孩說：「我只是想知道我做得好不好，她對我滿意不滿意。」

　　看到這裡，我們不禁佩服起這個男孩來，因為他不僅懂得客戶的滿意就是我們的飯碗的道理，而且還付諸行動去證明自己是否得到了客戶的滿意。可是有些業務員卻不明白這一點，他們關心的永遠只是有沒有順利把產品銷售出去，業績有沒有上升，至於客戶是否滿意，早已被

拋到九霄雲外去了。這種業務員是不理智的或者說是不明智的,因為我們與客戶做的並不是單一買賣,成交過後便老死不相往來,長期合作才是經營之本。

我們總希望與客戶產生第二次、第三次交易,以至將新客戶發展成為我們的老客戶,但如果我們不關注客戶的滿意度,往往在第一次交易之後,客戶便對你敬而遠之了。那麼,要如何做才能讓客戶滿意呢?

💰 兌現自己的承諾

客戶在決定購買我們的產品之前,總是會提出許多要求,因此我們要儘量遵循「少許諾,多兌現」的原則。一旦對客戶有了承諾,就一定要去實現,如果因此而失去了客戶的信任,那就得不償失了。

要想令客戶對你滿意,就必須言必行、行必果。有很多業務員為了加快客戶購買的決心而開了許多空頭支票,到頭來無法一一實現,這必然給客戶帶來惡劣的影響。所以,如果我們可以不許諾的話,就盡量減少對客戶的承諾。

有些時候,我們向客戶做出了承諾,但因故而無法兌現,一定要及時向客戶道歉,誠懇地向客戶說明承諾無法實現的原因,並提出解決措施。如:

「先生,您好!首先,我對維修人員沒能及時到場表示誠摯的歉意,希望能得到您的諒解。這主要是因為今天負責值班的維修人員突然生病造成的,對於您因此而耽誤的寶貴時間,我感到十分抱歉。如果您方便的話,明天早上八點,我們的維修人員可以上門維修……」

如果你的解釋合情合理,客戶也會諒解你的,甚至會因為你的誠懇而感動。

賣出產品並不是銷售活動的終結

業務員要明白這樣一個道理，那就是，賣出產品並不意味著銷售活動結束了，因為業務員要做的並不是單一買賣，而是希望與客戶達成長期交易。所以，產品售出後，你要對客戶進行以下的後續服務：

★您還需要哪些服務呢？　當交易完成之後，如果你能定期向客戶詢問，瞭解客戶需要哪些幫助，這樣不僅能向客戶表達自己的關心和關注，讓客戶充分感受到來自業務員的尊重和重視，還能透過你的主動詢問，盡可能瞭解客戶遇到的困難，有效解決這些問題。

向客戶詢問的時候，態度一定要誠懇，如果你敷衍了事，客戶是無法感受到的。一旦發現客戶的問題之後，就要馬上解決，如果無法協助客戶解決問題，很可能會替你帶來壞的影響。

★我馬上幫您解決　我們都知道，很多客戶在成交之後，或多或少會遇上一些使用上的問題，有些可能是因為客戶對產品不夠瞭解，有些可能是產品本身的問題。當客戶遇到這些問題時，可能會聯繫產品的售後部門，也有可能直接聯繫業務員。如果客戶找到你，那麼你就要儘量為他提供良好的服務，即使不能為客戶解決問題，也應該積極主動幫助客戶聯繫相關的服務人員。如果業務員在這時推卸責任，就是犯了大忌。如：

客戶：「我發現最近這台電腦啟動速度特別慢，不知道哪裡出現問題了，你們能幫忙解決一下嗎？」

銷售人員：「您有沒有先掃毒看看是不是中毒了？如果是您上網而中毒的話，那就不在我們的保修範圍之內……」

客戶：「我最近根本就沒有上過網，明明就是你們電腦本身的問題……」

銷售人員：「那請您打我們的售後服務電話吧，他們負責產品的後期維修，電話號碼是⋯⋯」

如果當客戶向你請求幫助時，你這樣拒絕了他，可想而知，客戶一定會對你不滿，你再想賣給他產品，就比登天還難了！

💲 真正精明的客戶不會只關心價格

留住一個現有客戶，比發展兩個新的客戶更能獲得利潤。從成本效益角度看，增加客戶的再消費水準比花錢尋找新的客戶要划算得多。此外，在留住客戶方面，增加少量的心力投入也會帶來成倍的利潤成長。

客戶流失已成了很多企業所面臨的尷尬情況，失去一個老客戶會帶來嚴重的損失，也許企業得再開發十個新客戶才能予以彌補。但當問及企業客戶為什麼流失時，很多銷售人員往往一臉茫然。

客戶的需求不能得到切實有效的滿足，往往是導致客戶流失的最關鍵因素。因為客戶追求的是較高品質的產品和服務，如果我們無法提供給客戶優質的產品和服務，客戶就不會對我們滿意，更不會建立較高的客戶忠誠度。因此，全面提升產品品質、服務品質，進而提高客戶滿意，防止老客戶的流失，是每位業務員要積極努力的。

許多企業已意識到培養忠誠的客戶是經營的關鍵，但卻往往不得要領。例如，當客戶在餐廳受到不好的服務而投訴時，餐廳通常以折價或免費的方式給予補償，期望以此獲得客戶的忠誠。但這只能平息客戶一時的怨氣，無法得到客戶的忠誠，因為客戶要的是精美的食物和優質的服務。

有些公司雖然意識到客戶服務的重要，但卻未能真正維繫這種關係。有位先生有很長一段時間，總會在節慶日時收到一家公司的賀卡

或活動邀請函等，他想，這家公司應該是極其尊重客戶、珍視與客戶關係的，因此對這家公司的印象很好。但有一次，他真的有問題，向這家公司的客服人員連發了兩封E-MAIL，卻未得到回覆，他感到很失望，不再相信這家公司，並認為這家公司表裡不一，沒多久就將業務轉向其他公司了。

第二次世界大戰中期，美國空軍和降落傘製造商之間曾發生這樣一個真實的故事：當時，降落傘的安全性能不夠，在廠商的努力下，合格率已提升到99.9％，但是軍方要求產品的合格率必須達到100％。對此，廠商認為沒有必要再改進，能達到接近完美，已相當具水準了，因為任何產品都不可能達到100％的合格。但是，不妨想想，99.9％的合格率，就意味著每一千名傘兵中，會有一人因跳傘而送命。後來，軍方改變檢查品質的方法，決定從廠商前一週交貨的降落傘中隨機挑出一個，讓廠商負責人親自從飛機上跳傘來進行測試。這個方法實施後，奇蹟出現了：不合格率立刻變成了零。

客戶需要的不單是產品，產品加上服務才能為客戶產生價值，這才是客戶真正需要的。目前很多的業務員與競爭對手競爭的就是產品的價格，因為這是最簡單的方法。但是，真正精明的用戶不會只關心價格，只要你能將你與競爭對手的差異性轉變為客戶需求的重要關注點，客戶就會認同你。透過價格吸引客戶購買的產品根本不需要由業務員來做。

讓客戶從你的服務中獲得快樂，還會為你帶來額外的收穫。對於許多老練的業務員來說，被老客戶推薦的新客戶是新生意的重要來源。

被推薦者已屬於潛在客戶，雖然仍是陌生人，但因為是推薦者從自己的購買中已初步認定被推薦者是有可能購買你的產品或服務的。

而推薦人本身能給被推薦者帶來比較好的感受，而不是陌生人對銷售人員直接的反感。可見老客戶的推薦可以給業務人員帶來更好的信譽，無論是否成交，被推薦者都會認為你是一個值得信賴的人。

成交
潛規則

積極主動地參與，是實現客戶滿意的基礎和根本保障。客戶的滿意需要你堅持不間斷地消除客戶的不滿意因素，以超越客戶的期望來服務他們。如果沒有良好的服務，一旦競爭對手出現，顧客就會毫不猶豫地捨你而去。首次成交靠產品，再次成交靠服務。你可以多多收集老客戶給你的感謝信或產品使用分享並把它們放在你的公事包中，需要的時候可以拿出來消除新客戶的疑慮，相當有效。只要服務做得好，還怕沒客戶！

一旦人們接受對方的一個微不足道的要求，為了避免認知上的不協調，或想給對方前後一致的印象，就有可能接受更大的要求。這種現象猶如登門檻時要一臺階一臺階地登，才能更容易且更順利地登上高處。這種現象在心理學上被稱為「登門檻效應」，也叫「得寸進尺效應」。

　　這個效應是美國社會心理學家佛里德曼與弗雷瑟於1966年做的「無壓力的屈從──登門檻技術」的現場實驗中提出的。實驗者讓助手到兩個社區勸導人們在自家門前豎一塊寫有「小心駕駛」的大標語牌。在A社區向當地居民直接提出這個要求，結果遭到很多居民的拒絕，接受的僅是被要求者的17%。在B社區，實驗員先請求各居民在一份贊成安全行駛的請願書上簽字，這是很容易做到的小小要求，幾乎所有的被要求者都照辦了。幾週過後再向他們提出豎大標語牌的請求，結果同意的竟占被要求者的55%。

　　研究者認為，人們拒絕難以做到的或違反意願的請求是很自然的；一旦他對於某種小請求找不到拒絕的理由，就能提升同意這種要求的傾向。

　　也就是說，在請求別人幫忙或提出要求時，一下子向對方提出一個較大的要求，人們多半難以接受，但如果逐步提出要求，不斷縮小差距，人們就比較容易接受了。這主要是因為人們在不斷滿足小要求的過程中已經逐漸適應，意識不

到逐漸提高的要求已大大偏離了自己的初衷。這是因為人們都希望在別人面前保持一個比較一致的形象，不希望被人認為是「喜怒無常」的人，因此，在接受別人的要求，對別人提供幫助之後，再拒絕別人就變得更加困難了。如果這種要求給自己造成損失並不大的話，人們往往會有一種「反正都已經幫了，再幫一次又何妨」的心理。

　　大家可能都有這樣的逛街經驗，當你在某件衣服面前稍做徘徊時，就會被熱情的店員邀請試穿。他們很熱情地說，「不買也沒關係，你可以先試穿一下！」有時候心裡想，試穿一下有什麼關係呢？試穿又不要錢！但只要一試穿，在店員的讚美聲裡就會覺得這件衣服是最適合自己的，最後就會拿出錢包買單。

　　所以，業務員可多加利用各種不同類型的優惠券、免費試用的機會等來吸引你的客戶上門，如果客戶真的被你的小利引誘的話，這筆交易成交的的機會也就大大增加了。

　　因此，開門見山很直接地要求客戶購買，客戶通常都會拒絕你，但只要讓客戶先嘗試，後購買，那麼結果就不一樣了。

學習領航家——📺 新絲路視頻

讓您一饗知識盛宴，偷學大師真本事！

活在知識爆炸的 21 世紀，您要如何分辨看到的是落地資訊還是忽悠言詞？

成功者又是如何在有限時間內，從龐雜的資訊中獲取最有用的知識？

巨量的訊息，帶來新的難題，新絲路視頻讓您睜大雙眼，

從另一個角度重新理解世界，看清所有事情的真相，

培養視野、養成觀點！

想做個聰明的閱聽人，您必須懂得善用新媒體，不斷地學習。📺 新絲路視頻 便提供閱聽者一個更有效的吸收知識方式，讓想上進、想擴充新知的你，在短短 30 ～ 60 分鐘的時間內，便能吸收最優質、充滿知性與理性的內容（知識膠囊），快速習得大師的智慧精華，讓您閒暇的時間也能很知性！

🚩 師法大師的思維，長知識、不費力！

📺 新絲路視頻 重磅邀請台灣最有學識的出版之神——王晴天博士主講，有料會寫又能說的王博士憑著扎實學識，被喻為台版「羅輯思維」，他不僅是天資聰穎的開創者，同時也是勤學不倦，孜孜矻矻的實踐家，再忙碌，每天必撥時間學習進修。他根本就是終身學習的終極解決方案！

在 📺 新絲路視頻 ，您可以透過「歷史真相系列 1 ～」、「說書系列 2 ～」、「文化傳承與文明之光 3 ～」、「寰宇時空史地 4 ～」、「改變人生的 10 個方法 5 ～」、「真永是真 6 ～」一同與王博士探討古今中外歷史、文化及財經商業等議題，有別於傳統主流的思考觀點，不只長知識，更讓您的知識升級，不再人云亦云。

📺 新絲路視頻 於 YouTube 及兩岸的視頻網站、各大部落格及土豆、騰訊、網路電台⋯⋯等皆有發布，邀請您一同成為知識的渴求者，跟著 📺 新絲路視頻 偷學大師的成功真經，開闊新視野、拓展新思路、汲取新知識。

走心溝通力

說對話賣什麼都成交的說話術

UNSPOKEN &
UNWRITTEN

經典銷售語錄

👍 一流推銷員——賣自己；二流推銷員——賣服務；三流推銷員——賣產品；四流推銷員——賣價格。

👍 信賴感大於實力，有價值的才是最好的，銷售的97%都在建立信賴感，3%在成交。

👍 買和不買永遠不是價格的問題，而是價值的問題。要不斷的向顧客塑造產品的價值。一定要給顧客講有含金量的東西，要學會創造價值，為顧客創造他需要的價值。

👍 銷售人員要永遠問自己的三個問題：我為什麼值得別人幫助？顧客為什麼要幫我轉介紹？顧客為什麼向我買單？

👍 拒絕是成交的開始，銷售就是零存整取的遊戲，顧客每一次的拒絕都是在為你存錢。

👍 要從信任、觀點、故事、利益、損失、利他六個方面，創造讓顧客不可思議、不可抗拒的營銷方案。

👍 當你學會了銷售和收錢，你才是銷售的入門，但是，更重要的是你會——服務！做到這三點，你不想成功都難！

👍 人脈就是錢脈，人緣就是財緣，人脈決定命脈。你永遠沒有第二次機會給顧客建立自己的第一印象。把握好每一個第一次，更容易成功！

👍 銷售時傳遞給顧客的第一印象：我就是你的朋友，我今天與你見面就是和你交朋友的，所有頂尖高手都是會把客戶當家人的人。

Chapter 3
學分三：讓客戶愛上你的產品

產品是決定銷售是否成功的重要因素。在產品日益同質化的時代，產品之間的差異越來越小，但仍有客戶對某品牌的產品情有獨鍾。對業務員來說，如果能使客戶從感情上喜歡上自己的產品，這樣一來，銷售工作也就會變得容易得多。

目 錄
contents

Chapter 1
學分一：重塑說話時的心態

銷售員心態的好壞是否會影響口才的發揮？
答案是肯定的。原因是你的心態會影響著你的情緒，也決定著你與客戶溝通的效果。一個業務員的成長，離不開對心態的修正和鍛煉，只有具備良好的心態，在與客戶交談時，你才能遊刃有餘、收放自如。

Chapter 2
學分二：第一眼就讓客戶喜歡你

很多時候，客戶對業務員的好感是在一瞬間形成的。對於業務員來講，準備好與客戶初次見面時的說辭非常重要，因為好的開場白往往是成功的一半。當然，瞬間獲得客戶好感也不僅僅體現在初次見面上，也許客戶在很長時間對業務員無動於衷，但若能在一些細節上做改變，或許可以一下子贏得客戶的傾心。

Chapter 4
學分四：問客戶對的問題

對於業務員而言，提問是一門非常有趣的學問，首先要善於提問，如果只是一味地向客戶推銷，將打擊戶的購買欲望，即便是再好的產品，也是無人問津。其次要問題提好，要提到點子上，不能每個人都用同樣的方法，也不能忽略客戶當時的情緒狀況，劈頭就問，如此只會引來對方的反感，致使客戶不願意與你談下去。

Chapter 5
學分五：談業務就是要成交

銷售的目的是成交，業務員的知識和能力遠比有形的產品更重要。聰明的業務員能夠將斧頭賣給總統，靠的不是斧頭本身，而是自己的頭腦。所以，做一個銷售場上的有心人，就要掌握更多的成交技巧，利用自己的知識、經驗和創意，挖掘出更多能夠直抵客戶內心深處的成功方法，只要做到這些，無論你手中有什麼產品，都不愁賣不出去！

Chapter 6
學分六：巧妙處理客戶異議

沒有異議，就沒有客戶。實際上，銷售的成交過程就是處理客戶異議的過程，把這個過程處理好了，成交就是很自然的事情了。然而客戶的異議各不相同，業務員要掌握良好的口才技巧，用心體會客戶需求，巧妙化解客戶異議，從而達到成交的目的。

Chapter 7
學分七：有效談出好價錢

對業務員而言實質性的銷售階段就是價格。許多業務員由於不會談價，不是丟掉了訂單，就是雖然成交但利潤低得可憐，只好自己安慰自己，就當交了朋友。業務員通常底薪偏低，都是靠抽成來提高收入，如果掌握不好談價的技巧，雖銷售業績不錯，收入還是很低，最終只好離開銷售員的崗位。所以，有效應對討價還價是業務員最需要掌握的武器。

Chapter 8
學分八：難纏客戶應對有方

在銷售的過程中，業務員會遇到各形各色的客戶。儘管有些客戶有購買需求，但卻不容易打交道，他們總是會設置一些障礙，使銷售變得不順暢。對於這些難纏的客戶，銷售需要應對有方，既不傷和氣，又能達到成交目的。

How to Make A Deal
by Perfect Eloquence

Chapter

1

學分一
重塑說話時的心態

銷售員心態的好壞是否會影響口才的發揮？

答案是肯定的。

原因是你的心態會影響著你的情緒，

也決定著你與客戶溝通的效果。

一個業務員的成長，離不開對心態的修正和鍛煉，

只有具備良好的心態，在與客戶交談時，

你才能遊刃有餘、收放自如。

Lesson 1 自信是最有力的說服者

　　許多初踏入銷售行業的人都曾面臨這種情況：拜訪客戶時，到了門前還猶豫再三地不敢進門；好不容易鼓起勇氣進了門，卻緊張得不知該說什麼？剛開口介紹產品，就被客戶三言兩語給打發出來。有的業務員還不敢打電話給客戶，即使打了電話，不是話說得太快，就是吞吞吐吐，一旦被客戶拒絕，就幾天不敢再打電話。這些都是業務員沒有自信的表現。

　　菜鳥業務員通常在一次次面對客戶的拒絕後，便開始懷疑自己的能力，再看到身邊的同事業績斐然，常覺得自己跟別人的差距很大，好像永遠也追趕不上同事，慢慢地，沒自信就變成了自卑。

　　一名合格的業務員首先要具備充分的自信，只有讓自己先充滿信心，才能消除面對客戶時的恐懼，才能給自己一個清晰的思路，才能透過語言把自己所掌握的產品知識流暢地介紹給客戶。我們可以這麼說，自信是最有利的說服者。那麼，在與客戶交涉時，如何讓自己具備充足的自信呢？

1. 對自己有信心

　　自信是心態的核心，也是一切正面思維的源泉。自信幾乎貫穿於心態的各個方面，一個擁有自信的人，不但做事容易成功，其個人魅力還

會因此提升。

　　小澤征爾是世界著名的交響樂指揮家。在一次世界優秀指揮家大賽的決賽中，他按照評委會提供的樂譜指揮演奏，然而，敏銳的他發現樂譜中不和諧的聲音。起初，他以為是樂隊的演奏出現錯誤，於是停下來重新演奏，後來他發現這種不和諧並非演奏的問題，而是樂譜本身就有問題。這時，在場的作曲家和評委會的權威人士卻堅稱樂譜絕對沒有問題，反而是他錯了。面對一大批音樂大師和權威人士的堅持，他思考再三，最後斬釘截鐵地大聲說：「不！一定是樂譜錯了！」話音剛落，評委席上的評委們立即站起來，報以熱烈的掌聲，祝賀他大賽奪魁。

　　原來，這是評委們精心設計的「圈套」，以此來檢驗指揮家在發現樂譜錯誤並遭到權威人士「否定」的情況下，能否堅持自己的正確主張。前兩位參加決賽的指揮家雖然也發現了錯誤，但最終還是隨聲附和權威們的意見而被淘汰。小澤征爾則因對自己的專業有信心而摘取了世界指揮家大賽的桂冠。

　　對於業務員來說，亦是如此：自信是成功的先決條件。你只有對自己充滿自信，在與客戶交談時，才會表現得落落大方，胸有成竹。不僅如此，你的自信也會感染並征服客戶，最終促使銷售成交。

2. 對銷售工作有信心

　　「僅有獨特的技術，生產出獨特的產品，事業是不能成功的，更重要的是產品的銷售。」這是一九八六年，索尼（SONY）的創始人盛田昭夫在其著作《日本・索尼・AKM》一書中寫的一段話。

　　在我們的生活周遭，有不少業務員或銷售員羞於將自己的職業告訴

他人，孰不知，他們一旦看不起「銷售」這一職業，當然也就看不起自己。這樣一來，他們的內心就會感到壓抑苦悶，工作的積極度就會跟著受影響而變得低落。正如盛田昭夫所說的，「銷售」對任何一個企業來說，猶如命脈，而「業務員」正是這條命脈的締造者。

業務員要正確認識銷售這個職業，對它充滿信心，將之視為一項偉大光榮的事業去做，如此在面對客戶時，你說起話來才有魅力、有感染力，你的行動才會有幹勁。

3. 對公司有信心

「業務員代表公司」這樣的語言經常在各大場合被使用，它直接點明了業務／銷售員所扮演的角色。他們的特質就像一名外交官代表國家從事外交活動一樣，不但頻繁與客戶接觸，更是代表了公司的一種形象。正因如此，業務員一定要對自己所屬的公司有信心，相信你所選擇的是一家優秀的公司，是一家有前途的公司，是時刻為客戶、用戶提供最好產品與服務的公司。唯有如此，當你在向客戶介紹公司和產品時，才會有積極的心態，才能將好的資訊帶給客戶，讓客戶對你和你的公司有信心。

4. 對產品和服務有信心

在產品和服務高度同質化的今天，同類產品在功能方面沒有太大的區別，只要公司的產品符合國際標準、行業標準或企業標準，就是合格產品，也是公司最好的產品，一定可以找到會買下它的消費者。

無論是銷售哪一種產品，業務員一定要在心理上徹頭徹尾地認定：

你所銷售的東西是最好的。唯有如此，你才能將這種意識傳達給客戶，一舉攻破客戶的心理防線。

總之，沒有自信，就沒有膽識；而沒有膽識，遇到客戶就不敢說話，更別說與客戶有效地進行溝通了。那些業績不佳的業務員們的共通缺點是缺乏自信，日子就在這種惡性循環中一天一天地度過。所以，要成為優秀的業務員，你就必須鼓起勇氣。記住，客戶絕不會向沒有自信的業務員購買任何東西，這樣的業務員會令人討厭，也會使客戶覺得是在浪費自己的寶貴時間。

Lesson 2 積極心態蘊含無限潛能

　　「不氣餒，不放棄」是電視劇《阿信》所沉澱的一種積極進取的人生態度。這部電視劇讓無數人為之感動、震撼，故事是描寫一位佃農的女兒如何經歷劫難，憑著永不放棄的堅定信念，成為一名成功的女企業家。在銷售過程中，業務員也要有阿信這種積極進取的心態和精神，並把它展現給客戶，讓客戶信賴你、欣賞你，進而達到征服客戶的目的。

　　富蘭克林・羅斯福（Franklon Roosevelt）曾說：「擁有積極進取的心態，勝過於擁有一座金礦。」的確，一個人的改變，主要是源自於自我的一種積極進取，而不是等待什麼天賜良機。對於業務員來說也是如此。

　　銷售是一項頗具挑戰和倍感艱辛的工作。做好銷售工作並非一件容易的事，這是因為來自四面八方的挑戰非常多——客戶的拒絕、上司的考核、同業的競爭等等，所有的這一切都讓業務員感到十分緊迫和危機感重重。所以，業務員一定要具備積極進取的心態，唯有自己內心對自己的銷售事業及具體的銷售活動具有強烈的成功欲望，才能以各種方式使自己不斷進步，在面對客戶時，更有信心！

　　不但如此，許多成功的銷售經驗還顯示出：積極的心態是成功銷售的關鍵要素。其原因在於，積極心態會影響你說話的語氣、姿勢和臉部表情，它會修飾你說的每一句話，並且決定你的情緒感受；它還會對你

的想法產生影響，進而把這種思想和情緒傳染給你的客戶。所以，作為一名合格的業務員，一定要透過多種方式培養積極進取的心態。

1. 培養強烈的企圖心

比爾・蓋茲（Bill Gates）在談到他心目中理想的人才時，其第一個條件就是——相信自己是「太陽」，具有強烈的企圖心。之所以會這樣要求，是因為這位擁有世界上無數崇拜者的微軟（Microsoft）總裁心裡明白，如果一個人沒有強烈的企圖心，就沒有追求事業成功的強烈欲望，更不可能把工作做好。

要培養強烈的企圖心，業務員就要在內心不斷地強化自己的夢想，時刻讓自己清醒地知道「我到底想要得到什麼？」、「得到這些東西對於我來說有多麼重要？」、「我還想得到哪些？」當你的欲望在內心不斷得到強化的時候，你的一切行動都會為這些欲望服務，而為了得到更多，你就會繼續努力。

2. 以勤奮推動願望

俗話說：「一勤天下無難事。」與其說勤奮是一種精神，倒不如說勤奮是成功的基石，是人們實現自己願望的助力。

成功離不開勤奮，而好業績也離不開勤奮。從喬・吉拉德（Joe Girard）到鴻海總裁郭台銘，這些成功人士之所以能有別人難以取得的成績，固然離不開天時地利，離不開時代賦與的種種機遇以及他們某些與生俱來的素質，但不可否認的是，他們成功的背後靠的是更多後天自身的努力與勤奮的耕耘。

若要說銷售有什麼捷徑的話，那這個捷徑就是「勤奮」了。一名積極進取的業務員其最明顯的特徵就是——勤於拜訪客戶、勤於調查市場、勤於和客戶溝通，也正由於他們勤奮地付出，才使得他們的業績優於其他同事。

3. 尋找一切學習的機會

一名積極進取的超級業務員會尋找一切學習的機會來改善工作方法，增進自己的能力、提升工作效率。不要抱怨自己沒有學習的時間，其實，平時的銷售工作就是你大量且寶貴的學習機會。具體學習的內容，可從以下三個方面著手：

✧ **學習有關產品的知識**——熟悉公司產品的基本特徵，是業務員順利與客戶溝通並實現成交的必要準備，也是作為一名業務員的基本職責。業務員除了要瞭解產品的基本知識外，還必須分析產品的優缺點、競爭對手的情況等等。

✧ **學習銷售技巧**——銷售技巧是業務員永遠要學習的主題，無論是拜訪客戶時的細節、與客戶溝通時的技巧，還是向客戶收款時的竅門，業務員都要不斷吸收與精進。

✧ **學習利用現代技術和資訊**——在新的競爭模式下，業務員不但要熟練電腦、網路的操作，還要學會在網際網路上挖掘對自己有利的資訊，為自己的產品尋找更加有利的加分素材，進而使成功的機會增大。例如：某位名人的使用分享、國外的流行趨勢…等。

Lesson 3 用你的責任心感動客戶

　　每個人從學說話開始，就有了與人溝通的本領。那麼，如何才能靈活地運用自己這與生俱來的本領，說動客戶，成功取得訂單呢？

　　很多業務員認為，良好的溝通能力就是能說善道，在介紹產品時侃侃而談，在爭取訂單時遊刃有餘，然則並非如此。這些充其量只是業務員在與客戶溝通時所必備的口才技巧，除此之外，業務員還要有良好的心態，而其中最為重要的一條就是——要有責任心，即對產品負責；對客戶負責；對公司負責；對自己負責。不僅如此，這種責任心還要能讓客戶從你的言談中體會到、感受到。

　　那麼，責任心是什麼？責任心是指對事情能敢於負責、主動負責的態度。據美國紐約銷售與市場協會（Sales Marketing Association of New York）的一次調查顯示，有百分之七十一的人之所以會向銷售員買東西，主要是因為他值得大家喜歡、尊敬、信任，是個有責任心的人。可見「責任心」對業績的提升作用之大。

1. 對產品負責任

　　對產品負責，不僅是公司業務／銷售員的責任和義務，也是一家公司上至領導階層，下到普通員工的共同責任。只有對本公司的產品負責，企業才能爭取到死忠客戶、取得高回購率，才能有長久的發展。

武漢市鄱陽街有一座普通的六層樓房，這棟樓房在一九九七年曾收到來自英國的一份函件，提醒此樓業主，該棟樓八十年的設計年限已到，敬請注意。原來這座樓房始建於一九一七年，設計者是英國的一家建築事務所。

經過八十年，遠隔萬里的設計單位竟然仍對自己的「產品」如此負責！這棟樓房的原設計者早已不在人世，建築工人、工程師大概也都走了；然而，人雖不在，責任卻沒有丟，這間建築事務所的其他職員依然承擔起對產品的責任。就這樣，一棟遠在異國的小樓，卻始終有人對它負責，能做到這一點，的確令人欽佩不已。

那麼，作為一名有責任心的業務員，該如何對自己的產品負責？首先，不要將品質有問題的產品賣給客戶，即便客戶沒有發現，也要及時提醒客戶；其次，如果業務員在不知情的情況下，將有問題的產品賣給客戶，那麼，在客戶找上門之後，一定要主動承擔責任，切忌對客戶這樣說：

◇「產品有問題是由售後服務部門負責，你應該找他們，這不是我的管轄範圍。」

◇「這款產品的品質就是如此，一分錢一分貨，我當時要你買貴一點的，誰叫你不聽？」

◇「先生，你說的這些都是產品本身的問題，我不是生產部門，無法解釋。」

◇「小姐，妳看好了，這些產品售出之後，有任何品質上的問題，我們是不負責的。」

對自己的產品以及其相關的附加值負責，是一個企業的立身之本，

也是一名業務／銷售員最起碼應具備的素質。產品售出後，如果出現業務員難以解決的品質問題，切勿與客戶爭吵，反而要立即找到相關部門（如：產品研發部門、售後服務部門等等）一起研究，務必要給客戶一個合理的解釋，而不是逃避不處理。

2. 對客戶負責任

「己欲立而立人，己欲達而達人」，對別人關心體諒，你也將會獲得同等的回報。作為一名業務員，只有對客戶負責，關心並體諒他，客戶才會把你當作自己的朋友，而彼此之間的關係也將更加親密，讓客戶認為你是一個值得交往的朋友，是個有責任心且值得信賴的人，這樣就更方便你能抓住每一次的銷售機會。

美麗是一家保險公司的業務員，每當她的客戶發生意外時，她都會在第一時間前去探望。

一天，她的一名客戶所居住的那棟樓發生火災。由於這位客戶在美麗手中買過一份人壽保險，但卻沒有投保房屋險，美麗擔心客戶的財產因此受到很大的損失，因為她知道客戶沒有購買房屋險，此次的火災一定讓這位客戶壓力重重。

於是美麗趕緊拜訪這位客戶，一見面她就問道：「您的家人都沒事吧？」

接著又說：「您有什麼重大損失嗎？」

第三句話是：「都怪我不好，當時沒能堅持請您投保房屋險，以致今日我無法幫您減少損失，為您分擔經濟壓力，現在我只能為您分擔精神壓力。」

第四句話則是：「面對您的遭遇和處境，我非常焦急，也非常痛心，我會盡我所能地為您提供協助。」

美麗在客戶最需要幫助且最需要安慰的時候及時出現在她身邊，使客戶倍感溫暖。在接下來的一段時間裡，美麗經常去客戶家裡陪她聊天、安慰她，並為她量身打造了一份財產險。最後，在不到半年時間，這位客戶購買了這份財產險。

一位優秀的業務／銷售員，總能從客戶的角度出發去思考問題，對客戶負責，讓客戶放心購買產品，也只有這樣，客戶才可能不間斷地與你合作，持續找你買東西。而對客戶負責要注意以下細節：

◇ 誠實對待客戶，不能欺騙客戶。
◇ 幫客戶選擇最適合他的產品，而不是最貴的，也不是那些能助你達成高業績的產品。
◇ 與客戶合作時，要有「雙贏」的概念，那就是客戶賺到錢，你才能賺到錢。
◇ 盡你最大的能力，幫助客戶實現他的需求。

3. 對公司負責任

在洽談生意的過程中，我們經常可以見到這樣的業務員：他們在談到自己的公司時，使用的通常都是「他們」而非「我們」；而在提到競爭對手的公司時，總認為對方的考核制度多麼合理，管理多麼地人性化，卻對自己的公司嗤之以鼻。這樣的業務／銷售員其實是對公司缺少一種最基本的認同感和歸屬感。

一名優秀的業務員這樣說道：「我屬於這間公司，並非因為我在這

裡工作，我的內心告訴我，我要在我的崗位上做出我的貢獻，我必須對我的公司負責。」的確，一個人究竟屬不屬於一間公司，不在於他是否在一家公司的辦公室裡工作，關鍵在於他有沒有歸屬感，他的心在不在公司，他有沒有為公司負責。只有對公司負責，你才能在公司提供你的這個舞臺上成長、成熟，最後成功。

4. 對自己負責任

前文我們強調業務／銷售員要「對產品負責、對客戶負責、對公司負責」，其實，歸根究底來說，就是要對自己負責。就像我們經常思考的一個問題：「我在為誰工作」一樣，是公司？還是客戶？都不是，你是在為自己工作。「負責任、要敬業」應該永遠是每個人在工作中應遵守的原則，而業務員也應以這樣的態度來看待自己的工作。

一名十多歲的少女在紐約市一家高級裁縫店當打雜女工。她每天都會看到貴婦淑女們乘坐豪華轎車來到店裡，在店裡試穿漂亮的衣服。這名少女暗自在心中下了一個決定日後也要成為她們之中的一員。於是，少女每天在開始工作之前，都對著試衣鏡，溫柔且自信地微笑，她假裝自己已是身穿漂亮華服的夫人，待人接物落落大方，彬彬有禮，工作積極投入，盡心盡責，於是她親切有禮的服務深獲那些貴婦千金們的喜愛。

幾年後，女老闆把這家裁縫店交給這位少女管理。這位少女有了一個響亮的名字——安妮特，最後她成了著名設計師——安妮特夫人。

如果業務員想成為優秀的頂尖業務員，不妨用這種方式來證明自己，把推銷產品當作自己的事業，打從心裡認為這是為自己在工作，而

非為公司工作。

微軟（Microsoft）公司董事長比爾・蓋茲（Bell Getes）說過：「如果只把工作當作一件差事，或者只將目光停留在工作本身，那麼，即使是從事你最喜歡的工作，你依然無法持久地保持對工作的熱情。但若能將工作視為一項事業來看待，情況就會完全不同。」因此，業務員把銷售工作當作自己的事業來看待，也是對自己負責的一種體現。

總之，責任心是取得成功的基礎，沒有了責任心，再怎麼努力也只是海市蜃樓。因此，業務／銷售員必須讓客戶從你的言談中看到你的責任心，這不是一朝一夕就可以做到的，需要業務／銷售員從一開始就學會對產品、客戶、公司、自己負責，並有效地與客戶溝通，讓客戶感受到你是值得信賴，也唯有做到了這些，客戶才會從心底認定你是一名有責任心的業務／銷售員，才會願意與你展開生意上的合作。

Lesson 4 誠信使溝通更有效

何為誠信？從道德範疇來講，誠信即待人處事真誠、老實、講信譽，言必行、行必果，一言九鼎，一諾千金。在《說文解字》中的解釋是：「誠，信也」，「信，誠也」。可見，誠信的本義就是要誠實、誠懇、守信、有信，反對隱瞞欺詐、反對偽劣假冒、反對弄虛作假。

無論是經營公司還是銷售產品，「誠信」都是最根本的。早在二千多年前，孔子就說過「無信不立」，守信用是中華民族的傳統美德。而信譽是看不見也摸不著的，它是存在於客戶心中的，只有客戶認定你是誠信的，你們才有合作的機會。

松下幸之助說過：「信用既是無形的力量，也是無形的財富。」在銷售工作中，更加應驗了這句話。信用有了保障，那麼誠信就毋庸置疑。

然而，業務員在工作中，該如何才能做到誠實守信呢？

1. 誠實地表達自己的觀點

作為一名業務員，在與客戶見第一次面時，你會發現，客戶往往很難立刻對你產生信任，因此，對於你所說的一切，客戶多會抱著半信半疑的態度對待。

遇到這種情況，業務員不要迷惑，你要做的是，讓客戶感覺到你是

一個守信的人，這才是關鍵。

國際函授學校丹佛分校經銷商的辦公室裡，戴爾正在應徵業務員的工作。

艾蘭奇先生看著坐在面前的這位身材瘦弱，臉色蒼白的年輕人，忍不住先搖了搖頭。單從外表看，眼前這名年輕人看不出有什麼特別的銷售魅力。他在問了姓名和學歷後，又問道：

「曾做過業務員嗎？」

「沒有！」戴爾答道。

「那麼，現在請你回答幾個有關銷售的問題。」

艾蘭奇先生開始提問：「業務員的工作目的是什麼？」

「讓客戶瞭解產品，進而心甘情願地購買。」戴爾不加思索地答道。

艾蘭奇先生點點頭，接著問：「你打算如何跟你的目標客戶開始談話？」

「『今天天氣真好』或者『你的生意真不錯。』」

艾蘭奇先生還是只點點頭。

「你有什麼辦法能把打字機推銷給農場主人？」

戴爾稍稍思索一番，不急不徐地回答：「抱歉，先生，我沒辦法把這種產品推銷給農場主人。」

「為什麼？」

「因為農場主根本就不需要打字機。」

艾蘭奇高興得從椅子上站起來，拍拍戴爾的肩膀，興奮地說：「年輕人，很好，你通過了，我想你在這一行會做得有聲有色的！」

此時，艾蘭奇心中已認定戴爾將是一個出色的業務員，因為測試的最後一個問題，只有戴爾的答案能令他滿意，以往的應徵者總是胡亂編造一些辦法，但實際上卻是行不通，因為，有誰願意購買自己根本不需要的東西呢？

講誠信，首先就要把自己的觀點開誠佈公地說出來，而不是編造一些謊話去應付客戶。業務員如果能做到這一點，就是對客戶最大的幫助了。

良好的語言表達能力，不一定就是單一的能言善道，只要你能清晰且真誠地表達自己的想法，誠實地講明自己的觀點即可，因為真正的銷售高手並非口若懸河、滔滔不絕的人，而是相對誠實，說話中肯，會讓人信服的人。

2. 誠實公平地對待客戶

「有才無德，其才難用，有德無才，其德可用。」在今日企業用人的標準中，品德第一，能力才是第二。因此，業務員在向客戶介紹產品時，要做到公平買賣，不能對客戶存有欺騙心理。要開誠佈公地與客戶交談，同時，在真實地展現產品的品質時，也不能有半點虛假和欺瞞，絕不能誇大其詞，洽談過程中所作的承諾一定要兌現。

3. 誠實面對產品的弱點

業務員在銷售過程中，會遇到各式各樣的問題，但沒有比客戶問到自己的產品弱點更令人尷尬的事了！提問這類問題的客戶，一般來說都是關注此產品的時間比較長，因此對產品非常熟悉。那麼，該如何看待

這樣的提問呢？

在我們討論這個問題之前，業務員一定要先清楚什麼是「產品的弱點」？

產品的弱點是指產品沒有品質方面的問題，卻在市場競爭中相對於同類型產品處於劣勢的地方，比如，價格貴、耗電量大、包裝不美觀、樣式太老舊、使用不太方便等等。這些產品弱點有的是因而產品優點而衍生出的缺點，有的則是可以改變的。業務員在回答客戶時，一定要一一加以區分。關於產品的弱點，更多詳細內容會在學分三「介紹產品宜揚長避短」這一節中多加介紹，在此就不多言了。

總之，在銷售工作中，業務員只要盡自己的力量努力把工作做好，誠實守信、實事求是地對待客戶，與客戶溝通才能更加順暢，更能贏得客戶的信賴。

5 心急吃不了熱豆腐

在銷售過程中,業務員常常因與客戶溝通不愉快、產品介紹不順利等情況,而顯得心浮氣躁,總夢想著與客戶溝通一、兩次之後就能拿到訂單,這顯然是可遇不可求的事。

俗話說:「心急吃不了熱豆腐」。實際上,賣東西也和其他事情一樣,要講究水到渠成,時機沒把握好,反而會讓所有的努力都白費。

Case Study

業務員田華沒有完成上一季的銷售任務,如果在這一季還不能完成的話,他就會被公司降級,降級的含義也就是薪水隨之減少。於是,在與客戶張總的談判中,他顯得有些心急。

田華:「張總,這樣吧,我們在報價的基礎上再給您減10%怎麼樣?這個幅度可不小了。」

張總:「我們再考慮考慮吧,你們的價格還是太高。」

田華:「那好吧,再降5%,這是我們的最低價了!」

張總:「嗯,我們開會再研究一下。」

半個月後,田華又來到客戶那裡。

張總:「田華,我們決定購買貴公司的產品,但價格還要降5%。」

田華:「這……張總,其實,我給您報的已經是底價了。」

張總:「田華,你有點不實在喔,你的對手可是降了5%,你看著辦吧!」

田華:「……」

分析

　　田華為了促成交易而急於求成，一下子就將價格降到了底線，一旦失去了降價的空間，反而使自己處於被挨打、被動的處境。精明的客戶往往不會認為業務員會將價格一次讓到底，他們總是試圖讓你不斷讓步。其實，在銷售中急於求成的後果往往更為糟糕，很多時候業務員會直接失去客戶，讓前面付出的所有努力付諸東流。田華正確的作法應該是如下這樣：

正確做法

田華：「張總，這樣吧，我們在報價上再給您減5％怎麼樣？」

張總：「我們再考慮考慮吧，你們的價格還是太高。」

田華：「那好吧，您再考慮一下，這是我們的最低價了，生意做不成，咱們還是朋友嘛！」

張總：「嗯，我們開會再研究一下。」

半個月後，田華又來到客戶那裡。

張總：「田華，我們決定購買你們公司的產品，但是還要再減5％。」

田華：「這……張總，真的，我給您報的已經是底價了。」

張總：「田華，你有點不實在喔，你的對手可是降了5％，你看著辦吧！」

　　面對這種情況，田華應該說：「張總，跟我們接觸了這麼長時間，我們的產品優勢您也瞭解，是最適合貴公司的了，您之所以選擇我們肯定也是基於此。至於價格，的確是不能再降了。」

張總：「這樣不太好吧，我們公司現在的成本控制得很嚴，之所以選擇你們，是在雙方產品價格同樣的情況下，如果你們比××公司貴，那我還得重新考慮。」

田華：「張總，您不但是一名優秀的管理者，還是一名砍價高手，這樣吧，我現在就打電話請示一下經理，看能否再降5％，因為目前的價格實在是我職責範圍內給您的最低價了。」

有時候客戶遲遲未下決心成交，一定有其原因存在，也有可能不是價格的問題，所以，儘管業務員一再降價，不但無濟於事，還會處於一種「被動」的局面。在正確做法中，田華不急不慌，只降了10％，客戶便能滿意成交，反觀在之前的情景中，明明已經給客戶降了15％，但客戶依然不滿意，無法成功拿到訂單。

面對客戶的推遲、拒絕，甚至刁難，業務員在與客戶接洽時，若想做到不慌亂、不著急，就必須要先放下內心的恐懼、憂慮及羞怯等消極心理，因為這些消極的心理會直接導致業務員煩躁、不安，這對於達成交易並無任何益處，只會使業務員面臨更多的問題。

那麼，我們該如何克服銷售過程中焦躁不安的心理，使言談更加理智、平和、有效呢？

1. 心態平和，言語就不會急躁

業務員在與客戶交談時，通常會有這樣的感覺：自己越是緊張，越是想完美地向客戶表達，就越說不出話來。原因是什麼呢？主要是因為沒有一個輕鬆、愉悅的心理環境做基礎。試想，同樣的產品，假如要你向好朋友介紹，一定不會這麼緊張。

《中庸》：「致中和，則天地位焉，萬物育焉。」意思是：在平和的心靈裡，世間萬物才會如初洗般祥和明淨。因此，業務員只有具備了這種平和的心態，在與客戶溝通、交談時才能收放自如，不會那麼地急躁。

孔子在周遊列國途中，遇到一個不喜歡他的人。連續好幾天，這個

人都一直跟著孔子，並且用盡各種方法刁難他。孔子忍無可忍，轉身問那個人：「若有人送你一份禮物，但你拒絕接受。那麼這份禮物屬於誰的呢？」那個人答：「屬於原本送禮的那個人。」

孔子笑道：「沒錯，若我不接受你的侮辱，那你就是在侮辱自己，不是嗎？」

不愧為孔聖人，他這種平和的心態值得每一位業務員學習。以一份平常心對待生活、對待客戶。世界是公平的，上帝為你關上門的同時，一定另外給你開了一扇窗。所以，心態平和地面對客戶的冷漠和拒絕吧，就把這些視為是他們給你的磨練。

2. 有恒心，能堅持

「有志者、事竟成，破釜沉舟，百二秦關終屬楚；苦心人、天不負，臥薪嚐膽，三千越甲可吞吳。」這是蒲松齡為了激勵自己不斷發憤讀書和創作，在壓紙用的銅尺上刻上了這勵志聯。業務員也可以用此勉勵自己，做事一定要有恒心，有毅力。

資產階級革命家、美國第十六任總統林肯，是當世知名的大演說家。他的成功就在於他從青少年時代就開始刻苦練習演講，並做到了多看、多聽。他年輕時當過農民、伐木工人、店員、郵電員以及土地測量員等等。為了成為一名律師，他常常徒步三十英里，到法院去聽律師們的辯護詞，看他們如何辯論，如何做手勢。他一邊傾聽那些政治家、演說家聲若洪鐘、慷慨激昂的演說，一邊模仿他們。他聽了那些雲遊四方的福音傳教士揮舞手臂，聲震長空的佈道，回來後也學他們的樣子，對著樹林和玉米田反覆練習演講。由於他堅持不懈地練習，最後終於成為

一名雄辯的律師，在政治界發光發熱。

同樣地，業務員對自己的推銷事業充滿信心，長久地堅持下去，就會成功，因為上帝賦予你的時間和智慧夠你圓滿做完一件事情。跑業務是一個需要耐心、恆心的職業，沒有一名業務員能一次就成功的。因此，業務員要給客戶時間和機會來決定，然後利用自己的口才和用心去打動他們。而當業務員觀察到客戶有意購買時，應立即抓住時機，然後一步一步讓客戶做出成交決定。

3. 沉默勝過千言萬語

俗話說：「沉默是金。」業務員在與客戶交談時，要懂得沉默的藝術，這時往往是說話最少的一方會取得最多的收益。任何交易的溝通都要注意時效，要在有限的時間內解決自己的問題，然而有些業務員口若懸河、妙語如珠，總想說得越多客戶越容易接受自己的產品，一心妄想快速促成交易，但往往發現事實並非如此，交易結果當然令人失望。

一家工廠因近來生意清淡，迫使老闆想改行，於是打算變賣舊的器材換現金。他心想：「這些機器磨損得很厲害了，能賣多少算多少吧，能賣到十三萬元最好了，如果別人壓價壓得狠，十萬元我也咬牙賣了。」

這天來了一位買主，他在看完機器後，從剝落的油漆說到老化的性能，再到緩慢的速度，挑三揀四地說了一大堆，幾乎沒有停過。這位老闆知道這是壓價的前奏，於是耐著性子聽完對方滔滔不絕的埋怨。

買主終於轉入正題：「說實在話，我不想買，但如果你的價格合理的話，我可以考慮一下，你說個最低價吧。」

老闆靜靜地思考著：「忍痛賣？還是不賣呢？」就在他沉默的那幾秒時，他聽到了一句話：「不管你想著要如何抬價，我首先要說明的是，我最多給你十六萬元，這是我能出的最高價了。」

結果可想而知，因為沉默的這幾秒鐘，這位老闆就多賺了三萬元。

在銷售過程中，業務員有時可以選擇沉默，或許會有意想不到的效果。在許多銷售高手眼裡，不急於表現自己的想法，偶爾運用「沉默」，也是非常有效的銷售技巧。如此一來，首先能讓自己有更多的時間去思考和喘息，其次，還能讓客戶覺得有一絲壓力，自己的勝算就會更多。

「只要功夫深，鐵杵也能磨成針。」每個人都知道這個道理。業務員成功賣出產品也不是一蹴而就的，人總會有被拒絕的時候。因此，對於客戶的拒絕、刁難，業務員應戒驕戒躁，以一種平和的心，配合著客戶的節奏去與客戶溝通，才有可能爭取到訂單。

Lesson 6 不管賣不賣得出去，顧客都是你的好朋友

　　美國著名成功學大師傑佛瑞·P·大衛森（Jeffrey P. Davidson）曾說過：「通常當客戶說了七次『不』之後，交易就會成功了。」

　　在銷售過程中，很多客戶都會在一開始就對業務員推銷的產品表示異議，並快速一口回絕。這往往令業務員非常沮喪。其實，客戶提出異議是很正常的事，而這通常也是客戶對你的產品感興趣的一個信號。但是業務員在面對這種情況時，往往不知道要先對客戶提出的異議進行識別，判讀其拒絕的背後意義，而是想儘快化解客戶的異議，卻不知越是如此，越會引起客戶的質疑。所以，當遇到這種情況時，業務員可積極地引導客戶，讓他說出對產品產生異議的原因，這樣你才能瞭解事情的真相，對症下藥。

1. 有點阿Q精神

　　全球第一金牌業務員雷德曼曾說：「銷售，是從被拒絕開始的！」世界首席業務代表齊藤竹之助也說：「銷售實際上就是初次遭到客戶拒絕後的忍耐與堅持。」那麼，我們應該以什麼樣的心態來面對它呢？

　　業務員要有點阿Q精神，這種精神並非消極，它會讓你在面對挫折

時越戰越勇。就連傑克裡不斯也曾這樣說：「任何理論在被詩人認同之前，都必須做好心理準備，那就是——一定會被拒絕二十次，如果您想成功，就必須努力去尋找第二十一個會認同您的識貨者。」所以，在銷售過程中，我們反而要把拒絕看成是我們的路標，一路上數著被拒絕的次數，次數越多，心裡就越興奮，告訴自己達到二十次拒絕時，就會有一個認同者了。這就是所謂的「阿Q精神」。

2. 習慣被客戶拒絕

對於客戶的拒絕，業務員必須積極面對，並逐漸習慣這種拒絕，要能在內心自我鼓勵地說：「被拒絕的次數越多，越意味著將有更大的成功在等著我。」由此看來，我們必須正面看待客戶說出的異議。畢竟，遭到客戶的拒絕是業務員的家常便飯，做業務的都要有「鐵杵磨成針」的精神。你可以再仔細想想，如果客戶對你的介紹毫無反應，甚至只是左顧右看的，恐怕你會更加尷尬了。所以，從這個角度上來講，客戶提出的異議越多，你促成交易的機會也就越大。

3. 客戶的拒絕理由具有客觀性

埃裡希・諾伯特說過，不要害怕客戶任何形式的拒絕，只要你抓住一個關鍵：弄清楚客戶拒絕購買的真正原因，那麼，一切問題就會像醫生找到了病因一樣地明朗起來。

業務員雖然會對客戶提出的理由感到為難，但有時候又不得不承認客戶提出的理由是有一定的客觀性，此時的業務員要提醒自己，眼前的客戶是很理智的，對產品有相當程度的了解，不能企圖矇混過關。此

外，在面對客戶證據充分的拒絕理由，業務員必須實事求是地承認客戶的意見，但無需因此而喪失自信，反而應該設法將客戶的注意力轉移到產品的其他優勢上，同時對客戶提出的意見表示感謝。如：「看來您是一位非常細心的人，對於您所提出的意見，我們一定會予以充分重視。不過，您是否注意到，在另一方面……

業務員要記住，在這種情況下，一定要把話說得委婉誠懇，讓客戶感受到你對他的充分尊重，是以對他負責的心態來銷售產品的。

4. 客戶的拒絕理由具有主觀性

與那些理智而冷靜的客戶相比，有些客戶表現得相當主觀，這從他們的拒絕理由中就可以略知一二：

◇「我聽朋友說過，他去年購買的這種產品非常不好用。」
◇「我很討厭這種傳統的造型，它看上去就像一個愚蠢的杯子。」
◇「我知道，你們這類產品都是金玉其外敗絮其中的，我可不會輕易上當。」

客戶這些主觀色彩十分濃厚的拒絕理由雖然明顯地不夠理智，也未真正觸及到產品本身，但並不代表這些客戶容易被說服。實際上，主觀性強的客戶所提出的拒絕理由常來自於他們的生活或心情，這就需要業務員掌握更靈活的處理方式了。

業務員可以採取這樣的方式：對客戶的主觀意見不做實質回應，待客戶發洩完了，再以自己的真誠和熱情引導客戶進入愉快的溝通氛圍；或以一種較幽默的方式回應客戶的牢騷，不要企圖糾正或反駁客戶的觀點。當你表現得足夠寬容時，客戶也許就不會再堅持己見與你斤斤計較了。

5. 客戶拒絕理由只是藉口

有些客戶並不想明確地提出自己拒絕購買的真正理由，也許這些理由不便啟齒，也許他們是想用一種「聲東擊西」的戰術來獲得其他好處，總之，他們提出的理由大多只是藉口。此時，如果業務員誤把藉口當作真正的拒絕原因，就會「誤入歧途」，最後只能與起初的目的越走越遠。

如果客戶不願說出他們拒絕購買的真正原因，業務／銷售員無論如何也不可能採取逼迫的方式讓客戶說出實情。聰明的業務員自有一套妙招，強硬的逼迫不行，於是就採取一些「軟性攻勢」來試一試。

✧「您的顧慮我們可以理解，不過，我想您真正在意的一定是其他問題吧？」

✧「您擔心的售後服務問題在我們公司是絕對不會出現的，這在合約上是有規定的，如果我們做不到，那麼，我們損失的會更多。」

總之，對於客戶提出的任何藉口，你都不要輕易接受，可採取逐一擊破的方式，使客戶認同你推薦的產品。

6. 客戶的拒絕只是一種自然防範

有的客戶之所以拒絕推銷，完全出自一種自然防範的心理。而客戶會產生防範心理的主因卻出自業務員本身，也許是業務員表現得過於急切，讓客戶覺得自己被步步緊逼，也可能是業務員給客戶留下了不值得信任的壞印象等等。

無論出於何種原因，一旦發現客戶對自己表現出自我防衛的意識或

動作，業務員都要特別注意自己的言行舉止。應盡可能先自我調適以舒緩溫和的語調與客戶進行溝通，使客戶感到放鬆，此外，在溝通的過程中，要拿出可證明自己和產品信譽的實證以贏得客戶的信任。當客戶感到放鬆並對你產生信任時，這種防範心理自然而然地就會消除，這筆交易也就有了成交的可能。

Lesson 7 尊重客戶就是尊重自己

　　銷售界裡流傳著這樣一句話：「尊重上級是天職；尊重下屬是美德；尊重同事是本份；尊重客戶是常識；而尊重所有人則是教養。」其實，不僅業務員在與人交往時要做到這一點，任何一個職場人士，也都要做到這一點，因為尊重他人是良好溝通的基礎，而且尊重他人就是尊重自己。

　　對於業務員來說，尊重客戶其實還有另外一層意思，那就是——尊重客戶而非恭維客戶，這是對客戶一種不卑不亢、不俯不仰的態度，對客戶人格與價值的充分肯定。世上沒有盡善盡美、完美無缺的人，所以，業務員沒有理由以高山仰止的目光去看待客戶，也沒有理由以不屑一顧的態度去嘲笑客戶。一個真心懂得尊重客戶的業務員，一定也能贏得客戶的尊重。

　　吉拉德是一家汽車公司的業務員。一天，一位五十歲左右的中年婦女來到店裡，她的穿著打扮很普通。一進門，就直接告訴吉拉德，她只是隨意逛逛而已，因為她已看上了對面那家車行的一輛白色福特，但業務員臨時有事需處理，讓她一個小時後再過去。

　　吉拉德聽完後，並沒有轉身走開，而是微笑地向她問好。這位女士接著說，那輛車是她買來送給自己的生日禮物，因為今天剛剛好是她五十五歲的生日。

「真是太棒了，生日快樂！夫人！」吉拉德一邊說，一邊招呼她四處看看，接著，他轉身向另一位銷售小姐交代了一些事情後，又再次走到這位女士身旁來。

正當吉拉德與這位女士聊天的時候，剛才那位銷售小姐捧著一束花進來了，並遞到女士的面前，「這位夫人，祝您健康長壽，生日快樂！」

這位太太幾乎激動得滿臉驚奇。她說：「已經好久沒有人送我禮物了，真的太意外了！我本來以為那輛白色的福特是我最好的生日禮物，但現在，我覺得這輛白色的雪佛萊更適合我。」

最後，這位女士就在吉拉德這裡買了白色的雪佛萊轎車。

業務員尊重和認同客戶並非阿諛獻媚，而是一種發自內心的體貼和關懷，是一種個人教養的展現。每一個人都需要被尊重，只有你尊重客戶，對方才會以同樣的態度對待你。就如同吉拉德一樣，送客戶生日禮物是他對客戶由衷的關懷，是對客戶的尊重。

那麼，尊重客戶應該從哪幾個方面著手呢？

1. 言語之間傳達對客戶的尊重

如果業務／銷售員待人接物時，能以誠相待，向客戶表明您非常看重他們的觀點和看法，客戶就會覺得備受尊重，也因此更有可能回過頭來敬重你。

尊重客戶首先就要表現在言語之間：

◇ 口齒要清晰、音量要適中，最好使用與客戶相同的語言。

◇ 對於客戶的各種詢問都應愉悅、耐心地予以回答，盡量避免使

用反問的語氣。

✧ 不搶話，也別插話。每當想表明自己的觀點時，想馬上插話的
誘惑真是強烈得難以征服。但如果你真插話了，就會予人這樣
的印象──覺得他的話不值得一聽。你可以默默記下欲言的內
容或關鍵字，確保不至於忘記自己的觀點，然後選在適當的時
機暢所欲言。

✧ 如果客戶是位年長者，在稱呼上要禮貌些，在語氣上也宜委婉
些，在語速上要緩慢些，而在話題上則要「投其所好」。

2. 永遠保持良好的銷售禮儀

教育家孔子在《論語》〈顏淵篇〉：「君子敬而無失，人恭而有
禮。」與客戶做生意的時候，要恭而有禮，也就是對客戶彬彬有禮，真
正能做到對客戶尊重。以下列出幾點業務員應具備的良好禮儀：

✧ **笑臉相迎**。業務員面帶笑容、親切、熱忱地對待客戶，留給客
戶良好印象。

✧ **禮貌坐姿**。與客戶面談時，業務員應保持良好的站姿和坐姿，
即使和客戶較熟，也不要過於隨便。

✧ **熱情待人**。業務員待人接物保持熱情，會使人感到親切、自
然，進而縮短與對方的感情距離。縱使與客戶的關係很親密，
你也應在第三者面前展現應有的尊重，應保持基本的禮貌。

✧ **禮貌送行**。客戶準備離去時，要禮貌送客。即使業務未談成，
業務員更要有禮貌地表示感謝，不立即劃清界線，阻斷日後的
合作機會。

◇ **嚴格守時**。守時也是一種對客戶的尊重。與客戶約好見面的時間和地點，則應準時赴約，如果連這點也做不到，客戶對你的信用評等會立即扣分，而成交的可能性當然也會降低。

◇ 如果碰到客戶正在忙，而無暇接待時，業務員應懂得有所進退或留下名片，另選其他時間再來拜訪。

◇ 對於初次拜訪的客戶，業務員不能將對方的姓名及職稱說錯。若不知客戶的姓名及職稱，可請教對方名片或技巧性地詢問公司其他人員。

如果遇到偶然的機會或場合，業務員盡力做到不失禮，如客戶邀請你參加一些活動，你務必要準時出席。此外，還要考慮是否要帶些小禮品，禮多人不怪，像花籃、感謝卡之類，一方面尊重客戶，另一方面也是一次讓客戶對你留下印象的最佳機會，這實在是一項很划算的投資！

3. 內心上尊重才是真正的尊重

只有在心理上有尊重客戶的想法，才可能做出尊重客戶的言行。所以，業務員必須牢記：「每個人在人格上都是平等的。」不要因看不起人，而在溝通上流露出輕蔑的口氣，也不能當著客戶說一套，背地裡又是另一套，那麼，你遲早會讓客戶察覺出你的誠意不足。甚或因此而失去這個機會。

4. 千萬別戳穿客戶的假話

每個人都會有虛偽的一面，情場高手李敖大師曾說：「千萬別去戳穿情人的謊言。」同樣地，在面對客戶的一些假話，不管是善意，還是

惡意的，業務員都不要去戳穿它，只要自己心裡明白就行了，否則就是傷其自尊心，其結果可想而知。所以，業務員千萬不要以自己能戳穿客戶的假話而沾沾自喜，認為自己很厲害，其實，這不過是小聰明而已，要知道，有時聰明反被聰明誤。

5. 包容你的客戶

業務員在與客戶溝通時，客戶多多少少會產生與你不同的觀點或看法。面對這種情況，不留情面地指正客戶的觀點和看法有誤的行為，也是溝通中的一大禁忌。如果業務員能大膽地先正面肯定客戶，這樣才有機會讓客戶聆聽你的觀點和看法，你可以這麼說：「您會那樣想，也不奇怪」等等。

如果你能容忍和自己的看法相左的觀點，你的傾聽與包容會讓客戶覺得自己被重視。技巧就是只要向客戶表明你的觀點和他們的一樣或類似即可。因此，業務員越是能容納客戶的觀點，就越能表明自己對客戶的尊重程度，例如「您的觀點多少也有點道理」等這類的話語可以證明。

總之，尊重客戶就是尊重自己，這是一名優秀的業務員應具備的特質。當然，對於那些存心找麻煩，故意擺譜的客戶，業務員也不能一味地禮讓，要理直氣壯地表達自己的觀點，如此才有可能化干戈為玉帛。也唯有如此，才能贏得更多客戶的信賴和支持，才會贏得客戶對你的尊重，進而使交易進展得更順利。

8 恐懼使你語無倫次

很多人都有過這樣的經歷：當你在會議上或公開場合需要發言時，勇氣就不翼而飛，大腦頓時一片空白，畏畏縮縮以至於無法開口，即便開了口，你還是手心冒汗、語音發顫、語無倫次，中斷好幾次自然是少不了的狀況。

作為一名新手的業務員，在拜訪客戶或與客戶交談時，你是否也有過這樣的經驗呢？拿起電話開發新客戶時，不知該說什麼，即便說，也語無倫次、結結巴巴；拜訪客戶時，不敢敲客戶的門，縱使對方開門迎接了，也神色緊張，不知所云；或在為客戶介紹產品時，總是忘記介紹最關鍵的部分……這是什麼原因呢？

心理學上是這樣解釋的：「說話者，由聽者的表情、動作以及眼神中，自認為聽者對自己的說話方式及內容表示反對。」可見，在別人面前說話緊張的原因，就是你把自己的意識和注意力轉移到令你不安的物件身上，或是在你的潛意識中，認為對方對你陳述的內容不滿，因而使你產生猶豫或恐懼的心理。正如以下案例中的業務員林楠一樣。

在給張總打電話之前，業務員的林楠已做好了充分的準備：公司名稱、經營內容、客戶名稱、公司規模等等。

準備就緒後，林楠心想：「今天上午一定要聯繫到張總，否則被競爭對手搶先，就不好辦了。」林楠知道張總每天下午都不在公司，所

以，要想找到他，通常在上午打到他辦公室裡最好。

　　然而，就在林楠打電話前他退縮了。想了很多情況，直快到十一點，他想，自己無論如何得打電話給張總的，否則，今天上午就將一事無成了，林楠終於撥通了張總的電話，就在電話鈴響的時候，林楠的心裡還在想，如果在張總拒絕自己該怎麼辦？如果張總不願意見面又該怎麼辦……就在林楠的心裡暗自揣測的時候，張總接聽了電話。

　　林楠急忙向張總介紹自己，「張總，您好，我是……我是××公司的業務員，我叫……林楠，今天打這通電話給您，主要是想介紹一下我們的產品……」介紹完產品後，林楠已經是滿頭大汗了。

　　聽完介紹，張總表示「目前已經有好幾家廠家與我們聯繫了，而且我們與其中的幾家廠家也曾經合作過，所以，我們不打算再花費精力與其他廠家再談這件事了」。

　　張總說完之後，林楠心裡又是一陣慌亂，他此刻早已將自己準備好的應對忘得一乾二淨！結果呢，和張總的第一次交談，就在草草的幾句話之後結束，毫無疑問地，這次的出擊失敗了！

　　與客戶交談時，業務員越是慌亂、恐懼，就越容易導致銷售的失敗。其原因有二：一，你的慌亂和恐懼，顯示出你沒有自信，客戶是不會與一個沒自信的業務員交易的；二，在恐懼心理的作用下，銷售活動往往會不斷拖延，就在你一拖再拖的同時，競爭對手早已趁虛而入。就像林楠知道「客戶張總每天下午都不在公司，所以，要想找到張總，通常就要在上午打到他的辦公室」，然而林楠直到十一點才打電話，這並非是個好時間！因為忙了一上午，客戶在接近中午吃飯的時候，多半會有點疲憊，所以在接聽這種推銷電話時，多多少少會有些不耐煩。

其實，仔細分析一下，不難看出，業務員之所以與客戶交談時會神色緊張、語無倫次，通常是恐懼心理在作怪，而恐懼的來源則是——害怕被拒絕。

銷售是一項常常被拒絕的工作，但因我們每個人都不希望被拒絕，因此當拒絕發生後，我們的心情往往會變得非常糟糕，甚至想逃避，不再願意繼續做這樣的事——拜訪新客戶。一位知名的行銷大師曾說：「任何形式的推銷，都是從『被拒絕』開始的，不經歷過被拒絕，就不是真正的推銷。」的確，要想與客戶有效溝通、順利成交，業務員就要做好「被拒絕」的心理準備，同時更要積極尋找克服恐懼的方法。

1. 做好充分準備

打電話或拜訪陌生客戶之前，業務員要充分準備好你所需的資料，把聯絡人名單、公司情況等都準備好。此外，還要準備好你要說的內容，例如，見面的第一句話該與客戶說什麼、客戶會有什麼疑問、你該如何回答這些疑問、如果客戶拒絕你該怎麼辦等等。這是一個非常有效的方法，有了這些準備，你的心裡就有個底，知道該如何與客戶溝通，於是你被拒絕的可能性就會降低。

2. 及時與朋友同事溝通

一個人內心的想法或認知，會影響他的情緒或心境。所以，在遇到問題時，如果你能及時與朋友或同事溝通，便可逐漸改變自己的想法和感受，然後以一種更積極和現實的態度去面對問題，這樣就可能擺脫惡劣情緒和不良心境。

此外，也可透過自己的朋友、同事或是客戶，讓他們評價你，從中找出自己的優點和缺點，然後認真面對它、分析它，以便正確面對自己的優點和改正自己的缺點。隔一段時間，你再如法炮製，時間久了，你就會發現自己的優點越來越多，而缺點則慢慢減少。

3. 接洽失敗後要自我鼓勵

在與客戶接洽失敗後，不能一味地想著自己的過失，越想越會替自己帶來負面影響，也會讓自己在面對新的客戶時，更容易有恐懼心理。應確信你的目標是要滿足客戶的需求、為客戶著想。當遇到客戶拒絕，也不要把這些事放在心上，更不要鑽牛角尖，反而要正面地鼓勵自己，過去的失敗並不會帶給自己任何損傷，反而是十分寶貴的經驗。

4. 面對更多的人練習說話

面對更多的人練習說話，是業務員克服心理障礙的一個十分有效的方法。一些業務員一見人多，就會感到緊張，甚至說不出話來，因此業務員可在這些人面前，多多練習與他們交談，比如對他們說一些有意思的小故事、推薦他們購買你曾使用過的某一款產品等，如此便能大大提升業務員與客戶交流的勇氣。

此外，多參加一些團體聚會，也是克服心理障礙的良方。在聚會時，業務員不妨透過以下幾點來練習說話：

✧ 一抵達聚會現場時，不要馬上享用餐點或朝自己的座位走去，應先和人打招呼。

✧ 不要自信滿滿地站在會場中央，等待別人找你說話，你應主動

找人說話。

◇ 不能只跟認識的人交談，而完全不理會其他人，盡可能向一大群人或陌生人進行自我介紹。

5. 推銷看似不可能銷售出去的產品

推銷看似不可能銷售出去的產品，也是業務員練習克服恐懼的一種方法，例如，向男性推銷女性內衣。此外，業務員在消除與客戶溝通過程中的心理障礙的同時，還要激勵自己：「推銷看似不可能銷售出去的產品，我都有勇氣進行下去了，那麼，在面對潛在客戶時，還有什麼不行的呢？」

6. 讓自己強制性地去推銷

業務員除了在努力完成自己銷售任務的基礎上，也可以為自己安排額外的任務，即強迫自己必須在時間內拜訪一定的客戶，並取得一定的進展。例如，每天多拜訪一到兩名客戶，多完成兩、三個訂單。如有必要時，也可為自己設定一定的獎懲措施，這不僅可以激勵自己不斷努力，對於提高自己的銷售業績來說，也十分有效。

美國行銷大師羅傑‧馬爾騰（Roger Marton）說：「恐懼足以摧殘人的創造、冒險、大無畏的精神，足以磨滅人們的個性，使人的精神機能逐漸軟弱，大事業不是在恐懼的心情下就能完成的。」因此，業務員若想完成大事（也就是完成推銷工作），就必須學會放下恐懼包袱，爭取做到心無雜念，讓自己徹底放鬆，時常鼓勵自己，然後信心百倍地與客戶溝通。因為，一個人的最大敵人，不是對手，而是──你自己。

課後自我評量

☐ 在客戶面前你能自然地展現自信。

☐ 在心理上認同你賣的產品是最好的。

☐ 有自信做好公司的最佳代言人。

☐ 心裡要認同「客戶是好人」、「我喜歡客戶」

☐ 不錯放任何可以提升銷售技巧的機會。

☐ 客戶認為你是個有責任心值得信賴的朋友。

☐ 對客戶推薦產品盡力達成雙贏的結果。

☐ 介紹產品時能做到誠實不欺瞞。

☐ 凡事為客戶設想，為客戶的利益而努力。

☐ 與客戶接洽時能保持穩重、展現專業，不急躁。

☐ 能冷靜且平和地面對客戶的冷漠和拒絕。

☐ 能配合客戶的節奏仔細聆聽和回應，不自顧自地講個不停。

☐ 把客戶視為能教你許多東西的老師。

☐ 能隨時把自己最好的狀態呈現在客戶面前。

☐ 能包容和尊重客戶的不同觀點。

☐ 與客戶洽談前就做好「被拒絕」的心理準備。

☐ 能輕鬆自在地與陌生人攀談。

＊已確實做到的請打「✓」，沒做到的請隨時提醒自己加強改善。

Chapter

2

學分二
第一眼就讓客戶喜歡你

很多時候，客戶對業務員的好感是在一瞬間形成的。

對於業務員來講，準備好與客戶初次見面時的說辭非常重要，

因為好的開場白往往是成功的一半。

當然，瞬間獲得客戶好感也不僅僅體現在初次見面上，

也許客戶在很長時間對業務員無動於衷，

但若能在一些細節上做改變，或許可以一下子贏得客戶的傾心。

Lesson 9 一開口就要吸引客戶

任何一次的語言溝通都少不了開場白。高爾基也說過：「最難的開場白，就是第一句話，如同音樂，全曲的音調都是由它來決定，一般得花較長的時間去尋找。」也就是說，與人溝通的第一句是非常重要的，因為它有如音樂的基調一樣。對於如何找到音樂的基調，不可不知，不可不學。

專家在研究銷售心理時發現，業務員在與客戶溝通時，客戶一般會記住前兩分鐘的話語，而且也會在這兩分鐘內決定是否與業務員再交談下去，所以，出色的開場白，能為你贏得與客戶繼續談話的機會。

一般來說，開場白包括：感謝客戶願意給你機會見你，並寒暄、讚美對方；自我介紹並介紹所自己的公司背景；介紹來訪的目的以表示對客戶的重視等。

當業務員和客戶約在客戶辦公室，開場可說：「李經理，您好！很感謝您在百忙之中還抽出寶貴的時間來接待我，真是非常感謝！」（感謝客戶）

「李經理，您的辦公室看起來簡約大方，十分有品味，想見您一定是一位做事很幹練的人！」（讚美）

「這是我的名片，請多指教！（第一次見面，以交換名片自我介紹）李經理以前接觸過我們公司嗎？」（停頓）

「我們公司是……」（介紹一下公司），今天前來拜訪您，是想看看有沒有需要我們公司協助的地方。」（介紹此次來的目的，突出客戶的利益）

「目前，你們公司有什麼……？」（話題就這樣引出來了）

從以上的對話可以看出，好的開場白能吸引對方的注意力，引起客戶的興趣，使客戶更樂於與業務員繼續交談下去。

那麼，一個好的開場白，需注意哪幾個方面呢？

1. 讓對方覺得你有親和力

人與人之間有時存在著莫名的緣分，從毫無關係的兩個人到認識，再到信任，最後成為朋友，這需要彼此間心與心的交流。在與客戶正式溝通前，業務員也要有意識地製造自己與客戶之間的這種緣分，而製造這種緣分的關鍵就是讓客戶在第一眼看到你時，有一種親切感和親和力。

所謂親和力的建立即透過某種方法讓客戶依賴你，喜歡你並接受你。當客戶對你產生依賴感，喜歡或接受你這個人的時候，自然也會愛屋及烏，買下你的產品。

業務員想要和客戶建立起親和力，不妨多多利用天氣、利潤、生活、新聞事件、興趣愛好、讚美的話語等作為開場白的話題。例如：「今天天氣不錯！」、「一家人都在，真熱鬧！」、「啊，真氣派，大家庭就是不一樣！」、「啊，你也喜歡打高爾夫球呀！」

2. 語言表達要準確、流暢

在與客戶交談的開場白中，業務員準確流暢的聲音除了能給客戶驚喜、信任外，還可以給自己的第一形象加點分數。有些業務員辛辛苦苦地準備好各式各樣的精彩開場白，卻因自己一開口就結結巴巴、吞吞吐吐，而讓客戶產生了反感。如果是這樣，你就必須加緊練習，讓自己的語言表達得準確、流暢，否則根本無法與客戶繼續交陪。

那麼，怎樣才能使自己的語言表達更加準確、流暢呢？

- ✧ **講話速度快慢適中**——講話時，要能依據實際情況調整快慢，講話速度最好不要過快，應盡可能娓娓道來，以給他人留下內斂、沉穩的印象，也替自己留下思考的空間。

- ✧ **語調要吸引人**——明朗、低沉、愉快的語調最能吸引人。因此，在與客戶溝通時，放低聲音要比提高嗓門聲嘶力竭地喊，來得好。

- ✧ **咬字清晰**——與客戶溝通時，業務員要保持咬字清晰，聲音清亮圓潤，講話很流暢。避免含糊其詞、口齒不清，這是做到聲音美的起碼要求。

- ✧ **說話時要文雅，發音要準確**——不要賣弄專業術語，更不要說髒話或粗話。

3. 利用客戶的興趣心與好奇心

美國傑克遜州立大學（Jackson State University）劉安彥教授說：「探索與好奇，似乎是一般人的天性，而神秘奧妙的事，則往往是大家最關心的標的。」那些客戶們所不熟悉、不瞭解、不知道或與眾不同的

東西，往往能引起他們的注意，刺激他們的好奇心理。

在與客戶首次見面交談的過程中，業務員同樣也需要正確地把握客戶的好奇心，使客戶對你的產品產生濃厚的興趣，如此才有可能把生意做成。

一位業務員對客戶說：「您每天只需花16元，就可以在臥室鋪上木質地板。」聽到這句話，客戶對此感到好奇。

業務員接著講道：「您的臥室有10坪，我們公司實木地板連工帶料每坪為6000元，共需60000元。但木質地板可使用十年，每年按365天計算，平均下來，您每天的花費只有16元。」

業務員一開始引起對方的驚訝和注意，繼而巧妙地突出了產品質美價廉的特質，進而成功地將木質地板推銷給了客戶。

要注意的是：要吸引客戶的興趣，一定要杜絕唱獨角戲，那樣不僅枯燥乏味，更會使得交易無法進行下去。業務員不僅要把產品資訊準確無誤地傳達給客戶，更重要的是誘導客戶提出疑問。一旦開啟了互動式的問答，也就表示客戶的興趣已經被挑動起來了。

4. 利用「第三者」來影響客戶

客戶在購買產品時，一般會受到社會環境以及流行時尚的影響，也會考慮一些新、奇、獨特的產品。而使用新的產品時，多少會受到其他人的影響，業務員不妨利用客戶這種跟風心理，借用一些名人效應或客戶的一些朋友以收到良好的效果：

◇ 名人效應──在與客戶打交道時，可舉一些知名的企業或人為例，這樣可以壯大自己的聲勢，尤其舉例的公司或人是客戶所

有熟悉、所景仰或所羨慕，其效果更為顯著。

✧ **親友效應**——在與客戶交談時，如果告訴客戶是他的親友介紹你來的，客戶也會依「不看僧面看佛面」，對你很客氣的。這就是一種迂迴戰術。這種打著別人的旗號來介紹自己，很管用，且一定是真實的，不能瞎編，否則一旦洩露，結果會很尷尬。

總之，在首次與客戶溝通時，業務員要靈活地運用各種方法，充分發揮自己的口才，讓客戶在瞬間對你或對你的產品感興趣，這樣促成成交的機率才會更大。

Lesson 10 開場白的幾種方式

　　業務員與客戶溝通時，若想得到客戶的認同，一個良好的開場白是必不可少的。精彩的開場白能像磁鐵一樣吸引客戶的注意力，而且可使整個溝通在一個良好的氣氛下進行，並漸入佳境。一般情況下，客戶聽業務員說的第一句話要比聽後面的話認真得多。聽完第一句話，許多客戶就會不自覺地在心裡盤算，是打發業務員走？還是繼續聊下去呢？所以，業務員一定要在開場白上多動些腦筋，儘量避免你一開口就遭到對方的拒絕。

1. 寒暄的方式

　　「寒暄」這個詞，現代漢語詞典解釋為：「見面時，談天氣冷暖之類的應酬話。」寒暄的意思說白了，就是「噓寒問暖」。特別是陌生人之間見面，一時難以找到合適的話題，就會說點應酬話，用以打破拘束的場面。詩人崔灝的詩《長千曲》：「君家何處住？妾住在橫塘。停船暫借問，或恐是同鄉。」這四句詩表現的也是陌生人間相互問候的場面，其主人翁——客居他鄉的一名女子透過鄉音和鄉俗，問其籍貫，攀了個「同鄉」。

　　一般來說，業務員在與初次見面的客戶交談時，開場白都是從「寒暄」開始的。寒暄是交談的「導語」，具有「拋磚引玉」的作用，是人

際交往中不可缺少的重要一環。得體地與人寒暄可贏得對方的好感，使雙方的溝通得以順利進行下去。

▶▶ ⑴ 問候式寒暄

是開場白中最常見的一種。業務員在與客戶第一次打交道時，第一個要做到的禮貌就是——問候對方，然後才能進行以下的交易。

例如：

「您是孫經理吧？您好，您好！」

「王經理，見到您很高興！」

「聽口音，李經理是宜蘭人吧。」

……

問候式寒暄能讓業務員瞭解客戶的身分、性格、籍貫、愛好等等，而客戶這些最基本的資訊對業務員以後的溝通有很大的幫助。然而，在問候客戶時，話語要委婉，恰到好處，用語則不宜過多，能用一言以蔽之的，絕不三言兩語。如果滔滔不絕地說個沒完，會給客戶輕浮、呱噪印象。

▶▶ ⑵ 聊天式寒暄

即業務員與客戶聊一些無關緊要的話題，其實就是運用一些漫無邊際，又不致使人厭惡的話題來接近客戶，以尋找切入主題的機會。

例如：

「今天的天氣真不錯！」

「這餐廳生意真好！」

這種寒暄的方式容易拉近業務員與客戶彼此間的距離，無論是陌生

拜訪，還是與老客戶溝通，業務員都可採用這種方式。

▶▶ ⑶ 讚美式寒暄

每個人都需要別人的肯定和認可，需要別人誠心誠意地讚美，而「讚美式的寒暄」能營造一種和諧氣氛。業務員在與客戶交談時，適時地稱讚客戶是非常有必要的。

例如：「您的辦公室看似簡潔，卻十分有品味，想必您應該是一位十分有能力的人！」

「您這麼喜歡小動物，一定是個很有愛心的人！」

……

每個人都喜歡聽誇獎和讚美，但這種誇獎和讚美也要實事求是。多餘的恭維、吹捧，反而會引起對方的不愉快，拉大彼此的距離。如對方的吃相粗魯，你卻說：「你吃飯的姿態真優雅！」，如此一來，對方不僅會覺得很難堪，甚至會覺得你是藉機在嘲諷他。

▶▶ ⑷ 應變式寒暄

應變式寒暄，則是依見面的具體場景，觸景生情，根據不同的時間靈活運用。儘管寒暄的內容並無特定的限制，別人也不會當真對待，但是，在交往中與人寒暄時，要考慮到是否與特定的環境和特定的物件相諧調，「見什麼人說什麼話」、「在什麼場合唱什麼歌。」

例如：

「李總，您可真夠忙的。」

「啊，這是您全家福的照片啊！您小孩真是可愛！」

……

　　見面寒暄幾句，雖說是一般的生活常識，卻是不容忽視的。它不但是社會交往的一種手段，而且幾句「正中下懷」的寒暄，也可避免「話不投機半句多」的現象。業務員與客戶寒暄時要有分寸，適可而止。特別是帶有恭維的寒暄，更要慎用，否則就會帶來反效果。業務員與客戶交流時，若能有效運用寒暄，可促進彼此之間的感情，發揮寒暄應有的作用，使交談順利進行下去。

2. 其他形式的開場白

　　業務員在向客戶推銷產品時，最好在第一句話就能引起客戶的注意力，如果不能做到這點，則會影響以後的溝通效果。當然，這第一句話最好能找些出其不意、實用、新穎的話題來吸引客戶，這樣既能讓客戶產生興趣，又能使客戶立即做出回應。

▶▶ ⑴ 引起興趣式

　　很多客戶對於構造奇特、款式新穎的產品有著天生的好奇心，並希望自己能率先使用，滿足其求新求異的小小虛榮心。所以，業務員若採用引起對方的興趣作為開場白的話，一般都能有不錯的效果。

　　業務員小趙約見他的一位準客戶，客戶問：「貴公司主推的是些什麼產品？」

　　小趙說：「我們銷售的洗滌用品都是純天然的，比方說沐浴精，都是萃取的植物精華，不含一點點鹼性成分，甚至不小心濺到眼睛裡，都不會有刺激或異樣的感覺，而且很環保不會對環境生態造成影響。」

客戶一聽，眼睛一亮，「真的嗎？」

小趙的開場白激發了客戶的好奇心，接下來小趙做了一套完整的產品示範，客戶頻頻點頭。

業務員小趙介紹產品並非像背誦產品說明書那樣地介紹，而是在一開始，便把產品的特色賣點，以吸引人的方式展示出來。所以，要想激起客戶的興趣，業務員要學會「閃」賣點。所謂的「閃」賣點，就是把最吸引人的產品賣點在客戶面前一閃而過，以激起客戶的興趣，進而使客戶願意花時間聽完整個產品的介紹。

▶▶ (2) 提問式

有經驗的業務員都會有這樣的體會：很多客戶通常都有一種逆反心理，業務員越說好的產品，他越是不以為然。在這種情況下，不妨使用「反客為主」的提問式開場白。

業務員小林在某社區開發新客戶時碰到一位大姐，從外表看來，這位大姐是一位家庭主婦。小林上前與之搭訕，沒想到他還沒開口，那位大姐就說話了，「我知道你是做推銷的，你是賣什麼的？我們這個社區經常有人來推銷。」大姐顯得不是很友善。

小林知道面對這樣的客戶時，用一般的方式不會有好的效果。於是他靈機一動，說了這樣一段開場白：「大姐一看就是非常精明、非常理性的消費者。我在社區做銷售的同時，也要順便做一些市場調查，看來您是最有發言權的。我想請教您一下，一般像您這樣的家庭主婦通常會把清潔劑用在哪些用途呢？」

那位大姐被讚美得心花怒放，氣氛一下子緩和了不少。她開始認真

地回答小林的問題，並舉出三、四種用途。小林告訴她：「我們公司的這款清潔劑可是有二十幾種用法哦！」接下來，小林一一列舉，這位大姐立刻產生了濃厚的興趣。

面對比較強勢的客戶，小林靈活處理，以「提問的方式」化被動為主動，成功地完成交易。其實，這類型的客戶本身就有很強的主觀意見，他們總是相信自己的判斷，所以業務員在與這類客戶接觸的時候，最好採用「反客為主」、「提問式的開場白」。

▶▶ ⑶ 打消疑慮的開場白

拜訪新客戶，有時候會顯得比較唐突，而且很容易招致別人的反感，甚至拒絕。所以，業務員在和客戶建立起信任感之前，化解準客戶的疑惑，是非常重要的。

業務員小唐是銷售保健食品。一天，他在某社區裡約了一位先生。為了打消他的顧慮，他說：「您放心地使用我們提供的產品，在這個社區，我還有其他的客戶×××，您認識嗎？他用了之後，覺得效果非常好。」小唐提到的客戶，這位先生的確都認識，頓時化解了他的防衛意識，於是很快就與小唐攀談了起來。

像小唐那樣引出值得信任的、共同認識的第三方來打消客戶顧慮的方式是非常關鍵有效的，因為人們往往更加容易相信第三方在公正、客觀立場上的看法，而非業務員的一面之詞。

俗話說：「好的開始就是成功的一半。」就像看推理小說一樣，要讓開場白能在第一時間抓住客戶的注意力。相信，只要業務員能靈活運用這些開場白，就可順利地和客戶進行溝通。

Lesson 11 肢體語言替你加分

一位心理學專家曾說過：「無聲語言所顯示的意義要比有聲語言多得多，而且深刻。」因為肢體語言通常是一個人下意識的舉動，因此，肢體語言很少有欺騙性。我們可以這麼說，在某種情況下，肢體語言不但可以單獨使用，甚至能表達出有聲語言難以表達的感情，進而直接代替有聲語言。

我們每天都會做不少肢體動作，有的是勞動工作所需用到的，有的是自身的需要，而有些則是一種必要的禮儀表達，如：握手、擁抱、敬禮、鞠躬、微笑等等，在某種意義上，這些肢體語言已經是文明的象徵了。用肢體語言來表達意思的人被誤認為是有涵養的人，反之會被認為粗俗，沒有禮貌，缺乏修養。毫無疑問地，肢體語言在銷售過程中確實有其重要作用。

業務員在與客戶交談時的表情、手勢以及身體其他部分的動作，都會向客戶傳遞一些資訊。諸如微微一笑伸出手以表示歡迎，點頭代表同意，皺眉表示不滿，搓手表示焦慮，垂頭代表沮喪，攤手表示無奈等等。業務員若用這些肢體活動來表達情緒，別人也可由之辯識出你所表達的心意。

肢體語言有很多，但是以下的六種是最基本，也是業務員必須要掌握的。

1. 握手

握手是我們常用的一種肢體語言，業務員在與客戶見面和告辭時都會用到。握手看似簡單，卻是極為重要的基本禮儀。業務員在與客戶握手前，要確保手部的乾爽，因為一個掌心冒汗的人會令客戶萌生不舒服感。此外，也要注意勿將手中的某些物品來回擺弄，那樣非但無法掩飾你的緊張心理，甚至會更清楚地暴露你內心的緊張與不安。

通常因拜訪的客戶不同，握手禮儀也會有所不同：

✧ 如果客戶是部門經理及以上級別的同性，那麼要先用右手握住對方的右手，再以左手握住對方的右手手背，也就是雙手相握，以表示對客戶的尊重和熱情。

✧ 如果客戶是與你同級的普通職員，業務員只要伸出右手，和對方緊緊一握即可。

✧ 如果客戶是異性，特別是男性和女性握手，要伸出右手，握住對方的四個指頭即可，有時，女性對男性的反感常源自握手，有的用力全握，有的抓住不放，這些都是不禮貌的行為，將給對方留下不好的第一印象。

2. 手勢

業務員在與客戶溝通的過程中，常不自覺地會使用到一些手勢，但要注意，有的手勢是有助於表達意思，有的則會令人討厭。具體要注意以下幾點：

✧ 在與客戶交談時，最好不要出現用食指點指對方的手勢，也不要亂揮舞拳頭，這些都是不禮貌的手勢。

✧ 雙方接洽時，一般來說，手勢的上界不應超過對方的視線，下界則不低於自己腰部的水平線，而左右擺動的範圍不宜太寬，應在人的胸前或右方進行。注意手勢動作不宜過大，次數不宜過多，也不宜重複。

✧ 在與客戶交談時，講到自己時，不要用手指指自己的鼻尖，而要以手掌按在自己的胸口上。而談到對方時，也不能用手指著對方，更忌諱背後對人指指點點等不禮貌的手勢。

✧ 接待客戶時，像抓頭髮、玩筆、看手錶、剔牙齒、掏耳朵等不文雅的手勢動作皆應避免。

✧ 與外國客戶做生意時，也要注意手勢的運用。比如，大拇指向上，在中國表示誇獎或讚賞，但是在美國卻是指責對方胡扯；OK的手勢普遍被認為是「同意」「沒問題」的意思，但在法國是表示「零」「毫無價值」的意思等等。

3. 體態

「站有站相，坐有坐相。」對於業務員來說，這點也是應該要注意的。在與客戶交談時，如果業務員的體態欠妥，很容易讓客戶對你留下輕浮、隨便的印象，或是對客戶的不尊重。

✧ 站姿——在洽談業務或介紹產品時中，很多時候都會遇到必須要站著和客戶談生意，若業務員站著卻不斷地搖晃肩膀，雙腳動來動去，這些動作都會讓客戶對你感到不耐煩，甚至想盡快結束這次談話。關於站姿，我們不妨學軍人稍息的動作：一腳稍微在前，另一腳靠後為重點，這樣比較穩重。在一般情況

下，腰背部挺得直的人更顯得從容自信，但在向客戶打招呼或傾聽客戶說話時，建議業務員最好是自然地做出微微彎腰前傾的動作，這樣並不會損及你的自信心，相反地還能有效向客戶傳達出你謙遜親和的態度。

✧ **坐姿**——拜訪客戶或接待客戶時，坐姿是業務員最常用的肢體語言。由於習慣或太過隨意，有的業務坐在沙發上，不是兩腿伸得很長，就是翹個二郎腿晃來晃去，這樣會讓客戶非常反感，沒禮貌不說，還顯得十分不穩重。正確的坐姿應是，以背部接近座椅。在別人面前就座，最好背對著自己的座椅，如此就不至於背對著對方。必要時，可用一隻手扶著座椅的把手。

✧ **走姿**——在行走時，業務員要改掉拖著鞋子走路的壞習慣，或是穿著鞋跟已磨損嚴重的鞋子，這樣會顯得你缺乏積極性，沒有幹勁；此外，也不能彎腰駝背，會使你看起來不幹練；但如果走路左搖右擺，重心不穩，則會使你顯得不莊重。

4. 眼神

眼睛是心靈之窗。正如詩人泰戈爾（Rabindranath Tagore）說的：「眼睛的語言，在表情上是無窮無盡的。如海一般深沉，碧空一般清澈，黎明的黃昏，光明與陰影，都在這裡自由嬉戲。」業務員應學會如何以眼神與客戶交流，讓客戶看出你對他的尊重和熱情。

✧ 在與客戶交談時，如果眼神空洞或東瞟西望，會讓對方覺得你不踏實、不值得信任，導致在你的話還未說出口，客戶就先入為主地對你有了負面的看法。

◇ 如果老盯著一個人，特別是盯著對方的眼睛，不管有意或無意，都是一種不禮貌的表現，會令對方感到不舒服，也可能造成誤會，讓對方有受到侮辱甚至挑釁的感覺。

◇ 「瞇視」則是一種不太友好的身體語言，除了予人睥睨與傲視的感覺外，也是一種漠然的語態。「瞇視」，對於女性客戶，常傳遞著一種「、不尊重」的訊息，讓她們感受到無形的騷擾。

◇ 如果回避對方的眼光或眼睛瞟來瞟去，會讓對方覺得你不專心、心虛，以至於得不到對方的信任。

◇ 眼神四處漫遊，則是一種猶豫、舉棋不定的身體語言。

可見，從眼睛中可看出一個人的品質和修養。因此，一個優秀的業務員應善於控制自己的情感，不輕易讓不利於交往的情感從自己的眼睛裡流露出來。

5. 微笑

微笑點頭，幾乎成了業務員與客戶溝通時的必要手段，當然也是業務員最好的肢體語言。

希爾頓飯店（Hilton Hotels）的創始人希爾頓先生（Konrad N. Hilton）是最早對點頭微笑的商業意義表示關注的企業家。在全球經濟蕭條時期，希爾頓先生也堅持希爾頓飯店的所有員工都要對前來光顧的旅客獻上最真誠、最溫柔的微笑，結果他創立的旅館至今仍然屹立不搖。

微笑每個人都會，但是微笑也是有一定的講究，能讓微笑輕易地打

動客戶不是一件容易的事。

✧ 微笑不是簡單的臉部表情，更不是一副「職業性微笑」的表情，它所表現的是一個人的精神面貌，所以，業務員應發自內心地微笑。

✧ 點頭微笑的同時，也要注意自己的修養和個人素質，如此一來，既能讓客戶從你彬彬有禮的態度中感受到被尊重和被關切，又不至於予人彆扭和做作。

✧ 在點頭微笑時，儘量不要表現得過度誇張，也不要發出太大的聲音，否則會讓客戶感到很不舒服。如果在會場、餐廳、辦公室看到客戶正與他人在談話時，不妨以點頭的肢體語言表示自己的問候。

6. 鞠躬

有的業務員去拜訪客戶時，通常該辦公室還有其他人，業務員卻連招呼都不打，自顧自地坐下，這是一種很不禮貌的行為。瞭解日本文化的人都知道日本人很懂得禮貌，見面會向大家鞠躬，問聲「大家好！」業務員也應如此。如果能給周圍人留下一個很懂禮貌的印象，這樣好的印象或許有助於你拿下訂單或帶來其他機會。

具體來講，得體的鞠躬應該如下：

✧ 鞠躬前，如有戴帽子，應先將帽子摘下再行禮。行禮時，目光不得斜視和環顧，不得嘻嘻哈哈，口裡不得叼著煙或吃口香糖，動作不宜過快，要穩重、端莊，並讓對方感受到你對他的尊重。

◇ 立正站好，保持身體端正，面對受禮者，距離約二、三步的距離，以腰部為軸，整個腰及肩部向前傾15度～90度（前傾的幅度視行禮者對受禮者的尊敬程度而定），目光向下，同時問候「您好」、「早安」、「歡迎光臨」等，而雙手應在上半身前傾時自然下垂平放膝前或身體兩側，面帶微笑，而後恢復立正姿勢，將雙眼禮貌地注視對方。

　　幽默大師薩米・莫爾修曾說：「身體是靈魂的手套，肢體語言是心靈的話語。如果我們的感覺夠敏銳開放，眼睛夠銳利，能捕捉身體語言表達的資訊，那麼，言談和交往就容易得多了。認識肢體語言，等於為彼此開了一條直接溝通、暢通無阻的大道。」實際上，業務員在與客戶溝通時，無時無刻會運用到肢體語言，只要多留意生活中的細節，業務員就能自在地運用一些最基本的肢體語言，進而提高自己的專業形象。

Lesson 12 問候客戶恰如其分

　　問候客戶乃應酬之語，也是一種最基本的禮貌用語，更能顯示業務員願意為客戶提供優質服務。同樣地，業務員在向客戶問候時的肢體語言也至關重要的。一個簡單的握手動作，一個無心的眼神交流，一個不經意的微笑，也許在轉瞬間，就能成交百萬的銷售大單。無論你是政治家、談判專家或是行銷高手，若能適切地運用這些細微的問候語言，勝負之局會在不知不覺中就已經敲定。

　　業務員在與客戶初次見面時，若能成功地掌握問候語的肢體語言，也就替雙方進一步溝通做出良好的鋪墊。問候得體與否，往往是能否給對方一個良好暗示的重要因素，也能在舉手投足之間流露出你的涵養、風度、氣質、學識和品味。因此，問候客戶的技巧對業務員來說，是絕對必須要學習和瞭解的。

Case Study

在一家商店裡，業務員正與客戶交談。
客戶：你好！
業務員：（看著客戶走進來，面無表情，也沒說什麼）
客戶：嗯，我想瞭解一下這裡有沒有一些關於北海道的旅遊資訊。
業務員：（聲音雖友善，但雙手交叉抱在胸前，且未直視客戶）當然，我們這裡有很多關於這方面的資訊，您需要的是一些介紹手

冊？或者您想查看一下可行性和價格資訊？

客戶：哦，我現在只需要一些關於這類資訊的資料，至於什麼時候去，我們還沒決定好呢。

業務員：那沒問題，這裡有您所需要的資料，（把資料所在地介紹給客戶）您可以查看一下。如果有什麼問題，就再問我，我隨時為您服務。

客戶：好的，謝謝你。

業務員：不客氣。

儘管業務員表現得很友好，但是客戶還是覺得有點不舒服。

分析

　　很多業務員通常也是這樣接待客戶，表面上很客氣，但實際上的態度是不真誠的，會讓客戶覺得你只是在敷衍他而已。如果能加上一些肢體語言，在和客戶交談時，就能讓客戶覺得你很尊重他，而且非常願意替他服務。

正確做法

業務員：（看著客戶走進來，面帶微笑）您好，歡迎光臨！

客戶：你好！

業務員：（直視客戶，並以眼神交流）您好，我能為您做些什麼嗎？

客戶：嗯，我想瞭解一下這裡有沒有一些關於北海道旅遊的資訊。

業務員：好的，我們這裡有很多關於這方面的資訊，您需要的是一些介紹手冊？或者您想查看一下這一兩個月的出團日期和價格資訊？

客戶：哦，我現在只需要一些關於這方面的遊覽資訊，至於什麼時候去，我們還沒決定好呢。

業務員：那沒問題，這裡有您所需要的資料，（把資料所在地介紹給

> 客戶）您可以查看一下。如果有什麼問題，請隨時問我，我將立即為您服務。
>
> 客戶：好的，謝謝你。
>
> 業務員：您可以坐在這裡仔細研究，稍後我再替您倒一杯茶水，請等一下。
>
> 如果這樣做，客戶還會覺得不舒服嗎？

專家提點

　　客戶能在第一時間看到你真誠的微笑，收到你善意的問候和眼神中交流的資訊，已經打消他對你的顧慮，感覺到你的注意力集中在他身上，接收到你對他的尊重。所以說，業務員若能成功地運用肢體語言，將有助於建立和諧的第一印象，也能更輕鬆地為客戶提供優質的服務。

　　問候用語運用得當的話，給客戶的第一印象就會很好。但問候語言也要注意距離感，把握好時機。一般以距離客戶1.5公尺進行問候最為合適，對於距離遠的客戶，則以點頭微笑示意。另外，若只有問候，而無肢體語言，也會讓客戶覺得你很虛偽。

　　在肢體語言中，握手也是問候客戶至關重要的肢體動作。利用握手向客戶傳達敬意，引起客戶的好感和重視，這是優秀的業務員經常運用的方式，要想做到這些，業務員需要注意以下幾點：

◇ 一定要用右手握手，而且要給客戶一種熱情和自信的感覺。

◇ 緊握雙方的手，時間一般不要超過30秒。握得太緊，或只以手指部分漫不經心地接觸客戶的手都是不禮貌的。

◇ 握手時，如果面對的是異性客戶，握手的時間就要相對縮短，

一般只宜輕握女士手部的前半部；如果是同性客戶，為了表示熱情，緊握對方的雙手停留時間可長一些，但也不宜過長，此外，握手的力度也要適中。

✧ 被介紹之後，最好不要立即主動伸手。握手也需注意先後順序。年輕者與年齡較大者相握，年輕者宜稍微躬身迎握。握手禮的順序，應是主人、年齡較大者、女子先主動伸出手，客人、年輕者、男子再予以迎握。有的時候、尊長、職務高者用點頭致意代替握手時，年輕者、職務低者也應隨之點頭致意。

✧ 握手時，雙眼應注視對方，微笑致意或問好；而多人同時握手時，則應順序進行，切忌交叉握手。

✧ 在任何情況下，拒絕對方主動要求握手的舉動都是無禮的。若是手上有水或不乾淨時，應謝絕握手，並同時解釋與致歉。此外，握手時應脫帽，切忌戴著手套與人握手。

業務員在與客戶初次見面時，要成功地做到：微笑、握手、問候客戶、使用肢體語言、進行眼神交流、向客戶致謝。只有做到這幾點，才能在客戶心中留下良好的印象。接著再憑著這良好的印象，加上你說話的技巧和豐富的產品經驗，一定能成功征服客戶。

Lesson 13 與客戶保持同步交談

俗話說：「出門看天氣，進門看臉色。」可以說，每一個善於交際的人，其察言觀色的本領都很強。對於業務員來說，學會這一點尤其重要。在與客戶交談的過程中，業務員如果想要與客戶達到有效溝通，就必須善於察言觀色，保持和客戶「同步」交談。

何謂「同步交談」？是的是指業務員能快速進入客戶的內心世界，從對方的觀點、立場看問題、感受問題。具體而言就是，業務員在與客戶交談時，一定要與對方的情緒、興趣、語調和語速等保持同步，這樣才能贏得客戶的好感。

1. 與客戶的情緒同步

與客戶情緒同步，就是業務員要「設身處地」地進入客戶的內心世界，從客戶的觀點、立場來看事情、聽事情、或體會事情。

李維是一家汽車公司行銷部的副總，一次，公司進口一批新款的高級轎車，他分析了一下，認為這款車很適合徐老闆，但他以前每次拜訪這個客戶，對方不是態度冷淡，就是敷衍了事。

這天，李維再度嘗試去拜訪徐老闆，當他走進對方的辦公室，還未來得及問候，徐老闆一見到他就很不耐煩地說：「你怎麼又來了，我不是告訴過你我最近很忙，沒有空嗎？你怎麼那麼煩人，你快走吧，我沒

時間接待你。」面對這種情況，李維並未轉身離去，他立刻用和客戶幾乎一樣的語氣說：「徐老闆，您怎麼搞的，我每次來，都發現您的情緒不好，到底為了什麼事情在煩心？要不要來談談呢？」說完之後，面對李維的關心徐老闆的臉色立即和悅了不少，也許他也覺得自己對待李維的態度不妥。

此刻，徐老闆無奈地說：「李先生，我最近事情比較多，真快煩死了，你知道我是從事IT產業的，好不容易培養了三家分公司經理，正準備去中國內地開拓業務呢，結果上個月都被競爭對手挖走了。」

李維聽了後，拍拍客戶的臂膀，說：「哎，徐老闆啊，你以為只有你才有這麼煩心的人事問題嗎？我也跟你一樣啊！你看看，我們最近不是有新車款要上市嗎，前幾個月我好不容易用各種方法招來十幾個業務員，每天認真地培訓他們，想把我們的市場打開。結果才一個多月的時間，十幾個業務員走得只剩下五個人了。」

接下來的幾分鐘，他們似乎找到了共同話題，兩個人因此聊得非常盡興，後來還成了好朋友，三個月後，徐老闆開心地買了一輛李維推薦的高級進口車。

由以上案例可看出，在談話的過程中，李維從頭到尾都沒有推銷他的產品，他花了大部分的時間和徐老闆培養交情，希望能讓兩個人在情緒上保持同步，即便是壞情緒也是如此。

許多業務員都知道，每天都要保持活力，要有自信心，笑容要常掛在臉上，一遇到客戶一定要展現出活力，要保持笑容。但為什麼還是不管用呢？原因在於你所碰到的人，未必也能像你一樣地心情舒暢，如果對方正處在情緒的谷底，而你卻不知趣地興緻勃勃地對其推銷，這無疑

盆火遇上了一塊冰，結果可想而知。所以，業務員一定要能特別注意到與客戶的情緒保持同步，尤其是當客戶的情緒不好時，更應如此。

需要注意的是，當遇到情緒不好的客戶時，業務員所表現出來的情緒不好其目的是安慰客戶，讓他把你當成傾訴的對象，進而使你們之間的距離拉近。業務員切忌不要真的讓自己的情緒變壞，或是像一個怨婦似的，反過來對客戶抱怨不停、傾倒內心的不快，這樣反而會嚴重影響你在客戶心中的形象。

2. 與客戶的興趣同步

業務員在與客戶溝通時，可以講一些能引起客戶興奮的話題，好讓客戶在開心之餘，購買意願也會比較強。這個興奮點指的就是客戶的興趣、愛好以及他所關心的話題。那麼找到這個興奮點之後，業務員接下來要想辦法與客戶的興趣、想聽的內容同步，如果只有客戶感興趣，而業務員對此毫無興趣的話，那麼會使客戶覺得他是在對牛彈琴，這樣根本就起不到作用。

一位業務員去某家外貿公司洽談一批國畫的手繪絲綢領帶，這家外貿公司的總經理是一位戴著金框眼鏡的外國人。

開始的場面很冷淡，就在業務員展示商品之後，看了領帶上有手工繪製的仿唐代的敦煌壁畫圖案時，這位總經理興奮起來：「唐代？」並毫不掩飾地說道：「我好喜歡那個時代！」驚喜之餘，業務員脫口問道：「您也知道中國唐代。」

那位總經理接著說道：「唐代是一個讓人神往的時代。」然後，這位外國總經理竟然開始跟他談論起唐朝的一些歷史。

「您好像對中國的歷史很瞭解啊！」業務員適時地讚美一下，總經理聽了，顯得很得意，還跟業務員分享他剛買的一幅唐伯虎名畫，也收集了許多中國古董。總經理和他談得很愉快，並邀請他一起共進晚餐。

第二天，業務員收到一份傳真，那位總經理將買下那批手繪國畫領帶，儘管他的公司從未賣過中國絲綢領帶。

業務員找到了客戶的興趣點，使得原本彬彬有禮卻冷淡的一場會面，變成了心與心相通的友誼交往，並在此基礎上，成功完成了銷售業務。

找到了共同的興趣和愛好，業務員和客戶不僅能順利溝通，而且還可成為朋友。同樣地，興趣是洽談生意、拿訂單的得力助手，同樣的興趣可以讓業務員和客戶心靈相通，達到某種默契，也可以很快地促使業務進行下去。

3. 與客戶的語調和速度同步

業務員與客戶交談時，語言上可能存在著差異，因此，業務員要控制好自己的語調速度，以利溝通效果；語調應盡可能平緩，但也不能過於低沉或高亢。善於運用、控制語氣、語調是業務員與客戶溝通的一項基本功。語調溫和、音量適中、咬字要清楚、吐字比平時略慢一點。為使對方容易聽明白，必要時，可將重要的話重複一遍。

面對不同的人要用不同的方式來說話，對方說話的速度快，你就要和他一樣快；對方說話的聲調高，你要和他一樣高；對方講話時常停頓，你也要和他一樣時常停頓。若能做到這一點，也就是說業務員與客戶在語調和速度上保持同步，對業務員的溝通能力和親和力的建立將有莫大的助益。

Lesson 14 讚美客戶贏好感

美國著名女企業家玫琳‧凱曾說：「世界上有兩件東西比金錢和性更被人們所需要，那就是認可與讚美。」讚美是人們博得他人好感和維繫自己與他人之間關係最有效的方法，它能解除人與人之間的摩擦，拉進人與人心靈的距離，讓彼此的關係維持在友善與和諧。

在與人相處中，讚美被稱為社交的潤滑劑，對於談生意也是如此。在與客戶溝通時，業務員適當地使用讚美，不僅能帶動洽談氣氛，還能給客戶留下好的印象，提升成交機率。

那麼，在與客戶溝通的過程中，業務員讚美客戶時應注意哪些問題呢？

1. 讚美要發自內心

在實際銷售中，常會有一些業務員為了求快、想快速拿到訂單而使用客套的讚美之詞，不分情況地對客戶進行讚美。譬如讚美皮膚狀況差的女性皮膚好，讚美身材胖的男性挺拔等。孰不知業務員使用這種不切實際的讚美，不僅無助於溝通，反而會引起客戶反感，因為這樣讚美已然成了一種取笑。

在讚美客戶時，業務員一定要發自內心，由衷地讚美客戶，真誠而實際地說出客戶的優點，以真誠的態度贏取客戶的信任和青睞。

2. 特別之處，特別讚美

在讚美客戶時，業務員通常會被一些模式性的讚美之詞所控制，例如看到大眼睛的女孩，總習慣讚美「您的眼睛真大」。其實有一雙大眼睛的女孩，一定在很多地方聽過同樣的讚美，如此反覆聽到別人對自己的稱讚，聽久了也就沒感覺，很少會再為別人說自己眼睛大而欣喜萬分了。

其實，每個人都有一種希望別人注意他不同凡響的心理。因此，在讚美客戶時，如果能適應這種心理，去觀察發現他異於別人的不同之點來進行讚美的話，往往會有意想不到的效果。對於大眼睛的女孩，如果你能換一個角度說「妳的眼神真美」，或者說「一看妳的眼睛就知道妳是一個特別聰明的女孩子。」就能給眼前這位女孩帶來不同以往的優越感受，進而使之更願意與你多聊幾句。

3. 讚美要恰到好處

鋼鐵大王卡耐基（Andrew Carnegie）曾到一家郵局寄信，就在等待的那段時間，他發現郵局的工作人員態度不太好，看起來好像有些不耐煩，服務品質自然也差。後來輪到卡耐基辦理業務了，在工作人員替他秤量信件重量時，他讚美了那位工作人員：「真希望我也能有你這樣的頭髮。」聽到卡耐基的讚美，這位工作人員臉上浮出了笑容，很熱情地替卡耐基服務，日後卡耐基再去這家郵局寄信，總能看到那位工作人員對他微笑。

可見，讚美並不是多多益善，而是要適可而止，恰到好處。真正的讚美無需多麼華美的辭藻，只要能恰到好處地表達心意，有時只需一句

簡單的話語就足夠了。在讚美客戶時，一定要特別注意這一點，儘量保持讚美語句的簡潔明瞭，以免引起客戶的誤解。

4. 不要脫離客戶進行讚美

在讚美客戶時，業務員一定要注意，一定不要脫離客戶本身。在實際銷售中，有些業務員雖然能發現客戶身上好的讚美點，但是卻疏忽了與客戶本身的結合。

例如，當客戶穿著一件漂亮的淡紫色洋裝時，有些人也許會對客戶讚美道：「您的洋裝真漂亮！」但充其量也只是在稱讚洋裝漂亮而已，卻未稱讚客戶本身。業務員不妨說：「您這身洋裝真漂亮，非常適合您的氣質。」這樣一來，不僅讚美了洋裝，也讚美到了客戶的氣質，進一步滿足了客戶內心對讚美的需求，也就能贏得客戶更多的信任。

5. 不同物件，讚美角度不同

日本著名業務員古河長次郎曾自編了六百句讚美詞，以此總結了自己多年的銷售經驗，他指出，面對不同的場合和客戶，要使用不同的讚美方法。例如，在見到客戶牽著小女孩時，你可以說：「真漂亮啊，長大了一定像妳媽媽一樣是個大美人。」而在見到客戶身邊帶著小男孩時，你就可以稱讚他：「真聰明啊，長大了一定像你爸爸一樣做大事業」。說明了業務員恰如其分地使用讚美詞，才能更有效地征服客戶的心。

Lesson 15 做個稱職的聆聽者

　　全球知名成功學家戴爾・卡內基（Dale Carnegie）曾說：「在生意場上，做一名好聽眾遠比自己誇誇其談有用得多。如果你對客戶的話感興趣，並且展現出急切想聽下去的欲望，那麼訂單通常會不請自來。」在與客戶洽談時，業務員需要透過陳述向客戶傳遞資訊，同時也需要藉由傾聽，從客戶那裡獲取資訊，銷售工作就是一個業務員與客戶之間有效互動的過程。

　　管理學專家南茜・奧斯丁和湯姆・彼得斯在《追求完美》一書中曾指出：有效的傾聽，可使業務員直接從客戶口中獲得重要資訊，而不必經由其他環節，盡可能地避開事實在輸送、傳達的過程中被扭曲的風險。

　　業務員在面對客戶時，若能扮演好聆聽者的角色，可使客戶產生被尊重和被關切的感覺。而當客戶發覺自己可以在業務員面前暢所欲言地表達自己的要求和意見，並得到真誠的傾聽時，他們首先會感到內心需求被滿足，也會因此獲得自信和關愛感，進而讓他們對業務員及他的產品更為關注。

　　可見，對於業務員來說，做一個好的聆聽者，不僅能為全方位地瞭解客戶，還能引起客戶的關注和傾心。我們可以這麼說，業務員在銷售時一定要當個好聽眾，只有抓住客戶的心，才能抓住客戶的注意力，進

而使之關注到你的產品。所以在銷售過程中，業務員在培養好口才的同時，還要學會傾聽，做一個盡責的聆聽者。

想要贏取客戶的信任和傾心，業務員不僅要掌握傾聽的技巧，還要盡可能地保持正確的傾聽禮儀，向客戶展現出銷售人員應有的素質和涵養。

那麼，在銷售過程中，業務員需要掌握哪些傾聽禮儀？

1. 集中精力，認真傾聽

業務員認真傾聽客戶談話，是實現有效溝通的關鍵，也是傾聽的第一步。在購買產品時，沒有哪個客戶願意與無精打采、心思散漫的業務員談生意。所以，在傾聽客戶談話時，業務員就要盡可能地做到認真、專心，以表示對客戶談話內容的重視和關心。

2. 及時總結歸納客戶的觀點

在傾聽客戶談話時，業務員切勿一味地接受資訊，還要及時將這些客戶資訊加以整理和總結，並在適當的時間點回應給客戶，以檢視傾聽效果，避免歪曲或誤解客戶觀點的情況發生。此外，這種及時地回饋也會讓客戶有受重視的感覺，進而使之更願意發表意見，傳達他內在的需求。

3. 不直接反駁客戶的觀點

在你傾聽客戶談話的過程中，難免會聽到客戶提出的觀點與你的想法不盡相同，甚至有失偏頗。此時，你切勿為了想證明所謂的「真

理」，而直接反駁客戶的觀點，要知道，沒有一位客戶會願意接受業務員的糾正和反駁。

當你的銷售工作因為客戶的觀點而受到影響時，你就需要運用一些巧妙的技巧提醒客戶。在一般的情況下，你可使用提問的方式來引導客戶調整話題方向，使談話朝著有利於你的方向進行。

4. 不隨便打斷客戶的談話

在與客戶洽談時，隨便打斷客戶的談話是一種非常不禮貌的行為。當客戶正說到興頭上而被打斷時，將會大大減少他們的談話熱情。如果客戶正好情緒不佳，那無疑如同火上澆油，使客戶更為惱火。所以，業務員最好不要隨便接話或插話。

在傾聽客戶談話時，業務員不妨給予簡單的回應，如「嗯」、「是嗎」、「是的」、「好的」、「對」等等，以表示對客戶談話內容的關注。

16 喜歡你的客戶

知名成功學大師金克拉（Zig Ziglar）也說過：「優秀的業務員總是讓自己成為客戶的朋友，站在朋友的立場來為客戶的利益著想，為客戶的問題尋求解決方法，這才是一個業務員在和客戶交談中應有的位置和態度。」在銷售過程中，業務員要想與客戶交朋友，就得向客戶敞開心胸，使客戶感受到你是一個值得讓人信賴的人，如此才能取得客戶的認可。

1. 打破彼此間的「心牆」

客戶在與業務員初次見面時，內心都會有一面「心牆」，這是每個人都會有的自我保護，只有隨著雙方談話的深入和互相瞭解的增多，這面「心牆」才會逐漸消退。所以，業務員在和客戶交談過程中，要想獲得客戶的信任，達成最後的交易，就得先把自己的「心牆」摧毀，然後再將客戶的「心牆」推倒。

多數客戶對業務員都有一種潛意識的警戒心，這不足為奇。有知覺的動物，對陌生總是心存恐懼。一隻小鳥靜棲在枝枒之間，稍有怪異之聲，便毫不猶豫地展翅飛去，這就是對陌生的聲音產生恐懼，為躲避恐懼而飛而遠之。人亦如此。不速之客突然來訪，是善意還是惡意？在還未弄清楚狀況前，當然會心存警戒，甚至擺出排斥的態度。作為業務

員，要理解客戶的這種反應，不僅如此，還要做到將客戶心中的障礙消除，如此，客戶才會放心與你接觸，進一步交談。當然，業務員要打破客戶的「心牆」也要講究一些小技巧：

◇ 在說話方式上，激烈的語氣、假意討好、自吹自擂、打斷話題、挖苦客戶……這些都是不可取的。面對客戶的拒絕和排斥，業務員可提出對其有利害關係的問題，以激起對方的興趣，再運用輕鬆的方式來塑造氣氛。

◇ 業務員要重視與客戶寒暄的方法。交談是從心靈開始著手的，唯有打動客戶，才能順利成交。

◇ 為使客戶消除戒備心理，業務員可送客戶一些小禮物、紀念品等，同時也要注意觀察客戶的反應，以便瞭解其內心真正的想法。

許多業務員之所以屢屢失敗，就是因為他們不知道要先解除客戶的警戒心理，一味地講自己的產品如何好、對客戶的幫助如何大。孰不知，倘若客戶不信任你，即使你介紹的產品再怎麼好，也很難銷售成功。

2. 善於與客戶心靈溝通

優秀的業務員都是朵「解語花」，能知道、明白客戶的心，善於和客戶進行心靈溝通。其實，客戶也是普通人，也有自己的歡樂、家庭瑣事、對錢的憂慮以及工作上的問題等等。所以，業務員在與客戶溝通時，一定要站在客戶的角度，真正替他們考慮，也只有這樣，才能實現與客戶的心靈溝通。

觸龍說服趙太后的故事我們都聽過，觸龍之所以能說服趙太后，除了他過人的機智，巧妙話術之外，更重要的是他的「以情動人」，說到了趙太后的心窩裡。

觸龍借助人之常情，打開了話題。作為一名忠心的老臣，關心君主，實屬常情。尤其是此時的趙太后，其心情可以說是沮喪到極點，而一些大臣卻又在一旁進行強諫，更令人氣惱。此時觸龍的問候，怎能說不是一番真情流露呢？所以，觸龍從親情方面引起太后的注意的。父子人倫，關懷有加，實是常理。

最後，觸龍說：「他們當中，禍患來得早的就降臨到自己頭上，禍患來得晚的則降臨到子孫頭上。難道國君的子孫就一定不好嗎？這是因為他們地位高而沒有功勳，俸祿豐厚而沒有勞績，占有的珍寶卻太多了啊！現在您把長安君的地位提得很高，又封給他肥沃的土地，給他很多權力，卻不趁現在這個時機讓他為國立功，一旦您死了，長安君憑什麼在趙國站住腳呢？我認為您為長安君打算得太短了，因此我認為您疼愛他不如疼愛燕后。」觸龍的這一番非常真誠，才勸服了固執的趙太后。

其實，說服太后的目的，既是為了趙太后，也是為了長安君，更是為了整個趙國。從表面上看來，觸龍絲毫沒有搬出為趙國百姓著想的長篇道理，只是從長安君的長遠之計著想，從趙太后的角度出發，其實真正受益的不是整個趙國的百姓嗎？一旦戰爭的狼煙燃起，最後受苦受難的還不是老百姓嗎？

業務員與客戶溝通時也要學習觸龍，介紹客戶購買產品時要以客戶的角度出發，讓客戶明白自己不是在推銷產品，而是在幫助他解決問題，讓他明白他為何需要你的產品。切勿讓客戶覺得你只是為了賣產

品、為了完成銷售任務才來推銷的。

3. 尋找共同點是前進的突破口

在一般的情況下，業務員能與客戶坐下來交談，需要有一個共同點，這個共同點就是──購買的關鍵。業務員拿什麼去和客戶交心，除了「共同點」，也就是共同語言、共同心理訴求之外，還有什麼更好的嗎？

其實，尋找共同點是業務員和客戶溝通時常用的交流方式，業務員可以透過提問來瞭解彼此之間的共同點。比如：「王總，最近花市正舉行花展，不知道您去看過沒有？」「去了，我女兒特別喜歡逛花市。」客戶的回答表明他對花市還是有所關注，業務員此刻就可以將花市作為你們共同的關注點。當然，你還可以趁機與客戶聊有關他女兒的事，相信客戶也會就此打開話匣子。

如果客戶對你所說的話沒什麼興趣，那你更要用心去聆聽客戶想說什麼，去引導或挖掘客戶說出他所感興趣的事情。比如：「王總平時都喜歡什麼運動呀？」「李經理，您平常有投資股票嗎？還是選擇其他理財方法呢？」

課後自我評量

☐第一眼就能留給客戶好印象。

☐明白開口第一句話僅在於打開客戶緊閉的心門。

☐說出第一句話就讓客戶開啟心門。

☐能在第一時間就抓住客戶的注意力。

☐認同每個客戶都是「好咖」，沒有先入為主的偏見。

☐頭腦靈活，任何話題都可以牽到自己銷售的產品。

☐你真心將客戶視為朋友，了解並關心他們的需求。

☐懂得用語言、表情、動作展現你的真心誠意。

☐你能透過客戶的肢體語言，掌握他們的心理。

☐隨時保持微笑，讓客戶感受到你的親和力。

☐以「我喜歡你」的心情與客戶握手。

☐開場白之後就能從客戶感興趣的話題下手。

☐能與客戶的興趣、情緒同步，透過「搏感情」來取得訂單。

☐能像讚美家人、朋友般地讚美你的客戶。

☐能專心聆聽客戶的發言，從中探知客戶的想法，進而掌握銷售切
　入點。

☐ 能設身與地為客戶著想，滿足他們的需求及期待。

☐ 做到客戶心目中物超所值的業務員。

＊已確實做到的請打「∨」，沒做到的請隨時提醒自己加強改善。

**How to Make A Deal
by Perfect Eloquence**

How to Make A Deal
by **Perfect Eloquence**

Chapter
3

學分三
讓客戶愛上你的產品

產品是決定銷售是否成功的重要因素。

在產品日益同質化的時代，產品之間的差異越來越小，

但仍有客戶對某品牌的產品情有獨鍾。對業務員來說，

如果能使客戶從感情上喜歡上自己的產品，

這樣一來，銷售工作也就會變得容易得多。

Lesson 17 介紹產品要有感染力

在銷售過程中，每個業務員都希望自己的聲音清晰響亮、圓潤甜美，並有一定的魅力，然而在實際工作中，並非人人都能做到這一點。特別是在向客戶進行產品介紹時，由於缺乏與客戶的互動，很多業務員的聲音乾澀、語調平淡，客戶如何感受到產品的魅力呢？即便業務員掌握了豐富的產品知識，也無法有效地傳達給客戶，讓對方明白這樣產品是值得購買的。所以說，掌握一定的發聲技巧是非常必要的。

一位音樂家曾說：「聲音是聽得見的色彩，色彩是看得見的聲音。」每個人的聲音或色彩各不相同，其中有先天因素，也有後天因素。但經由規範的訓練，則可以有不同程度的提升。相信大家對《動物世界》這個節目都不陌生，主持人趙忠祥的聲音有著一種磁性的美，聽他的解說，即便我們不看電視畫面，彷彿也能感受到大自然，這是一種極大的享受。

Case Study

一家工廠要為行政人員訂購一批春、秋上衣，A服裝廠的小李帶著樣品找到了辦公室主任韓小姐。韓小姐看了所有的服裝款式，最後拿著一款純棉襯衫詢問小李：

「這件襯衫是純棉的嗎？」

「是的，主任，這是純棉的。」小李面無表情，有問有答。

客戶：「純棉的穿起來倒是舒服，但是會不會褪色或者縮水呀？」
業務員：「不會，這款衣服挺好的，從來沒出現過這種情況。不過您在
　　　　洗的時候也要注意……（一氣呵成地介紹完保養知識）」

分析

　　很多業務員或店員都會犯這樣的錯誤：就是對待客戶不冷不熱，以至於他們在介紹產品時過於呆板，打動不了客戶，而當客戶有異議時，也只能說：「這款產品很不錯」或「不會出現您說的問題」等等。致使很多時候，客戶明明已經對產品有了興趣，但是看了業務員的態度或聽了業務員的介紹，反而打消了念頭。就以上的情景，業務員可以這樣回答客戶的提問：

正確做法

客戶：「這件襯衫是純棉的嗎？」
小李：「是的，主任，您真有眼光，這就是純棉的，穿起來非常舒
　　　服。」業務員微笑地看著客戶，眼神充滿了對客戶正確判斷的
　　　肯定和稱許。
客戶：「純棉的穿起來倒是舒服，但是會不會褪色或縮水呀？」
小李：「（依然保持微笑）主任，一看您就是識貨的行家，的確像您
　　　說的，很多純棉的衣服會褪色、縮水，但是您放心，這款衣服
　　　我們今年一個季度就銷售了二千多件，從未出現客戶反應過這
　　　種情況。您仔細看看這種純棉材質（將衣服拿近，和主任一起
　　　仔細觀察），是採用特殊工藝處理過的，有普通純棉衣服的舒
　　　適性，但卻不會縮水、變形。」
當客戶認可後，再簡單地向其介紹衣服清洗時的注意事項。

業務員在向客戶介紹產品時，一定要講究技巧，切忌說話沒有高低、無快慢之分，沒有節奏與停頓，生硬呆板。無論是產品解說還是與客戶面對面地介紹產品，業務員都要聲音宏亮、節奏鮮明、言情並茂，掌握了這些說話技巧，再加上你自己本身豐富的產品知識，一定能順利地征服你的客戶。

具體來講，業務員要讓自己在介紹產品時言情並茂，就要做到以下幾點：

1. 聲音洪亮，面帶微笑

無論業務員的外在形象如何，在進行產品介紹時，聲音都要洪亮，中氣要足，語速自然，面帶微笑，總之，彬彬有禮而大方得體，不過分殷勤，也不要拘謹或過分謙讓。

很多業務員在面對客戶時，說話聲音較小，甚至有些低沉、沙啞，這不但讓客戶很難聽明白你說話的內容，同時也會給客戶留下一個不好的印象。遇到這種情況時，首先要知道你的聲音是否天生就是低沉，還是你自己比較害羞，沒有自信？然後再具體採取相應的改善方式：

◇ 天生低沉：如果你的聲音是天生低沉可以經由後天調整訓練，比如和朋友們一起去唱歌，大聲唱，別在乎是否走調；或每天

早晨起來獨自一人在書房或在公園裡讀報紙，這樣不出一個月，你說話的聲音就會變得大多了。

✧ **害羞，沒有自信：** 如果你的聲音低沉是因為個性比較害羞，沒有自信的話，那就鼓起勇氣告訴自己：不要把別人的優點拿來和自己缺點比較，告訴自己向客戶推薦產品時，是在幫助他們解決問題，客戶會因而感激你。有了這樣的觀念，再進行以上的練習，你就能很快擺脫面對客戶說話聲音小的困擾了。

「微笑」是世界上最好的語言。在說話聲音洪亮的同時，業務員別忘記將你的微笑掛在臉上，因為它不僅能打動客戶的心，塑造你的形象，有時還能化解矛盾。

2. 抑揚頓挫、節奏鮮明

著名口才大師邱吉爾（Winston Churchill）在他的一篇口才論文中，曾把「節奏」列為口才的四大要素之首。而語調是人流露真情的視窗，語調的抑揚頓挫則傳達了一個人的感情與態度。在與客戶洽談時，輕柔舒緩、委婉溫和的語調及合宜的語速能很快地縮短業務員與客戶之間的距離，吸引和感染客戶。

很多業務員由於心態較急，在向客戶介紹產品時節奏過快，沒有抑揚頓挫，導致客戶無法聽懂他所要表達的意思；還有些業務員則因性格較為內向，說話語速過慢，停頓間隔時間較長，向客戶介紹產品時，根本無法引起客戶的注意，這都是業務員要特別注意的地方。

在向客戶介紹產品時，業務員可藉聲音的強弱、呼吸的急緩、音調的高低、節奏的快慢等營造不同的氛圍，或慷慨激昂、或激情奮進，進

而將以聲傳情作為提高銷售口才、吸引客戶的重要手段。

3. 適當運用肢體語言

業務員在向客戶介紹產品時，還要適當地運用肢體語言（有關肢體語言的詳細情況我們在前文已有詳細介紹），但是這時業務員用到的不是我們前面所介紹的握手、鞠躬、點頭等等，而是一些恰當的手勢。

我們每一個人在平時說話時都會有不同的手勢，而這些手勢有的能幫助我們表達，具有加分作用，有的卻令人討厭，洽談生意的過程中亦是如此。在向客戶介紹產品時，業務員的手勢一定要運用得當，以使客戶感覺到舒服，這樣才能為你的形象加分。以下三種手勢是業務員禁用的：

◇ 講話時，勿以食指點指客戶，這樣會讓客戶非常反感。

◇ 講話時，不亂揮舞拳頭，這是不禮貌的行為。

◇ 講話時，手臂不要交叉放在胸前，這會讓客戶感覺你並不願與他多多交流。

總之，言情並茂是業務員具備良好口才的標誌。業務員說話的目的就是要打動客戶，而打動人心者，莫先乎「情」。所以，要想成為一名出色的業務員，在向客戶介紹產品時，就一定要言情並茂，才能感染客戶、感動客戶，進而實現成交。

18 客戶聽了會想買的產品介紹

Lesson

作為業務員，在銷售過程中最重要的是把產品賣出去，而銷售產品的第一步則是向客戶介紹產品。那麼，該如何介紹產品，才能引起客戶的興趣呢？這就需要業務員有「老王賣瓜，自賣自誇」的本領了。

業務員要想在介紹產品時讓自己的語言有條理、有節奏，使客戶聽起來既清晰又舒服，就要掌握介紹產品的一些基本步驟。

Case Study

天恒商貿公司是一家經銷辦公設備的貿易公司，為了向客戶展示新產品，公司常不定期地舉辦展示會。這次的展示會，公司邀請了兩百多名客戶參加。剛到職兩個月，還未有業績的小唐好不容易邀請到客戶李科長參加。

李科長依約來到了展示會場，但在流覽產品的時候，他並無意願購買小唐平時介紹的那款機器，反而站在另外一款新型號前左看右看。小唐見狀道：

「李科長，您對這款機器感興趣？」

「嗯，是的。這款的功能好像更多。」李科長說。

「基本上差不多。這款機器是剛上市的，目前的價格是12000元……」

「哦，那這款機器的輸出速度是多少？」李科長問道。

「輸出速度是每分鐘16頁，跟我之前介紹的那種一樣。」小唐有問必答。

「這是哪個型號呢？」李科長問。

「××品牌的0202型號。」小唐答道。

「哦……」

分析

　　如果客戶真心想購買某一產品，那麼，他一定會盡可能想知道多一點有關此類產品的資訊，尤其是在購買價格比較高的產品，更是如此。所以，業務員一定要能掌握所有產品的詳細資訊，並且有步驟、詳細地介紹給客戶。可以看出，小唐為李科長介紹新機器時完全不是有步驟、有順序地進行，整個狀況都是客戶問，小唐答，對於小唐來說，這是非常被動的地位，會嚴重影響客戶對產品的積極性，進而影響成交機率。

正確做法

　　「李科長，您對這款機器感興趣？」

　　「嗯，是的。這款的功能好像更多。」李科長說。

　　「兩款機器的功能其實都差不多。這款機器是××品牌的0202型號，目前的價格是12000元，在去年十月份剛剛上市，銷售情況非常不錯。這款機器與之前我給您推薦的那款相比，區別在於：這款0202型號的機器……；那款機器……」

　　「聽了你的介紹，我覺得這款機器也不錯。」李科長說。

　　「是的，您也可以把這款機器作為您的備選機型。」小唐微笑地回答。

　　「嗯，是的……」李科長說。

有步驟、有順序的產品介紹，會讓客戶感覺到你的專業，不僅如此，你所陳述的有關於此產品的特點和優勢也會很自然地被客戶接受。因為在整個的產品介紹中，你是處於主動的地位，客戶的思維已被你的語言所牽著走，而你也完全占據銷售優勢。

其實，很多業務員對產品的資訊都非常瞭解，無論是基本特徵還是產品優勢，他們缺少的只是——如何把這些產品資訊有步驟、有條理地介紹給客戶。以下列出介紹產品時的步驟，請依序演練。

第一步：介紹產品的基本特徵

如果銷售百分之九十五靠的是熱情，那剩下的百分之五靠的就是產品和知識了。光有熱情，卻對所銷售的產品知識不瞭解，那也無濟於事。所以，業務員必須熟知產品的基本特徵，並且能在為客戶講解時流暢地表達出來。產品的基本特徵包括——產品名稱、型號、價格、產地、性能等等，只有將這些資訊介紹給客戶，客戶才會對你的產品有一個最基本的瞭解。

第二步：介紹產品的優勢

現在是產品豐富化的社會，可以說，任何一種產品都有競爭對手。當然，客戶之所以選擇購買某種產品，首先是他有這方面的需求。但面對眾多的同類產品，如何讓客戶選擇你所銷售的呢？這就需要業務員把自己產品的優勢毫不保留地展示給客戶。

產品優勢是業務員為客戶介紹產品時最為關鍵的資訊，也是產品介

紹步驟中最重要的一步。只有讓客戶認同了你的產品優勢，才能激發其購買力，慢慢培養出品牌忠誠度。那麼，一個產品的優勢主要展現在哪些方面呢？

▶▶ ⑴ 品牌效應

隨著人們品牌意識的提高，客戶越來越重視產品的品牌知名度。但這並不表示你所銷售的品牌知名度越高，其成交率也就越高，因為品牌知名度高，相對地，價格也就高，而高價格並不是每位客戶都能接受的。現在的客戶在選擇產品時都比較理智，通常是「只選對的，不選貴的」，所以，針對不同的品牌，業務員要以不同的方法去說服客戶：

✧ **成熟的一線品牌**：這種品牌幾乎人人皆知，所以，業務員在向客戶介紹時，就不用刻意強調該品牌的知名度，而要將重點放在口碑、品質、服務等這些由一線品牌所帶來的附加價值。比如：「先生，××牌子的電腦是國內第一品牌，您買了這款電腦，品質絕對可以掛保證，如果使用了一段時間有問題，一通電話，我們就會替您服務到家。」

✧ **二線品牌**：由於品質穩定、價格合理，通常比一線品牌的銷量高出很多，業務員在介紹這類產品時，應著重在強調產品的功能價值。比如：「先生，這款車省油、內部空間大、內裝也齊全，功能價值非常高，在近兩年的普及車銷售排行裡，每年都排前三名。」

✧ **不知名品牌**：客戶通常會對不知名品牌有一種排斥心理，沒有聽說過的，多半不願嘗試購買，這是很正常的心理。業務員在

遇到這種情況時，一定要尋找各種論證，以證實你產品品質的穩定性、售後服務有保障、價格優惠等。比如：「小姐，您看，這是我們化妝品的品質合格證書，獲得歐美等國的國際認證，還有這個，是著名影星×××為此產品做的代言，即將在下週的電視廣告中露出。」

總之，品牌是業務員在介紹產品時一定要面對的問題！無論你所銷售的產品的品牌知名度是高是低，你都要熱愛它，更要熱愛自己的產品，這樣你才能充滿熱情地去向客戶進行介紹。

▶▶ ⑵ 價格優勢

購買產品時，每個客戶都想以最少的價錢買到最好的產品，所以，如果你銷售的產品在價格方面有較大的優勢，一定要將其作為重要的賣點介紹給客戶。

較之其他同類產品，即便你的產品不具價格優勢，「價格」也會成為客戶是否購買的一個關鍵要素。所以，如果客戶認為你的產品價格相對較高時，業務員就要引導客戶不要只關注價格，還要關注品質、服務等附加價值。

要想把產品的價格優勢毫不保留地介紹給客戶，就要在瞭解自己產品的同時，還要能掌握其他同類產品的資訊，以便進行比較，透徹分析產品的設計、品質等與同類產品之間的差異，向客戶說明購買你的產品背後的價值遠大於購買其他產品，進而引導客戶正確看待價格的差異。

▶▶ ⑶ 特殊優勢

除了品牌和價格優勢，業務員還要跟客戶講明與同類產品相比，自己的產品在設計、品質、外觀等方面的優勢，尤其是產品所具備之新功能，更要著重說明。這是因為客戶都有好奇心，對新穎、獨特的產品多半會眼睛為之一亮，因此業務員一定要能把握客戶的這種心理，及時說服客戶購買你的產品。

第三步：介紹產品所能帶給客戶的好處

美國首屈一指的潛能開發大師博恩‧崔西（Brian Tracy）說過：「銷售不是推銷產品，而是銷售產品帶給客戶的好處。」的確，在和客戶洽談時，陳述產品給客戶帶來的利益和好處，是一個專業業務員所必備的技能。業務員可經由以下兩種方法實現：

▶▶ ⑴ 認同，並重複客戶的需求

專業的業務員，會在客戶的片言隻語中，迅速掌握到客戶需求，並以一種肯定的語氣來重複這種需求。此時，通常要給客戶一種心理暗示：我們的產品可以滿足您的需求！

業務員：「汪先生，您對筆記型電腦的訴求是速度快、容量大、能處理圖片，而且方便攜帶，是這樣的嗎？」

汪先生：「是呀！我就需要一台這樣的電腦，你這裡有嗎？」

▶▶ ⑵ 用產品的利益滿足客戶的需求

業務員在確認客戶的需求以後，就應該以產品的特徵或利益來滿足客戶的需求。以上述那位電腦業務員為例：

業務員：「汪先生，您看這款電腦，它採用Intel Corei5處理器，硬碟是640GB的容量，您可隨意處理或儲存圖片，此外，它的體積小，重量輕，非常方便攜帶，而且還具備無線上網功能，縱使在飛機、火車上，您也可以E-MAIL和外界聯繫，滿足您戶外辦公的需求。」

汪先生：「太好了，我可以仔細看看嗎？」

很顯然，客戶已被業務員的介紹所吸引，並產生極大的興趣，所以才會進一步要求仔細看看。也就是說，業務員為客戶介紹產品的利益點已被客戶接受了。

在介紹產品為客戶所能帶來的利益時，業務員要注意，切忌！勿誇大產品的功效，更不要無中生有，欺騙客戶。對待客戶一定要誠信，這樣你才能和客戶成為朋友，才能在銷售的道路上走得長且久。

第四步：介紹產品的售後服務

在銷售界中有這樣一句話：「業績的百分之八十是由百分之二十的長期客戶帶來的，如果喪失了這百分之二十的長期客戶，業務員則將喪失百分之八十的市場。」這句話告訴每一個業務員，要想在銷售界站穩一席之地，得以長久地發展，不僅需要優質的產品，還要做到完善的售後服務。

現在的客戶都會對自己所買的產品有無售後服務，售後服務的期限、態度以及優勢等等，考慮得非常全面。因此，即便是業務員在前幾步產品介紹時涉及到了這一點，但是在最後這個步驟依然要特別強調，才能使客戶放心地購買。

總之，業務員在向客戶介紹產品時，不僅要說得動聽，更要說得有系統，如此才能使客戶深入瞭解產品，才能一步步地征服客戶。

Lesson 19 這樣介紹更有效

業務員的魅力就在於能否說服客戶購買自己推銷的產品。業務員在推銷產品時，不僅靠「能說善道」，還要靠業務員的誠心，靠產品本身的效用。所以業務員在向客戶介紹產品時，除了介紹產品的基本說明外，還要能靈活運用業務員的口才魅力，這樣成交的機率會更大。

1. 舉例說明法

舉例說明是業務員常用的一種說服客戶的方法，業務員可利用一些具有名氣、有影響力的人來增加產品的吸引力和可信度。有時甚至可以省去最直接的產品介紹，藉由他人的購買，就能使客戶輕鬆接受你所銷售的產品。

小關是一位汽車業務員，他習慣在公司的銷售記錄中蒐集一些有影響力的客戶，把這些人及其買的車型一一記錄下來，每天都隨身攜帶這份名單。

一天，一個多月前來過的劉總又來了，小關高興極了，他清楚記得劉總中意的是一款NISSAN車，他之所以沒買，是因為他嫌價格太高。

劉總環顧四周地說：「我上回看中的那輛還停在那裡，有沒有人訂下來？」

「哦，那輛車啊，很多客戶來了都要看上幾眼，好車嘛，一般人哪

買得起，它正等著劉總您呢。」小關微笑地說道。

　　小關趕忙取來鑰匙，貼心地打開車門，說：「劉總，這麼好的車，您應該親自駕駛一下，您才能感受到它的不同凡響。」

　　試了車，劉總更加滿意了，但仍覺得價格太高。

　　劉總說：「這車子確實不錯，但價格上能否再優惠些，還是我要換一輛價格低一點的？」

　　小關心裡明白，換車只是劉總討價還價的開頭。

　　小關馬上說：「這車價格是高了點兒，但物有所值，它確實不同一般！劉總您可是做大事業的人，開了它，多做兩筆生意，不就成了！」

　　小關接著說：「對了，劉總，××公司的林總您認識嗎？他之前也在這買了一輛和這款一模一樣的車，你們可真是英雄所見略同呀！」

　　「哦，林總他買的也是這輛車？」劉總眼前一亮。

　　「是真的！林總挑的是黑色，劉總您看您要哪種顏色？」

　　「哦，就那個紅色吧，看起來很有活力。」劉總拍了車，就這麼決定了。

　　在應用舉例說明時，業務員要記住，在敘述他人曾購買時，不能脫離銷售產品這個主題，否則不但起不了應有的作用，還會給客戶留下不好的印象。此外，還要注意舉例不能隨意亂說，應實事求是。

2. 激將法

　　俗話說：「嫌貨人才是買貨人。」在銷售過程中，有時候業務員越幫客戶挑剔產品，客戶就越是忍不住想購買，正所謂「請將不如激將。」有些客戶在心裡早已接受了某種產品，卻仍在口頭上挑三揀四，

其實這種情況通常是客戶想透過挑剔的語言迫使業務員感到心虛，進而取得價格上的優惠。所以，業務員不要怕挑剔的客戶，因為往往這種客戶成交的可能性最大。

李國強是一名印表機業務員。有一次和一位辦公室經理談印表機生意。那位經理確實有意願購買，但卻擔心他的上司會反對，於是這樁生意一拖再拖，毫無進展。李國強再三與之聯繫，並且為那台過時的大型噴墨印表機爭得面紅耳赤，然而這一切都沒有用。

後來李國強弄清楚了，決定利用他的驕傲去消除客戶對上司的恐懼。於是當李國強再一次拜訪他時，故意拍了一下他的大型噴墨印表機，以全辦公室的人都聽得見的聲音說道：「T型福特！T型的！」

「你說『T型』是什麼意思？」那位經理問道。

「沒什麼，T型福特是過去盛極一時的汽車，正如你的大型噴墨印表機也已成為今日的怪物！這麼舊的機型真是少見」李國強說道。

這樣的說法觸動了那位經理，他坐在那裡陷入沉思。兩天後，他打電話給李國強表明，他想買雷射印表機換掉原來那台老機器。

「激將法」除了能有效防止那些「準客戶」過分砍價之外，在面對一個做事拖拖拉拉、猶豫難以下決定的人時，用這種方法也十分有效果，尤其是說一些具刺激性的嘲諷話，對於那些妄自尊大、傲慢固執的人能發揮一定的作用。

3. 實際示範法

俗話說：「百聞不如一見。」運用實際示範法等於直接讓客戶眼見產品的效用、優點及特性，相較於空泛的語言介紹，這種效果會更直

接，更有震撼力，有時業務員還可請客戶一同參與，因為客戶更相信自己的感受。

小文一次去拜訪某出版商，開始介紹自己的產品時，話未說到一半，客戶便表示：「你應該到文字排版公司去一顯身手，因為他們才是你們真正的客戶。」很顯然，這只是客戶的應酬話。

小文聽了以後立刻拿出手中的王牌說道：「先生，您的美編告訴我，她現在使用的排版軟體的配備很完善，但操作起來指令太複雜，畫一張圖表至少就要花半小時。她還說，若是製作圖文書，會是做文字書所耗費時間的五倍。這就是排版軟體影響了她的工作效率。這對您來說是多大的損失，您說是嗎？如果貴公司使用我們公司的主推的軟體，美編小姐就省力多了，而公司的業績自然也會大幅提升，您難道不願意嗎？」

老闆立即撥內線請美編人員進來。老闆指著小文帶來的筆電問：「這款軟體確實不錯嗎？它是不是比妳現在用的那一種容易操作？」

「噢，是的，絕對沒錯！」美編人員回答。小文站在一邊，美編人員立即按照三周前小文教她的方法進行圖文編排。老闆看著美編的速度確實快了很多，於是當下就做了決定，小文也因此得到了訂單。

生動地描述與說明，加上產品本身的魅力，更易使客戶產生購買的欲望。所以，在對產品實際示範中，業務員要特別注意展示的步驟及客戶的反應，要抓住機會，以爭取更多客戶的信任。

總之，業務員不僅要熟知產品的基本功能、特性、優點等等，還要能將你所知道的種種介紹給客戶，取得他們的認同和滿意，最後使其購買，如此一來，你的介紹才算成功。

Lesson 20 介紹產品宜揚長避短

　　任何產品都不是十全十美的，於是有賴於業務員在向客戶介紹產品時揚長避短，成功抓住產品的優點，突顯產品的長處，並以此來淡化產品的劣勢。如果業務員無法以產品的優勢和價值打動客戶，與客戶的交手時便會顯得較為被動了。

Case Study

　　超市裡，客戶拿著一個罐頭對銷售員說：「你們這裡的東西似乎比別的地方都貴。」

　　售貨員不高興地反駁道：「怎麼會呢？在本市這種罐頭我們的售價是最低的啊！」

客戶：「你們這裡的青豆罐頭就是比別家的貴十元呢！」

售貨員：「哦，你是說B牌的吧，那是次等貨，品質不好，我們已經不再進貨了。其實，吃的東西要選好一點的，一些貴婦們也都愛買這種牌子的，豆子色澤好，味道也好。」

客戶：「那還有沒有其他的牌子？」

售貨員：「有是有，不過都是一些中下等的牌子，我拿給你看看。」

　　客戶面帶慍色地說：「算了，我不要了。」

分析

　　客戶在嫌棄產品的價格貴是常有的事。上述售貨員的做法顯然不妥當。他的言語給客戶的感覺是——便宜貨就是次等貨、窮人才會買便宜貨。這樣會讓客戶感覺很不舒服，更不會想買你的產品。

　　當遇到這種情況時，售貨員應讓客戶感覺到——這種產品雖然有些美中不足，卻是最適合客戶的。如果客戶嫌產品的價格貴了，售貨員就不要強調什麼有錢人都買這個品牌，應改說：雖然這牌子的價格有點貴，但品質有保障，而且味道非常好。假如客戶還是不接受，就再推薦其他物美價廉的產品。以下這位售貨員就彌補了上述售貨員的不足：

正 確 做 法

　　另一名售貨員看到這種情況，立刻走上前去對客戶說：「您不是想買青豆罐頭嗎？我來介紹你一款既便宜又好吃的產品。」

　　接著，業務員拿起罐頭說：「您剛才提的青豆罐頭，因為品質不太好，所以下架。我手中的這種牌子是最新出品的，而且這一瓶的量比其他產品多一點，味道也不錯，很適合一般家庭。價錢方面，比您說的那種貴五元。而剛才另一名業務員拿的那一種，色澤是好一點，但多半是餐應用，而且他們公司的廣告大，所以定價相對高些，反正羊毛出在羊身上，家庭用就不划算了。」

客戶：「家裡用的，色澤稍差一點倒也無所謂，只要品質有保障就行。」

售貨員：「品質方面，您大可放心，您看，罐頭下面有衛生署檢驗合格的標誌。」

客戶：「那我就先買一瓶嚐嚐。」

　　這位售貨員懂得突顯自己產品的長處：罐頭的容量比他牌多，品質有保證，但價格卻適中。客戶對售貨員將產品分析得頭頭是道，而且能從客戶的角度考慮，所以他們不但對產品放心，對這樣的售貨員也放心。

1. 揚產品所長

　　向客戶介紹產品時，如何使客戶認可你的產品？答案是：一定要揚產品所長，即提出產品的優勢來說服客戶。但是，在「揚長」的過程中，業務員還要注意以下幾點：

▶▶ ⑴ 突顯，但不誇大長處

　　每個產品都有自己的優勢和缺點，業務員應抓住產品的優勢，讓優勢展現在客戶面前，但不可過分誇大，要實事求是。有關於這一點，我們將在後面的內容中詳細介紹。

　　「的確，這個產品的牌子並不知名，但它的優點卻是最適合你的，其省電功能可讓你盡情使用三天，根本不必擔心會耗多少電，此外，它的價格也比同類產品便宜得多，這麼超值的產品，不買就太可惜了？」一名手機業務員如是說。

　　「我們的產品和服務向來是有口皆碑的，優異的性能再加上熱忱負責的服務，您使用起來會更方便舒適。」一名空調業務員如是說。

▶▶ ⑵ 不要一味強調長處

業務員在銷售產品時，要針對客戶的實際需求來展開說服攻勢。如果只是一味地向客戶介紹產品的優勢，而不考慮到客戶的需求，那麼，客戶也不會聯結到這個產品對自己有什麼用途。比方說，客戶堅持要一款省油的汽車，你卻一再強調你的汽車內裝好、空間大；客戶要一款操作簡單的微波爐，你卻一再強調你的產品功能有多齊全。

正確的方法是——業務員在介紹產品之前，要巧妙詢問、認真聽取客戶的需求。如果客戶的需求與產品的長處一致，那麼，你就可以將自己產品的優勢適時地表現出來，並強調這款產品非常適合客戶，簡直就像為他量身訂做；如果客戶的需求與產品的長處相悖，那麼，你則要委婉地說服客戶，讓他明白：你的產品在他所堅持的需求上，雖不具備很強的優勢，但也可以滿足他的需求，不但如此，你的產品在其他方面還有卓越的表現。

某家電商場中，一位購買冰箱的客戶對銷售人員說：「我家的冰箱預計要放在客廳裡，所以想要找靜音型。A牌冰箱和你們賣的這款冰箱是同一類型、同一規格、同一等級，但噪音卻小得多，製冰速度也比你們快，看來，還是A牌冰箱好。」

這時銷售人員爽快地回答說：「是的，您說的不錯，我們的冰箱噪音是大些，但仍在國家標準的範圍之內，不會影響家人的健康。我們的冰箱製冰速度雖然慢了點，但耗電量卻小得多。以外，我們的冷凍室很大，能貯藏更多的東西，夏天時，可以容納很多冰品，想什麼時候吃都行。再說，在價格上，我們的冰箱要比A牌冰箱便宜2000元，保固期也長一些，並且還提供到府維修的服務。」

結果，客戶買下了冰箱。

上述案例中，業務員用「省電、冷凍室容量大、價格便宜、保固期長、維修方便」五種「長處」，彌補了自己冰箱「製冰速度慢、噪音大」的「短處」，因而提高了自己冰箱的整體優勢，使客戶不再執著地想買噪音小的冰箱。假如業務員沒有針對客戶的需求，只是一味地講別家冰箱的缺點，或一味地表明自己產品的優勢，非但不會成交，還會增加客戶的反感。

2. 避產品之短

正如一開始筆者所說的，任何產品都不是十全十美的，在其優點的背後往往隱藏著一些缺陷，那麼，對於這些缺陷，業務員應如何向客戶解釋呢？

▶▶ ⑴ 避短不是隱瞞短處

俗話說，「金無足赤，人無完人。」其實客戶心裡也明白，任何產品都不是完美的，因此，永遠不要把產品的缺陷當作一件「不能說的秘密」，而要把缺陷轉化成另一種長處，或委婉地向客戶說明。在向客戶講述產品的短處時，你不但要做好充分的心理準備，還需準備一套完整的說辭，以應對客戶的提問。

再次強調，避短不是隱瞞短處，而是將短處委婉地向客戶說明，並讓對方接受，甚至讓他們明白，這個產品的缺陷並不會影響到使用情況，甚至還有意想不到的好處。

▶▶ ⑵ 讓客戶坦然接受產品的短處

業務員若將產品的缺點坦白相告，反而能得到客戶的信任，同時客戶也會對產品的品質更加放心。所以，當產品的某項性能無法完全符合客戶的要求時，你不妨將這個缺點當著客戶的面「全盤托出」，然後再想辦法將客戶的眼光引向產品的優勢。如此，客戶便能坦然地接受產品的短處了。

總之，當有多種同類產品可供客戶選擇時，業務員最需要做的就是揚長避短地介紹自己的產品，至於，如何把自己的產品與其他廠家的產品作比較，以使客戶「選我」而「捨他」，靠的就是業務員的銷售技巧了。介紹產品時，揚長避短的學問是需要業務員在工作中慢慢體會，一旦掌握此技巧，洽談業務將會事半功倍。

Lesson 21 切忌過分誇大產品優點

　　向客戶介紹產品是業務員推銷工作的重要環節，幾乎每個業務員都明白產品介紹的重要性。也正因為如此，很多業務員說起產品的優點或好處時，頭頭是道，甚至天花亂墜，一心只想將產品賣出去。換句話說，只要能賣出去，怎麼樣都行。業務員向客戶大談產品是多麼完美，簡直就是完美無瑕的美玉，不少客戶高高興興地買回去，卻大失所望，發現產品並非如業務員所說的那樣，不要說不適合自己，甚至還有非常致命的缺點，試想，客戶還會對你有好感嗎？還會再相信你，再購買你的產品嗎？

　　所以，業務員在介紹產品時，不要過分誇大產品的優點，不然會給客戶過高的期望值，日後若你的產品達不到你所說的優點，客戶便會覺得你是在吹牛，甚至欺騙，這樣一來，客戶對你的產品、對你個人的評價都會大打折扣。

　　在向客戶介紹產品的優勢時，為了避免過分誇大產品優點，業務員需注意些什麼呢？請看以下說明。

1. 介紹產品要客觀

　　美國最負盛名的潛能開發大師博恩・崔西（Brian Tracy）說過：「說盡優點，不如暴露一點點真實。」業務員在介紹產品的時候，要儘

量保持語言的客觀性，如此不但可突顯產品的特性，更容易讓客戶接受。

　　一名業務員說：「前些天電視新聞上說一位小姐買了廉價的化妝品，結果造成皮膚過敏，整個臉都腫了，想想真是得不償失！我們的化妝品是正規廠家生產的，價格雖貴了些，但是有通過國家品質認證的，絕對安全。多花些錢，但可獲得漂亮、安全、健康的保證。」

　　這位業務員說得就比較客觀，既明確表達了自己產品的優點，又提醒客戶不要試圖使用廉價的化妝品。這樣一來，客戶會覺得你很真誠，也更容易接受你的建議。

2. 介紹產品要偏重於益處

　　客戶在決定購買你的產品時，通常是因為你的產品所能提供的好處和益處超出了其他的產品。一般來說，客戶心目中理想的產品所提供的功能多多益善。因此，無論客戶是否需要，你都得將產品的益處一一介紹清楚。比如，在與客戶交談中，以下的這些句子便經常用到：

◇ 「這台洗衣機能為您節省多少水費、電費……」

◇ 「這輛汽車能充分展現了您的身分和地位……」

◇ 「穿上這件衣服會讓你看起來更加時尚、引人注意、也會讓別人覺得你很有品味……」

◇ 「買了這產品，會給你帶來更多的收益……」

◇ 「這汽車上的靠椅會讓人覺得更加安全……」

3. 介紹客戶所需要的關鍵點

　　業務員在向客戶介紹產品時，僅說明和示範產品的特性是不夠的，還要從客戶的角度出發，根據客戶的需求，找出客戶最想知道的關鍵點，而這個關鍵點其實對客戶來講也就是優點（雖然對其他客戶並不算是優點）。業務員把握了客戶所需要的關鍵點，然後將其作為產品優勢來說服客戶，激起客戶的購買慾，如此客戶才有可能購買。

　　福康是一家保險公司的業務員。一次，他去拜訪某位公司的部門經理劉先生，向他介紹一份老年保險。

　　「劉經理，您好，我是福康，我前幾天致電給您，向您介紹過老年保險。當時，你說過兩天再說，也剛好是今天。所以，我想請問您考慮得如何？」

　　豈知對方依舊說：「沒有，當時我只是說說而已。」

　　這時福康說：「老年保險可是越早投保越受益！我建議您不用再考慮了。」

　　「不用，我現在的收入不穩定，沒有足夠的閒錢買保險。」

　　福康接著說：「買保險的錢可不是閒錢呀！它和您的衣食住行同樣重要。況且，早投保早受益。」

　　「回頭我和我太太商量一下再說吧！」

　　福康又說：「這是必要的，只是我想說的是越早投保越早受益。」不管劉經理如何拒絕，福康總是不忘記說一句「早投保早受益」。最後福康拿到了這份保單。

　　業務員向客戶強調「關鍵點」，也就是強調產品本身所獨有的賣點與優勢。如果客戶提出反對意見，只要業務員強調產品的優勢即可。因

為如果客戶知道了這產品的優勢正是他所需求的，就算產品存在著缺點，客戶還會可以接受的。

4. 切忌無中生有，欺騙客戶

客戶之所以會向你購買產品，一般來說，會對產品多少有些認識，如果業務員的話語中存在虛假，客戶會覺得你在欺騙他，而原本談好的事可能因此而泡湯。

◇ 「我們的衣服穿上十年八年都不會破的……」

◇ 「有了這汽車安全鎖，車子的安全是萬無一失的……」

◇ 「使用我們的化妝品，能讓妳臉上的痘痘全部消失……」

◇ 「這個藥品包治百病……」

以上的話，一聽就知道業務員誇大其詞，客戶不是與你爭辯，就是乾脆不再聽下去，然而這兩種情況對業務員來講，都是非常糟糕的。所以業務員應注意，介紹產品功能及效用時，要絕對真實可靠，不能誇誇其談，甚至展示在客戶面前的產品的主要功能和特性，如果有一點虛假，將會影響產品和你的可信度，切記不要因小失大。

總之，業務員在向客戶介紹產品的優點時，要確實根據產品的長處來介紹產品，這不僅是業務員的重要口才技巧，也是業務員的基本素養。

Lesson 22 公正客觀地評價對手

　　銷售過程中，業務員與客戶接洽的過程中會面臨很多競爭對手，如何引導客戶接受自己的產品、放棄競爭對手的產品，這對最終的成交來說，十分重要。

　　業務員與客戶接洽業務時，評價競爭對手一定要客觀、準確，把握時機，要讓客戶聽得進去。千萬不能亂說客戶的壞話，無中生有；也不能當面否定客戶潛意識已認定的事實；更不能恃無忌憚地在客戶面前把競爭對手批評得一無是處。最有效的溝通方式是：業務員在介紹本公司及產品的特點時，自然而然地說出同行競爭對手的產品的缺陷或不足，這樣才能達到效果。

Case Study

　　孫平是一位健身器材業務員，一次，他去拜訪某位客戶，在介紹完自己之後，他把相關資料遞給客戶後，孫平說：「我們公司推出的這款按摩椅可促進血液循環、矯正脊椎、有效防止椎間盤突出，完全採用的是國際先進技術。」

客戶：「這些我都知道，但是你們的價格實在是太貴了，同類產品××只賣18000元，而你們居然賣到25000元，價差太多了。」

孫平：「他們的產品是仿製我們公司生產的，在品質、功能上根本沒有保障。」

客戶：「但我從來沒有看過你們公司的廣告啊？他們的廣告倒是不少。」

孫平：「我們採用的是直銷模式，所以沒有廣告。」

客戶：「直銷更應該便宜呀，價格還是太高了，可以低一些嗎？」

孫平：「您希望的價格是什麼？」

客戶：「18000元。」

孫平：「……」

分析

　　客戶拿同類產品與你的產品相比較時，業務員就不能一味地只說自己的產品如何好，而去貶低其他產品，如此非但無法達到樹立好印象的目的，還會使客戶懷疑你的人品，進而對你的產品不信任，交易當然也會因此而泡湯。請參考以下的正確做法。

正確做法

孫平：「我們公司新推出的這款按摩椅，可以促進血液循環、矯正脊椎、有效防止椎間盤突出，完全採用國際先進技術。」

客戶：「這些我都知道，但是你們的價格實在是太貴了，同類產品××只賣18000元，而你們居然賣到25000元，價差太多了。」

孫平：「我承認他們的產品價格是比我們的產品價格低很多，但是我們公司的產品是經過品質認證的，經久耐用。我也曾研究一下他們的產品，發現是仿製我們公司而生產的，在品質上也沒有任何保證，更沒有標準局的驗證，使用時多多少少會有風險，其效用也無法和我們公司的產品相比。」

客戶：「可是我從來沒有看過你們公司的廣告啊？人家的廣告倒是不少。」

孫平：「我們採用的是直銷模式，所以沒有廣告。宣傳的作用是為了

把產品的品牌打響，但我們公司的產品靠的是品質和先進的技術，而且產品功能也較其他公司的產品多，能提供客戶更多的服務……說到宣傳，使用過我們公司產品的客戶就是我們公司的最佳代言人。」

客戶：「哦，原來是這樣呀。」

這樣的介紹既不會過於貶低對方的產品，將其說得一無是處，又能突顯自己產品的優勢，客戶也不會覺得你是一個誇誇其談的人。所以，業務員適切地拿自己的產品與同類產品相互比較，進而使客戶看出自己產品的優勢，這樣才是正確的方法。

1. 評價競爭對手的的產品要客觀、準確

業務員在向客戶介紹產品時，客戶多數會拿同類產品與之比較，面對這種情況，業務員要實話實說，要對客戶誠實，不能有半點虛假，讓客戶買你的產品時能放心，用得也舒心。然而，在介紹自己產品時，業務員也不能過分談論對手的產品，畢竟業務員推銷的是自己的產品，而非競爭對手的產品。

2. 不能無故批評競爭對手的產品

很多業務員在向客戶介紹自己的產品時，常忍不住要批評一下同業競爭對手的產品，或是對方已購買的產品，這種做法其實非常高明。

這就像是你去公園散步，看到一位推著嬰兒車的母親，車裡躺著一個長得很醜的嬰兒。此時的你是絕對不能隨便評論嬰兒的長相，只有嬰

兒的母親才可以說她的寶寶長得不夠漂亮，而你也只能聽，不能跟著批評。

因此，若業務員當著客戶的面對批評客戶之前購買的產品品質有多差，就相當於當著那位母親的面評論她的寶寶長得有多醜。要知道，告訴客戶「你買錯了東西」，無異於對他說「你是個笨蛋」，這樣會傷到客戶的自尊，得不償失。

如果客戶自己提到你的競爭對手的產品有種種不足，你也不能隨之附和並拼命強調自己的產品有多好。談話中提及的任何有關同類產品的負面評論，都有可能被客戶混淆為是你的產品的缺點，屆時可就更糟了！

3. 得體地稱讚競爭對手的產品

業務員在開始拜訪客戶，談生意之前，除了對自家產品有很深的認識外，還應充分瞭解競爭對手的產品及銷售情況。如果充分掌握競爭對手的銷售狀況及弱點，在爭奪客戶時，就會得心應手，比較容易抓住成交機會。反之，若事前沒做好功課非但無法搶得先機，還會讓他們對自己的產品產生懷疑，以至於影響公司的形象。

對客戶的欺騙和謊言是銷售的天敵，它會致使你的銷售業務無法長久進行，所以「以誠信」經商，客戶自然會相信你，相信你的產品。因此，業務員在面對競爭對手的產品時，需客觀地評論，如此才能讓客戶從中感受到你的誠心。

23 讓客戶親自體驗

隨著現今市場同類型產品之間的差異逐漸縮小，決定客戶購買何種產品的因素不再僅僅局限於產品品質等客觀因素上，很多時候，客戶決定購買某種產品的原因往往是對該產品帶有濃烈的感情因素，例如當產品涉及到關愛、救援、環保等人文情感方面時，客戶往往會因此對產品產生特殊的購買需求，不僅滿足其物質需求，同時也滿足情感需求。

所以在洽談業務時，業務員不僅要從滿足客戶的物質需求著手，更要注重客戶的情感因素，讓產品與客戶之間透過情感聯繫起來，使客戶愛上你的產品。

俗話說：「日久生情。」將其用在產品上也不為過，試想當你的產品成為客戶時常可觸摸、可耳聞、可眼見的產品常客時，時間一長，客戶也就對你的產品有了印象、評價，甚至感情。隨著對產品的不斷瞭解，客戶愛上你的產品的幾率就會大大提高。所以，想要讓客戶愛上你的產品，不妨安排他與你的產品近距離接觸，使其成為享用產品、評價產品的人。

在一個小鎮上，有兩名報童在販售同一份報紙。因為處在同一個市場裡，所以兩個人的報紙銷量一定是一個多，另一個就少。為了能多賺些錢，兩名報童都非常努力，每天他們都帶著無比高漲的熱情投入賣報工作當中。

　　第一個報童鮑伯是一個很勤奮的孩子，每天他都以洪亮的嗓音沿街叫賣，常常是走得大汗淋漓，但是買他報紙的人並不多。這讓鮑伯很是苦惱。

　　第二個報童丹尼也很努力，但是他把這種努力花在動腦筋上面，除了每天沿街叫賣之外，丹尼還會到一些固定的場所，直接向人們分發報紙，等到天黑的時候再把報紙收回來。起初，丹尼的工作有一些損耗，但是漸漸地，丹尼的報紙開始賣得越來越好了，買他報紙的人越來越多，還常常有人為了買他的報紙而在那些固定場所按時等候。後來，報童鮑伯的報紙賣得越來越少，不得不另謀生路了。

　　報童丹尼的報紙之所以買得越來越好，是因為他懂得關注和鎖定目標客戶，並善於在報紙與客戶之間建立感情。透過在固定地點分發報紙和回收報紙，丹尼增加了與客戶見面的機會，同時也為自己贏得了市場人氣。另外，最重要的一點是，丹尼抓住了自己與市場之間的關係，事先佔領了市場，使那些從他手中接過報紙的人成了他的潛在客戶，因此也就有越來越多的人願意找他買報紙。

　　所以，在銷售中，想要讓客戶愛上你的產品，你大可以讓客戶親自參與到你的銷售中，讓客戶親自體驗你的產品。這樣，客戶就會對產品有更直觀的認識。

1. 讓客戶親自體驗產品

　　優秀的業務員會積極創造讓客戶親身體驗產品的機會，客戶通常在對產品有切身的試吃、試用……之後，他們才會在心中對產品有一個很好的印象。所以，業務員千萬不要捨不得讓客戶試用產品，反而要在客

戶試用產品的時候，有意地引導客戶，探尋客戶關注的點是什麼，並讓客戶親自感受和體驗產品的性能和特點，滿足客戶的心理享受。

2. 讓客戶參與到問答活動中來

業務員在做產品介紹時，可以運用一些問題作為每一次產品性能的描述，這樣就能讓客戶有更多機會參與到產品展示中來。

比如，業務員在現場展示印表機的列印品質，介紹完一種特性後，可以問一下客戶，他對列印的品質是否滿意，或者展示其列印圖片的不同效果。然後再接著講述產品的另一種特性。

讓客戶參與到問答中，不但可以讓業務員更能主導和控制產品展示的場面，還能有效引起客戶的注意，帶動展示現場的氣氛，並且可以有效引導客戶的心理，讓其最終做出購買的決定。

3. 試用產品後瞭解客戶的意見

在客戶試用產品後，業務員一定要及時瞭解客戶的反應，傾聽客戶的意見，適時對客戶進行勸購。例如在銷售服裝時，如果看到客戶對某件衣服感興趣，就可以順勢向其表達客戶很適合這件服裝，在客戶試穿衣服時，業務員也可以順勢說幾句讚美的話，提高這件服裝對客戶的影響力。

另外業務員還可以適當地說一些與這件服裝相關的介紹，增加客戶對這件服飾的瞭解。這樣一來，客戶不僅在視覺上看到了產品，觸感上實際試穿，也透過聽覺加深了對產品的認識和瞭解，從而加強催化其購買意願。

Lesson 24 讓客戶感受到你的貼心

在銷售工作中，想要讓客戶更積極回應你的銷售活動，業務員就要盡量從客戶的角度考慮問題，滿足其心理需求，因為任何一位客戶都希望自己所購買的產品是有用的、最適合自己的，而且在購物過程中，人人都希望受到更多的關懷和重視。

業務員多從客戶的角度考慮問題，無疑是在拉近自己與客戶的關係。如果你能給予客戶最貼心的服務和暖人的話語，使其感受到你的關心和照顧，那麼，客戶的購買欲望就會大大提升，並願意與你進一步交談。

小劉是一家建材公司的業務員。幾天前，他曾與某房地產公司的張經理聯繫。這天，他再次拜訪這位客戶，進一步洽談有關建材原料的問題。然而經過了一段時間的交談，小劉發現張經理似乎不太想購買他們的建築材料，於是小劉關切地問：

「您對我們的產品有什麼顧慮嗎？或是您有什麼不滿意的地方嗎？如果您願意說出來，請您相信，我會給您一個滿意的答覆的。」

「我們對這類產品瞭解也不少，畢竟我們從事這一行也不少年了，但是對你們公司的產品，我們還沒能深入地瞭解。所以暫時……」

「您算是這個領域的專業人士，我想您也一定曾將我們公司的產品和其他公司的產品做過比較吧！那麼，相對來說，我們的產品的哪些方

面是您比較顧慮的呢？」小劉問。

「就拿你們的價格來說吧，我覺得都比一般的建材公司貴一些，雖然還沒有看到材料，但是以我的經驗來講，這些建材原料價格也不過是如此，應該不致於像你們報得那麼高。」

「其他方面呢？」小劉接著問。

「你知道產品品質才是最為重要的，不知道你們的品質怎麼樣，此外我們對售後服務也很看重……」張經理略帶疑慮地說。

「我理解您的擔憂，如果您提到的問題我們都能完全滿足您的話，那麼，在其他方面您還有什麼需要考慮的嗎？比如交貨日期。」

「對於交貨日期，我們的一貫做法是在達成協定後的一周之後，因為業務比較繁忙，所以不可能給供貨方很長的準備時間。」

「交貨日期我們絕對可以保證。對剛才您提到的價格問題，其實是這樣的……」

經過小劉耐心地解釋，張經理擔心的問題一一被解開了。最後，張經理與小劉簽訂了合約。

站在客戶的角度考慮問題，即要求業務員透過客戶的一言一行，找到客戶最關心的問題，主動尋找客戶心中的疑問，弄清楚其真正想要的是什麼，並做到盡量滿足和解決，多為客戶著想。只要業務員給予客戶貼心、放心的服務，訂單就能成功到手。

那麼，在具體的銷售過程中，業務員要做到站在客戶角度考慮問題，需注意哪些問題呢？

1. 主動詢問客戶的需求

想要站在客戶的角度考慮問題,就要充分瞭解客戶的需求。業務員固然可觀察客戶的言行舉止來得知客戶的需求,但在多數情況下,還是無法對客戶做到充分地瞭解。所以,業務員除了透過客戶的言行舉止來分析客戶的需求,還得多詢問客戶、多溝通,以便完全清楚客戶心理的想法,好好地為客戶解決問題。

而在向客戶詢問的過程中,業務員不僅態度要真誠、熱情,也應注意措辭的委婉,多回應客戶的要求,還要特別注意交談的話題,最好始終圍繞有關成交的主題展開。這樣一來,當你獲知客戶的真實需求並立即回應解決之後,銷售工作自然就水到渠成了。

2. 善於觀察客戶的舉止

人類的交流方式越來越多樣化,除了語言之外,表情、動作、眼神等都能有效表達一個人的心理和想法。因此,當客戶在購買產品時,也常會以動作、表情等來表達對產品或服務方面的不滿。

所以,作為業務員就要多注意觀察客戶的舉止。只要你用心去觀察,就不難發現,客戶的不滿往往在一舉一動中表現得更為明顯。

3. 從傾聽中獲取有效資訊

傾聽是另一種獲得客戶心理需求的方式。當客戶對產品有疑問或質疑時,大多會透過語言向業務員表明自己的觀點。此時的業務員就要儘量讓客戶多說話,儘量引導他充分表達自己的想法。無論客戶所提到的話題是否與工作有關,業務員都要儘量做到耐心傾聽,因為客戶的每一

句話，都有可能透露其內心的想法。

4. 讓客戶感受到貼心

在銷售過程中，態度好、服務貼心的業務員往往更能獲得客戶的青睞，因此也更容易贏得客戶，獲取銷售機會。所以，在與客戶溝通時，業務員要儘量讓客戶感到貼心，無論是提問還是回答客戶的疑問，業務員都要儘量從客戶的角度出發，多為客戶著想，替他問出他可能想問的問題，拉近自己與客戶之間的距離，促進交易的達成。

課後自我評量

□相信每件產品都值得被購買的。

□能簡單扼要地在短時間內將產品訊息傳達給客戶知道。

□對於產品介紹的說詞、資料及樣品的搭配已演練得很純熟。

□能有條理、有節奏地介紹產品，讓客戶聽了有心動的感覺。

□懂得替產品加價，讓客戶覺得你的產品物超所值。

□每一次的介紹都讓客戶了解到產品的綜合價值面。

□介紹產品能帶給客戶什麼利益時，不會誇大功效、無中生有。

□在賣給客戶之前，都會試著先賣給自己。

□能細心觀察客戶注重的部分，將產品的缺點變優點。

□知道如何將產品的優勢結合客戶的需求，說動客戶購買。

□對於同類型的別家產品，也有所了解，並能分析優劣。

□向客戶評價競爭對手的產品時，能做到公正和客觀。

□能積極創造讓客戶親身體驗產品的機會。

□試用產品後，能及時了解客戶的反應及想法。

□不賣對客戶沒有幫助的產品。

□主動了解客戶心中的疑問，並協助他解決問題。

□對自己的公司和產品有極大的忠誠度和信心，希望分享給每一個
　人。

＊已確實做到的請打「∨」，沒做到的請隨時提醒自己加強改善。

Chapter

4

學分四
問客戶對的問題

對於業務員而言,提問是一門非常有趣的學問,

首先要善於提問,如果只是一味地向客戶推銷,

將打擊戶的購買欲望,即便是再好的產品,也是無人問津。

其次要問題提好,要提到點子上,不能每個人都用同樣的方法,

也不能忽略客戶當時的情緒狀況,劈頭就問,如此只會引來對方

的反感,致使客戶不願意與你談下去。

Lesson 25 問問題，是為了要更了解客戶

　　業務員之所以會提問題問客戶，其目的不外乎是為了更瞭解客戶，探究客戶最真切的內心需求。只要找到客戶最關心的話題，業務員才能順著這個切入點有效展開下一步的工作。至於如何使客戶說出真正的需求，則需業務員掌握提問的順序，適時適度地向客戶提問，讓買賣雙方透過溝通深入交流，最終才能瞭解客戶的真正需求。

Case Study

　　凱文是一家機械設備公司的業務員，一天，他上門拜訪一位客戶，在這之前，他已經透過其他途徑對客戶有了基本的了解：

凱文：「您好，我是××機械公司的業務員。我們公司生產的機械性能好，價格也公道，不知道您之前是否聽說過我們公司的產品？」

客戶：「聽說過，不過還不是太瞭解……」

凱文：「其實，不少知名企業都是我們的客戶，我們的產品主要……這是產品的相關資料。您覺得我們的產品怎麼樣？」

客戶：「這個……我先看看吧，還可以。」

凱文：「請問您對產品哪些方面還有疑問嗎？」

客戶：「沒有……」

凱文：「那麼，您打算什麼時候簽合約呢？」

客戶：「這個，我們暫時還沒有這樣的想法……」

凱文：「請問您還有什麼不清楚的地方嗎？」

客戶：「不，我還需要和公司主管再商量一下……」

分析

在與客戶交流時，常會有一些業務員像凱文一樣，只是一味地想要加快銷售進程，而未按照客戶能接受的程度進行提問，給人咄咄逼人的感覺。業務員沒有留意到提問順序，自然也就難以讓客戶說出內心的真正需求，而銷售工作也就很難取得成功。針對以上情景，業務員可以採取以下這樣的提問模式：

正確做法

凱文：「您好，我聽說您準備購進一批機械設備，請問您是否能談一談最符合您公司要求的產品應具備哪些條件呢？」

客戶：「性能好，耐用，易於清理，價格公道，售後服務周到……」

凱文：「我們公司非常希望與貴公司取得合作，不知道您對我們公司的產品印象如何？」

客戶：「你們的產品我是聽說過，但不知是否能符合我們的標準？」

凱文：「如果我們的產品能達到您所要求的所有標準，並且使貴公司的生產效率大大提高，您是否有興趣瞭解一下我們產品的具體情況呢？」

客戶：「是嗎？那我倒是有興趣聽一聽。」

凱文：「我們的產品主要……這是產品的相關資料，請您過目。」

在經過一段時間的交談後，客戶已對產品有了較為深入的瞭解，並有了較濃厚的興趣。

客戶：「哦，不過在運送的問題上，你們真的能保證準時嗎？」

凱文：「對於產品的運送問題，其實您完全不用擔心！只要訂單確

認，我們都會在一個星期之內將產品送上門。那麼，您打算約何時簽約呢？」

客戶：「哦，是這樣啊。那麼就下週一吧。」

凱文：「好的，如果您對這次合作滿意的話，希望下一次還是要優先考慮我們，好嗎？」

成功的業務員在向客戶提問時，總是帶有針對性和系統性的，先釐清客戶的需求，再利用產品做好鋪墊，以引起客戶的興趣，再站在滿足客戶需求的立場向客戶提問，逐步而有目的地向客戶傳達產品的相關資訊，並針對談判情況進行合理地控制，那麼，成交也就是很自然的事情了。

與客戶的交談是一個循序漸進的過程，只有按順序向客戶提問，一步一步地深入客戶的內心，你才能瞭解客戶的真正需求。這樣一來，你就能一步一步化被動為主動，而成功的可能性也就越來越大。在溝通的過程中，業務員要不斷提問以協助客戶發現自己內心的需要，銷售就變得易如反掌，想要取得銷售成功也就不再是件難事了。

那麼，要想掌握好提問順序，業務員就應注意以下的技巧：

1. 聲東擊西地發問

在與客戶初次見面時，最好不要馬上將話題引入銷售的問題上，而是以瞭解客戶為前提，從客戶熟悉且願意回答的問題著手，比如向客戶詢問：「您對這類型的產品有哪些具體要求？」或是「您所滿意的產品都具備哪些條件呢？」先向客戶提一些較容易接受的問題，邊問邊分析

其反應，從客戶的回答中找出談話重點，再一步步引導客戶進入正題。

使用這種聲東擊西的提問方式，業務員必須做到對話題有效地規範和控制，既不可漫無目的地與客戶談論與產品毫無關係的話題，又不可過於直接地向客戶詢問與產品直接相關的問題。要做到不給客戶咄咄逼人之感，又能在之後順利引入正題。總之，業務員要讓客戶多多提供和其需求有關的資訊。

2. 重複式地問

在與客戶洽談的過程中，業務員可適當地使用重複性的提問方式。業務員重複向客戶提問，不僅可以表現出對客戶所談論內容的理解和興趣，也能總結、確認對方所提供的資訊，及時找到客戶感興趣的話題。例如：

客戶：「店裡的櫃檯方案我已經確定下來了。」

業務員：「您已確定了您店裡的櫃檯方案？」

客戶：「是的。」

業務員：「就是上次您提到的櫃檯方案嗎？」

3. 試探性地問

試探性地提問也是業務員在提問時需要掌握的一種方法，無論在與客戶談話的任何一個階段，這種提問都是重要而不可缺少的。在具體交談中，試探性提問可以分為以下兩種：

◇ 舒適區試探——一般用於銷售溝通初期。在與客戶初次見面時，為了建立溝通的開放性，業務員需要針對客戶感覺比較舒

服的內容進行提問，進而使客戶願意主動傳遞相關資訊。例如，在與客戶初次交談時，業務員可以向客戶提問：「不知您比較欣賞哪種款式的產品？」以較開放的方式向客戶提問，讓客戶根據自己的意願做回答，往往能使客戶說出更多內心的想法，而根據客戶的回答，業務員就能逐步掌握客戶的真實關注點，進而展開客戶更為關心的話題。

✧ **敏感區試探**──所謂「敏感區試探」，就是指業務員針對客戶本身對產品的疑慮，或是客戶比較在意的問題進行提問。一般用在銷售溝通的互動頻繁之後，也就是客戶的戒備心已經消除，開始信任並願意與業務員進行深一步的溝通時。

4. 演繹式地問

在客戶完整地表達過自己的想法，業務員就要對此進行深入理解，並將客戶的內心需求和想法，透過溝通的方式轉化為客戶能夠理解，並且對銷售工作有益的內容。以銷售手機為例，當客戶表示對音樂手機非常喜歡時，銷售人員就可以接著問：「您是否覺得我們這款音樂手機也很符合您想要的款式呢？」透過演繹式的提問，銷售人員即可將談話引入與產品相關的話題上，進而更接近談話的根本目的。

Lesson 26 提問的六種方式

《銷售巨人：教你如何接到大訂單》（SPIN SELLING）一書的作者尼爾‧瑞克門（Neil Rackham）曾經對提問與銷售的關係進行過非常深入的研究，他認為，在與客戶溝通的過程中，業務員問的問題越多，獲得的有效資訊就會越充分，而最終成功售出的機率也就越大。可見，業務員要想促成交易成功，就要盡可能地多向客戶提問。

向客戶提問，看似簡單，但其中有其一定的技巧。以下就介紹幾種向客戶提問的方式。

1. 主動式提問

主動向客戶提問，就是業務員把心中所想的問題全部說出來，希望得到客戶的直接回答。這是一種直接的提問方式，如果客戶配合回答，業務員很容易就能瞭解客戶的需求及其個人的基本情況等。例如以下提問即為主動式提問：

「您好，您認為什麼樣的沐浴乳是最理想的呢？」

「王先生，您的年齡是？」

「趙小姐，您平時都使用什麼牌子的化妝品呢？」

業務員透過直接提問，可以讓客戶說出他所想要的產品，此種方式較適合那些與業務員溝通較好的客戶。

2. 選擇式提問

選擇式提問是業務員常用的一種提問方式，可限定客戶的注意力，要求客戶在限定範圍內做出選擇。經由這種提問方式，業務員就能掌握整個談話的主導權。

業務員：「看來，這個陽臺最理想的尺寸是36～60公分，對嗎？」

客戶：「是的。」

業務員：「您想要一面矮牆，還是一個全裝玻璃的陽臺？」

客戶：「我想要矮牆式的，這樣會比較暖和一點。」

業務員：「您想要是雙扇窗還是單扇窗，是三個通風孔還是兩個呢？」

客戶：「我想要是雙扇窗，而且是三個通風孔。」

業務員把要介紹的產品分成幾類，讓客戶從中選出一個或幾個，如此一來，方便明白，也能讓業務員容易找到解決的方法，銷售起來更加便捷。

3. 建議式提問

建議式提問用在那些拿不定主意的客戶來說，是非常有效的。業務員可主動向客戶說明產品的優點，同時也要讓客戶認為你提的建議是正確的，這樣客戶就能很快做出決定。

「你家小孩如果是四、五歲，這類玩具會比那一種更有益智、開發腦力的效果。」

「我個人認為，在車上聽輕鬆的歌曲比聽搖滾音樂更能讓您安心開車。」

「我覺得你家小孩騎三個輪子的車雖然穩定些,但是讓他早點學習騎兩輪車會更好。」

在銷售過程中,業務員應該多利用建議式提問來瞭解客戶需求,因為這種提問方式不但可以真正幫客戶挑選出他喜歡的產品,也能贏得客戶的信任。

4. 誘導式提問

這種提問方式是要求業務員一步步地誘導客戶跟著他的思路走,讓客戶沒有回想的時間,如:在陳述一個事實前,先做好一個的框架,然後讓客戶自動跳進去。這樣一個預先做好的框架,可引導客戶說出業務員想要的回答。

客戶:「有沒有一樓的房子?」

業務員:「如果我能找到一樓的房子,你是不是會買?」

客戶:「你能不能提供五年而非三年的分期付款?」

業務員:「如果我能提供五年的分期付款,你是不是一定會買?」

客戶:「如果我們今天就決定,你能在下個星期一送貨嗎?」

業務員:「如果我保證下個星期一送貨,我們今天是不是就可以簽約了呢?」

5. 重複式提問

重複式提問是以「問話」的形式重複客戶的語言或觀點,使客戶覺

得你是很認真傾聽他的談話，是尊重他的。

「您是說對我們提供的服務不太滿意？」

「您的意思是，由於機器出了問題，造成你們很大損失，是嗎？」

「也就是說，先付百分之五十，另外一半貨款要等收到貨後再付，是嗎？」

業務員以問話形式重複客戶的抱怨，讓客戶感覺到他們的意見已受到重視，相對地，客戶的否定情緒也會隨之減弱，然後再以提問的方式說出自己想說的話，接下來的溝通就容易多了。

Lesson 27 提高客戶對產品需求的急迫感

　　對業務員來說，提問的目的在於把握客戶的真正需求，只有這樣，業務員才能正確地為客戶推薦產品。而業務員如何將客戶需求與產品銷售聯繫起來，這就需要業務員根據客戶需求「有的放矢」地進行提問，將客戶的需求轉化為購買欲望，決定購買。

　　在現實銷售當中，客戶遲遲不願成交的原因，有時並非是內心需求沒有被滿足，而是未意識到需求的緊迫性，而沒有購買的意願。所以，業務員不僅要儘量滿足客戶的需求，還要盡可能地提高客戶需求的緊迫感。

　　那麼，如何提高客戶的需求急迫感呢？這其中，業務員的提問就非常關鍵。

Case Study

　　小王是一家電腦公司的業務員，一天，他拜訪了某位客戶，初步了解，小王發現這位客戶非常重視電腦系統的安全性，於是，針對客戶的這點需求，小王做出了以下的提問：

小王：「請您來看一看我們公司的產品吧。我們的產品將為您確保電腦系統的安全性。您有興趣了解一下嗎？」

客戶：「是嗎？哦……」

小王：「我們的產品正好可以滿足您的需求……如果您不試一試，真是
　　　太可惜了！」

客戶：「嗯，你們的產品聽起來還不錯，不過……」

小王：「您對我們的產品還有什麼不滿意的地方嗎？」

客戶：「沒有，只不過我還想再考慮一下……」

分析

　　在瞭解客戶需求之後，業務員無法以「有的放矢」地提問強
化客戶對需求的緊迫感，就很難讓客戶做出最後的成交決定。因
為客戶縱使發現了可以滿足需求的產品，但有時候只會放在大腦
中儲存，認為產品雖然合乎自己的要求，但因為不急著使用，所
以也不會立即購買。針對以上情景，業務員不妨這樣做：

正確做法

小王：「如果您的電腦系統忽然中斷，並且一天之內是無法修復完成
　　　的話，會出現什麼情況呢？」

客戶：「那麼我的工作可能無法正常進行，很多重要的資料和會議紀
　　　錄也可能無法使用，而且也將影響到我的客戶，那將是非常糟
　　　糕的事情。」

小王：「那麼，若系統出現中斷的話，又會如何影響您的客戶呢？」

客戶：「如果我的計畫方案無法按時交給客戶，可能會因此失去客戶。」

小王：「如果您的檔案因系統中斷而全部遺失的話，您會怎麼辦？」

客戶：「那是我最不想看到的，我可不希望發生這樣的事。」

小王：「那麼，請您來試一試我們的電腦系統吧！它將提供您安心的
　　　體驗，將為您避免許多不必要的麻煩……」

客戶：「是嗎？那麼，你們的產品……」

一旦客戶感受到需求的緊迫性，便會快速做出成交決定，以獲得內心的安全感。只要業務員對客戶的需求進行實質性的提問，提高客戶需求的急迫感，就能將客戶的需求轉化成購買欲望，使其做出成交決定。

向客戶提問時，提出的問題要有針對性，設想客戶所需地提出客戶可能會關心的問題，讓客戶意識到不購買產品可能會遇到的困難，不斷提升客戶對產品需求的緊迫性，進而更快地實現成交。那麼，在實際銷售中，業務員應該如何透過實質性提問激發客戶的購買欲望呢？

1. 透過客戶的需求，深化困難

意思是指，在瞭解到客戶需求之後，業務員對客戶內心的需求認真地進行分析，向客戶提出缺少產品時可能會遇到的困難，並逐步深化這些困難對客戶所造成的影響。

例如，在業務員向客戶推銷抽油煙機時，業務員即可使用深化困難的提問方式，逐步增加客戶需求的緊迫感，而提問可以包括以下一些內容：

- ◇ 做飯時，沒有抽油煙機，會使您感到不舒服嗎？
- ◇ 當您在烹調過程中感到不舒服時，會有什麼感覺？
- ◇ 您是否在每次烹調之後都會有眼睛和喉嚨不舒服的感覺？
- ◇ 您知道油煙對人體有多少害處嗎？
- ◇ 油煙是導致婦女罹患肺癌的主因，您知道嗎？

　　業務員不斷深化客戶可能遇到的困難，向客戶展示如果沒有買下這樣產品，將會給客戶帶來什麼樣的嚴重性，便能逐漸提高客戶對產品需求的急迫感，進而使之更快做出成交決定。

2. 持續提醒客戶困難的存在

　　想要讓客戶的需求轉化為購買產品的強烈欲望，業務員還需注意向客戶提問的頻率，儘量保持提問的連續性。因為客戶只有在連續被提問過程中，對需求的急迫感才會持續增強，一旦業務員將提問中斷，就有如鬆了的橡皮筋，失去了應有的彈性，自然也就中斷了銷售的進行。

28 有效把握洽談的節奏

　　銷售行業對於業務員的要求可以說是多方面的。在與客戶溝通時，能準確控制和把握洽談的節奏，也是每一個業務員應該具備的能力。在銷售過程中，業務員把握談話節奏的目的在於——贏得客戶。一個業務員是否能把握與客戶談話過程中的節奏，就是他能否取得銷售成功的關鍵。

　　被譽為「俄國馬克思主義之父」的普列漢諾夫（Plekhanov）曾說：「對節奏的敏感，正如一般的音樂能力一樣，是人類的心理和重量本性的基本特質之一。」對節奏敏感，是人類的一種天性。那些處在客戶角色的人們，對於業務員的洽談節奏就表現得更加敏感了。業務員過於繁複、冗長的語言，不切時機的話題插入，都有可能導致客戶的反感，因而造成的客戶流失也就不足為奇了。

　　與客戶溝通的過程，應是一個互動且雙向的過程。根據客戶的態度、語言、行為等判斷客戶心理的變化和實質的需求，適時調整談話節奏和方向，採取符合客戶心理的談話方式與客戶進行溝通，是業務員邁向成功的重要一步。

Case Study

　　業務員小趙到一家公司拜訪一位客戶。

小趙：「您好，我來之前，已對您的公司進行瞭解。我發現過去您使用我們公司的維修設備要比你們現在自己維修省不少錢。」

客戶：「是的，現在我們自己維修要花費多一些，我也覺得不太合算。其實你們的服務態度還可以，不過技術方面……」

小趙：「是這樣的，我想向您說明，因為任何一位維修人員都不是樣樣精通，況且有時候維修設備必須借助一些特殊的材料和設備……」

客戶：「這我知道。但你好像沒有明白我的意思。我的意思是……」

小趙：「其實我知道您的意思。但是您要知道，一個再優秀的維修人員，若不借助專業設備也很難迅速修好設備的。」

客戶：「不是，我的意思是說……」

小趙：「不好意思。請您稍等一下，我再說一句話，如果您的公司自己維修……」

客戶：「對不起，我還有事。今天就這樣吧。」

分析

　　在現實銷售中，難免會有一些業務員因為想要儘快促成交易而使用較快的談話節奏，希望能因此帶動與客戶溝通的進度。然而，業務員表達得越是急切，節奏越是快，越會破壞與客戶之間的談話關係。而客戶反感正是業務員不注重語言節奏導致最明顯的結果。針對以上的情景，業務員正確的做法如下：

正確做法

小趙：「您好，我來之前已對您的公司進行過瞭解。我發現貴公司過去使用我們維修設備，比你們現在自己維修省不少錢。」

客戶：「是的，現在我們自己維修要花費多一些，我也覺得不太划算。其實你們的服務態度還可以，不過技術方面還是有一些不足之處……」（客戶面露不滿意）

小趙：「您說得對。因為一個再專業的維修人員畢竟不是天才，很多時候也需借助專業的維修設備和材料，關於這一點，我想您比我更清楚。」

客戶：「是的。但是你們公司的維修設備不夠先進。」

小趙：「的確如此，但經過調整，我們公司新的設備已準備齊全，如果貴公司可以再給我們一次機會，絕對可以保證維修的品質和速度。」

客戶：「是嗎？」（客戶表示感興趣）

小趙：「是的。因為您是我們的老客戶，如果簽一年的話，還可以給您打個九折。請看，這是我們公司的設備明細表。」

客戶：「設備還都不錯。」（點頭）

小趙：「是的。現在我們公司的維修範圍也開始擴大，您公司的設備都是我們可以維修的。您還可以進入我們公司的網站設定業務，這也是近日才推出的一項服務。」

客戶：「那好吧，我再和公司老闆商量一下。」

小趙：「好的。這是我的名片，如果您有什麼問題，可隨時打上面的電話，我將及時為您解答。」

客戶：「好的。」

善於從客戶的言談舉止中獲得與銷售有關的資訊，並能審時度勢地調整交談的節奏，是業務員贏得客戶的一個重要方法。客戶在得到了業務員充分的尊重之後，自然也就願意考慮業務員的建議了。

　　業務員在與客戶溝通時，一定要特別注意自己的節奏，不要因過於心急而忽略了客戶的真實需求。正所謂「客戶是上帝」，無論你渴望成功的心情多麼地迫切，都應首先考慮客戶的態度和回應，並根據客戶的需求把握語言節奏，給予客戶足夠的尊重和重視，進而使客戶隨著你的語言節奏，找到優越感和被重視感，如此你才有可能贏得客戶的注意。

　　那麼，在具體的銷售過程中，業務員都需要怎樣把握自己的語言節奏呢？

1. 多傾聽，少說話

　　溝通是一門藝術。業務員與客戶之間的溝通，更需要精益求精。美國著名企業家卡耐基（Carnegie）曾說：「商務會談並無特別的訣竅，最重要的是如何傾聽對方的說話。」認真傾聽客戶談話，是業務員應掌握的基本技巧。在與客戶交談中學會傾聽，不僅是對客戶尊重的表現，也是業務員洞察客戶資訊的重要方式。業務員只有善於傾聽，才能針對客戶的需求和問題找尋解決的方法。

　　在現實銷售活動中，對於客戶的需求和觀點，業務員要做到專心傾聽，儘量不打斷對方的談話，如此一來，既能給客戶留下一個好印象，且能進一步增加對客戶的瞭解。

2. 多觀察客戶傳達的資訊

優秀的業務員總是能夠從客戶的語言、態度、表情、舉止行為中洞悉客戶的心理變化，並善於據此把握與客戶的溝通方向和進度，掌握洽談的主動權，達到積極引導的效果。

在業務員試圖以各種方式向客戶傳達資訊時，客戶也會在不經意間透露了內心的想法和觀點，即便客戶不願透露，也能在他們的一舉一動中有所顯露。因此，業務員與客戶溝通時，要善於解讀客戶的身體語言，透過觀察客戶的眼神、臉部表情、語調、語氣、手勢動作等外在表現，獲得有利於銷售的相關資訊。

3. 巧妙運用身體語言

莎士比亞（William Shakespeare）說：「沉默中有意義，手勢中有語言。」身體語言往往更能讓一個人在舉手投足間傳遞資訊，在無聲中傳遞語言，此乃業務員與客戶最萬無一失的溝通方式，遠比業務員一味地說個不停所帶來的溝通效果更加明顯有效。

所以，業務員也可以用身體語言來掌握與客戶之間的談話進度，不論是維持還是推進。在與客戶溝通的過程中，為了保持與客戶之間的良好關係，業務員不妨充分利用以下幾種肢體語言：

- ◇ **熱情的眼神**——業務員在與客戶交談時，熱情的眼神往往能贏得客戶更多的信賴。
- ◇ **真誠的微笑**——微笑是人類最美麗的明信片。相信不會有任何人會想拒絕別人的微笑。多一點微笑，可拉近與客戶之間的心理距離，也是尊重客戶的一種表現。

✧ 得體的動作——是增加客戶好感的另一種方式。適度地點頭，
對客戶的觀點予以肯定，往往能促進自己與客戶之間的關係。

4. 巧妙掌握說話的時機

作為業務員，要想讓客戶願意接受你的觀點，就要善於選擇說話的
時機。因為客戶的心理變化總是捉摸不定的，無論一個業務員的語言多
麼精彩，如果沒有掌握好說話時機，也很難達到預期的效果，甚至還會
適得其反。

可以說，一個好的說話時機對業務員來說，是一個決定成敗的瞬
間。優秀的業務員大多能抓住與客戶談話中的「決定性瞬間」，進而獲
得銷售轉機的。因此，業務員要善於把握時機，透過尋找適當的說話時
機以掌握談話節奏，抓住決定性的瞬間，促成銷售成功。

有效把握談話的節奏，也才有可能掌握住客戶的心理。業務員在與
客戶溝通時，要依客戶的反應調整節奏，由節奏帶動客戶，進而提高銷
售成功率。

^{Lesson} 29 反問客戶有技巧

　　業務員在與客戶溝通的過程中，如果能正確地運用反問句，往往可以一語中的，平中出奇。因為當業務員向客戶提出反問時，客戶的注意力通常就會被鎖定在溝通的過程中，也就會漸漸走進業務員的談話模式裡，就能有效掌握這次洽談的主動權，進而抓住更多瞭解客戶的機會。

Case Study

　　小李是一家電子科技公司的業務員，這天，他前去拜訪一位科貿公司的經理，這家公司的客戶眾多，小李希望透過與這家公司的合作，推動電話軟體的銷售。然而，在洽談的過程中，科貿公司的經理提出了不同的看法：

客戶：「到現在為止，所有廠商的報價都太高了。」

小李：「這樣啊，不過您應該看到，我們的報價雖然較高，但是我們的產品品質卻最好的啊！」

客戶：「不是這樣的，將同品質的產品一起比較，你們的價格還是有些高了。」

小李：「也許您對我們的產品認識還不夠，我再向您仔細介紹一下……」

客戶：「不用了，我都瞭解，主要就是價格問題，如果你們的價格可以在我預定的範圍之內，就有再進一步談下去的可能。」

小李：「我們的品質真的不錯啊，和其他廠商相比，雖然我們的價格並沒有多大的差別，但若從產品品質上來說，是絕對可以保證的，

> 我們還是有優勢的。」
>
> 客戶：「這個……我認為與其他產品相比，你們的產品優勢有限……」

分析

　　不懂得以反問爭取對話中的主動，業務員就會處於被動地位，無法繼續探知更多客戶資訊。上述的談判過程中，客戶一直處在主動的位置，而業務員則從頭到尾都被客戶牽著走，沒有任何可以控制客戶的空間。針對上述情景，請參考以下正確做法：

正確做法

客戶：「到目前為止，我認為所有廠商的報價都太高了。」

小李：「所有的報價都太高了？真的嗎？」

客戶：「是的。」

小李：「不過，我想您應該不會反對我與您進一步展開合作吧？」

客戶：「反對倒還不至於。」

小李：「那麼，如果有機會再次合作，難道您不覺得我們公司可以幫助您建立更廣泛的客戶群嗎？」

客戶：「嗯，很有可能。」

小李：「我們之所以購買品質優良的手機和傳真機，都是為了擁有更好的通話品質，不是嗎？如果我們的產品因為與您的合作而被更多人所使用，那麼，那些受益者第一個想到的就是貴公司的名字對嗎？」

客戶：「嗯，的確。」

小李：「所以您不反對我們和貴公司合作，幫助更多人建立一套更實用的電話系統，是嗎？」

客戶：「是。」

作為銷售工作成敗的決定者，只有在談判中掌握主動性，才能獲得掌控業務洽談進程的權力，進而決定銷售工作的前進方向。業務員反問客戶的主要作用就是——將被動轉變為主動。一旦能在銷售中掌握了主導，想要成功拿到訂單，也就不再那麼困難了。

銷售過程中，在你使用反問型的問題與客戶溝通時，等於是製造機會讓買方自己解釋不想買、不要買的理由，而此時的你就成了提問者，客戶則成了回答者。這樣一來，你希望從客戶那裡探查什麼訊息獲得什麼樣的答案，都將不再是困難的事情了。

那麼，在具體銷售過程中，業務員應該如何向客戶提出反問呢？

1. 機智型反問

機智型的反問是指反問者考慮交談物件和情景，從旁或由不同的角度表達態度、傾向和觀點，機智巧妙地回應對方。在購買產品時，客戶有時會提出一些「另有他意」的異議，而這些異議一般是指客戶為了壓低價格，或有意擺脫客戶身分的「假」異議。當銷售中出現這種情況時，難免會讓業務員感到尷尬，此時的業務員不妨使用機智型的反問，以消除尷尬，轉換氣氛。例如：

客戶：「你們的產品品質太糟糕了，一定不會有人買！」

業務員：「是嗎？其實我和您的意見完全相同，不過遺憾的是，只有我們兩個反對那麼多來買產品的客戶，根本起不了什麼作用？」

2. 幽默型反問

幽默型反問是指反問者的問話既能令人感到有意思，又能使人從中有所領悟。這種反問，一般用於銷售氣氛緊張的情況下，例如，客戶投訴、提出重大異議，或是雙方因某些問題即將展開爭論時。

業務員使用幽默的反問回應客戶，不僅能較為明確地表明自己的觀點，又不傷及客戶心理，適時營造氣氛，融洽雙方關係。有這樣一則笑話，就使用了幽默型的反問，使人在感到莞爾之餘，又能明白你的想法或立場：

媽媽：「你要選哪一顆蘋果？」

兒子：「我要那個大的。」

媽媽：「你應該懂禮貌啊，要小的才對。」

兒子：「難道懂禮貌就是要撒謊嗎，媽媽？」

3. 諷刺型的反問

諷刺型的反問是指反問者在受到不平等回應時，所使用的一種表面不傷及雙方感情，但卻一語中的的反問方式。

地主：「天亮了，怎麼還不起來工作？」

長工：「等我抓到蝨子。」

地主：「這麼黑，能看到蝨子嗎？」

長工：「天這麼黑，能看見幹活嗎？」

這種反問方式既表達出反問者的想法，保住了氣氛的和諧，也給了對方一種自打耳光的窘境。銷售過程中，業務員在使用這種反問方式時，一定要掌握分寸，切勿激怒客戶，更不要使其難堪，要為接下來的

溝通留下一點空間。

4. 疑問型反問

疑問性反問是指反問者直截了當地提出觀點、傾向、意見，以得到答案為目的，證明、推理、求證自己的看法。在與客戶溝通時，有些業務員與客戶溝通了很久的時間，也沒能獲得足夠的資訊，此時的業務員可以使用這種疑問型反問，以快速獲得答案。

業務員可以問「您喜歡這款紅色的風衣，為什麼不試穿一下呢？」、「您家的客廳既然這麼大，為什麼不選這套大一些的沙發呢？」等疑問型的反問句，如此就可以在短時間內明確談話的重點，引導客戶進行有效溝通。

5. 層遞型反問

層遞型反問是指反問者層層加深語言的內容和語氣，加深對所敘事物的認識，有言簡意賅、引人入目的效果。這種反問方式一般使用在業務員探究客戶需求，喚起客戶購買欲望的過程中。例如，在業務員向客戶銷售電腦系統的過程中，可以向客戶反問：「電腦系統中斷一定是您在工作時所不願看到的，如果電腦系統出現的問題的話，您會是什麼樣的心情？壞心情又會給您的工作帶來怎樣的影響？」業務員這樣逐級增加問話的深度，往往能吸引客戶注意力，使溝通氣氛更加緊湊起來。

Lesson 30 幽默的說話技巧

　　談吐幽默是一個人智慧的表現。在人際關係中，幽默是人與人之間最有效的潤滑劑，它有如一首動聽的歌曲，能撫平人們心中的怒氣，緩解原本緊張的氛圍。帶有幽默元素的生活才是多姿多彩的，懂得幽默的人才會擁有和諧美滿的人際關係。同樣地，想要與客戶之間建立起良好的關係，業務員也需擁有幽默感。

　　美國心理學家赫布·特魯說：「幽默可以潤滑人際關係，消除緊張，減輕生活壓力，使生活更有樂趣。」 優秀業務員大多具有幽默感，因為幽默不僅能為他們吸引好人緣，且能快又有效地贏得客戶的好感和信賴，同時也讓他們在面對困難時積極面對、樂觀向上。所以，每一位業務員都應培養自己的幽默感，為自己的銷售工作注入更多的動力。

Case Study

　　邁克是一家餐廳的外送員，一天，他為一位客戶送餐，看起來這位客戶似乎心情不太好，就在邁克正要走的時候，這位客戶突然叫住了他：

客戶：「等一下，你來看一下，這是怎麼回事？」

邁克：「您還有什麼事嗎，先生？」

客戶：「你看看你們的菜，裡面怎麼還有小蟲子，這是怎麼回事？」

邁克：「哦，這個……沒關係，只是一隻小飛蟲而已……」
客戶：「什麼？只是……而已？那麼，你把這份吃了吧！趕快給我換一份！」
邁克：「對不起，先生，如果您要換的話，得等我送完這批便當之後才能回去替您更換。況且，……」
客戶：「那給我退掉吧！你們這種態度，我真不敢領教！」
邁克：「好吧。」

分析

　　與客戶溝通時，類似上述不愉快的情況多少會發生，一些業務員常會像邁克一樣，面對危機束手無策，或是找藉口推卸責任，使得現場氣氛變得更加緊張。沒有和諧的銷售氛圍，也就不可能有好的銷售結果。針對以上情景，業務員可以這樣來應對：

正確做法

客戶：「等一下，你過來看一下，這是怎麼回事？」
外送員：「您還有什麼事嗎，先生？」
客戶：「你看看你們的菜，裡面怎麼還有小蟲子，這樣你敢吃嗎？」
外送員：「哦，牠可真是太聰明了，竟然知道什麼是最好吃的東西！」
客戶：「這……呵呵，好吧，既然這麼好吃，我就再給你們一次機會替我換個新的吧。但記住，我可不希望沒有我的允許又有蟲子來游泳。」
外送員：「不好意思，因為我得先送完這一批便當，回頭再替您送上新的，要麻煩您等一下哦。」
客戶：「那好吧！別讓我等太久！」

「幽默」是業務員緩解銷售緊張氣氛最有效的方法之一。當客戶產生抱怨時，如果業務員能運用合理的幽默加以應對，往往能化解尷尬，扭轉局面，甚至獲得意想不到的效果。

日本TOP銷售大師原一平曾說：「幽默具有很強的感染力，能迅速打開客戶的心靈之門。」銷售過程中，若遇到客戶的投訴或提出反對意見時，只要多加一些幽默，往往能化解客戶情緒，為銷售工作帶來轉機。

那麼，在具體銷售過程中，業務員應如何運用幽默以助銷售工作一臂之力呢？

1. 運用幽默語言需注意的問題

幽默感並非人人生來就具備，很多時候需經後天的訓練才能達到運用自如的境界。幽默也需要技巧。在練習幽默感的過程中，業務員需注意以下一些問題：

◇ 根據情況選擇適合的幽默語言，注意物件和場合。

◇ 避免油腔滑調，以免遭客戶厭惡。

◇ 注意態度與氣氛的和諧。

◇ 幽默取材忌粗俗下流，力求表達清新、高雅。

2. 用幽默化解危機

由於各種客觀原因的影響，業務員難免會遇到銷售危機，如客戶要

求退貨、業務員約見客戶時遲到等等。面對危機的產生，業務員不僅要知道如何解決，更要知道如何化解。而幽默就是化解危機最好的方式可適時緩解與客戶之間的矛盾、避免衝突的發生。

業務員曉晨與客戶約好第二天上午十點到客戶那裡洽談產品事宜，但由於曉晨有事耽誤，所以他打電話告訴對方十點半才能到達，沒想到又因路上塞車，曉晨於是趕快打電話告知客戶十一點才能到達。聽到這個消息後，客戶很不高興地告訴他不用過來了，此外，也不會購買他推銷的產品。

然而曉晨還是趕到對方的公司，面對怒氣沖沖的客戶，他堆上滿臉的笑，真誠地說：「您好，我是××公司的業務員丁曉晨，聽說您剛剛拒絕了一位業務員的拜訪，所以我馬上過來了，希望我們的產品可以讓您滿意！」

客戶烏雲密布的臉一下子放晴了起來，甚至忍不住笑了出來，在場的其他人員聽了也是一陣哄堂大笑。此時客戶問：「那我們看看你的產品吧！」

3. 用自嘲的方式表達幽默

自嘲是有幽默感的人最常使用的一種說話方式，更是一種智慧的表現。適當的自嘲，可以使個人的言語變得有趣起來。在銷售工作中，業務員若能適時使用自嘲，不僅可博得對方一笑，連帶地也拉近了和客戶之間的距離。

一位老師，雖然未到中年，但頭髮幾乎已禿光，於是許多學生在背地裡叫他「禿頭老師」，後來這位老師乾脆在課堂上說：「其實我倒希

望我的頭髮可以掉光，這樣以後我在上課時，教室裡的光線就會更明亮一些。」惹得班上同學一陣大笑，後來同學們都對這位老師尊敬無比，再也沒有人叫他「禿頭老師」了。

4. 用以幽默緩解客戶的情緒

當客戶遇到麻煩時，通常不會有好情緒，業務員若在這種情況下接觸到客戶，先別急著向客戶發動銷售攻勢，或過於平鋪直敘地回應客戶，而是要適當地運用幽默感，先緩解客戶的易怒、不穩情緒，然後再進一步採取有效的解決措施。

一名客戶在自動提款機前取款時，結果因操作不當，提款卡無法取回。於是她慌忙找到客服經理，焦急地說：「我的卡被吞了，怎麼辦啊！怎麼辦啊！」客服經理聽後並未馬上向客戶詢問實際情況，而是非常冷靜地說：「哦，我說怎麼早上發現少了一台機器，原來是被您的卡給吞了！」這句話一出，逗得客戶一陣莞爾，氣氛馬上緩和了許多。接著，客服經理才開始向客戶詢問具體情況，並立即做出處理。

Lesson 31 聰明提問，問出你要的答案

　　人是世上最聰明的動物，有時候，人的聰明可以用「狡猾」來形容。其實，業務員在與客戶溝通的過程中，偶爾也可利用自己的小聰明，以簡單、但卻狡猾的提問贏得客戶的好感。這樣不但可以使業務員更快、更準確地瞭解客戶的真正要求，還可依客戶的要求調整自己的談話重點。

　　麥克・伯格任職一家人才培訓公司，是專為各公司培訓管理人員和業務員。在一個星期五的下午，天氣很熱，伯格和一家公司約好兩點去拜訪，因車況順暢，他於一點三十分就到了。為了不讓這三十分鐘的時間白白浪費掉，他決定在附近開發新客戶。

　　伯格找到了一家規模比較大的汽車銷售店，並走了進去。

　　「你們老闆在嗎？」他問業務員。

　　「不在。」

　　伯格並不放棄，又問道：「如果在的話，他通常會在什麼地方呢？」

　　「在大街對面。」

　　伯格走到街對面，走進接待室他問：「你們老闆在嗎？」

「嗯，他在，在他辦公室裡。」接待小姐說。

當時，那位老闆正在和業務經理討論事情，伯格走進他的辦公室，問道：「作為貴公司的老闆，我想您大概總是在想辦法增加銷售額吧？」

「年輕人，你沒看見我正在忙嗎？今天是星期五，又是吃午餐的時候，你為什麼選在這樣的時間拜訪我？」

伯格滿懷信心地盯著對方說：「您真的想知道嗎？」

「當然，我想知道。」

「好吧，原本我和另一家公司有個約會是在下午兩點，因為早到讓我意外多了三十分鐘的空檔，因此，我想利用這短暫的時間開發新客戶。」 稍做停頓，伯格又壓低聲音問：「貴公司大概沒有把這種做法教給業務員吧？」

那位老闆聽到伯格的問話後，繃著臉看了業務經理一眼，過了一會兒，老闆微笑著對伯格說：「多虧你，年輕人，請坐吧。」

伯格之所以能在三十分鐘內得到客戶的認可，正是他有效利用了這種「很簡單，但卻很狡猾」 的方法來贏得客戶的好感。同樣地，業務員利用這種方法，可使客戶放下心中的懷疑，與你心平氣和地交談。

與客戶溝通時，業務員「狡猾」的提問是有一定技巧的，如果用得不恰當，也會引起反效果。

1. 二選一的技巧

當發現客戶有購買意向，卻又猶豫不決拿不定主意時，業務員應立即抓住時機，可採用「二選其一」問話的技巧。業務員無需詢問客戶買

不買，而是在假設他買的前提下，問客戶一個選擇性的問題。

一位保險員拜訪客戶，當產品介紹已大部分完成，業務員藉由雙方這次交談的互動情形，判斷客戶購買意願在八成以上，於是，他說：「保險費您是喜歡月繳，還是季繳？」

「季繳好了。」

「那麼，受益人怎麼填？除了您本人外，是填你的妻子，還是兒子呢？」

「妻子。」

「那麼，您的保險金額是要選二十萬呢，還是十萬呢？」

「十萬。」

有人說：「當我們在第一時間接受某一資訊並即刻做出決策時，思維往往會被這個資訊所固定。」另外，業務員在詢問客戶問題時，也必須注意語言的技巧，要以肯定的語氣提問，不能讓客戶有一絲懷疑，如此客戶就能條件反射地回答業務員的問題。

2. 吊客戶的胃口

有時候，業務員可以在銷售的開始設下懸念，如同看偵探小說一樣，吊一下客戶的胃口，讓客戶對產品有著神秘感，以激發客戶的興趣，然後就像魔術師劉謙常說的「接下來是見證奇蹟的時刻」。

一名中國留學生在澳洲經歷了這樣的事情。

「一天，我獨自走在雪梨的街頭，突然被一聲『請原諒』嚇了一跳，我回頭一看，原來是位金髮小姐。」

「您是中國人？」金髮小姐問。

「嗯，」我下意識地回答了一聲。

「我能問您幾個問題嗎？」

「我不懂英語。」我打著手勢裝著不懂。

「只四個問題。」金髮小姐一笑，繼續問：「您是學生還是上班族？您最想做的事是什麼？將來想從事什麼樣的工作？對未來有何打算？」

留學生心想：在這陌生世界中，竟還有人關心起我這個不起眼的人的生活和工作，甚至未來，於是答道：「我現在是一邊上課一邊打工，每天感到生活壓力很大、又很累。我最想做的事就是交到更多的朋友，將來能從事自己喜歡的工作，對未來我希望能獲得成功。」

金髮小姐一邊點頭表示理解，一邊快速地在本子上記下了「壓力」、「朋友」、「工作」和「成功」。並在「成功」一詞與前面三個詞之間畫了一個圓，並打上了大大的問號。

「您希望成功，目前卻遇到壓力、朋友和工作這些問題，那麼，要如何解決目前的困境呢？我將告訴您。」然後指著問號說道：「但願我能幫你解決這個問號。」

我十分驚訝，於是帶著好奇，跟著金髮小姐來到了她的辦公室，她告訴我，她的工作是幫助那些有困難的人，根據他們所面臨的具體情況，指導他們購買他們所需要的書，特別是在這兒購書可比外面書店便宜百分之十。在金髮小姐的熱情介紹下，我不得不買了她推薦的一本書。

在這個案例中，金髮小姐所製造的「懸念」就是她所提出的問題：「您是中國人？」、「我能問您幾個問題嗎？」這兩句對話以及她後面

提出的問題都讓對方感到疑惑，絲毫沒有想到這是事先設計好的一種推銷形式。不僅如此，你還會感覺到雖然身在異國他鄉，但是金髮小姐對你還很關心。這就是成功地「吊客戶胃口」，也是一種「狡猾」的銷售技巧，隨著與金髮小姐的交談，客戶一步一步地掉進她事先設定的陷阱裡，成交也就因此實現了。

3. 拖延戰術

在銷售產品時，面對客戶提出敏感問題時，如果業務員不想對此做出回答，可設法拖延，讓客戶暫時放下這個問題，直到你真正想回答為此。這種方法或許可能會使客戶覺得業務員在敷衍他，但對於一些個性比較溫和的客戶較為適用。

「李先生，你說這個款式的產品要賣多少錢？」這是客戶的第二次詢價。

「請等一下，我馬上就會談到價格的問題。」然後李先生繼續介紹產品。

過了一會兒，客戶進行第三次詢價。

李先生說：「我很快就會談到價格，但是我要讓您對產品多瞭解一些，這樣您就可以發現這是一筆多麼經濟又實惠的交易。」然後用一種很友好誠實的口氣說，「別擔心，請耐心聽我解釋。」

當李先生最終準備報價時，他先製造了一種懸念。「好了，我知道您現在已經開始喜歡這些產品了。我相信，等您發現這筆交易真是物超所值的時候，您一定會激動不已。」稍作停頓之後，李先生說，「好了，期待已久的價格是……」

　　隨後，李先生寫下價格給他，在他開口之前，李先生又滿面笑容地補充到：「您看我是不是為您提供了周到的服務呢？」

　　業務員普遍都曾遇過在尚未瞭解產品時，客戶就急著詢問價格的狀況，面對這種情況，業務員得先穩住客戶，讓他盡可能地瞭解你所推銷的產品的優勢，待時機成熟了，再給予報價。這樣做的好處是，避免有些客戶一聽到產品報價轉身就走，這樣做能替你爭取到更多的時間，讓客戶多瞭解產品一點，明白產品價格是物超所值，再下決定是否購買，等於是替自己多留住一份機會。

課後自我評量

□能透過問問題，發掘客戶關心的話題。

□對客戶提問時，能循序漸進，一步步問出客戶心中的需求。

□懂得利用問問題來掌控銷售過程的主導權。

□站在客戶的角度去想問題，而不是銷售者的角度。

□能針對不同的場景變換不同的提問方式。

□透過問話，替客戶找到花錢的理由。

□在洽談的過程中，適時讓客戶感受到需求的急迫性。

□配合客戶的心理變化，適時調整洽談的節奏和方向。

□無論多麼渴望成交，都會優先考慮客戶的態度和回應。

□處於被動局面時，能利用反問型問題，來獲得掌控洽談進程的權力。

□當銷售過程中遇上尷尬或不愉快的情況時，會利用幽默來化解。

□遇上客戶投訴或抱怨時，能運用幽默緩和客戶的情緒。

□溝通過程中，透過狡猾的提問，問出客戶不願說出的真意。

＊已確實做到的請打「✓」，沒做到的請隨時提醒自己加強改善。

How to Make A Deal
by Perfect Eloquence

Chapter 5

學分五
談業務就是要成交

銷售的目的是成交，業務員的知識和能力遠比有形的產品更重要。

聰明的業務員能夠將斧頭賣給總統，靠的不是斧頭本身，

而是自己的頭腦。所以，做一個銷售場上的有心人，

就要掌握更多的成交技巧，利用自己的知識、經驗和創意，

挖掘出更多能夠直抵客戶內心深處的成功方法，

只要做到這些，無論你手中有什麼產品，都不愁賣不出去！

Lesson 32 主動解決客戶的猶豫

　　面對客戶對是否購買表現出的猶豫不決、疑慮重重，有些業務員常感到焦慮、不知所措。客戶到底在想什麼？客戶為什麼總是猶豫不決，拿不定主意？成了困擾業務員的問題。對此，有些業務員選擇了順應情勢，結果銷售工作大多會在客戶的猶豫不決中以失敗告終。因為客戶在猶豫原因未解決前，是很難做出一個決定的。

　　所以，要想讓猶豫不決的客戶做出成交決定，業務員就得更發揮作用，儘量找出客戶猶豫的原因，並主動解決客戶的猶豫不決，為客戶建立堅定的購買信心，進而促成交易。

Case Study

　　小桃是一家服裝店的銷售人員。這天，一名中年女士走進來，在店裡轉了一圈，最後，她對著一件寶石藍的上衣左看右看，拿起來又放下，看起來很猶豫，經過小桃的一番介紹，這位女士仍是一副猶豫的樣子——

客戶：「這個，我還是和老公再商量一下，等我考慮好了再買吧。」

小桃：「其實這件上衣真的很適合您的氣質，還商量什麼呢？您買衣服主要是自己穿起來開心啊。」

客戶：「不，我還是想再考慮一下，我擔心我老公會不喜歡。」

小桃：「真的很適合您，您不用再考慮了。」

客戶：「這個……還是算了」
小桃：「那好吧……」（開始整理其他的衣服）

分析

　　客戶的猶豫情緒是阻礙順利成交的重要原因，如果不能從根本上解決客戶的猶豫不決，業務員很難真正抓住客戶。在現實銷售中，常會有一些業務員對客戶的猶豫不決不分析、不探究，一味地只強調產品的優點，甚至使用一些消極性的詞語如「那好吧，您想好了再來吧」等等，結果往往使這次的努力半途泡湯。針對以上的情景，業務員可以這樣做：

正 確 做 法

客戶：「這個，我還是和老公再商量一下，考慮好了再買吧。」
小桃：「其實這件上衣真的很適合您的氣質，我看得出來您特別喜歡
　　　這件衣服。不過您說要回去問問老公的意見，其實我能理解，
　　　畢竟賺錢不容易，而且如果老公覺得漂亮，您穿起來會更有自
　　　信。」
客戶：「是啊，所以我想回去商量一下。」
小桃：「我只是擔心有什麼地方我沒有解釋清楚的，所以想請教您一
　　　下，您到底是在考慮哪一方面的問題呢，是衣服的款式還是顏
　　　色呢？」
客戶：「款式還可以，主要是這個顏色，我擔心老公不喜歡，因為我
　　　很少穿這種顏色鮮亮的衣服。」
小桃：「您願意嘗試不同於以往的裝扮，證明您很有想法。其實在我
　　　看來，您非常適合這個顏色，要不要先試穿一下，這樣您就會
　　　發現，您的氣質完能由這件衣服中展現出來。」
　　　聽了銷售員的勸說，客戶進行試穿。
小桃：「您看是不是，這件衣服非常符合您的氣質，無論是款式、顏

色還是質料，都非常不錯啊。如果不穿在您的身上，真是太可惜了！」

客戶：「嗯，還不錯，不知道我老公是否喜歡……」

小桃：「這款衣服就剩下這一件了，賣得非常好，短期間可能也調不到貨了，如果您真的與這件衣服失之交臂，那該多遺憾啊。不如您就先買回去，如果老公真的不喜歡，您再帶他一起過來換別的款，也可以啊！」

客戶：「是嗎？那……我現在就買了吧！」

專家提點　　尋找到客戶猶豫不決的原因，是解決客戶猶豫不決的根本。在找到原因之後，輔以正確的銷售手段與客戶展開溝通，如此一來，要讓客戶點頭購買，就易如反掌了。

在銷售過程中，如果客戶表現出了猶豫不決時，身為業務員的你一定不要單純地等待客戶作出決定，更不可為了儘快成交而逼迫客戶，而是要從更根本問題出發，找到客戶猶豫不決的原因，並想辦法化解客戶心中的疑慮。

那麼，在實際銷售中，如果客戶表現出猶豫不決時，業務員應如何解決呢？

1. 引導客戶說出猶豫的原因

客戶的猶豫不決一定有其原因，哪怕只是一個小小的問題，都可能讓客戶無法下定決心購買產品。客戶拿不定主意，銷售工作自然難以順利進行。

在尋找原因的同時，業務員可先觀察客戶的舉止、表情等，做一個大致的揣測，也可直接詢問客戶的意見，使其說出猶豫的原因。例如，你可以直接向客戶詢問「請問對您目前在意的問題，我是否已為您解釋清楚了？」或是「還有什麼其他的原因讓您無法現在做出決定？」等等，如果客戶自己也被類似的疑慮糾纏，大多更願意說出來，以尋求業務員的幫助，所以業務員大可不必擔心客戶會因此給你釘子碰。

2. 幫助客戶排除猶豫心理

客戶的猶豫不決來自於對決定購買產品不夠肯定，此時，業務員就要在一旁給予客戶肯定的暗示。比如，業務員可以不時提醒客戶「這件產品真的很適合您！」、「如果您沒有買到這件產品，該是多麼遺憾啊！」、「您完全不用擔心，您購買產品以後，一定會有朋友羨慕您的！」等等。這些肯定的語言在一定程度上可堅定客戶的購買意向，有助於客戶排除猶豫的心理。

在向客戶表示肯定的過程中，業務員一定要保持態度的真誠，使客戶能感受到真實的稱讚和認同，切不可為了盡快成交而忽略談話的語氣和態度，否則，不僅無法幫助客戶消除猶豫心理，還可能迫使客戶想快點離開你或拒絕你。

3. 給壓力也給誘惑，剛柔並濟

在一個人感到壓力時，往往會更快地做出決定。在客戶購買產品時，業務人員也可以利用這個現象，比方說，你可以對客戶說「產品數量已經不多」、「還有人打算訂購」或是「優惠活動即將結束」等等，

給客戶營造一種緊迫感，進而促使他儘快做出成交決定。

此外，在銷售工作中使用「小誘惑」也有助於業務員儘快抓住客戶的心，例如，你可以對客戶說明購買產品後可得到什麼贈品或利益，儘量使客戶明白買與不買的利弊各是什麼，進而增加銷售的成功率。

一般客戶都會在感受到壓力時做出成交的決定。因此，如果客戶在受到壓力時仍猶豫，那麼，業務員大可剛柔並濟，以壓力和誘惑共同施加，基本上，客戶都會因此而決定購買。

Lesson 33 找到幫手與你一起談判

　　在成功的銷售案例中，人們大多會認為業務員成功的原因在於業務員都有一副好口才，才能說服客戶做出購買決定。其實，許多業務員之所以成功，不僅在於其有著善辯的口才，也因為他們能找到一個好幫手！有了幫手，說服客戶就變得更容易些。

　　所謂的「幫手」可以是對產品信賴的人，也可以是產品的相關資料、權威認證，甚至客戶的親身體驗結果。無論如何，在銷售過程中，只要業務員盡可能調動身邊的積極因素，將之運用在銷售工作中，就能獲得更大的成交機會。

Case Study

　　小吳是一家保險公司的銷售人員，幾天前他曾與一位客戶做過電話訪談，由於種種原因，至使交易未能達成。為了談成這筆保單，這天，小吳親自拜訪了這位客戶，但是當小吳來到客戶家時，只有客戶的妻子在家。看到客戶不在，小吳就先與客戶的妻子寒暄了一番，接著便一直等著客戶回來，過了一會兒，客戶回來了，於是小吳迎了上去：

　　「您好，我是××保險公司小吳，前幾天有和您通過電話。我今天來是想……」

客戶：「我說過了我不需要保險，怎麼還跑到家裡來了？」

小吳：「先生，其實我為您介紹的這份保險是非常划算的……」

客戶：「但是我們家不需要買保險……」

小吳：「您可以給我三分鐘的時間嗎？我保證您在聽過我的詳細介紹之
　　　後會有所改變。」

客戶：「好吧。那你說吧。」

小吳：「我們設計的這份保險，投保期在十年到三十年不等，尤其適合
　　　婚後人士購買，這分保險的購買金額在……」

客戶：「對不起，我現在的確不需要這份保險……不好意思，我還有事
　　　要做，您先請回吧！」

分析

　　上述案例因缺乏足夠的說服助手，才使得說服過程窒礙難
行。在與客戶談判的過程中，常會有業務員像小吳一樣，只是單
純地向客戶做產品介紹，而忽略可以運用什麼來加強自己的說服
力，結果導致銷售工作不進反退，錯過了大好時機。針對以上的
情景，業務員可以這樣做：

正確做法

　　看到客戶不在家，小吳就先與客戶的妻子話起家常。

小吳：「前幾天我與您的丈夫通話，發現他是一位很開朗健談的人。
　　　想必您的家庭一定很和樂，你們真是一個幸福的家庭！」

客戶妻子：「唉，其實家家有本難念的經。別人眼裡的好，其實只有
　　　　　自己知道好不好。家裡就我老公一個人工作，自從他被裁
　　　　　員之後，我偶爾也做一些兼職的工作，雖然每個月也能賺
　　　　　些錢，但是卻沒什麼保障。」

小吳：「現在企業多進行裁員，以減少人事成本。我的一些朋友也是
　　　以兼差、打零工維生，雖少了社會保障，但因現在的商業保險
　　　很完善，仍然可以購買這個呀。」

　　在小吳大致為客戶的妻子做了介紹之後，這位客戶回來了。

小吳：「您好，我是××保險公司小吳，前幾天剛和您通過電話。我
　　　今天來是想……」
客戶：「我說過了我不需要保險，怎麼還跑到家裡來了？」
客戶的妻子：「剛才聽了小吳的介紹，覺得這份保險還挺划算的…
　　　　　…」
　　　聽妻子這麼一說，客戶倒想聽聽小吳的介紹。
小吳：「其實，我說的這個保險就是上次我向您提的那種。以您和您
　　　的妻子這樣的年紀，從現在開始投保，按照這個最低標準，
　　　十五年後，每個人每月可領**10000**元。您看一下。」
客戶：「哦，是嗎？那我來看一下內容吧！」

專家提點

　　　口才再好的業務員有時也無法單槍匹馬地作戰，每一位優秀的
業務員都要能充分運用身邊的積極因素，使之在自己的手中發揮作
用，以助自己實現銷售。以上情景中的小吳即是透過了與客戶妻子
的溝通，才獲得談判上的主要支持。這無疑是一種聰明又有效的作
法。

　　在說服客戶的過程中，業務員如果遇到困難，首先要想到自己說服
客戶的方法是否正確，說服的理由和說服的力量是否足夠。如果回答是
否定的，業務員就得尋找說服幫手，以強化自己的說服力，如此才能使
銷售工作進展得更加順利。

　　那麼，在具體談判中，業務員如何才能找到更多的幫手來助自己一
臂之力呢？

1. 利用身邊的人

在客戶購買產品時，有時身邊會有一同前來的陪同者，在不少業務員看來，這些陪同者的出現似乎會妨礙銷售工作的正常進行。的確，有不少銷售都是在客戶陪同者的否定下終止的。然而，業務員若能換種想法，換種方式，這些陪同者也有可能成為促成交易成功的好助手。只要能說服客戶陪同者轉變意見，盡可能使其成為你的「幫腔者」，業務員往往能輕鬆地搞定客戶。對於如何有效利用身邊的人勸說客戶，在本書第48講（p245），我們將做進一步的介紹，在此就不一一解釋。

2. 利用曾合作的知名公司

知名公司的行動往往是最能引人注意的！而對於正處在購買階段的客戶來說，知名公司的出現，往往更加使其敏感，試想，如果客戶所購買的產品得到知名公司的認同，那麼，客戶對於產品也會更加認同。

所以，在說服客戶的過程中，業務員大可用一些與知名公司的合作經驗，並出示相關的資料，將更有助於提升客戶的購買信心。

3. 拿出事實與證明

事實是最好的說服工具。對於那些對產品存有質疑的客戶，業務員可多向其展示一些與產品相關的詳細資料，比如權威認證以及精細資料等等，以增加說服力。

此外，在銷售產品時，銷售員的銷售對象在現場也許並非只有一個人，例如服飾售貨員、鞋帽銷售人員等等。所以，當遇到對產品存有質疑或不願成交的客戶時，銷售人員可借助那些對產品讚不絕口的客戶，

以例證法說服客戶。以一個服飾銷售人員為例，當一個客戶遲遲無法決定成交時，銷售員不妨讓客戶轉而注意其他客戶的反應。當店內有一位客人付款購買產品時，或者是試穿衣服時，銷售人員則可對這名猶豫的客人說：「這位女士（先生）是我們品牌的愛用者，通常一次就會買個四、五件，由此可見，我們的產品品質是非常不錯的……」如此一來，客戶往往會也受到其他客戶的影響而做出購買決定。

Lesson 34 用激將法促進成交

　　在銷售過程中，業務員經常會遇到這樣的情況：客戶雖然已充分瞭解產品，且對此產品有需求，卻仍遲遲不願做出成交決定。面對這種情況，業務員總會疑惑，不知問題到底在哪兒，也不知該如何才能打破這個僵局，順利取得訂單。

　　一位資深業務員說：「換一種方式，也許是銷售成功的另一途徑，那就是──告訴客戶，如果他不購買，將會遇到什麼樣的麻煩或問題。」想要讓客戶快點做出成交決定，業務員不妨利用激將法，向客戶表示「假如您不購買我們的產品，您將會蒙受什麼樣的損失」，這樣客戶在承受了一定的壓力之下，往往就會較快地做出決定了。

Case Study

　　小朱是一家保險公司的業務員，一天，他去拜訪客戶，針對客戶的情況規劃了一份保險，並做了詳細地介紹，但是這位客戶並沒有表示願意購買。

小朱：「您應該知道保險對於人們的重要性。我想您也一定希望您以及您的家人能夠健康平安，這才是我們生活的根本啊。」

客戶：「其實我不太需要這種保險，我……」

小朱：「經過剛才的解釋，您也應該知道，這種保險是最划算的一種了，建議您再考慮一下。」

客戶：「我還是再考慮一下吧，過些天再給你答覆好嗎？」

分析

在詳細解説了產品優勢之後，客戶仍不願做出成交決定，這無疑會使不少業務員感到不知所措，像小朱一樣亂了陣腳，不知如何再進一步打動客戶，導致成交仍然是一個未知數，更使自己進退兩難。其實，針對以上的情景，可以參考以下做法。

正 確 做 法

小朱：「我想您是非常關心您的家人的健康和安全的。不過您不願購買這種保險，也許是我為您介紹的險種並不適合您，可能您更適合購買這種『29天保險』」。

客戶：「『29天保險』？這是一種什麼樣的保險？」

小朱：「這種保險與我剛才為您介紹的保險金額是相同的，而且期滿之後的紅利和滿期金也一樣，但卻只需繳納正常保險金額百分之五十的費用。」

客戶：「這麼划算！那麼，它有什麼特別的要求嗎？」

小朱：「我來向您介紹一下，這種『29天保險』是指您每個月的受保時間是29天，剩下的一天或兩天由您自由安排。也許這一天或兩天您會選擇待在家裡度過沒有保險的這一兩天，但是相關資料顯示，很多危及生命的災害都發生在家庭之中。這是統計資料。」

客戶：「這是真的嗎？」

小朱：「對不起，請您原諒，我想我提出的這種保險方式對您以及您的家庭來說都是不負責任的，剛剛您也許會想『如果恰巧在不受保障的兩天裡遇到了意外怎麼辦』的問題，對嗎？」

客戶：「是的，這種保險不能買，為什麼要出這樣的保險呢？」

小朱：「先生請您放心，這種保險方式目前在我們公司並未得到認可，而且我也不是很想推薦您購買這個保險。相較我最初為您推薦的那份保險，您覺得怎麼樣？」

客戶：「與這個相比，你一開始介紹的保險還可以。至少投保之後，

> 隨時能有所保障。」
>
> 小朱：「我想您已經瞭解到正常保險的意義了，您希望您以及您的家人無時無刻都能受到安全的保障，對嗎？那麼，您不妨考慮一下我最初提出的保險如何？」
>
> 客戶：「好吧，那麼我就投保你一開始介紹給我的那份保險吧。」

> 激將法也是一種有效打動客戶的方式。當客戶感到有可能失去某種利益或受到某種威脅時，就會在最快的時間內做出決定，以擺脫心裡的不安全感。業務員只要能找出客戶擔心的關鍵，並輔以正確的溝通方式，大多能讓客戶做出購買決定。

面對客戶遲遲不願做出成交決定，業務員千萬不要伺機等候，而是要主動出擊，利用「激將法」為客戶製造心理失衡的條件，無論是讓客戶感覺失去了某種利益，還是感受到某種隱憂，都能讓客戶儘快做出成交決定。

那麼，在具體銷售過程中，業務員應如何使用「激將法」以促進成交呢？

1. 提醒客戶可能喪失某種或某些利益

當一個人感到自己可能會丟失去某種利益時，就會想辦法挽回，以避免喪失利益。因此，業務員可在客戶不願做出成交決定時，向其表明：如果不購買產品，則有可能導致某種利益的喪失。例如，業務員可向客戶表明「我們的特惠活動截止時間到今天晚上八點，明天我們的產品就會恢復原價」或「對於這種產品，我們公司以後再也不會打這麼低的折扣了」等等，使客戶知道若到不儘快做出決定，將會受到什麼樣的

損失，丟去多少利益。這樣一來，客戶就會盡可能地快速決定，以避免自己的利益受損。

但是業務員在提醒客戶之前，最好能深入瞭解客戶最為關心的問題，然後從客戶的關注點切入，進而吸引客戶的注意，儘量不在客戶不太關心的問題上大費周章。此外，業務員還需注意語言的真實性，做到尊重、關心客戶，切不可為了說服客戶而使用虛假的資訊欺騙客戶，甚至惡意詛咒客戶，否則不僅無法快速成交，更可能因此惹惱客戶，進而對產品產生偏見。

2. 暗示客戶可能面臨某種威脅或隱憂

有時，縱使業務員利用產品的正常價值，還是有可能無法觸動到客戶的心，例如品質上乘，價格合理等。此時的業務員得使用另一種方法：讓客戶感覺到若不購買產品的話，有可能產生某種隱憂或是受到某種威脅。業務員向客戶暗示的這種威脅並非有意恐嚇客戶，而是要從客戶的根本需求出發認真地分析，並給客戶善意的提示。

例如，當一名顧客不願對一件衣服做出購買決定時，業務人員可利用產品限量的優勢對顧客說：「如果您購買其他服裝，有可能會發生和別人撞衫的可能，但若買這件衣服的話，則不太會遇到這種情況。」也就是說，你先製造威脅，再解除顧客的擔心，讓顧客瞭解若不購買產品所可能產生的隱憂，進而加快顧客做出決定。

另外，如果條件允許，業務員還可將這種隱憂或威脅，和客戶的健康與安全聯繫起來，暗示客戶若不能決定購買此類產品或服務，那麼，他們的健康或安全可能會受到一定的威脅。

_{Lesson} 35 幫助客戶做出決定

　　在客戶遲遲未能做出成交決定的銷售局面中，銷售工作是否能有所進展，往往取決於業務員的作為，因為這種拖延的現狀，正是客戶需要的，也許客戶需要更多考慮的時間，也許客戶希望以此壓低價格。因此，當客戶遲遲不做決定時，業務員就要盡可能地掌握住主動權，成為客戶決定成交的引導者，幫助客戶做出決定。

　　所謂「幫助客戶做出決定」，指的不是業務員強行將成交意願強加在客戶身上，而是業務員透過與客戶的溝通，引導其做出成交決定，進而完成銷售任務。

Case Study

　　小周是一家建材公司的業務員，這天他約見了一位客戶。一開始，客戶對小周的介紹非常感興趣，且不時向小周提出問題，但是雙方溝通了一段很長的時間之後，這位客戶卻還是遲遲不決定：

小周：「介紹了這麼多，您覺得怎麼樣呢？」

客戶：「我再考慮一下……」

小周：「還要考慮？我們已經談了快三個小時了，很多問題您不是已經都很清楚了嗎？」

客戶：「對，不過我的確還需要再考慮一下。」

小周：「先生，做一個決定真的有這麼困難嗎？很多情況我都已經說得很明白了，我想，換作任何一個人也都早做出決定了。我們的產

品品質有保障，價格公道，這麼物美價廉的產品，您還要考慮什麼呢？」

客戶：「……這樣吧，等我考慮好了，再打電話告訴你吧！」

小周：「那好吧。」

分析

任何一場交易的實現都是由客戶決定的，沒有客戶心甘情願地掏出錢來，就不會達成銷售成功，業務員取得訂單。不幫助客戶做出決定，一味地催促客戶，只會使成交變得更加緩慢。針對以上的情景，業務員可以這樣做：

正確做法

小周：「我想您很清楚我們的產品，無論在品質上和價格上都是相當有優勢的，我想您一定知道的，對嗎？」

客戶：「嗯，是的。」

小周：「那麼，您之所以不想做出成交決定，是不是還有什麼其他方面的疑慮呢？」

客戶：「這個……我想我們公司大量訂購你們的產品，你們應該給予我們一定程度的折扣啊！」

小周：「原來是因為這個原因啊。不過，我想您聽了我剛才的介紹後，應該清楚我們的產品不僅品質好，價格公道，而且我們也會提供非常完善的售後服務。請您看一下合約，我們已詳細載明自身的各項義務……」

客戶：「哦，你們的服務品質可以保證嗎？」

小周：「這個請您完全放心。如果您購買我們的產品，您將不必為產品擔心，因為我們會提供最完整、最貼心的售後服務。像我們這樣既能保證產品品質，同時兼顧公道的價格，並提供完善的

> 服務，如果不馬上訂購，豈不是一種遺憾了，您說是吧？」
>
> 客戶：「有道理，那好吧，就訂貴公司的貨吧！」

專家提點　雖然業務員無法代替客戶做出成交決定，但卻可以從旁幫助、引導客戶做出決定，替客戶灌注信心。利用與客戶溝通的機會向客戶強化產品優勢，逐漸堅定客戶的購買決心，也就能讓客戶做出最後的成交決定。

　　業務員幫助客戶做出成交決定的過程，也就是輔助、引導客戶，不斷堅定其購買信心的過程。在這個過程中，業務員千萬不可因為急於成交而失去應有的耐心，否則，很容易招致客戶的反感，不僅成交之事難以實現，還可能白白失去客戶。

　　那麼，在銷售過程中，面對不做出成交決定的客戶，業務員應如何幫助他們，使之做出決定呢？

1. 使用肯定成交法

　　肯定成交法是銷售領域中，一種較為普遍的銷售方法，主要是指業務員使用十分肯定的語言作為銷售工作的推進劑，堅定客戶的購買信心，使客戶變得果斷，進而決定購買的方法。肯定成交法先聲奪人，難度低，但效果卻不差。所以，當客戶不願做出成交時，業務員不妨運用這個方法，幫助客戶快速決定。

　　例如，一名服飾銷售小姐在客戶面對幾件衣服無法決定時，應盡可能向顧客建議：「這幾件衣服非常適合您」、「衣服能襯托您的氣

質」、「您穿起來非常漂亮的」。多多這樣使用讚美的語言和肯定的語氣，逐步堅定顧客的購買心理，為顧客建立足夠的信心，就能在一定的程度上輔助顧客做出成交決定。

2. 探究客戶不願做出成交的原因

客戶遲遲不下決定，一定有其原因，不管是客戶認為產品價格過高，還是覺得產品品質不夠好，甚至沒有購買的意願，業務員都要盡可能地釐清客戶不願做出決定的原因，然後再根據實際情況選擇合適的解決方法。

在探究客戶不願成交的原因時，業務員可以使用溝通引導的方式，或開門見山直接地向客戶詢問：「您還有什麼擔心的地方嗎？」或「是什麼原因讓您遲遲沒能做出決定呢？」只要業務員的態度真誠，通常，客戶大多願意坦誠相告。如此一來，業務員掌握了客戶不願購買的原因，就可以做出相應的解決辦法，排除這些有礙銷售的原因，幫助客戶做出成交決定。

3. 假設成交對客戶的好處

在可以從成交中獲得最大利益的前提下，客戶才更願意做出成交決定。讓客戶感受到成交之後有利益可得，是業務員幫助客戶快速做出成交的一個方法。所以，在銷售過程中，業務員可以利用假設的方式，告訴客戶成交後可能會得到的好處有哪些。例如業務員在向客戶推薦車間機械的時候，可向客戶表示：如果能夠成交，就能為您降低成本，提高生產效率，進而增加您的利潤，先替客戶畫出購買後的美好景象，客戶

就能明白成交所能為他帶來的好處，自然也就願意更快地做出決定。

在假設客戶成交之後所獲得的利益時，業務員應本著實事求是的原則，不可為了快速成交而說一些與事實不符的話，否則就會給客戶留下「名不符實」的負面印象，縱使此次的銷售成功，卻有可能因此永遠失去了一個客戶。

Lesson 36 辨別客戶的成交訊號

作為一名業務員，擁有良好的溝通能力是必要的，同時更需要具備敏銳的觀察能力。在銷售過程中，有些業務員滔滔不絕，總想以口才說服客戶，卻缺乏對客戶言行舉止的洞察力，以致於無法對客戶發出的成交訊號做出正確的判斷，錯過最佳的成交時機。

一般情況下，客戶在做出成交之前，都會不自覺地發出成交訊號，例如充滿期待的眼神、積極地詢問、反覆拿起產品觀看等等。只要業務員能仔細觀察，就能準確地抓住成交時機，促成交易。如果客戶發出成交訊號時，業務員卻沒能注意到，客戶就可能因內心需求未受到重視和滿足而改變心意，可能就放棄購買。因此，在銷售過程中，業務員務必要對客戶多觀察，特別是在銷售工作進入成熟階段時，更要注意觀察客戶的反應，認真辨別客戶發出的成交訊號，以抓住最佳成交機會。

那麼，作為業務員應如何辨別和把握客戶的成交訊號呢？

1. 從客戶的表情中辨別成交訊號

一個人的臉部表情可約略透露一個人的內心欲望。同樣地，在客戶準備做出成交決定前，也會有意無意地以臉部表情顯示其成交欲望。所以，在銷售過程中，業務員要認真觀察客戶的表情，從中辨別他的購買

意向。那麼，一般來說，客戶都是如何以臉部表情來表現「想買」訊號的呢？

✧ 客戶緊皺的眉頭逐漸舒展。

✧ 當客戶臉上浮現興奮的表情，如眼睛為之一亮、嘴角微微上揚。

✧ 當客戶關注產品本身或業務員的產品說明上。

洽談過程中，業務員一旦發現客戶有以上的表情，就要及時作出回應，如趁機詢問客戶需要訂購多少數量，希望使用何種方式付款等等。

2. 從客戶的行為中辨別成交訊號

除了臉部表情，客戶還常會在舉止之間透露出「想買」訊號，因此，業務員在銷售時，還需要特別注意客戶的言行舉止。有時，一些客戶會為了壓低價格而故意提出反對的異議，若業務員能辨別其行為時，就能較為準確地判斷出客戶的購買動向。一般來說，客戶透過行為表現出的成交訊號主要有以下幾種：

✧ 對產品表示喜歡並不斷撫摸。

✧ 讓自己的朋友或親人一起體驗產品。

✧ 對產品說明書或宣傳手冊仔細翻閱。

✧ 對業務員的話感興趣或表贊同。

✧ 在談判過程中表現出輕鬆滿意的樣子。

當發現客戶在洽談過程中表現出以上某些行為時，業務員就要根據具體情況做出適當地回應，以進一步刺激客戶的購買欲望，進而掏錢購買。

3. 從客戶的語言中辨別成交訊號

在洽談過程中，語言是客戶流露內心購買意向最直接的方式。因此，除了對客戶行為及表情仔細觀察外，業務員還要特別注意傾聽客戶語言，並做出分析，準確及時地辨別客戶語言中的含義，抓住其中的成交訊號，進而尋找成交時機。

當客戶產生購買意向時，通常會透過一些細微問題的詢問，表現其內心的購買意向。這些細節主要有：

✧ 詢問產品某些功能的使用方法。

✧ 打聽交貨時間。

✧ 詢問產品贈品或附件。

✧ 詢問產品具體的保養與維護方法。

✧ 詢問售後服務。

✧ 詢問產品在客戶群中的反應。

因為客戶不同，產品不同，客戶的語言表現也會有所差異。然而，當客戶已開始詢問以上這些有關產品的實質性問題時，大多已表示他們有了購買意願。此時，業務員需迅速做出積極地反應，及時回答客戶所提出的問題，並抓住時機向客戶強調產品優勢或進一步拉近產品與客戶的距離，進而增加成交的機會。

Lesson 37 買賣雙贏，方可成交

　　銷售是一個業務人員與客戶相互滿足利益、相互妥協的過程，若不能實現買賣雙方的共贏，那麼，成交則難實現。要實現與客戶的共贏，業務人員應盡可能找到一種既可滿足客戶，且又能獲得最大利潤的「中庸之道」，以最有效的方式實現成交。

Case Study

　　小方是一家電子零件公司的業務員。一天，他如約拜訪了一位客戶。在經過一番談判後，客戶對產品提出了異議：

客戶：「其實，我和你們公司是第一次接觸，不知道你們的產品品質如何？」

小文：「無論從產品品質，還是客戶服務上，我們都是一流的。有許多大公司都是我們的主要客戶，這些都是有證可查的，因此在產品品質方面，您大可放心。」

客戶：「你們的產品價格怎麼比其他同類產品要高出許多？這是為什麼？」

小方：「這種產品的價格在市場上長期以來一直居高不下，與其他公司相比，實際上我們公司的價格已經很低了。造成這種產品價格降不下來的主要原因是因為它的造價本來就高出其他產品，我們必須考量到成本回收的問題，所以……」

客戶：「如果是這樣價格我們覺得不太划算了，畢竟我們公司……」

↑分析

　　不少業務員在談判時都會犯這樣的毛病，過於關注自己的銷售目標，卻忽略了對方客戶的實際需求。任何一位消費者都是在自身需求得到滿足後，才會考慮買或不買，如果業務員無法先滿足客戶的內心需求，就想要取得訂單，幾乎不可能。針對以上情景，業務員可以這樣做：

正確做法

客戶：「其實，我和你們公司是第一次接觸，不知道你們的產品品質如何？」

業務員：「我們公司一貫堅持高品質的產品和客戶服務，這一點與我們有過合作的許多大客戶都可以證明。事實上，正是因為長期堅持採用我們公司的產品，很多合作夥伴才能創造令業界矚目的高效能業績。相信以貴公司的實力和影響力，如果與我們公司合作，更可使工作效率大為提高，而且也有利於貴公司的品牌延伸……」

……

客戶：「你們的產品價格怎麼比其他同類產品要高出許多？這是為什麼？」

業務員：「這種產品的價格確實高於其他同類產品，這是因為它具有更卓越的性能，能為您創造更大的效益，與今後您獲得的巨大利潤相比……算是回收很大的投資。」

客戶：「你說的也有道理……」

專家提點

　　實現雙贏的前提在於買賣雙方利益的互相滿足。業務員應多多考慮客戶的感受，在確保利潤的基礎上儘量滿足客戶的需求，才能實現真正的雙贏。如此一來，實現成交也是自然而然的事情了。

在銷售過程中，想要與客戶談成生意，並希望與客戶形成長期合作關係，業務員就要努力在獲得利潤的同時，也要能滿足客戶的需求，最大限度地贏得客戶的滿意，實現真正的雙贏。

那麼，雙方在洽談的過程中，業務員如何才能與客戶建立一種合作共贏、長期合作的友好關係呢？

1. 讓客戶明白購買產品為其帶來的利益

推銷是一個利益博弈的過程，交易的雙方是受利益驅使的。想要實現銷售成功，業務員必須與客戶溝通，以達成雙贏。產品是實現利益的立足點，因此，業務員要能讓客戶知道購買產品可以為其帶來什麼樣的利益，才能吸引客戶對產品的關注。

例如，當客戶對是否購買產品感到猶豫不決時，業務員不妨向客戶表明：我們的產品可為您創造更大的效益，如果您能購買我們的產品，就能獲得巨大的利潤。客戶在感受到利益的存在時，也就會進一步增強購買信心。這樣一來，雙贏就能進一步實現了。

需要注意的是，在向客戶表示其可從購買中獲得利益時，業務員一定要態度誠懇、實事求是，並充滿熱情，使語言具有說服力和感染力，以提高客戶對產品的信任度。

2. 讓客戶明白雙方長期合作的好處

在與客戶洽談的過程中，業務員應盡可能向客戶表明，希望與其長期合作。無論對客戶還是業務員本身來講，都有一定的正面意義，因為業務員開發一個新客戶往往比接待老客戶費時費力得多，而對於客戶來

說，對產品有足夠的瞭解與掌握，也將為他們節省不少精力和時間。針對此問題，業務員與客戶交談時可以這麼說：

◇ 「張先生，這個維修服務合約若能簽五年，就給你八折價。」

◇ 「吳總，和我們長期合作是非常划算的。因為我們公司每年都會為向您這樣的老客戶免費贈送一個戶外廣告文案。」

業務員在向客戶提出長期合作的建議時，態度一定要誠懇、積極。

3. 從客戶的需求介紹產品

洽談過程中，當客戶的需求得到滿足之後，往往會主動做出成交決定。所以，業務員在向客戶推薦產品時，應盡可能地從客戶的實際需求出發，弄清楚他們需要什麼或面臨了什麼難題，並採取適當的方法予以解決，以滿足客戶的需求。

例如，在向客戶介紹產品品質時，業務員可以說：「我們公司以產品品質贏得了很多大型合作夥伴，相信如果貴公司與我們合作的話，一定能大大提高生產效率，為您創造更多的價值。」

讓客戶從與你的互動交談中得知，繼續這場交易就能為自己贏得好處，那麼，他們大多會表現得更加積極，以一種「買了這個可以使我得到某些益處」的態度與業務員進行談判，進而決定購買。如果客戶另外提出了一些額外的小要求，你可以在確保自身和產品不受侵害的前提上盡量去滿足客戶的需求，而你也能得到自己想要的。

Lesson 38 不給客戶找藉口的機會

　　在銷售過程中，常令業務員懊惱的不是那些直接說出拒絕的客戶，而是那想以藉口來達成目的的客戶。無論是想拒絕，還是想壓低價格或是希望索求更多的贈品，這些客戶都習慣使用各種藉口來達到他們的目的。因此，在面對這樣的客戶時，業務員也就更不容易把握銷售成敗，甚至有時會被客戶丟出的藉口所左右，進而影響原本的銷售策略。

Case Study

　　小美是一家電器商場的銷售人員。一天，一位女士來到小美負責的微波爐專區，想要選購一台微波爐。

小美：「您好，太太，看看微波爐嗎？」

客戶：「哦，我隨便看看。」

小美：「這邊都是近幾年上市的產品，功能很好，款式也非常漂亮。您可以來看一下，想選什麼款式呢？」

客戶：「我還沒想好，還是功能比較多點的吧。」

小美：「哦，那您可以看看這幾款，都是今年最新推出的，無論是功能還是外觀都有改進。如果您是家庭使用，我推薦您選這款，這款微波爐不僅外型美觀，顏色較多，而且功能更加齊全，配合蒸、煮、燉、烤等多種功能。而且……」

客戶：「哦，是嗎？我覺得它的外型看起來還好。我還是看看其他的吧。」

小美：「是嗎？那好吧。那您看看這邊的幾款吧，也都是今年的新品，

都非常不錯，您可以看一下。」
客戶轉身走了。

分析

　　在銷售過程中，常有一些業務員像小美一樣，不能給予客戶全方位的解答和產品介紹，以至於常給客戶留下一些可以找藉口的機會，使銷售工作在無形中被客戶的藉口所左右，最後無法順利成交。針對以上的情景，業務員可以這樣做：

正確做法

客戶：「還沒想好，還是功能比較重要吧。」

小美：「哦，那您可以看看這幾款，都是今年最新推出的，相較於前幾年，無論是功能還是外觀都更勝一籌。如果您是家庭使用，我推薦您選這款，這款微波爐不僅外型美觀，顏色較多，而且功能更加齊全，配合蒸、煮、燉、烤等多種功能。不論您是煮粥、燒烤、還是做菜，這款微波爐都能滿足您的需求。關鍵是這款微波爐的輻射遠遠低於普通微波爐，使用起來更安全。」

客戶：「是嗎？輻射比其他微波爐低嗎？」

小美：「是的，太太，因為這款微波爐採用了現今最為先進的技術，所以輻射很低，對人體的危害相當小。這些天來，很多前來購買微波爐的客戶都是選購這款。我想您應該也是很注重健康的女士，一定也想選購一款輻射低的微波爐，對嗎？」

客戶：「對，我還是比較注重健康的，而且我媳婦懷孕了，因為我家的微波爐壞了，所以想買台新的。」

小美：「是啊，對於孕婦來說就更需要遠離輻射，那麼您選擇這款微波爐就再合適不過了。」

客戶：「不過這台微波爐的價格要多少？」

小美：「2999元。」

客戶：「我們鄰居家的微波爐是今年買的，功能也很多，外觀也漂亮，也才2000元。」

小美：「您可能也看到了，這款微波爐不僅功能好，而且外觀也很漂亮，最重要的是它有低輻射的優點，所以我想，像您這樣明智的買主，應該能衡量這款微波爐的獨特點在哪，您花2999元，買回一台這樣的微波爐，就等於保存住了更多的健康啊。和一台2000元的高輻射微波爐相比，您不覺得這台更有價值嗎？」

客戶：「妳說的也有道理，不過功能這麼多，它的使用壽命會不會……」

小美：「我想您是在擔心微波爐的使用壽命對嗎？其實您完全不用擔心，雖然這款微波爐的功能較多，但是絕不會因此而縮短使用壽命，您完全可以安心使用，而且它還提供了二年保固。」

客戶：「哦，是這樣啊。那好吧，就這台了。」

專家提點

　　優秀的業務員回避客戶找藉口的方法，就是盡可能讓客戶瞭解產品優點，並主動為客戶製造與產品相關的需求，例如：當業務員介紹帶有低輻射功能的微波爐時，就要多向客戶強調健康的問題，使客戶對此產生更為強烈的需求，最終促成交易。

　　識破客戶的藉口，不如防止客戶提出藉口。當發覺客戶有尋找藉口的跡象時，業務員如果能及時預防，不給客戶找藉口的機會，就能使銷售工作順利進行。

　　那麼，在實際銷售中，業務員需運用哪些方法來防止客戶提出藉口呢？

1. 讓客戶接納自己

在提出拒絕購買產品時，有超過一半的客戶並不會說出真正的拒絕原因，只是單純地對業務員的介紹表示不滿意。客戶們對產品的接納，往往都是在認同了產品業務員之後。所以，要想預防客戶找藉口拒絕，業務員首先就要將自己推銷給客戶，讓客戶接納自己。

想要讓自己被客戶接納，業務員就應誠心誠意地對待客戶。同時還要能多方面照顧到客戶的需求，注意措辭的嚴謹、恰當，在客戶心中樹立起良好的人格形象。因為銷售的過程原本就是一個業務員以人格擔保與客戶進行溝通、逐漸建立彼此信任的過程。一旦雙方的信任關係堅固起來了，那麼，產品的銷售就容易多了。

2. 為客戶創造需求

當客戶想要購買某種產品時，一定對這種產品有所需求，這就如同口渴的人需要買礦泉水一樣。然而在真正購買產品時，多數客戶需求的產生都不來自於自己，而是業務員刺激出來的。業務員為客戶創造的需求越強烈，購買產品的可能性也就越大。優秀的業務員並不將精力全部投資在如何介紹產品上，而是拿出一部分精力來瞭解市場需求，為客戶播下需要的種子，並耐心地培養，使客戶產生越來越多的產品需求，因為他們知道，客戶對產品沒有需求，再多的介紹也是徒勞。

所以，在具體銷售中，業務員不僅需要發現需求者，還需要去創造需求者。無論是賣哪一種產品，業務員都應盡量將客戶與產品聯繫起來，讓客戶在溝通中不斷加強對產品的需求。例如：當客戶對你介紹的健身器不感興趣，試圖找藉口開脫時，你就應該努力將話題引到運動與

健康的關係上來，使客戶意識到運動的重要性，進而增加其對健身器材的需求。

3. 從客戶的言行舉止中找到突破點

當客戶在試圖使用藉口拒絕購買產品時，通常可在其外在行為上看出端倪，無論是語言、動作還是眼神，都能在一定程度上透露出客戶對產品的態度和看法。特別是舉止與眼神，能更加明顯地表明客戶的想法。

因此，業務員要仔細觀察客戶的反應，洞悉其狀態。如果發現客戶對你的介紹不感興趣、不主動詢問產品相關情況，左顧右盼、心不在焉，甚至表現出不耐煩等等，那就表示，客戶很有可能要找藉口離開了。業務員在此刻應儘快尋找客戶感興趣的話題，以此來留住客戶。

39 把客戶的「不是」轉變 為「是」

Lesson

在銷售產品的過程中，業務員難免會遭到客戶的拒絕，他們總是說：「不用了」、「沒時間」、「不需要」、「沒興趣」……等，這些都是客戶拒絕時慣用的語言。他們一連串的否定都是在向業務員傳達一個訊息──對產品說「不」。

面對客戶的否定態度，有的業務員會表現沮喪或洩氣。其實，身為一名業務員，會遭到客戶的拒絕是再正常不過的事情了，銷售大師喬·吉拉德（Joe Girard）曾說過這樣一段話：「客戶的拒絕並不可怕，可怕的是客戶不對你和你的產品發表任何意見，只是把你一個人晾在一邊。所以我一向歡迎潛在客戶對我的頻頻刁難。只要他們開口說話，我就會想辦法找到成交的機會。」

由此可見，銷售工作都是從「被拒絕」開始的，因此對於那些說「不」的客戶，業務員不應表現出氣餒，而是要以智慧和專業特質去感動客戶，想辦法將客戶的「不是」轉化為「是」，只要從根本上轉變客戶的看法和態度，銷售工作就可能取得成功。

Case Study

　　小菲是某化妝品公司的業務員。一天，她在街上看到一對母女。女兒看上去大約二十歲上下，青春靚麗，十分漂亮，母親看起來也很漂亮，氣質華貴大方，年齡應該有四十多歲。她們的膚質都非常不錯。根據多年的銷售經驗，小菲認為這兩位客戶應該爭取一下，於是迎了上去：

小菲：「妳們好，小姐、太太。我是××化妝品公司的業務員，請允許我……」

客戶（小姐）：「我不喜歡你們公司的化妝品了，請妳不要打擾我們，你們的任何產品我們都不需要。」

小菲：「小姐，您能否給我一分鐘的時間讓我來介紹一下……」

客戶（小姐）：「不用」

小菲：「太太，您的皮膚真是好，以前用過我們公司的產品嗎？」

客戶（太太）：「……」

客戶（小姐）：「對不起，我們還有事。」

分析

　　業務員若找不到客戶拒絕的原因，也就無法找到行之有效的解決辦法，更別提能成功售出商品。任何一位客戶對產品說「不」時，都是有原因的。如果業務員只是一味地介紹產品而忽略了對客戶的心理，不懂得找出客戶拒絕的原因，那麼無論產品有多好，銷售工作也很難取得成功。針對以上的情況，業務員可以參考以下做法：

正確做法

小菲：「妳們好，小姐、太太。我是××化妝品公司的業務員，請允許我……」

客戶（小姐）：「我最不喜歡你們公司的化妝品了，請妳不要打擾我們了，你們的任何產品我們都不需要。」

小菲：「小姐的氣質真好，皮膚這麼細膩白皙，看起來水亮水亮的，日常的保養工作應該做得很好吧。」

客戶（小姐）：「還可以。」

小菲：「您目前使用哪些牌子的化妝品呢？」

客戶（小姐）：「我用的是國外的牌子。說了妳也不知道。」

小菲：「哦，是這樣啊。不過太太您的皮膚也很棒啊，您也和女兒用同一個牌子的化妝品嗎？」

客戶（太太）：「是啊，和女兒用同一個牌子。」

小菲：「小姐接觸過我們的產品嗎？」

客戶（小姐）：「接觸？當然接觸過，而且還用過。你們的產品用過之後非常不舒服，擦了之後臉會發癢。」

……

專家提點

　　找到客戶拒絕的原因，是將客戶的「不是」轉化為「是」的第一步，只要第一步邁得好，那麼，銷售工作也就能進一步展開了，如果業務員能配合使用正確的銷售方法和策略，那麼，促成交易也就不難了。

　　在行銷領域中有這樣幾句話：「微笑打先鋒，傾聽第一招。讚美價連城，人品做後盾。」只要業務員能將以上的方法運用在銷售上，相信就能化解任何一位客戶的拒絕。但是前提是業務員要針對客戶拒絕的不

同原因，將以上的方法有效組合，恰到好處地運用在銷售工作中，如此才能有效化解客戶「不」的態度，增加銷售機會。

那麼，客戶說「不」的原因都有哪些？我們又該如何來解決呢？以下我們針對客戶不同的情況具體說明應對措施：

1. 當客戶的「不」是因為主觀不喜歡時

出於個人的觀點和喜好，在購買產品時，大多數客戶往往會憑自己的直覺去選購產品，而對於業務員推薦的產品，客戶則可能因為不符合自己的標準而說「不」，於是銷售遇上尷尬和出現障礙也就在所難免。

對於客戶的這種拒絕，業務員大可不必多做解釋，只要始終保持熱情真誠的銷售態度，並以產品的優勢吸引客戶，試圖營造一個好的銷售氛圍，那麼，客戶就很可能參與到其中。只要與客戶有了實質性的溝通，銷售成功的機會也就會大大增加了。

2. 當客戶的「不」是因為掌握了大量的客觀依據時

有些時候，業務員會遇到事事皆通的客戶。不論是產品方面的專家，還是在購買前對同類商品已做足功課，在購買產品時，這些客戶都會以客觀依據判斷產品的好壞，自然對產品的優缺點也有一定的瞭解和掌握，因此，對不符合標準的產品說「不」，也就不難解釋了。

面對客戶這樣的拒絕，業務員務必要做到實事求是，對客戶提出的產品缺點要予以重視和肯定，以抓住與客戶溝通的機會，拉近與客戶之間的距離。在與客戶形成較良好的溝通互動之後，業務員則需努力將客戶的注意力轉移到產品的優點上，並藉此扭轉客戶的觀點。

3. 當客戶的「不」出於個人防衛心理時

一個人在面對陌生的人或事的時候多半會產生防衛心理，緊張、不安，用拒絕或遠離的方式來表現自我防衛，這是人們在這種情況下的一般表現。如果在客戶購買產品時，業務員表現得不夠親切或說話較為生硬，就容易使客戶產生防範心理。特別是當業務員滔滔不絕地介紹產品時，咄咄逼人的架勢更會對客戶造成一種壓力，拒絕或遠離銷售現場也許就成了此時客戶最想做的事。

所以，在銷售過程中，業務員要特別注意自己的態度和用辭，使用舒緩、友好的語氣與客戶交流，營造出輕鬆、活絡的銷售氛圍，讓客戶感受到親切感，並以實證來贏得客戶的信任。當信任感與安全感在客戶心理漸漸增加後，其防衛心理也就慢慢消失了。

4. 當客戶的「不」是藉口時

在銷售工作中，客戶的任何一種拒絕都有其原因。有些時候，客戶會因心理有一些不願被外人觸及的秘密而對業務員說「不」。對此，業務員當然不能直截了當地深究，然而，若不找出客戶說「不」的原因，銷售工作又難以順利進展。這時，業務員要採取較為委婉的提問或交談方式以探究真實原因，想辦法讓客戶說出拒絕購買的原因。在使用這種迂迴戰術時，業務員一定要審時度勢，注意措辭，表達適度，以免打亂與客戶的溝通進程。

課後自我評量

☐ 面對遲遲不下決定的客戶，你會引導客戶說出猶豫不決的原因。

☐ 客戶表現出猶豫不決時，你會想辦法化解客戶的疑慮。

☐ 在發覺客戶有一點心動時，你會及時在一旁給予客戶肯定的能量。

☐ 懂得討好「陪同者」，讓他反過來替你的銷售「幫腔」。

☐ 面對對產品有質疑的客戶，你會展示權威認證或是其他有力證據。

☐ 視情況會運用激將法，向客戶表示若不購買，他將遭遇什麼樣的
　 麻煩或損失。

☐ 客戶遲遲不決定時，你會盡可能地掌握主導權，引導客戶做出決
　 定。

☐ 替客戶畫出購買後的美好景象，促使他快速決定。

☐ 能立即察覺客戶發出的成交訊號，並及時抓住成交時機。

☐ 能從客戶的行為、表情中辨別成交訊號。

☐ 能考慮客戶的感受，在確保利潤的基礎上滿足客戶的需求，創造
　 雙贏。

☐ 當發覺客戶有尋找藉口的跡象時，能及時預防，不給客戶機會。

☐ 在銷售過程中，不僅能發現產品需求者，還能創造需求者。

☐ 面對客戶對產品說「不」，能想辦法將客戶的「不是」轉化成
　 「是」。

＊已確實做到的請打「∨」，沒做到的請隨時提醒自己加強改善。

Chapter

6

學分六
巧妙處理客戶異議

沒有異議，就沒有客戶。

實際上，銷售的成交過程就是處理客戶異議的過程，

把這個過程處理好了，成交就是很自然的事情了。

然而客戶的異議各不相同，業務員要掌握良好的口才技巧，

用心體會客戶需求，巧妙化解客戶異議，從而達到成交的目的。

Lesson 40 分析異議的原因

　　每個客戶對所要購買的產品都會存著或多或少的異議，無論是價格還是品質，客戶們習慣用懷疑的眼光來看待。「品質真的那麼好嗎？」、「價錢為什麼貴？」諸如此類的疑問常成為客戶購買產品時的心理定見。這種客戶的慣有心理，往往對業務員的工作形成了障礙。因此，解決客戶的心理疑問也就成了銷售工作中首要的部分。

　　如何消除客戶心裡的疑問，使客戶增加對產品的信任度呢？這就靠業務員先找出客戶產生異議的原因，待釐清原因後，再想出具體解決的辦法。

　　美國一位超級推銷員指出：「百分之八十的推銷是對人的理解，百分之二十是對產品知識的掌握。」銷售工作的目的是推銷產品，整個過程考驗著業務員對客戶心理的掌握和對客戶的瞭解程度。有時，業務員做再詳盡的產品介紹，也抵不過解答一句客戶的疑問。因此，業務員應儘可能多瞭解客戶的心理需求和疑問，才能更加瞭解你的客戶，說服他買下你的產品。

　　雖然在銷售中，客戶產生異議的原因各式各樣，但一般可歸納為以下幾種：

1. 客戶擔心產品品質

對於不熟悉的品牌，客戶在購買時會先對產品的品質產生質疑，「產品是否已通過品質認證」、「是否真如業務員說得那樣好」是大多數客戶的心理反應。有這些異議是很正常的，業務員在處理這些異議時，一定要耐心向客戶說明，同時也要實事求是，不要為了急於成交而誇大產品優點，甚至欺騙客戶。

如果客戶表現出對產品品質比較擔心，業務員可以這樣回應：

✧ 向客戶展示一些產品品質可靠的證據。例如：「先生，您放心，我們這款產品的品質絕對有保障，您看，這是××單位頒發的品質認證書。」

✧ 讓客戶親自試用、體驗。例如：「張總，這款果汁的口感純正，富含豐富維生素，您若代理的話，肯定能暢銷。要不這樣吧，我先留下一箱給您嚐嚐。」

✧ 將售後服務的優勢與產品品質相結合。例如：「王總，我們這款機器的售後服務是五年內免費維修的，其他同類產品都只有三年，這足以說明我們產品的品質穩定，否則，三天兩頭出問題，維修成本高，我們也吃不消啊。」

2. 客戶認為產品價格不合理

價格是客戶購買產品時一定會提到的問題，「產品不值這個價格」、「價格太貴」、「價格怎麼會比其他的同類產品便宜這麼多？」這些都是客戶經常提到的問題，對此，業務員一定要針對客戶提出的異議耐心解答，以消除異議。

◇ 為客戶計算性價比。性價比高的產品自然能受到客戶的歡迎，如果客戶認為產品價格貴，你不妨帶著他計算一下產品性價比。

◇ 讓客戶明白「一分錢一分貨」。其實，這個道理人人都懂，然而一旦購買產品時，不少客戶都會被價錢所迷惑。因此，業務員要向客戶說明，產品之所以貴的原因，也讓他明白產品貴得有價值。

◇ 如果產品因特價、折扣等比其他同類產品便宜很多，你也要向客戶說明原委，使之明白並非產品品質有問題才降價的。

3. 對公司不信任

或許因道聽塗說，或是個人喜好，客戶可能會排斥你所推銷的產品，對你的公司表現出不信任的態度。此時，業務員的一舉一動都將對客戶產生很深的影響。俗話說「眼見為憑」，如果客戶一直對你所推銷的產品充滿偏見，但卻未真正接觸過，那麼，業務員就要用事實改變客戶對產品的看法。在介紹產品時，你要時刻注意維護公司的信譽，如果客戶對公司有什麼偏見，你必須要讓客戶知道事實並非如他想得那樣。而想要消除客戶對公司的不信任，業務員可透過以下方式來進行：

◇ 用影響力較大的人物或事件說明。利用那些影響力較大的人物或事件來為你的產品證明或背書，往往能增加客戶對貴公司的信任度和重視度。比如：「××影星從××年一直是我們公司的代言人，到現在為止，我們已經建立了六年的合作關係」、「我們的產品是國家跳水隊選手的指定產品。」

◇ 利用權威機構的認證。因權威機構的認證影響力大，因此，若能向客戶出示相關產品的權威認證，能適時消除客戶對公司的不信任。比如：「我們的產品經過××協會的嚴格認證，在經過連續一年的追蹤調查之後，通過了國家××標準」、「我們的產品已經被國家××局通過，在××年已成為免檢產品。」

◇ 表現出對公司十足的信心。想要改變客戶不信任公司的想法，首先你自己就得表現出對公司充滿信心，因為你的態度將直接影響到客戶。如果你在談起公司就毫無熱情、垂頭喪氣，會讓客戶覺得你的公司的確不怎麼樣。

4. 擔心售後服務無保障

也許因曾購買的產品售後服務不好，客戶可能也會對所要購買產品的售後服務提出質疑，對此，業務員要儘量做全面解釋，對於客戶提出的合理要求儘量滿足。但是，對於那些無法做到的服務項目，業務員還是要委婉地拒絕，不要一昧地向客戶許諾，以免日後失信於客戶而加劇客戶心中對產品的不良印象。

◇ 用事實說話。拿出客戶對售後服務的回饋資訊，用事實向客戶說明。

◇ 展示合約及相關承諾。合約上的售後服務都比較偏重現實，拿給客戶看，客戶大多會相信。

5. 對業務員不滿意

客戶對產品產生異議，有時也來自於業務員本身。可能客戶不喜歡

業務員的形象，或因業務員的信譽不好，又或者是業務員缺乏經驗、無法掌握到客戶心理需求。那麼，在洽談中，如果發現客戶對自己不滿意時，你應該怎麼做呢？

✧ 加強熟悉自身業務。這是作為業務員首先應該具備的要素之一，因此，你需要盡可能掌握產品以及相關領域的知識、資訊，以確保在客戶提問時能對答如流，不出差錯。

✧ 保持良好的態度。在客戶面前保持良好的態度，是業務員最應該具備的專業素養，同產品相比，好的態度將更能吸引客戶。

✧ 展示自信健康的形象。沒有一個客戶會想要和垂頭喪氣、毫無幹勁的業務員談生意，所以，打起精神，向客戶展示一個自信健康的你。

6. 客戶存在消極心理

在購買產品時，客戶可能會存在一些消極心理，有些是在購買過程中形成的，有些則是因其個人原因所產生的。不論如何，客戶的這種消極心理都會對銷售成功形成一定的阻礙，因此，業務員一定要能及時洞察客戶的消極心理。客戶購買產品時的消極心理主要有以下幾個方面：

✧ 客戶的購買經驗及習慣被業務員推銷方式所打破，或在一定程度受到影響，心理因此產生異議。

✧ 曾聽過產品的負面消息，進而對產品產生對抗心理。

✧ 客戶受隨同人員如家屬、朋友等影響，對產品產生質疑，而提出各種異議。

✧ 客戶情緒不佳、心情不好時，對產品的異議也隨之增加。

✧ 面對陌生的產品品牌，客戶會對此產生質疑而提出異議。

7. 其他人從中作梗

客戶對產品的決定常有所變化，本來已決定的事情，可能在轉眼間，就「取消交易」。很多時候，這種情況是因為客戶聽信了他人的勸告，不管是親友還是你的競爭對手。此時的你需要做的不是去找出那些人是誰，而是要儘量做好一個業務員的本職，忠誠對公司，真誠對客戶，以產品的優勢和雙贏策略去留住客戶。

Lesson 41 想辦法讓客戶變主動

　　在銷售過程中，業務員經常會聽到客戶表達諸多的不滿和異議，其實，這些客戶大多是在找藉口拒絕購買產品，或試圖以此壓低產品價格。對此，業務員若無法準確辨識，就容易失去客戶或誤入客戶的「小圈套」，致使成交破局。

　　當客戶提出各種藉口拒絕購買產品時，客戶大多處於「被動」狀態，或說「不配合」的狀態，不願接受業務員的邀請，更不願聽其做產品介紹。俗話說：「一個巴掌拍不響。」如果在銷售工作中，客戶始終處於被動，可想而知，業務員是很難施力的。因此，要想留住客戶，促成銷售成功，業務員就要調動客戶的積極性，使客戶變得主動，讓客戶主動提問。

Case Study

　　曉東是一家電器公司的銷售人員，這天，他登門拜訪了一位家庭主婦。

曉東：「您好，我是××電器公司的銷售人員，您能否撥出幾分鐘的時間來瞭解我們公司新上市的洗碗機？」

客戶：「對不起，我今天很忙……」

曉東：「這是一台非常適合家庭使用的洗碗機，對您應該很適合。」

客戶：「不用，我們家不需要。」

曉東：「您瞭解一下吧，非常適合的。」

客戶：「不用了，就算買了，也沒人用。」

曉東：「難道您整天面對那麼多油膩的碗筷不反感嗎？如果有洗碗機就好多了。」

客戶：「不會，像這點油膩的工作，我還能應付的。」

曉東：「我們的洗碗機是現在市場上的最新產品，可為您解除油膩的洗碗工作……」

客戶：「對不起，我還有一些重要的事情要做……」

分析

　　不注重去激發客戶想要買的積極性，而只是一再地強調產品性能，是導致業務員產品賣不出去的原因。客戶若缺乏主動性，業務員則很難與其展開實質性的溝通。像曉東一樣，如果無法讓客戶對產品產生興趣，那麼，説再多的話都是白費工。針對以上的情景，業務員可以這樣做：

正確做法

曉東：「您好，我是××電器公司的銷售人員，您能否撥出幾分鐘的時間瞭解我們公司新上市的洗碗機？」

客戶：「對不起，我今天很忙……」

曉東：「不會耽誤您太多的時間，我只需要五分鐘。其實，這台洗碗機，非常適合您。」

客戶：「不用，我覺得我們家不太適合使用。」

曉東：「為什麼您認為您們家不適合使用洗碗機呢？」

客戶：「因為我是家庭主婦，我有足夠的時間來處理家務，像洗碗這樣的事，只要花上我幾分鐘，根本用不上什麼洗碗機。」

曉東：「原來是這樣啊。那您每天很辛苦的，家裡那麼多的家務都要

由您一個人處理，不會比上班輕鬆啊。」

客戶：「嗯，確實如此。雖然不用外出工作，但也有很多事情要做。」

曉東：「那您真是不容易啊！看到您的家這麼乾淨，就知道您是一位賢淑勤快的主婦，您的丈夫和孩子一定是感到很幸福啊！」

客戶微笑著：「是的，他們都很愛我。」

曉東：「倒是您，一天從早忙到晚，如果吃過晚飯後能有台洗碗機幫您，您就會輕鬆多了。」

客戶：「嗯，說的也是。」

曉東：「那我給您詳細介紹一下這款洗碗機吧……」

客戶：「好的。」

談話中若能引起客戶的興趣和好奇心，讓客戶提出問題，是超級業務員贏取客戶的方法之一，此時他們大多會利用「問問題」的方式，引導客戶展開更深入的對話，比如「我對您的觀點很感興趣，您能讓我進一步解釋嗎？」、「您能說說為什麼嗎？」或是「為什麼您這樣認為呢？」等等。無論客戶對產品是否滿意，只要業務員能激起客戶對產品的興趣，把焦點關注在產品上，就可逐漸調動起客戶的積極性，使銷售工作進行得更順利。

當客戶真正開始對產品感興趣的時候，也就願意和業務員在言談中有更多的互動。因此，想要成功賣出產品，業務員就要想辦法讓客戶對產品產生興趣，使其變得主動起來，進而抓住客戶心理，促成交易。

那麼，想要讓客戶變得主動，業務員應該如何做呢？

1. 巧妙向客戶提問

客戶之所以用藉口來搪塞業務員的話，無外乎是不想與業務員展開深入的溝通，不願瞭解產品。然而對於業務員來說，無法與客戶進行深入溝通，就不可能讓客戶認識產品的好，更不可能讓其對產品產生興趣。此時，業務員首先要主動出擊，根據客戶的回應內容，適時地予以提問，盡可能挖深談話深度，展開談話寬度，進而從客戶那裡得到更多對銷售工作有用的資訊。

在一般情況下，業務員需採用「開放式提問」的方式，例如「如何……」、「為什麼……」、「怎麼樣」等等，以有效地打開客戶心扉。應盡量少用「閉合式的提問」，不要針對過於具體的問題向客戶發問，否則，過於頻繁的提問，將招致客戶的反感。

2. 讓客戶明白成交機會難得

如果業務員能以誠懇的態度向客戶表達「成交機會十分難得，很值得珍惜」的訊息，往往能激發起客戶的購買欲望，增強客戶的主動性。然而，在現實銷售中，透過此種方式與客戶進行溝通時，還是有一些業務員以失敗告終。其原因在於業務員在說服客戶時，使用了不適當的措辭，致使客戶心生反感。

所以，在與客戶溝通的過程中，業務員不僅要始終保持態度真誠，還需注意自己的表達方式和態度，使用客戶易於接受的方式。如果想要從客戶那裡尋求更多的答案，就要語氣平緩地向客戶提問，切不可讓客戶感受到你的強勢或逼迫感。

3. 引導客戶提出問題

一位建築師巴斯卡‧古戎說：「我們的工作中，有一部分就是要引導客戶提出問題，使之打破腦袋裡的固定框架，開放眼界，釋放靈感，心無所忌地說出自己的打算；然後，將這些想法轉化成現代建築藝術的實例。當然，這需要時間彼此磨合……沒有客戶出色地配合，就談不上出色的設計。」

同樣地，在銷售工作中，業務員也要儘量引導客戶提出問題，因為客戶一旦開始發問，就表示他們已開始考慮購買這件事了。只要客戶變得主動，銷售工作也就更容易進一步發展下去了。

在引導客戶提出問題的過程中，業務員還需要特別注意以下幾個方面：

✧ 在引導客戶提問之前，業務員最好做足準備，設定正確的談話方向，將客戶的注意力集中到產品。

✧ 當發現客戶的提問與產品無實質性的關聯時，業務員切不可表現出排斥情緒，而要採取適當地提問和引導改變客戶的談話重點，將其轉移到與產品銷售有關的話題上。

✧ 儘量使用巧妙的語言勾起客戶的好奇心，激發客戶提問。

4. 注重對客戶的傾聽

如果客戶願意對你的第一個提問做出回答，那麼，你就要仔細傾聽了。因為在客戶的第一次回答中，常包含許多足以令你深入瞭解的話題。如果你能仔細傾聽，從客戶的談話中找到新的問題，那麼你就能展開新一輪的提問，進而獲取更多關於客戶的資訊，明白其真正的購買需

求。

　　所以，在客戶第一次開始回應時，你得拿出耐心與真誠，全神貫注地傾聽客戶的談話，儘量不打斷他的話，只在必要時抓住時機，簡短地回應客戶提問，以尋求更深層次的溝通。如此一來，洽談內容盡可能被延續而客戶的主動性也就漸漸增強了。

5. 利用假設，營造成交情景

　　有時，業務員還可利用一種假設情景的方式以增強客戶的主動性。例如：「如果您現在準備購買的話，您會採取什麼樣的付費方式？」或是「如果我們能滿足您的要求的話，您預計購買多少？」等等。業務員事先為客戶假設交易成功的情景，就能促使客戶進一步做出成交決定，刺激客戶的主動性。

Lesson 42 勿堅決否定客戶

　　在銷售過程中，客戶提出的異議難免會成為阻礙銷售的重要因素。在客戶提出的反對意見或拒絕因素中，有些情況真實存在，但也有一些是來自客戶對產品的不瞭解。特別是後者，一些不夠理智的業務員就可能會與客戶發生正面衝突，希望直截了當地反駁，以維護產品信譽，端正客戶的觀點。這樣的做法，其結果不難想像：業務員雖據理力爭地為產品辯解，但同時也是將客戶往外推。

　　很多情況下，業務員不恰當的語言和反駁的語氣，是丟失銷售機會的主要原因。當客戶提出異議時，如果直接遭到業務員反駁，就容易產生負面情緒，對產品也就很難感興趣，甚至還會對購買環境和業務員產生厭惡感。這樣一來，即便產品再好，也很難吸引客戶的注意。因此，在客戶提出異議之後，業務員應盡量避免與客戶直接發生衝突，不反駁、不頂撞客戶，即便客戶的異議真的有問題，業務員也不宜堅決否定。

Case Study

　　小晴是一家保健儀器公司的新手業務員，這天，她第一次到客戶家推銷：

小晴：「您好，先生，請問您有時間瞭解一下我們的產品嗎？」

客戶：「可以啊，你說吧。」

小晴：「呵呵，是這樣的。您看，這是我們公司新研發的保健儀器，剛
　　　　上市，非常受歡迎，對腰椎、頸椎和肩膀都有很好的保健功效，
　　　　特別適合有頸椎病的患者使用⋯⋯」

客戶：「打斷一下，這個牌子的儀器是你們公司生產的嗎？」

小晴：「對，是我們公司生產的。原來您知道我們公司，那就更好了。
　　　　您以前一定接觸過吧？」

客戶：「聽說過，沒敢接觸過。你們的產品誰敢接觸啊！」

小晴：「為什麼呢？」

客戶：「聽說你們的產品品質經常問題，而且價錢也很高。這樣的產品
　　　　我們可不敢買。」

小晴：「誰說的，我們的產品品質從未出現問題，我們還遠銷歐美、東
　　　　南亞多個國家，怎麼可能有品質上的問題呢？您不能隨便相信外
　　　　面的傳言啊。我們公司的產品是有品質保證的，您看，這是產品
　　　　品質鑑定書，還有獲獎的宣傳冊⋯⋯」

客戶：「誰不說自己的『瓜』甜，品質再差的產品在你們嘴裡也能成為
　　　　優質產品。你們的產品，我不需要。」

小晴：「怎麼這麼不講道理，真是的。」

分析

　　業務員直接否定客戶，就如同用一把大刀將銷售工作攔腰截
斷。一旦對客戶直接反駁，銷售工作就很難再繼續下去，任憑業
務員再怎麼努力，也將無濟於事。特別是那些剛剛入職的菜鳥業
務員，這種情況就更為常見。不懂得委婉地表達自己的觀點，是
導致他們工作失敗的一個重要原因。針對以上的情景，業務員可
以參考以下做法：

正確做法

客戶：「聽說你們的產品品質經常出現問題，而且價錢也很高。這樣的產品，我們可不敢買。」

小晴：「原來您是擔心這個問題啊。其實您的擔心很合理，如果是我也會如此。但是我想您應該知道有很多謠言都不符合真實情況，就像我們的產品也深受其害，所以在國內的銷售表現平平。但其實我們的產品品質相當好，在國外的銷量也是非常可觀的。」

客戶：「誰都說自己的『瓜』甜。你們的產品，我不敢買。」

小晴：「您的心情我能理解，因為我在購買一些產品時，也曾有過這樣的心理。但是在聽取了產品業務員的真實介紹以及親身體驗後，我發現有很多情況都和傳言有所出入。如果您能實際體驗一下，我相信您一定會改變想法。」

客戶：「是嗎？那我試一下。」

專家提點

　　以實事求是的態度傾聽，用婉轉迂迴的方式溝通，是超級業務員在面對客戶提出異議時經常使用的方法。使用「先肯定後否定」的迂迴戰術，業務員既表達了自己的觀點，又不傷害與客戶之間的關係，銷售工作自然能繼續往成交邁進。

　　面對客戶提出的異議，業務員一定要注意言辭語氣的運用，儘量不與客戶發生正面衝突，宜使用溫和的溝通方法，在不露聲色中說服客戶，營造輕鬆良好的溝通氛圍，如此，銷售工作才能進一步展開。

　　那麼，在銷售工作中，如果遇到客戶提出錯誤的異議時，業務員應如何來因應？

1. 以理服人

有理的談話內容，明智的客戶往往會點頭默許，即便表面不予理睬，心中也早已做出了認可。所以，在面對客戶提出的錯誤異議時，業務員要儘量使用科學的、合理的，以有憑有據的道理與客戶溝通和說服客戶。所以，業務員在平常就應多累積專業知識，加強銷售產品相關領域的學習，使自己擁有豐富的知識庫，以面對不同需求和有著不同異議的客戶。

需要注意的是，在與客戶溝通時，業務員要注意語言的邏輯性和層次性，使用委婉的語氣和真誠的態度，清楚向客戶解釋他提出的異議，才能達到以理服人的目的。

2. 保持友好誠懇的態度

客戶提出的錯誤異議，難免會讓業務員感到懊惱，但無論客戶提出的異議多麼不切實際，業務員也不能直截了當地否定，而是要拿出業務員應有的熱情和誠懇，耐心與客戶溝通。在與客戶展開溝通之前，業務員最好能將自己的觀點在頭腦中梳理一遍，剔除那些不夠委婉的語句，將語言組織得有系統、易於被人接受，然後放平心態，拿出真誠的態度去面對客戶。

3. 向客戶拿出事實

俗話說：「事實勝於雄辯。」拿出事實比單純的辯解更具說服力。客戶之所以提出不切實際的異議，大多是被虛假資訊所蒙蔽，或是聽信他人的謠言，業務員面對這樣的客戶時，最好的方法就是以事實說明，

用真實、準確、全面的知識和資料來說服客戶，進而導正客戶的錯誤觀點。不論是權威認證、精確的實驗資料、問卷調查，還是讓客戶親身體驗，都能在很大程度上發揮到說服客戶的效果。

Lesson 43 以真誠化解拒絕

　　在銷售過程中遭遇客戶拒絕，對業務員來說是一件再平常不過的事了。然而在實際的銷售工作中，因遭遇客戶的拒絕而表現出沮喪、消極的業務員卻不在少數。業務員每天都要和不同的客戶打交道，因為面對的客戶和銷售情況因人而異，成功或失敗自然難以預料。因此，面對銷售工作中的成敗，業務員時刻要保有一份處變不驚的心態，即便是面對客戶的拒絕，也要做到坦然接受。

　　業務員在與客戶溝通時，常有這樣的經驗：客戶的需求是存在的，但他依然尋找各種藉口拒絕你，此時的業務員就需要有耐心和真誠。中國有一句名言：「精誠所致，金石為開。」對於客戶的拒絕，如果你能拿出十二分的真誠去面對，那麼一定會被客戶所接納的。

Case Study

　　小周是某軟體公司的業務員。幾天前，他以電話向一位客戶推銷公司的產品，但是沒有談成。這天，小周再次訪了這位客戶：

小周：「您好！我是××軟體公司的小周。」

客戶：「你好，對不起，我忘記了我們什麼時候通過電話。」

小周：「幾天前與您通過電話了。我今天是想來專程為您介紹一下我們的產品。」

客戶：「哦，不過我們在這方面有固定的合作夥伴，他們的產品我們很滿意。所以，我們就不用談了吧。」

小周：「……」

分析

　　業務員與客戶溝通時，被拒絕的原因有很多種，但無論是什麼原因，業務員都必須以真誠的態度對待，而非逃避。此外，業務員也要對客戶的拒絕有所準備，甚至在拜訪客戶前設定幾種情景，並想出相應的應對方法加以練習。如此就不會在客戶拒絕時，表現得束手無策了。針對以上的情景，業務員應該這樣做：

正確做法

小周：「您好！我是××軟體公司的業務員小周，幾天前我們通過電話，今天是想來專程為您介紹一下我們的產品。」

客戶：「哦，不過我們在這方面有固定的合作夥伴，他們的產品我們很滿意。所以，我們就不用談了吧。」

小周：「其實，您說的情況我們都瞭解。貴公司的影響力一直很大，希望與貴公司尋求合作的供應商也很多。我今天來就是為了讓您能更充分地瞭解我們公司的產品的，不買也沒有關係。您看，這是我專門為貴公司做的建議書……」

客戶：「不過，我們現在的確不缺供應商，也沒有換供應商的打算。」

小周：「沒關係，您可以先瞭解一下我們的軟體，這個軟體剛剛升級過，新增加很多功能。我想，像您這樣的大公司一定也願意在訂購產品時有更廣的選擇空間。畢竟您希望看到的是能為您帶來更高收益的產品，您說是嗎？」

客戶：「你說的很有道理。但是我們與現在的供應商已經合作多年了。各種合作事宜配合起來也比較順暢。」

小周：「這我可以理解，貴公司更願意將精力放在公司的經營上，所以您的公司才能有這樣大的影響力，但是如果有供應商能為您提供更優質的產品，更周到的服務，我想貴公司一定不會拒絕，也是願意花時間瞭解。」

客戶：「嗯，是的，你剛才說你們軟體有很多新功能，能介紹一下嗎？」

在與客戶溝通時，超級業務員通常很少考慮銷售的結果，而是更注重銷售的過程。因為業務員只要將銷售中的每一個細節做好，那麼，結果自然就會好。而「真誠」是打動客戶的萬用法寶。當遭遇客戶拒絕，業務員的真誠往往能感動客戶，進而打破溝通僵局，實現成交。

海爾（Haier Global）總裁張瑞敏曾經說：「一個企業要永續經營，首先要得到社會的承認、用戶的認可。企業對用戶真誠到永遠，才有用戶、社會對企業的回報，才能確保企業向前發展。」海爾之所以能做強做大，與其對客戶的真誠息息相關。時刻真誠地對待客戶，不但能化解拒絕，還能為你贏得更多成功的機會。

那麼，在具體銷售過程中，業務員該如何真誠地對待客戶呢？

1. 給客戶真誠的第一印象

在選擇產品時，客戶不僅會在意產品給他的第一印象，也會注意業務員給予他的第一印象。那些能給予客戶第一印象真誠的業務員，總能得到他更多的青睞。那麼如何才能給客戶留下一個真誠的第一印象呢？請留意以下的細節：

✧ 不要戴太陽眼鏡。眼睛是心靈的視窗，太陽眼鏡不僅會阻礙了你與客戶的交流，也會使客戶覺得你不夠尊重他。

✧ 用眼神表示真誠。有時比言語和行動更有效果。如果你的眼神總是飄忽不定，就會給客戶留下不真誠的印象。所以，當你說話時，不要忘記與客戶進行眼神上的交流，而在你聆聽時，也

要看著對方的嘴唇。

✧ 集中精神。如果你總是表現得心不在焉，自然會給客戶留下不真誠的印象。因此，不論是傾聽還是介紹產品，你自始至終都要集中注意力去面對客戶。

2. 讓客戶感覺你是在幫助他

客戶總是樂於與那些會為他們著想的業務員交談。如果客戶拒絕你，你就要想一想是不是自己的態度不夠真誠、熱情，或者是為客戶考慮得太少。在與客戶交談時，你要盡可能地將產品與對方的需求聯繫起來。例如：

✧ 「使用這種冰箱每天可以為您節省百分之三的用電量。」

✧ 「這款車型的內部空間大，不僅適用於平日通勤上下班，還適合週末全家人一同出遊」。

✧ 「這種無油煙炒鍋不僅環保，最重要的是能避免您吸入油煙，還給您一個好空氣的廚房，也給您一份好心情。」

✧ 「使用這種化妝品，您會發現皮膚變得柔滑細白。」

多多運用這樣的介紹方式，就會讓客戶感覺你並非在單純地推銷產品，而是實實在在地替他著想，幫助他找到經濟又實惠的產品。這樣一來，客戶就會被你所打動，也願意與你進一步談下去。

3. 永遠不要太貪婪

要想真正地讓客戶接受你、相信你，就必須保持真誠的態度，要做到這一點，業務員做事要認真、負責，但不能花言巧語或者是信口開

河。不要對你的產品言過其實，產品品質如何、服務如何一定要實事求是，以負責的態度告訴客戶，切不可為了搶業績而欺騙客戶，也不要隨便承諾你所提供的服務，尤其是你不一定能做到的事。

有些業務員為了取信於人，往往把話說過了頭，甚至採取發誓、賭咒的方式以示自己的真誠。這是非常不可取的。這種過了頭的「真誠」，不僅無法打動客戶，甚至讓客戶離你越來越遠。即便是銷售成功，到頭來，客戶沒有享受到如你所說的服務，或你的產品並未如你說的那麼好，你要面對的將是永遠失去客戶，而不僅僅是拒絕了。

Lesson 44 慎重處理激烈的異議

客戶產生異議的原因有很多種，不同的客戶也會有多種表現異議的方式。有的客戶可能素質較高，對於在購買過程中遇到的問題能夠理智地和業務員協商解決，而有些客戶也許因為脾氣暴躁，則可能在購買產品時表現出激烈的異議。面對後一種客戶，常令不少業務員感到不知所措。

其實，任何業務員都難免會遇到這樣的客戶，面對客戶的這種表現，業務員要予以理解，並慎重處理客戶的激烈反應，切不可與客戶發生衝突，否則不僅會失去客戶，連帶也會影響到公司的信譽。

無論客戶脾氣多麼暴躁，如果在購買或使用產品時產生激烈異議，其責任是在於銷售人員的。畢竟「客戶是上帝」，想要成為一名好的業務員，就要多從自身找問題，善於從客戶的角度考慮問題，給客戶最周到的服務和最滿意的答覆。

那麼，在遇到客戶產生激烈異議時，業務員應如何來回應呢？

1. 如果是產品本身有問題，業務員必須勇於承擔責任

產品出現品質問題，客戶自然不願忍氣吞聲。如果客戶的激烈異議是因產品的實質問題造成的，那麼，業務員就要主動承擔責任，切不可為了確保利益的獲得而拒絕承認，甚至與客戶發生爭執。

當客戶因產品本身問題而產生激烈異議時，業務員可使用以下方式來解決：

✧ 道歉──當發現客戶產生異議的原因是由於產品本身存在問題，業務員要馬上向客戶致歉，請求客戶諒解，並詢問客戶是否因使用產品受到了其他影響。

✧ 換貨或退貨──在符合退換貨標準的情況下，業務員應及時為其換貨或退貨，不能故意搪塞客戶。

✧ 賠償──如果所售產品的確對客戶造成了危害，業務員要主動提出對客戶的賠償方案，並給客戶最滿意的答覆。

2. 平息客戶情緒

在客戶提出激烈異議後，有些業務員習慣馬上著手解決問題，其實並不恰當。因為此時的客戶，心中有強烈的不滿，情緒很差，甚至會充滿憤怒，不可能接受任何理性的、合乎邏輯的建議，所以業務員首先要做的是安撫客戶情緒。

✧ 詢問客戶的期望──別總對客戶說你不能做什麼，如此更容易惹惱對方。這種錯誤如同你在問別人時間，而別人說「現在不是十點，也不是中午」一樣。你首先應該詢問客戶的期望，再告訴客戶你能為他做什麼，使他對你充滿期望。

✧ 向客戶表示感謝──感謝比道歉更重要。你要感謝客戶提出的異議，感謝他能直接指出了你的問題，幫助你改進。你不妨這麼說：「很高興聽你能告訴我這個問題，這是您對我的信任，真的很感謝您！」

◇ 與客戶尋求合作——在瞭解客戶產生異議的原因之後，你可以選定一個雙方都能認同的觀點，有選擇性地提出一些相對中立的意見，不為真正施行，而是為了能多與客戶溝通，在訴說中，客戶的憤怒情緒就會漸漸減弱。

3. 始終以溫和的態度與客戶對話

每一位客戶都不希望見到購買的產品有問題，更不希望產品對自己造成傷害。當客戶在購買或使用產品時，如果受到傷害，難免會表現出激烈的異議。因此，無論客戶有多麼生氣，說出什麼樣的不堪言語，業務員都要始終對客戶保持溫和的態度，切勿與客戶爭論，更不要說一些激怒客戶的話，否則不僅無法解決問題，反而會擴大客戶的負面情緒，最後影響銷售工作。

俗話說「伸手不打笑臉人」，不論業務員在銷售過程中遇到什麼情況多麼難以解決，始終保持微笑和溫和的態度都能有效緩解緊張的銷售氣氛。因此，業務員在面對客戶的激烈異議，千萬不要頂撞，更不要說「這不是我的責任，你無權對我發作」之類的話，否則只會更激化彼此間的矛盾。

在探究客戶異議的原因時，業務員一定要注意言辭語氣的正確使用，儘量使用委婉的語言與客戶對話，引導客戶說出產生異議的真正原因。

Lesson 45 客戶的異議有真有假

在購買產品時，客戶總會提出形形色色的異議。這些異議的原因多種多樣，而且有真有假。有些客戶的確是針對產品的不足理性分析，提出了有實質意義上的異議，而有些客戶的異議中則隱藏著一定的小伎倆，習慣於和業務員在一些無關緊要的小事上做文章。這就需要業務員具備良好的洞察力，能正確地辨別客戶異議的真假。

在實際銷售中，常有一些業務員不能正確理解客戶提出的異議，對於客戶的真正異議不重視，假異議不分辨，結果將精力用在了很多不重要的事情上，致使銷售工作，以失敗收場。這是因為客戶提出異議的目的是希望自己的需求獲得滿足，如果業務員不將談話的重心放在客戶關心的問題上，就無法真正解決客戶的需求，銷售工作無論如何也是不會獲得成功的。

因此，銷售時，業務員要善於分辨客戶提出的異議，找到客戶真正關心的問題，並採取正確的方法解決，以增加成功的機會。

Case Study

郝心是一家服飾店的業務人員。一天，一位女士走進來，身邊帶著一個小男孩，在裙裝區轉了幾圈，最後將目光鎖定在一件洋裝上。郝心看到後馬上迎了上去：

客戶：「這條裙子多少錢？」

郝心：「原價1999元，打完折價格是1199元。」

客戶：「1199元？那麼貴。就這種款式和花色，沒有什麼特別之處，而且還是去年流行過的，哪裡值得了那麼多錢。你們這裡就沒有今年新流行的款式嗎？」

郝心：「太太，櫥窗裡掛的是今年的新款。但對您來說不太適合，還是這款洋裝比較適合您。」

客戶：「是嗎？可是這個款式是舊款了，能便宜點嗎？」

郝心：「太太，不好意思，不能便宜了。其實，您的皮膚比較白，這款洋裝單單從顏色上就很適合您。如果您喜歡流行款，那邊也有很多。您可以看一下。」

客戶：「這些嗎？我不太喜歡……」

分析

　　客戶的異議有真有假，以上場景中的客戶所提出的就是假異議。客戶藉衣服花色過時，希望用以更低的價錢買下看中的衣服。為了達到某種目的，在購買產品時，常有一些客戶會利用類似的假異議。然而不少業務員無法真正瞭解這類客戶產生異議的真正原因，進而輕易放棄，致使銷售失敗。針對以上的情景，業務員可以這樣做：

正確做法

客戶：「1199元？那麼貴。就這種款式和花色，沒有什麼特別之處，而且還是去年流行過的，哪裡值得了那麼多錢。你們這裡就沒有今年新流行的款式嗎？」

郝心：「太太，櫥窗裡掛的是今年的新款。但是對您來講不太適合，還是這款洋裝比較適合您。」

客戶：「是嗎？可是這個款式是舊款了，能便宜點嗎？」

郝心：「太太，這已經是非常優惠的價格了。看您的穿著，我想您應該是一位穿衣服很有自我風格的人，也很會搭配衣服。如果有適合自己的服裝，您一定是不願放過的。這件洋裝就特別能凸顯您的氣質。您可以來親自感受一下，這裡有試衣間。」

客戶開始試穿衣服。

郝心：「您看，穿上這洋裝穿在您的身上更能凸顯您的氣質了。如果再配上一條項鏈，出席宴會或參加私人聚會，絕對會是全場的焦點。」

專家提點

善於從細節中體察真相，並能以溝通驗證客戶異議的真偽，業務員就能清楚地瞭解客戶的異議是真是假。待釐清客戶異議的真正原因，銷售工作也就更容易展開了。

作為業務員，對於客戶提出的異議固然要予以解決，但是在解決之前，務必釐清其異議的真假。如果業務員對客戶異議的真假無法辨識，甚至盲目解決，就無法真正解決到客戶的關心點上，而失去客戶。只有在清楚客戶提出異議的真正原因，業務員才能對症下藥，進一步採取正確的銷售手段。

在銷售過程中，想要知道客戶的異議是真是假，業務員可使用以下一些方法來辨別：

1. 仔細觀察

不善掩飾自己的人，如果說出一些不符合心裡的話，在舉止上可能會表現出些許的不自然。因此，在與客戶溝通時，業務員不妨多注意一

下客戶說話時的舉止。

專家發現，如果人們在思考問題時偶爾恍神，臉上浮現迷茫的神情是很正常的，但若在回答問題時出現飄忽不定的眼神，則有可能在撒謊。所謂「眼睛是心靈之窗」，即便撒謊者始終表現得很自然，其眼神也會洩露其語言的真假性。

所以，當客戶提出異議時，如果業務員難以從其舉止上做出判斷時，那麼不妨觀察他的眼神，若客戶在回答問題時的眼神安靜、平和，那麼其異議可能是真的，若客戶出現飄忽不定的眼神，這時就可以判斷其異議可能另有其意了。

2. 認真傾聽

人們在說出與內心想法不盡相同的語言時，不僅會表現出行為、舉止上的變化，也會有聲音上的變化，而且往往比舉止表情的變化更大。

在提出假異議時，客戶也會在語調、聲音上與平常有所不同。例如客戶說話時表現得過於強硬，有可能其提出的異議有假。因為人們在說出與內心不符的語言時，總會試圖放大音量或以堅決的語氣掩飾心裡的真實想法。

所以，在與客戶溝通時，業務員要特別注意其說話的語氣、語調、語句連貫性等，繼而好判斷其所提異議的真假。

3. 及時詢問

當客戶對產品提出異議後，業務員透過觀察和傾聽，發現客戶提出的異議可能並非出於產品本身的原因，有可能只是客戶的主觀意識，但

又不能確定時，業務員就要懂得發問，掌握時機使用語言引導客戶，使其說出異議產生的真正原因。在與客戶溝通時，根據具體情況的不同，業務員可以使用以下兩種詢問方式：

◇ **直接詢問**——當業務員根據觀察和傾聽，對客戶異議做出了初步判斷之後，認為客戶的異議可能另有原因，但又很難做出明確判斷時，不妨直接向客戶詢問，請求客戶的解答。例如：「您有什麼問題嗎？」、「您對產品有什麼不滿意的地方嗎？」等等。一般情況下，如果客戶提出的異議是假的，又不想再多費時間的話，大多會說出異議的真正原因。

◇ **間接詢問**——有時，客戶提出的異議概念比較模糊，業務員不容易從中做出判斷，這時，直接向客戶詢問是不可行的。業務員可採取間接詢問的方式，在溝通中有意強調一些話題，透過對客戶語言、舉止、表情等方面的分析去判斷客戶異議的真假。

Lesson 46 絕不與客戶發生爭執

　　心理學專家的一項研究發現：與人交流時，如果人們只是對對方的言行產生反應，就容易與對方展開口角對話，其目的只是從中尋求一種類似協議的平衡點，並不期待解決問題。同樣地，當業務員與客戶有爭執之後，目的往往只是單純地希望客戶明白事實的真相，卻忘記了銷售工作的最終目的是把產品賣出去。

　　對客戶來說，業務員的爭執除了會激起他們的怒氣之外，沒有任何其他的作用。因為從購買產品開始，客戶就將業務員的一言一行列入服務標準的行列，因此，無論是什麼原因，一旦業務員與客戶發生爭執，客戶都會感覺到自己沒有受到尊重、關心、理解，所有的錯誤都是業務員的責任。業務員將和客戶溝通的重點脫離於銷售的最終目的之外，不僅無法真正地解決問題，反而會將問題擴大。

Case Study

　　在一家購物中心裡，其中一個化妝品專櫃在舉辦促銷活動，專櫃小姐小敏正為客戶講解化妝品使用方法，忽然，一名帶著墨鏡和帽子的女孩氣沖沖地走了過來，大喊著要退貨，小敏看到後馬上走過去：

小敏：「小姐您好，請問有什麼要幫忙的？」

客戶：「我要退貨。你們賣的是什麼產品，簡直是在害人！」

小敏：「小姐，您怎麼這樣說話呢？」

客戶：「我這麼說話是客氣的！妳看看你們的產品把我的臉毀成什麼樣子。趕緊給我退貨！」（摘掉墨鏡）

小敏：「使用我們的產品不太會出現過敏反應，可能您是使用其他的東西導致的吧。」

客戶：「你們還想推脫責任，用你們的產品之前，我的臉一直是好好的，不是你們的產品造成的，難道是我自己故意弄的嗎？我要求馬上退貨！」

　　這時，該專櫃周圍已經圍了不少人，聽說有人使用產品之後過敏，不少購買者都露出了懷疑的目光。

分析

　　業務員與客戶發生爭執，結果只會影響自己的銷售工作。一些沒有經驗的業務員常會像小敏一樣，因為一些不必要的爭執，致使銷售工作受到影響，不僅失去了客戶，而且也影響了產品商譽。針對以上的情景，業務員可以這樣做：

正確做法

客戶：「我要退貨！你們賣的是什麼產品，簡直是在害人！」

小敏：「小姐，您在使用過程中遇到什麼問題了嗎？」

客戶：「問題？妳看看你們的產品把我的臉毀成什麼樣子。趕緊給我退貨！」（摘掉墨鏡）

小敏：「真是對不起，本來您買我們的產品是想護膚，卻替您帶來了麻煩。請問您使用的是哪一系列的產品呢？」

客戶：「妳自己看吧。」（從皮包裡拿出一瓶化妝品）

小敏：「請問小姐是如何使用的呢？」

客戶：「當然是直接用在臉上了，還能怎麼用，別囉嗦了，快給我退貨吧。」

小敏：「在塗抹這款乳霜之前，您曾使用別的化妝品嗎？比如其他品
　　　　牌的化妝水或者乳液之類的。」
客戶：「用過啊，誰塗面霜之前不用緊膚水啊？別說了，妳趕快給我
　　　　退了吧！」
小敏：「看您的皮膚應該是屬於乾燥肌膚。對化妝品中的各種物質可
　　　　能都會相對敏感些。如果您使用的緊膚水和乳霜品牌不同，是
　　　　很有可能有過敏的反應。」
客戶：「怎麼可能？怎麼會和用法有關係？」
小敏於是進一步向客戶耐心解釋。

專家提點

　　在客戶提出的異議時，無論出於什麼原因，都要儘量保持良好
的態度，不與客戶發生爭執，是優秀業務員的一貫做法。因為他們
明白：對銷售工作來說，任何爭辯都是沒有意義的！唯有消除客戶
的怒氣，處理好與客戶之間的關係，才能繼續順利地展開銷售工
作。

　　業務員的工作目的是賣出產品，而不是為了讓自己在與客戶的爭論
中占上風。當客戶表示過於激烈的異議時，業務員一定不要與其展開爭
執，否則只會「火上澆油」，使銷售工作更加難以進行。IBM副總裁曾
說：「銷售工作並不是要征服客戶，而是要贏得對方的合作。」聰明的
業務員只會盡力說服客戶與自己合作，而不是去爭辯對錯，這樣不僅能
保住產品商譽，又不會損及與客戶之間的關係。

　　那麼，當客戶提出激烈的異議時，業務員應如何避免與客戶產生爭
執呢？

1. 不直接反駁客戶

直接遭到他人的反駁，是任何一個人都不願意接受的。而那些與業務員之間的爭執愈演愈烈的客戶幾乎都受到同樣的回應——業務員的直接反駁。當客戶提出異議時，本來心情就很不滿了，如果業務員又對客戶的異議直接反駁，很可能會進一步激怒客戶，甚至讓對方大動肝火。

在銷售工作中，業務員大多是處於主動的，無論銷售局面如何變化，都與業務員有著密不可分的關係。所以，在客戶提出異議時，業務員就要懂得根據形勢與客戶溝通。當客戶表現出的異議無關緊要時，業務員完全可以置之不理，但若客戶的異議是針對服務或產品，業務員則可使用「先肯定後否定」的方式，先肯定客戶的觀點，再尋找機會表述自己的看法。例如：「您說的沒錯，不過……」，這樣一來，業務員既表達了自己的觀點，又不會傷害客戶的心理。

2. 先傾聽，再解答

當客戶表現出異議時，有些業務員總希望能透過解釋消除異議，然而結果往往不盡人意。因為此時的客戶只想宣洩自己的不滿，所以，如果業務員過多的長篇解說只會使之更加反感。

所以，當客戶表達異議時，業務員一定要多傾聽，盡量從客戶那裡多獲得一些資訊，待客戶的情緒漸漸平靜下來後，再採取適當的解決辦法。

3. 注意遣詞用句

銷售工作中，業務員幾乎時刻都在運用語言和客戶打交道，掌握良

好的語言技巧是業務員獲取工作成功的必備因素。因此，每一位業務員都應掌握一定的語言藝術，並將之運用在銷售工作中。

良好的態度和具有邏輯性的言語，是業務員展開推銷工作的兩大法寶。不論客戶提出的異議多麼激烈，業務員都要有誠懇的態度，使用平和的語調與其對話，並注意遣詞用句，使客戶聽到起來感覺到舒心、順心。如此就能緩和銷售氣氛，進而減少對銷售工作的影響。

Lesson 47 看到異議背後的關注點

購買產品時，客戶或多或少會提出不同的異議，有時，客戶提出的異議較為直接，業務員只需要著眼於如何解決客戶的疑問上；但有時客戶提出的異議較為含糊，業務員因而無法直接清楚客戶的需求，此時就需要業務員具備較強的分析能力，將客戶的語言切割，找出客戶真正關心的話題，進而解決客戶異議。

小陳是一家電器商城手機專區的銷售人員。一天，一位男士走進手機專區，來到小陳負責的櫃檯前，根據這位男士的需求，小陳為他選了一款商務型手機，但是這位客戶對小陳推薦的機型似乎並不滿意：

「這款嗎？曾經聽別人說過，好像使用起來不太方便。」

於是小陳說道：「不會的，像這種知名品牌的手機在使用上幾乎不會出現什麼問題的。手機品質和其售後服務都是可以保證的。而且我們店長也是用這款手機，操作起來十分方便。」

「哦，是嗎？看來還可以。不過我也不是一直忙著處理工作，如果我在閒暇的時候拿著這樣的手機，會不會……」客戶略有疑慮地說。

「我想您是在擔心這款手機的顏色和娛樂功能對嗎？」小陳問。

「是的，如果是考慮到娛樂，這種款式可能會不太合適。」

小陳解釋道：「雖然這款手機被定義為商務款，但是娛樂功能也是不錯的，它有內建攝影功能，解析度高，可調整相片尺寸，也可播放影

音，這樣的大螢幕非常適合欣賞影音、流覽圖片及閱讀電子郵件和簡訊，內建音聲效能能讓歌曲更動聽。這些娛樂功能絕對可以讓您在工作之餘享受到輕鬆和快樂，這也是我為什麼為您推薦這款手機的原因。」

聽了小陳詳細的介紹，這位男士很滿意地點頭。

有時，客戶的異議就在其隻字片語中，只有業務員用心察覺，善於分析客戶語言，才能有效把握客戶的需求，從根本上解決客戶關心的問題。這樣一來，實現銷售也就不再是件難事了。

在與客戶溝通的過程中，業務員要特別注意觀察和傾聽，因為客戶的一言一行中，一舉一動間，都隱含著對產品的看法和意見。此外，業務員更要善於分析客戶，將其提出的異議進行「切割」，才能精準明白客戶的異議，並妥善地解決。

那麼，當業務員遇到提出異議不明確的客戶時，如何才能準確「切割」客戶異議，掌握客戶心理呢？

1. 放鬆情緒，認真傾聽

在客戶與你交談時，即便不直接說出對產品的不滿，也多多少少會在言語中透露出內心的異議。因此，業務員對客戶的任何一句話，都應該認真傾聽。然而在現實銷售場景中，常有一些業務員因急於成交，反而忽略對客戶的傾聽，這是十分不可取的。

當察覺客戶的語言中包含著一種或是數種異議時，業務員就要做到認真傾聽，留意其語言的關鍵字，找出客戶對產品提出質疑的真正意思，認真瞭解其反對意見的內容及重點。想要瞭解更多來自於客戶的資訊，業務員就要善於營造輕鬆的氣氛，全程以良好的態度因應，以輕鬆

的情緒與客戶進行深入溝通，可以用「你的觀察很敏銳，很高興您能提出這樣的意見」這樣的話作為開場白，對客戶提出的意見表示真心的歡迎與接受。

2. 仔細分析，謹慎回應

當業務員獲得客戶的異議之後，就要對此做出客觀地分析，從客戶的語言中提取出其擔心的問題，對客戶異議進行「切割」，並掌握其中的正確因素，使用相應的方法給予解答。因為客戶的異議難免會有消極的一面，所以，業務員需特別注意的是，儘量透過交談，排除客戶提出的消極因素，為完成銷售工作打通道路。

在對客戶異議進行仔細分析之後，業務員就要選擇合適的時機給予客戶適當的回答。在解答客戶異議時，一定要注意措辭恰當，語調溫和，態度坦誠、沉著，保持銷售氣氛的和諧友好。必要時，業務員還可將有關的資料、事實、證明等向客戶展示，以解答客戶的疑問和擔心。此外，對於客戶提出的異議，業務員還要做到謹慎回應，切不可有問必答，對於客戶無關緊要的異議，業務員大可不必回答，但對於客戶提出的真正異議，業務員要注意，儘量簡明扼要地解答，切不可拖泥帶水，以免加重客戶的疑問。

3. 稍事停頓，友善回答

在回答客戶異議時，業務員如果馬上做出回應，一般會讓客戶感覺是在辯解，只是想掩飾產品弱點而已。所以，在明白客戶的異議之後，業務員要停頓幾秒鐘，認真地掛酌一下客戶的話，然後用平穩、和善的

語氣予以回應。

4. 避開枝節，機智回應

客戶在購買產品時，常會提出一些無關緊要的問題，例如明知故問或是一些容易引發爭論的問題等等。對此，業務員在解答客戶異議時，應懂得取捨，盡量回避那些足以妨礙銷售工作的直接問題，以確保銷售工作能正常進行。

Lesson 48 重視客戶陪同者的意見

　　客戶在購買產品時，常會有猶豫不決的時候，特別是當客戶身邊有陪同者時，就更容易表現出猶豫不決。因為陪同者的意見往往成了客戶購物時的重要參考，有可能陪同者的一句話，就讓客戶轉身離去。因此，對於業務員本身來說，如果遇到的客戶身邊有陪同者，那麼想要成功賣出就會有一定程度的難度。對於這樣的情況，每一位業務員都不樂意見到，甚至希望與客戶的交談時，能暫時避開陪同者。

　　其實，很多業務員都忽略了一點，那就是，在一定情況下，客戶陪同者反而能成為促成銷售的幫手。業務員只要採取正確的方法，重視客戶陪同者的意見，讓客戶陪同者在一旁反過來替業務員「幫腔」，不僅能打破緊張的銷售局面，還可使銷售工作進展得更順暢。

Case Study

　　菁菁是一家服飾店的銷售人員。一天，一對像情侶的年輕人來店裡挑選衣服，女孩在一件裙子前停了下來，和男孩說些什麼。菁菁看到之後馬上迎了過去：

菁菁：「你們好，這件裙子是今年的新款，賣得非常好。」

女孩：「是嗎？這件裙子有其他顏色嗎？」

菁菁：「有，都在展示區，除了您看到的紅色之外，還有黃色和紫色。
　　　　但是在我看來，還是這條紅色的裙子最適合您。因為您的皮膚比

較白，穿這種顏色的裙子最適合。如果您喜歡的話，可以試穿一下。」

女孩：「是嗎？我第一眼看到就喜歡上了。」

男孩：「顏色太豔麗了，還是看看紫色或黃色的吧。」

菁菁：「不會啊，這個顏色不錯的，顯得很活潑。您覺得呢？小姐。」

女孩：「嗯，我是喜歡這件裙子的，不過⋯⋯」

菁菁：「那麼，請妳試穿一下吧，試衣間在那邊。」

男孩：「別試了，顏色那麼鮮豔，一定不適合。」（拉著女孩往服飾店外走）

分析

　　在實際銷售場景中，常有一些業務員會像上述情景一樣，只與客戶對話，忽略了客戶陪同者的意見，甚至因為急於售出產品，而與陪同者形成對立關係，這些做法都是十分不可取的。針對以上情景，業務員可以這樣做：

正確做法

男孩：「顏色太豔麗了，還是看看紫色或黃色的吧。」

菁菁：「這位先生，如果我沒猜錯的話，您應該是她的男朋友，對嗎？」

男孩：「對，但是我不喜歡她穿顏色這麼豔麗的服裝，因為這根本不適合她。」

菁菁：「其實您這也是為了女朋友著想。從您的穿著上來看，您是一個很注重衣著品味的人，您的服裝搭配就非常有個性，也很吸引人。您的女朋友非常年輕，而且又很漂亮，這件紅色的裙子，她穿了會更顯得活潑、有朝氣。」

女孩：「是啊，我是這麼認為的。」

菁菁：「那麼，先生您不如讓她親身感受一下，您也好看看實際效
　　　　果，如果不滿意，您就再試其他的顏色，怎麼樣？」
男孩：「嗯，那好吧。」
菁菁：「小姐，請您來這裡試穿一下，試衣間在這裡。」
　　　　客戶試穿過服裝……

　　　對業務員來說，給予客戶陪同者足夠的重視是一種手段。因為
這樣才能進一步瞭解陪同者的真實想法，業務員才得以進一步根據
客戶及其陪同者的意見採取行之有效的方法。一旦解決了客戶與陪
同者之間的分歧，那麼，產品要賣出去就不難了。

　　儘管客戶陪同者的出現或多或少影響了銷售工作的正常進展，但是
業務員卻不能為了達成銷售目的而無視於陪同者的存在。只要尊重客戶
陪同者，並適當地與之交流，讓他成為你的銷售助力，銷售工作就能取
得成功。

　　那麼，當客戶身邊出現陪同者，業務員應如何利用陪同者的影響
力，來達成銷售成功呢？

1. 瞭解陪同者的想法

　　在客戶購買產品時，客戶陪同者往往會提出一些有助於客戶正確選
擇的意見，大多是為了讓客戶選購到更好的產品。此時，客戶陪同者的
意見就會在一定程度上影響客戶的購買意向。在這種情況下，如果業務
員只是單純地將交談範圍侷限在客戶身上，那麼，產品賣出的機率就很
低了。當銷售環境中有客戶陪同者存在時，業務員要面對的客戶其實就

不止一位了。想要銷售工作能進一步開展，業務員不僅要明白客戶的觀點，更要充分瞭解客戶陪同者的想法。只有這樣，業務員才能找到客戶與其陪同者之間買或不買的問題關鍵點。問題關鍵點找到了，那麼，業務員也就能採取相應的辦法應對，而銷售成功的機會也就大大增加了。

2. 給予客戶陪同者足夠的尊重

客戶陪同者的意見直接影響著客戶的購買行為，其一句否定的話語，有可能讓客戶轉身離去。所以，作為一名業務員，在做到對客戶尊重的同時，你也要顧及到客戶陪同者的感受，給予足夠的尊重，使其感受到你的關心與重視。因此，要特別注重陪同者的意見及回應，尤其是在剛開始溝通時，業務員若能與客戶陪同者建立起良好的關係，那麼，就能在很大程度上避免客戶陪同者對銷售工作的影響。

3. 徵詢陪同者的意見

在銷售過程中，客戶陪同者的反對意見無疑讓不少業務員感到頭疼。對此，常有一些業務員希望可以將客戶排除在銷售活動之外，然而在現實中，這是很難做到的。若無法排除客戶陪同者，倒不如接受其所提出的意見。聰明的業務員都會主動徵求客戶陪同者的意見，想方設法地處理好與客戶陪同者的關係，令他為自己或產品說話。如此一來，消除了客戶陪同者的消極因素，成功機率也會大大增加。

Lesson 49 以平常心看待被拒絕

　　在銷售過程中，業務員遭到客戶拒絕的情況可以說是再平常不過的了。那些被人稱作「天才」的業務員，大多是在遭受了客戶無數次的拒絕之後錘煉而成。被譽為日本「銷售之神」的保險業務員原一平早年拜訪一位客戶時，曾遭到二十多次的拒絕，也曾在一天之中連續遭逢十多位客戶的拒絕。對客戶來說，拒絕是一種常態，但對業務員來說，則是走向成功的必經過程。面對客戶的拒絕，業務員是否能保持良好的情緒，是否能正確地面對客戶的拒絕，是業務員能否成功取得訂單的關鍵。

　　然而在現實銷售中，不少業務員還是在這上頭吃了虧。因為客戶毫無理由的拒絕，一些業務員便因此將自己與客戶之間的關係逼到了絕路，進而傷了與客戶之間的和氣。對業務員來說，這無疑是主動放棄了一次的銷售機會。銷售過程中，客戶若能給予配合並願意購買，固然是每一位業務員所希望，然而銷售就是銷售，並非每一位客戶都是你的VIP，也並非每一位客戶都是你的忠實購買者，也因此，會遭受客戶的拒絕就是一件再簡單不過的事了。

　　這裡要再次重申的是，你所遇到的任何一個客戶，都將成為你的潛在客戶。如果業務員與剛拒絕自己的客戶之間傷了和氣，那麼，這名業務員失去的就不僅僅是一位潛在客戶，而是許多位。因為任何一位客戶

都有可能為業務員帶來更多的客戶。

全球第一金牌業務員的雷德曼曾說過：「推銷，從被拒絕時開始。」經歷過拒絕，業務員才能走向成功；學會處理好與拒絕自己的客戶之間的關係，業務員才有可能獲得更多的銷售機會。

Case Study

一名健康器材公司的業務員小陳正電訪一位客戶。

小陳：「你好，先生，您上週來我們公司看的最新推出的保健床，覺得怎麼樣呢？」

客戶：「功能還可以，但床板太硬了，對我不合適。」

小陳：「但是您上週不是還說這種保健床正好可以幫您支撐腰部嗎？這床不是正好適合您嗎？」

客戶：「醫生說床太硬的話，可能不利於我的康復。」

小陳：「但是我們上週已經談好了，您不是說很適合您嗎？怎麼這麼快就改變心意了。」

客戶：「不合適就是不合適。」

小陳：「但是依我所見，這款床對您來說再合適不過了啊！它有非常好的保健功能，保證您使用之後，病會好得更快。」

客戶：「不用了，你怎麼沒完沒了的。我的醫生會幫我想辦法的。用不著你操心。再見！」

小陳：「你什麼態度，哼！」

分析

遭遇到客戶的拒絕之後，任何一個業務員都難免會有失落感，眼看差一步就能賣出的計畫就這樣泡湯了，於是一味地企圖挽回成了不少業務員都在用的「客戶挽留方式」，然而，在很多

時候，這種方式卻是破壞業務員與客戶之間關係的導火線。如銷售場景中所描述，業務員過於急切地希望客戶購買自己的產品，反而疏忽了客戶的心理變化和真實需要，進而使自己與客戶之間的關係陷入僵局。其實，對於業務員來講，無論你介紹給客戶的產品有多好，客戶還是很有可能會拒絕你。因此，如果你只注重結果，而忽略了銷售最為重要的過程，也許銷售就很難取得成功。特別是在客戶拒絕你的時候，你的態度和反應就更加重要。對於以上的情況，業務員可運用以下的技巧予以回應：

正確做法

客戶：「是啊，但醫生說床太硬的話，可能會不利於我的康復。」

小陳：「是這樣啊。醫生的話還是非常重要的。可能我們這款床對你來說確實是不太適合。」

客戶：「是啊。適合我的床還真是不太好找。」

小陳：「您不要著急。您看我們公司推出的保健床還有很多種，以前的舊款也都不錯，而且我們公司很快又會推出另一種保健床。您看這樣如何，我可以在眾多床款中為您選一些對您比較適合的床款，再將相關資料郵寄到您府上。待新保健床上市，我將在第一時間告訴您，等您覺得有您滿意的床款再過來看，您看怎麼樣？」

客戶：「好，謝謝你。如果能在你們公司找到合適的床，我就不用再跑那麼多家了。」

小陳：「為客戶服務是我們的職責，希望您多多關照我們。」

專家提點

在銷售中遭到客戶拒絕時，懂得與其保持良好關係，並善於審時度勢，及時調整與客戶之間的對話方式和方向，始終讓客戶感受到一個業務員態度的和善與禮貌，是一個業務員應該具備的基本素質和能力。只有給予客戶足夠的重視和尊重，才有可能贏得更多的

客戶。像正確做法中的對話，表面上，可能似乎沒什麼結果，但因
業務員良好的態度和周到的服務，無疑替銷售成功創造了更多的機
會。只要業務員能保持與客戶的良好關係，取得訂單也就不遠了。

遭到客戶退訂或決定不買時，業務員是維持銷售方與購買方良好關
係的唯一人物。相對客戶而言，業務員肩負著更多責任，因此，只有處
理好與客戶之間的關係，才有可能取得源源不絕的訂單，也就是說，只
要留住關係，就會有轉機的機會。所以，業務員務必要學會在面對客戶
決定不購買時正確、合理地處理，以為自己贏得更多的機會。

在實際銷售過程中，業務員應如何面對和處理客戶的拒絕購買呢？

1. 把拒絕視為常態

面對客戶「多樣的」拒絕，常有一些業務員會表現得垂頭喪氣，無
比失落。其實在購買產品時，客戶常會表現出習慣性的拒絕，這是銷售
的一種常態，因為換個立場想，誰都不會，也不想買一個自己用不到或
不合適的東西回家。

美國一家問卷調查中心曾經對近五千名業務人員的客戶拜訪記錄做
深入的分析和調查，結果顯示，在所有的銷售談話紀錄當中，有高達百
分之六十二的客戶說出的理由都不是拒絕購買的真正理由！對此，業務
員都不必太過於放在心上。

俗話說：「勝敗乃兵家之常事。」如果一個業務員對客戶的拒絕總
抱著消極的態度，那麼在接下來的銷售工作中也很難取得實質性的進展
與突破。

有一句名言說：「當你越是認為你可以，你就會變得越高明，積極的心態會創造成功。」積極是指引人們走向成功的指路燈。一名業務員只有隨時保有一份積極的心態，不輕易被一時的失意所打倒，才可能擁有好業績。

2. 換位思考客戶的不願買原因

客戶之所以不願意買，或多或少都有的原因，因此遭到客戶的拒絕時，業務員要做的不是轉身就走，更不是惱火、失落，而是要耐心分析客戶不買的原因，只有在獲知了客戶拒絕購買的原因後，業務員才能做出最有效的決定。

不管是因時間緊迫，還是資金周轉問題，或是對產品缺乏信心，這些原因都是業務員改變銷售策略、轉變銷售方向的重要參考。所以，業務員在遭到客戶拒絕時，要善於觀察，從客戶的表情、言語、態度、行為中獲得對自己有用的東西，然後再根據掌握的情況採取接下來的行動。

3. 從拒絕中尋找機會

對銷售人員來說，客戶表達不願意購買無疑是實現銷售的一大障礙。縱使遭到客戶拒絕，業務員還是要能一如既往地與客戶保持聯繫、提供新品資訊或特惠訊息。因為在客戶對你拒絕的過程中，常蘊藏很多有利於你取得銷售成功的機會。例如，從客戶拒絕的語言中，或多或少會透露出他個人的實際需求和對產品的一些理解，透過分析客戶的語言，業務員對產品和客戶心理就能掌握得更確實。所以，客戶的每一次

拒絕都是在為業務員製造更加成熟的銷售機會。

　　想要有好的業績表現，業務員就要善於把握自己與客戶之間的關係，多傾聽客戶的需求和想法。即便客戶的態度不佳，業務員也得保持平和的態度，以友好的言辭，使客戶看到一個形象好、素質高的銷售人員，這不僅能使客戶改變先前的看法，而且也有利於業務員維護自我銷售產品的形象。

　　無論客戶怎麼想，怎麼做，業務員都要記住與客戶保持友好的關係。好的態度有可能幫你挽回一個客戶，但是不好的態度則一定會讓你失去一個客戶，甚至是更多客戶。因為在銷售中，沒有什麼比累積客戶更重要的了。

課後自我評量

□能消除客戶心裡的疑問，提升客戶對產品的信任度。

□明白客戶的異議會有各式各樣。

□了解到「嫌貨人才是買貨人」，平靜看待客戶的異議。

□面對客戶的抱怨，能平心靜氣地處理。

□面對客戶對產品品質的疑異，能耐心向客戶說明。

□能有效化解客戶對產品的既定負面印象。

□利用客戶的好奇心，刺激他對產品產生興趣。

□在溝通的過程中，讓客戶明白成交機會難得。

□客戶提出不實異議時，盡量避免與客戶直接發生衝突。

□面對異議時，以實事求是的態度傾聽，用委婉的方式溝通。

□被客戶拒絕時依然以真誠的態度去對待客戶。

□因產品本身出問題而遭質疑時，能勇於承擔責任。

□面對脾氣暴躁的客戶，先安撫客戶情緒，再解決問題。

□能從細節中體察真相，並以溝通驗證客戶異議的真偽。

□能從客戶異議中察覺客戶背後的關注點，並滿足他的需求。

□即使客戶拒絕你，也要與其保持良好的關係，期待下一次的合作
　機會。

＊已確實做到的請打「∨」，沒做到的請隨時提醒自己加強改善。

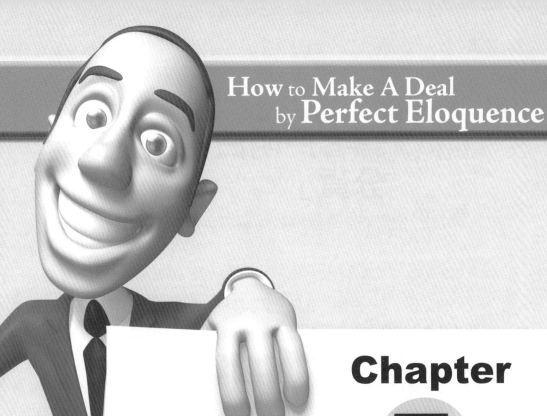

Chapter

7

學分七
有效談出好價錢

對業務員而言實質性的銷售階段就是價格。

許多業務員由於不會談價，不是丟掉了訂單，

就是雖然成交但利潤低得可憐，只好自己安慰自己，就當交了朋友。

業務員通常底薪偏低，都是靠抽成來提高收入，

如果掌握不好談價的技巧，雖銷售業績不錯，

收入還是很低，最終只好離開銷售員的崗位。

所以，有效應對討價還價是業務員最需要掌握的武器。

Lesson 50 讓客戶明白「一分錢一分貨」

俗話說：「一分錢一分貨。」與那些品質一般的產品相比，品質好的產品成本總會更高些。對此，每一個業務員心裡都明白，好的產品價格會更高一些，是很自然的事；然而在客戶那裡，這種觀點有時卻得不到認同。物美價廉是每個消費者對產品的嚮往，因此在購買產品時，客戶也總是希望業務員能為他們推薦那些品質好，且價錢不貴的產品，甚至拿著品質好的產品與業務員討價還價。對此，不少業務員都感到很困擾。

與客戶溝通時業務員如何做到保住產品價格的同時，又能促成交易呢？這就需要掌握一定的溝通技巧，讓客戶明白「一分錢一分貨」的道理。

Case Study

一位女客戶來到手機賣場選購手機，她轉遍了賣場裡的所有櫃檯，最後在一個品牌較為知名的手機專櫃前停下腳步，對著幾款手機仔細看了看。

銷售人員：「您好，這幾款手機都是今年的新款，賣得非常不錯。」

客戶：「是不錯，我也看上這款手機了。哎呀，不過這也太貴了。」

銷售人員：「這款手機是剛上市的新款，顏色鮮豔又時尚大方，功能還非常多，用起來方便又新潮，價格當然會更高些啊！」

客戶：「可是比別的手機要多出四千多元啊，貴挺多的！」

銷售人員：「貴當然有它貴的道理了。這款手機現在廣告打得很兇，你沒看到嗎？無論是外觀還是功能，都相當吸引人。好手機當然要貴一些了。」

客戶：「很多手機都有類似功能啊，再貴也不應該貴出那麼多。」

銷售人員：「這個我們也沒有辦法，手機定價都不是我們說了算的。況且您說的那些手機哪有這款漂亮啊。」

客戶：「看了其他的都覺得沒有這個喜歡，真的不能再便宜了嗎？」

銷售人員：「是的，小姐。我們的價錢已經是打過折扣了。如果您覺得貴的話，可以看一下這邊的，這些都是近幾年的款式，相對比較便宜。」

客戶：「是嗎？那我還是再考慮考慮吧。」

分析

解決不到關鍵問題，那麼產品就很難賣出。對於那些嫌貴的客戶，業務員若不能讓他們明白「一分錢一分貨」的道理，是很難成功把產品賣出去。因為客戶有時候會覺得你的產品和價格不符，也就是產品品質雖然好，但價格還是過高了。此時，業務員若缺乏耐心，不懂得積極引導客戶的話，則會是銷售失敗的一個原因。針對以上情景，業務員可以這樣做：

正確做法

客戶：「是不錯，我也看上這款手機了。哎呀，不過這也太貴了。」

銷售員：「您的眼力真不錯。如果是我，也會覺得有點貴，但這款手機之所以價格較高，是因為它不僅具備非常多的功能，而且

顏色鮮豔、時尚，款式設計新穎，不俗套，看起來非常有品
味。如果您瞭解它的這些優點，那麼，這個價格絕對是划算
的。」
客戶：「可是比別的手機要多出四千元啊，貴挺多的。」
銷售員：「四千多元是不少，但是小姐，您說的那支手機看起來與我
們這款手機相似，但並不是同品質的產品。我們這款手機鎖
定的市場，是專門為您這樣有品味的人士所設計的。」
客戶：「產品是不錯，我也很挺喜歡，就是價格太貴了。」
銷售員：「這款手機的價格的確比其他型號高一點，但是對於那些同
期剛剛上市的新款手機來說，還是相對較低的。」
客戶：「嗯，你說的也是。」客戶邊看邊點頭。

專家提點

　　善於抓住問題的根本，才能快速解決問題。想要賣出價格高、
品質好的產品，業務員就要想辦法讓客戶明白「一分錢一分貨」的
道理，好讓客戶認識到產品的價格與品質相比之下並不貴。

　　在與客戶探討價格時，業務員一定要讓其明白「一分錢一分貨」的
道理。雖然很多業務員都試圖讓客戶明白這個道理，但有些時候卻適得
其反，不僅沒能向客戶解釋清楚，反而降低了客戶的購買意願。這是因
為業務員在說服客戶時，不得其法，只是一味地強調產品的品質，未客
觀地向客戶說明產品品質與價格的關係，會造成客戶流失也就在所難免
了。

　　那麼，在具體銷售過程中，業務員應如何讓客戶明白「一分錢一分
貨」的道理呢？

1. 為客戶計算價格效能比

價格效能比已經成為越來越多的客戶購買產品時的重要考慮因素，無論產品價格高低，客戶們都希望透過衡量產品的品質、價格、使用範圍等來考慮產品的價格效能比。然而有些時候，在客戶計算價格效能比時，常會受到不同程度的限制，例如對產品的效能不夠清楚，忽視了重要的細節等等，因此也就可能對產品的價格提出質疑。

作為業務員，要想盡快消除客戶的錯誤理解，就得準確且及時地傳達客戶與產品品質相關的資訊，儘量使客戶全面地瞭解產品品質，並以此為客戶計算出價格效能比，讓客戶一目了然地看到產品的品質與價錢之間的關係，消除其有關價格的質疑。

2. 用事實說話

對於那些品質優異的產品，業務員單靠解說，也許並不能讓客戶完全瞭解，有時業務員一番解說下來，客戶也許會說：「誰不會說自己的『瓜』甜啊。」的確讓一些業務員不知如何是好。俗話說：「事實勝於雄辯。」再好的解說也比不上事實的力量。只要業務員藉由事實來說話，那麼就不愁賣不出產品了。

在銷售過程中，所謂的事實並非權威證書或一紙公文，而是讓客戶多一些實際體驗，使之從內心體會到產品品質的優越性，同樣也能消除客戶嫌貴的心理。

51 報價的時機要選對

報價是銷售過程的一個重要環節。而如何選擇報價時機,同樣也是決定銷售成敗的一個重要因素。在銷售過程中,業務員只有選擇正確的報價時機,才有可能水到渠成順利拿到訂單,若掌握不好的話,銷售工作很可能前功盡棄,即便之前對產品介紹得再詳細,也有可能招致客戶的反感。

在實際銷售過程中,有些業務員常因急於成交而提前報價,造成客戶的莫名壓力,或因未掌握客戶心理而錯選報價時機,致使客戶的購買熱情大大降低,都有可能造成客戶的流失。因此,業務員不僅要學會如何引導客戶,還應注重報價時機。

電子公司的業務員李傑在經過幾次努力後,終於得到一次拜訪大客戶的機會。經交談,客戶對李傑公司的產品很感興趣。

「外觀不錯,不知道性能如何?」

「無論是從外觀還是品質,我們的設備都非常不錯。您可以到我們公司來參觀,實際看看這些設備的功能。您這星期有空嗎?明天如何?」李傑問道。

客戶:「可以,那就明天吧。」

第二天,客戶看過設備之後,對產品很滿意。

這時,李傑又向客戶介紹:「我們的產品經國際××組織連續九個

月的調查，通過嚴格認證，完全符合國際標準。而且我們的售後服務也非常完善，只要有問題，都可以打電話給我們，我們絕對服務到好。」

客戶：「哦，是嗎？」（聽到業務員這樣說，表現出更高的興趣）

「對。因爲我們的設備品質好，所以價格會比較高。您看一下這是我們公司設備的價格一覽表。」李傑向客戶展示了產品價格。

雖然李傑銷售的產品比其他同類產品的價格來得高一些，但是這位客戶還是決定買了。

報價的時機是否正確，往往決定了一場銷售的成敗。如果業務員因為想要儘快促成交易而提前報價，那麼就很有可能造成客戶的流失。若能在產品介紹進入成熟期時再做報價，則可避免這種情況的發生。業務員向客戶多提供一些有關產品的資訊，並給予正確的引導，使其瞭解產品的優勢和具體情況，待客戶的購買熱情逐漸高漲之後再報價。如此一來，客戶的心抓住了，價格問題也就更容易談了。

那麼，在選擇報價時機的問題上，應該注意哪些問題呢？

1. 釐清楚客戶身分之後再報價

客戶身分多樣，因此在購買產品時，也會對價格持有不同的態度和心理。所以業務員在對產品做報價之前，先要瞭解自己所面對的客戶屬於哪種類型，再根據具體情況進行。如果業務員對客戶所詢問的價格問題有問必答，容易給客戶留下報價輕率、議價空間大的印象，使客戶對產品信任度大大降低。

在一般情況下，客戶的身分可分為以下幾種：

✧ **購買意向模糊的客戶**——此類客戶多半想瞭解產品價格，所以

業務員不宜先告知價格，而是要使其對產品多做瞭解，待客戶真正瞭解產品且有購買意向之後，再予以報價。

✧ **為自己購買的客戶**──對產品的各項指標和規格主動做瞭解的客戶，大多有著較為明確的購買目標和方向，而他們的詢價也常常會在對產品做到足夠瞭解之後才進行。如果客戶提前詢問價格，業務員可適時拖延報價時間，待客戶充分瞭解產品之後再報價。

✧ **為他人代購的客戶**──遇到這樣的客戶，業務員不僅要讓客戶多瞭解產品，還要向客戶探察委託其購買者的具體情況，在確定客戶有了明確的購買意向之後再做報價。

✧ **對所購產品瞭解不多的客戶**──遇到這樣的客戶，業務員要盡可能使其多瞭解產品，最後再報價，給其權衡的時間。

✧ **產品相關領域的業內人士**──這類客戶對產品相當瞭解，因此業務員不必做過多的產品介紹，可在銷售開始時就直接報價。

2. 在最佳的時機報價

對於業務員來說，選擇一個成熟的報價時機十分重要！通常我們把這個時機稱為「最佳時機」。若能在最佳時機對客戶做報價，取得成功的機會也就大。那麼，何謂「最佳時機」呢？至少要具備以下三種條件：

✧ 業務員對客戶有了充分瞭解。

✧ 客戶對產品有了深刻的認識。

✧ 客戶對產品產生了較大的購買熱情。

　　在客戶購買熱情不夠成熟的時候報價，將澆熄客戶的購買熱情，進而造成客戶的流失。其實，經驗豐富的銷售人員都清楚，無論客戶何時獲悉產品價格，在心理上都會存在異議，這是客戶購買產品時的普遍心理。但越是在銷售後期報價，客戶對產品的價格異議也就會相對小一些。

　　因此，業務員一定要儘量在銷售成熟期再予以報價。如果客戶想事先知道產品價格，業務員也要盡可能多傳遞有關產品的重要資訊，以引起客戶的興趣，將其購買熱情助燃到最高，然後再回覆客戶有關價格方面的問題。

Lesson 52 別一開始就報價過低

　　銷售過程中，每一名業務員都希望自己的產品銷路好，受到客戶的歡迎，同時也希望產品能有好價格，多獲得一點利潤。在現實銷售工作中，常有一些業務員會以較低的報價來吸引客戶的目光，認為這樣可以縮短銷售時間，也更容易促成交易，然而結果往往是不盡如人意，業務員不是丟了客戶，就是丟了利潤。這是因為客戶在購買產品時，總希望產品的價格能在談論中有所降低，無論業務員第一次的報價多麼吸引人，客戶都希望進一步獲得更低的價格，然而一旦業務員的第一次報價過低，業務員就容易處於被動，不是客戶轉身離開，就是產品被低價售出。

　　因此，在銷售過程中，業務員的第一次報價切不可過低，要懂得替接下來的議價留下餘地。

　　約翰是一名新進業務員，他的工作是銷售安全玻璃，一天，他約到了一位大客戶，希望能在此次的銷售中取得成功。經過一段時間的洽談，客戶問到價格問題，約翰為了快速贏得客戶，不假思索地說出比成本價稍高一點的價格：

　　「每平方公尺30元，這價錢已經很低了吧。」

　　「30元？是不是貴了點，再降2元吧。」客戶說道。

　　「不行啊，我報的價格已經很低了，沒法再降。」約翰有些著急。

「怎麼沒法降了呢？做生意不是都有商量的餘地嗎？」客戶反問道。

聽了客戶的話，約翰一下子火冒三丈，大聲說：「什麼？你沒有聽到我們的報價已經非常低了嗎？再低，我就是賠本賣了！」

結果，一場原本期待勝利的銷售就這麼結束了，約翰對此失落至極。

案例中，約翰失敗的原因在於：一開始就報價過低，沒有替之後的工作留下足夠的價格討論空間。在現實銷售中，也有像約翰這樣的業務員，希望能縮短銷售時間或想要留住客戶，在一開始就報價過低，認為這樣可以立即吸引消費者拿到訂單。其實，這樣的做法不僅無法贏得客戶，反而使業務員處於被動。我們要先了解到客戶一般的心理是：業務員的第一次報價不必當真，反正還有降價的空間。所以在首次報價時，業務員一定要做好權衡，報一個合適的價格，留一些議價空間讓對方殺價。

業務員第一次報價的多少，直接影響著客戶對產品的價格衡量，首次報價過低往往成為買賣破局的主要原因。因此，業務員在第一次報價時，一定不可報價過低。即便是想「薄利多銷」，業務員也要留下一定的價格空間，以利銷售工作的順利進展。

那麼，在實際銷售過程中，業務員應如何掌握報價呢？

1. 先分析客戶再報價

在銷售過程中，業務員會遇到的客戶可以說是各形各色，可能有些客戶善於砍價，而有些人則選擇靜觀其變。因此，業務員在報價時需根

據客戶的具體情況來做決定。

如果客戶善於壓低價格，那麼，業務員可以在開始報價時選擇報高一點，這樣一來，就算客戶把價格壓低了很多，還是有利潤可期，買賣就能繼續下去。如果客戶對價格掌握比較客觀，對所購產品的價格以及相關領域比較熟悉，那麼，業務員最好給一個合理的報價，因為這些客戶大多能對產品的品質和價格做一個理智的衡量，如果他們認為業務員的價格合理，就不會再做價格調查。如果客戶並未明確購買目的和方向，業務員不妨給一個範圍報價，為客戶設定一個價格範圍，待其確定具體購買方向後，再做詳細報價。

2. 適時讓客戶享受優惠

無論是送贈品還是優惠折扣，只要適當地運用一些「讓利」方法，給予客戶一定的優惠，多半能使銷售工作變得更順利。特別當業務員對某些產品的第一次報價較高時，可以在接下來的銷售工作中適當地給予客戶一些「小優惠」，以平衡客戶的心理。

例如，在銷售服裝時，一件衣服原本應200元成交，業務員可在第一次報價時報300元，然後適當地給予客戶一些優惠，如此一來，不僅能促進成交，而且還能在無形中「賄賂」客戶，使其增加對產品的信任度。

Lesson 53 適時讓客戶出價

銷售過程中，產品的價錢多在買賣雙方的討論中決定的，只有買賣雙方在平等互利的情況下探討價格，買賣才能順利進行下去。然而在實際銷售中，有些業務員卻抱著產品價格主動權不放，不給客戶決定的空間，致使客戶處於被動，因此，常造成客戶流失。因為如果業務員不給客戶任何決定價格的機會，客戶的購買心理會因而受影響，甚至可能因此轉身離開。不給客戶出價的機會，就容易給客戶拒絕你的理由。因此，在進行銷售工作時，業務員一定要給客戶一定的空間，在適當的時候讓客戶出價。

凱特是某辦公設備公司的業務員，幾天前，凱特得知一家公司需要購買一批影印機，於是登門拜訪，洽談一段時間之後，這位客戶卻始終以價格高為藉口而拒絕成交，凱特想了想說道：

「目前的影印機市場競爭得非常激烈，為了業績，我們已降低了售價，給您的價格已經是最低的了，不能再降了。」

「這個影印機我不跟你還價了，就五萬六千元吧。你剛才說的碳粉匣需要二千六百元，再降……」

「這個碳粉匣的報價也是成本最低價了，主要是您買影印機，我們隨機附贈，真的是不能再便宜了。」凱特打斷客戶的話，仍然堅持原來的價格。

客戶：「哦，我們再考慮考慮吧！」

從上述案例中，客戶對影印機主要部分的價格都已同意了，可以說已有九成的購買意願，但業務員卻把已打開的銷售大門又關上了，這是因為業務員犯了一個明顯的錯誤：對於客戶提出的想法，根本沒有予以尊重，不給客戶出價的機會，只是以自己的想法強迫客戶接受，使客戶陷入完全被動的局面，結果適得其反。所以在銷售過程中，關於價格問題，業務員要靈活應對，適當地讓客戶出價，給對方一定的決定權。當業務員給予客戶一定的主動權之後，客戶才能在心理上獲得一些平衡，距離成交的終點就不遠了。

銷售過程中，讓客戶出價是一種銷售手段，也是緩解銷售緊張局面的方法。業務員讓客戶先瞭解到產品大致的價格及品質狀況，再讓其出價，給予一定的主動權，讓買賣雙方的關係活絡起來。這時，一般明智的客戶都能根據實際情況丟出一個他認為合理的價格，他決定購買的機率就更高了。

那麼，如果讓客戶來出價，需要注意哪些問題呢？

1. 瞭解客戶的購買心理

一個人的外表、言語、表情等，總能或多或少地表達其內在的思考動向，無論是動作、眼神還是語調的變化，都是一個人向外界所傳遞的資訊。當一位客戶在購買產品時，也會透過這些來表現他們對產品的購買動向。因此，在面對客戶時，業務員要善於觀察客戶的一舉一動，從中知道客戶的身分、生活水平和購買產品的意向。透過對客戶的身分、動向等分析，業務員可以依此決定讓客戶出價的時機和方式。

　　購買目的明確，且對所購產品及其相關領域瞭解甚多的客戶，一般有著較為豐富的業內知識，在產品價格的衡量上也有著較為準確的定位，對於這類客戶，業務員只需做足產品介紹，向客戶出一個大致的價格，然後再讓客戶出價。一般而言，這類客戶的出價都會在合理的範圍之內。

　　有時，業務員還會遇到一些購買目的明確，但對產品的相關領域和知識瞭解甚少的客戶。這類客戶常因為對所購產品不夠瞭解而做出錯誤的價格定位，因此，業務員在面對這樣的客戶時，就要謹慎使用讓對方出價的方式。業務員一定要讓客戶充分瞭解產品的具體細節及價格範圍之後，再讓客戶出價，以防止因價格分歧過大所造成買賣停滯或是破局。

2. 給客戶一個價格範圍

　　有些業務員讓客戶出價時，難免過於輕率。因為在購買產品時，每一位客戶都希望產品物美價廉。也因此，在沒有讓客戶認識到產品的價格範圍和品質時就讓客戶出價，往往容易導致客戶出價過低，而交易沒談成也就在所難免了。

　　無論客戶是專業人士還是業外人士，業務員都要在銷售過程中給客戶一個大致的產品價格範圍。這種價格範圍並非簡單的數字範圍，而是需要業務員透過向客戶介紹產品以及相關領域的情況，將產品劃入一個相對穩定的價格圈，並使這種價格圈成為客戶衡量產品價格的參考。當客戶對產品價格的衡量受到這種價格圈的影響時，大多會出一個相對合理的價格。

Lesson 54 「以退為進」的談判法

　　一位行銷專家曾說過這樣一段話：「人們常常以為談判是一條直線，其實它是一個『圓』。在這個圓上，當我們站在某一起點，而目標是另一點時，我們常常只知道往前走是實現目標的唯一途徑，孰不知，只要轉過身去，我們就會發現實現目標的另一條路。此外，我們也常發現，單以一種途徑到達目標，不僅費時費力，而且隨時可能面臨失敗的危機；但是如果我們能轉過身朝那個方向出發的話，目標實際上近在咫尺。人們經常在這個圓上做一些捨近求遠、徒勞無功的事，這實在是和自己過不去！」

　　銷售工作之所以失敗，往往是由於業務員在談業務時缺乏變通，不懂得「以退為進」，浪費了不少口舌卻得不到客戶的點頭。因此，當業務員憑藉單純的產品介紹和熱情無法贏得客戶的青睞時，採用「以退為進」的談判法往往就能使銷售工作快速取勝。

　　「以退為進」談判法是一種迂迴的進攻戰術，是指業務員使用讓一步給客戶的方式，最終達到買賣的目的。特別是在產品價格的問題上，業務員若能採取「以退為進」的方法，不僅可緩解銷售可能造成的緊張局面，還能使銷售工作獲得很大的進展。對於業務員來說，不失為一種好的談判法。

　　然而，讓步也需要掌握尺度，一些業務員為了獲得銷售成功，往往

過早在產品價格上做出讓步，或一次做出大的讓步，結果往往使得銷售工作陷入毫無退路的地步。讓步也需要講究方法，銷售時，業務員只有使用正確的方法，才能達到「以退為進」的目的，最後獲得銷售的成功。

Case Study

　　小劉是一家電子公司的業務員，幾天前，他曾拜訪了一位客戶，客戶對他們公司的產品很感興趣。這天，小劉第二次拜訪這位客戶，繼續和對方討論價格問題。在經過一番寒暄之後，雙方談到了價格問題：

小劉：「您覺得還有什麼問題嗎？」

客戶：「我覺得你們的產品價格還是偏高，如果你能再降一些，我們可能會認真考慮一下……」

小劉：「那這樣吧，每件產品我再降40元，這個價格已經很低了，不能再降了。」

客戶：「這個價格還是不低啊，能再降一些嗎？」

小劉：「我來算一下……每件產品最多能再降10元，再降就不行了……」

客戶：「不能再降了嗎？」

小劉：「對，不能再降了。這已經最低了。」

客戶：「但我想價格還是能再降一些吧……」

小劉：「不能再降了，我們的價格已經很低了！」

客戶：「……那我們再考慮一下吧。」

分析

　　讓步有助於緩和緊張的議價氛圍，然而也需要講究方法。如果業務員的讓步過早，或每次的讓步幅度過大，而不能正確把握讓步的尺度，不留退路給自己，則很可能陷入兩難的境地，接下來的銷售工作也會受到影響。針對以上的情景，業務員可以這樣做：

正 確 做 法

小劉：「您覺得還有什麼問題嗎？」

客戶：「我覺得你們的產品價格還是偏高，如果你能再降一些，我們可能會認真考慮一下……」

小劉：「我想，我們產品的品質您是十分清楚的。我們公司的電子配件之所以如此受歡迎，完全有賴於良好的品質和信譽。如果您購買我們公司的產品，絕對不用擔心品質問題！此外，我們的售後服務非常好，相對於此，價格應該還算合理。」

客戶：「你們的產品品質的確不錯，但我還是覺得貴了點。如果能再優惠一些我會考慮的。」

小劉：「這樣吧，每件電子配件我們再降10元，這個價格已經很低了，不能再降。」

客戶：「這個價格也不低啊，能再降一些嗎？」

小劉：「我們電子配件單價的降價範圍是不能超過20元的，說實話，對於那些合作多年的老客戶，我們始終也沒有超過這個範圍。如果您真的想要我們公司的產品，我就給您個特惠價，每件電子配件我們給您降20元。就當您是我們的老客戶了。您看怎麼樣？」

客戶：「哦，那好。就這樣吧。」

業務員的熱情介紹與積極解說是「進攻」，接下來的讓步則是「防守」，銷售工作需要先進再退，只有在保證進攻的情況下採取讓步，銷售工作才能取得實質性的進展。

在銷售過程中，業務員對客戶讓步並不意味著妥協，它是一種手段，更是一種快速取得銷售成功的智慧，在銷售中使用「以退為進」的方法，往往能夠更快達到成功的目的地。

那麼，在實際銷售過程中，業務員應如何對客戶做出讓步？選擇使用讓步策略時，業務員可以參考以下技巧：

1. 在有回報的情況下做出讓步

銷售過程中，業務員在做每一次讓步時，都應考慮是否值得，是否能夠從銷售中得到回報。因為只有實現了買賣雙方的共贏，才有可能建立長期的買賣關係。

2. 為溝通留下餘地

「以退為進」的前提是「退」得有尺度。在與客戶溝通的過程中，業務員一定要為自己留下充足的餘地，切不可一再讓步或是第一次就做出很大的讓步。如果在價格上，業務員的讓步過大，就有可能在接下來的溝通中使價格逼近底限，如此一來，銷售工作就很難再進一步展開，談判也將陷入僵局，在此之前的所有溝通都可能前功盡棄。

3. 放眼長遠，從大局出發

在銷售工作中善於考慮大局，放眼長遠，是一名優秀業務員需具備的基本素質。只有在實現長遠利益的基礎上做出讓步，才有可能取得銷售工作的最終成功。特別是對客戶採取價格讓步時，業務員更要結合長遠利益，考慮讓步的幅度和尺度是否有利於長遠利益。如果業務員只顧眼前的利益，就有可能失去更多寶貴的合作機會。

因此，在對客戶做出讓步之前，業務員一定要考慮到全局，如果讓步影響了長遠利益，業務員就要採取其他的途徑加以解決，若讓步可行的話，再採取適當讓步。

4. 瞭解客戶的底限

在銷售過程中，業務員應盡可能收集客戶的資訊，以瞭解客戶的底限，儘量在客戶可以接受的範圍內進行談判。如果業務員一旦突破了客戶的銷售底限，就很可能造成銷售上的失敗。

此外，對業務員來說，也要儘量遠離利益底限。如果客戶提出的要求已突破了你的利益底限，就不應再做讓步。畢竟，保住利益底限比獲得訂單更為重要！

Lesson 55 如何打破議價僵局

　　銷售過程中，如果業務員在價格問題上處理得不好，或是客戶出的價錢與業務員的報價相差過於懸殊，就有可能使議價談判出現僵局。一旦出現僵局，銷售工作就可能無法繼續，很多時候都是以失敗收場。

　　因此，如果在銷售過程中出現了有關價格的談判僵局，業務員就要想辦法打破，並儘量營造輕鬆的銷售氛圍，只有這樣，銷售工作才能順利進行。

　　小沈是一家建材公司的業務員，這天，他拜訪了一位房地產公司的趙經理，經過小沈的介紹，客戶趙經理表示出對產品滿意，但在產品價格的問題上，趙經理卻提出了不同意見：

　　「你們的產品還可以，不過對於那批廚衛用品，我還是覺得貴了點。如果價格能再降一些的話，我會考慮多訂購一些。」

　　業務員：「因為您從我們這裡訂購的廚衛產品是成套的，所以在當初計算價格的時候，我們已經給您七折的優惠，應該說我們的優惠程度已經很大了。我想，對我們公司所銷售的廚衛產品，您也是有所瞭解的，品質優良，造型美觀，是我們的產品受歡迎的主要原因。對此，我們的報價算是很低的了。」

　　「但是從訂貨量上，我們還是有優勢的。即便是價格效能比較高，這樣大量的訂購還是可以再享受些優惠的吧？」趙經理雖然對產品品質

很肯定，但仍咬著價格問題不放，使得氣氛變得緊張起來。

　　但是小沈的一句話，卻讓趙經理不得不簽合約，他說：「品質與價格成正比，無論什麼事物，價格性能比高總會更受歡迎。比如像您這樣的客戶，我想您的內涵和智慧遠遠不止您現在的身價，您說是嗎？」

　　業務員採用什麼樣的銷售態度、將自己與客戶帶入一個怎樣的銷售氛圍，是取得銷售成功與否的關鍵，這些無不需要業務員自己去創造。當談判進入僵局時，如果業務員使用諸如「我們的價格沒法再低了」、「不買就算了」等過於生硬的回答，往往會使談判迅速引入終結。業務員不懂得審時度勢、打破僵局，為了保住價格而失去應有的基本素質，讓洽談走進死胡同。所以，銷售一旦陷入僵局，業務員就要善於調節銷售氛圍，盡可能地在短時間內扭轉局面，以利銷售工作的順利進行。

　　在任何一場銷售談判中，出現談判僵局都會給業務員造成一定的壓力。面對這種壓力，每一名業務員都應學會審時度勢，以自己的熱情與智慧快速打破僵局，盡快扭轉局面，如此，才有機會取得訂單。

　　那麼，在具體銷售過程中，如果遭遇到了議價，業務員應以哪些方法來處理呢？

1. 始終尊重客戶

　　始終保持對客戶的禮貌和尊敬，是作為一名業務員的基本素質，無論發生什麼事，良好的態度都是最有效的緩衝劑。俗話說：「良言一句三冬暖，惡語傷人六月寒」溫暖的話語總比那些尖刻的語言更受人歡迎，因為沒有人會拒絕微笑和良言。

　　所以，當價格談判出現僵局，你應始終保持良好的態度，將業務員

最好的專業素質呈現給客戶。只要你能如往常地保持禮貌，相信再僵持的局面也會被化解。

2. 製造輕鬆的談判氛圍

除了微笑和禮貌，打破談判僵局最好的方法就是製造幽默話題。業務員製造幽默話題並非單純地講笑話，而是要以解決實質性問題為目的。著名音樂家錢仁康曾這樣解釋：「幽默是一切智慧的光芒，照耀在古今哲人的靈性中間。凡有幽默的素養者，都是聰敏穎悟的。他們會以幽默手腕解決一切難題，把每一種事態安排得從容不迫，恰到好處。」那些優秀的業務員大多是在製造幽默中解決問題的，無論是談論客戶感興趣的話題、有意思的新聞，還是一則有趣的故事，他們總能將其聯繫到銷售工作的本質問題中，善於在幽默的語言中表達自己的觀點，委婉地說服客戶，在打破談判僵局的同時，也一併推進了談判的進展。

3. 具體問題具體解決

當談判出現僵局後，最終銷售能否取得成功，將完全取決於業務員的做法。對於那些有關價格的具體問題，業務員可以耐心地與客戶討論，一起考量成敗與否的雙方得失，若有必要，業務員也可做一定的讓步。

4. 暫時停止談判

如果談判僵局過於嚴重，業務員可以暫時打斷溝通，例如談論一些別的話題，將談話內容暫時帶出有關價格的談判當中，給彼此一個緩解

的機會。待雙方理清思路、頭腦冷靜下來之後，再重新恢復對談。如果談判局面稍有緩和，業務員可先與客戶討論較容易達成一致的問題。

5. 更換業務員

有些時候，銷售工作的展開需要幾個業務員協同合作，因此，價格談判僵局的產生也就可能來自其中的某位或某些業務員，而這些人有時卻往往對此渾然不知。如果談判局面一再僵持，那麼，談判人員中那些稍有經驗的業務員就要考慮，應該讓那些引起談判僵局的人員暫時離開，以避免談判進程進一步僵化。

課後自我評量

□面對客戶的殺價，透過溝通讓客戶明白產品的價格和品質相比之下，其實並不貴。

□能為客戶算出價格效能比，以消除客戶的錯誤理解。

□明白不論價格多優惠，還是有客戶會嫌貴。

□藉由讓客戶實際體驗，真實感受到產品的優異性，消除客戶嫌貴的心理。

□能在產品介紹進入成熟期時才報價。

□報價前先釐清客戶身分之後再報價，不求快。

□確實掌握「最佳時機」對客戶報價。

□第一次報價不可報得過低，而令自己沒有議價空間。

□報價前先分析客戶再提價格，並適時讓客戶享受優惠。

□買賣是在雙方互利的基礎下成立的，要適時地讓客戶出價。

□隨時觀察客戶的購買心理，來決定讓客戶出價的時機和方式。

□適時採用「以退為進」的方法，以取得客戶的點頭成交。

□讓步時要正確把握尺度，不讓步過早，也不能幅度過大。

□在每一次讓步時都考慮到是否值得，能否從銷售中得到回報。

□進入議價僵局時，要以智慧調節氣氛，快速扭轉局面。

□談判進入僵局時，仍要態度良好地始終保持禮貌和尊重。

＊已確實做到的請打「∨」，沒做到的請隨時提醒自己加強改善。

Chapter

8

學分八
難纏客戶應對有方

在銷售的過程中，業務員會遇到各形各色的客戶。
儘管有些客戶有購買需求，但卻不容易打交道，
他們總是會設置一些障礙，使銷售變得不順暢。
對於這些難纏的客戶，銷售需要應對有方，
既不要傷和氣，又能達到成交的目的。

Lesson 56 巧妙面對總是猶豫不決的客戶

購買產品時，客戶的猶豫不決是常有的事。對產品有疑慮、不放心，是阻礙成交的一個重要原因。對於那些猶豫不決的客戶，業務員如果不能正確地處理和解決，不僅白白浪費了口舌，而且還可能因此流失客戶。

客戶之所以猶豫不決，通常是因為產品滿足了他的部分需求，或是客戶對產品比較認可，但對某個個別之處還是有些不滿意，所以才會拿不定主意、左右權衡。這樣的情況下，業務員看似處於被動狀態，但其實這是絕佳的銷售機會，因為客戶對你的產品已經有了認可，你只需對其有效引導，便可成功促成交易。

Case Study

一位女士走進一家服飾店，拿著一件上衣左看右看。店中銷售人員小梅見狀便迎了過去……

小梅：「這款上衣看起來和您很配，無論是顏色還是款式，都非常適合您。」

女士：「真的嗎？我也覺得這個挺適合我的，不過……。」

小梅：「真的非常適合您，您就用不再考慮了。」

How to Make A Deal by Perfect Eloquence

女士：「可是這件上衣顏色太淺，很容易髒。」
小梅：「淺色的衣服夏天看起來清爽。」
女士：「我還是再考慮一下吧。」
小梅：「那好吧。」（開始整衣服）

分析

　　面對猶豫不決的客戶，有一些業務人員在不知不覺中就放棄了銷售機會，不積極尋找客戶猶豫的真正原因，更不知如何引導客戶，加強其購買信心呢？業務員只一味地強調產品的優點，企圖打動正處在猶豫不決中的客戶，這樣的溝通方式，其成功幾率很低。並未實質解決客戶內心存在的疑問，即便做出再多的努力也將無濟於事。對於以上的情況，業務員可以採取以下方式應對：

正確做法

小梅：「其實，這件衣服真的非常適合您！而且我也看得出來您特別喜歡這件衣服。不知道您還有什麼疑慮，可否說出來讓我替您分析一下？」

女士：「這件上衣顏色太淺，比較容易髒。」

小梅：「您會這樣想是可以理解的，不過，淺顏色的夏裝看起來很清爽，而且會把人襯托得非常有活力。我看您對這件衣服挺中意的，能在第一眼就看上一件衣服也不容易呀。」

女士：「嗯，款式、質料我還算滿意，就是我不太喜歡淺色的衣服。」

小梅：「嗯，其實夏天的衣服通常是每天洗，所以，顏色淺也不用擔心容易髒。還有呀，淺色衣服穿起來給人感覺特別明亮、有光采。您可以先試穿一下，看看效果如何。」

女士：「那好，我先試一下吧。」

　客戶試穿衣服時，小梅又說：

　「您看，這件衣服是不是更能提升您的氣質，而且我們這款上衣進貨量少，專門留給像您這樣符合這款衣服氣質的女士的。很少有撞衫的可能。」

女士：「這樣呀，那就買這件吧。」

　　當客戶對產品表示出猶豫不決時，業務員需要做的不是一味地強調產品對客戶的適用度，而是要抓住客戶的疑慮點，幫助他化解這層疑慮。如果客戶的疑慮較難消除，業務員可採取截長補短的方法，向客戶展示有利於他的部分，以弱化客戶的疑慮點，達成銷售目的。

　　在面對猶豫不決的客戶時，業務員必須確實找到客戶的疑慮所在，不要為了急於促成交易而一味鼓動客戶購買，而是要運用一定的技巧，讓客戶在不知不覺中消除疑慮，拉高其購買欲望，如此一來，成交的機會就會大大增加。

　　那麼，當客戶表現出猶豫不決時，業務員應運用哪些技巧來化解他們的疑慮呢？

1. 找出客戶猶豫不決的原因

　　如果客戶在產品前猶豫不決，眼神裡流露出留戀之情，那麼客戶必然有了想要購買的傾向，但內心還是有些許疑慮。而客戶猶豫不決的原因，才是業務員第一時間應該積極去瞭解和解決的。

因此，業務員要儘量在溝通中引導客戶說出其猶豫的原因。而在引導的過程中，業務員要做到尊重客戶，以委婉的方式向客戶提問。例如客戶說：「我再想一想。我覺得還是……」此時，業務員可以客氣地問：「能否說出您的疑慮，看看有什麼我能幫您解決的嗎？」這樣，客戶礙於面子，多少也會透露一些他猶豫的理由。只有業務員在確實接收到客戶的真實心理需求，才能採取下一步的行動。

2. 儘量挽留客戶

當找到客戶疑慮的原因之後，業務員就要馬上針對原因進行分析，並快速找到解決的對策。猶豫不決的客戶很可能因為未得到滿意的答案而轉身離去，因此，業務員首先要留住客戶，一旦客戶離開，那麼或許也代表客戶已對產品投下了更多的否定。

只要客戶還在，就有成功的機會。銷售人員可從客戶關心的方面出發，吸引客戶的注意，增加其停留的時間，以增加成交的機會。

3. 激起客戶的購買熱情

那些能夠引起客戶購買熱情的產品，總能成為其購買時的首選。除了有些客戶對某件產品一見鍾情外，不少商品能成功賣出都是在業務員對客戶正確引導的過程中實現的。無論如何，只要能激起客戶的購買熱情和欲望，那麼，促成交易的成功也就比較容易了。所以，業務員要善於調動客戶的購買欲望，在儘量消除其內心疑慮的同時，做到「以大壓小」，以產品多數的有利面來彌補客戶認為的不利面，增加客戶對產品的滿意度，提升其購買欲望。

在具體銷售過程中，業務員可利用以下辦法來增加客戶的購買欲望：

✧ 給壓力──壓力並非負擔。業務員要善於把握「壓力」的含義，給予客戶適當地緊迫感。例如，可告知客戶優惠活動馬上要結束了，或這是限量產品等等。

✧ 給誘惑──告訴客戶購買產品後能獲得什麼樣的好處，將購買前後的情況向客戶做一個對比，使其在權衡利弊之後做出購買產品的意向。通常，客戶也都想獲得更大的實惠。因此，銷售成功的可能也就大大增加了。

✧ 為客戶製造優越感──客戶在自身優越感得到一定的滿足時，往往更容易接受業務員的請求。如業務員可以透過聯繫產品本身對客戶進行適當地讚美，讓客戶產生一定的優越感。如此一來，客戶得到了別人的肯定，好心情也會成為他購買產品的原因。但需要注意的是，讚美要適度。

4. 增加客戶對產品的印象

有些時候，客戶可能已下定決心不購買產品，此時的業務員就要變化與客戶之間的溝通方式。對於客戶想要「貨比三家」的想法，業務員要給予一定的理解，並有所表示。但在客戶離開之前，業務員還需做一件重要的事，即增加客戶對產品的印象。向客戶明確地介紹所銷售產品的性能和特點，更有利於加深客戶對產品的印象。

但是在這個過程中，業務員一定要特別注意客戶的反應，無論是舉止、表情，只要客戶表現出不耐煩，就應馬上停止。因為，沉默才是業務員維護產品形象的最好方式。

Lesson 57 利用反對意見向前邁進

銷售工作中，業務員通常會遇到一些習慣提反對意見的客戶：對業務員所推薦的產品幾乎處處挑剔，甚至表現出指責或不屑的態度。面對客戶的反對意見，一些業務員常感束手無策，認為，既然客戶都提出反對意見了，那還有什麼好說的呢？

其實，對業務員來說，遇到這種情況很普遍，也很正常。不僅如此，這類客戶往往還會帶給業務員更多的銷售機會。因為客戶在提出反對意見時，正表示其已將注意力轉移到產品上，對產品產生了一定的興趣。因此，銷售中有客戶提出了反對意見，對業務員來說，正是一個好機會。

那麼，想正確處理客戶提出的反對意見，需注意哪幾點呢？

1. 不要被客戶的反對意見嚇到

在客戶提出反對意見時，業務員一定要表現出十足的信心，不要被客戶的反對意見嚇到，更不能被客戶所左右。具體來講，業務員需從以下幾方面來做：

✧ **耐心傾聽**──雖然客戶提出的是反對意見，但你仍然要耐心且仔細地傾聽，在此期間，你往往能獲得有利的資訊，比如客戶的內在需求、客戶提出反對意見的原因等等。

◇ 對客戶表示理解——基於禮貌，你應對客戶表示理解，才能令客戶對你留下一個好印象。

◇ 向客戶傳達值得信賴和具有良好信譽的資訊——在維持溝通局面的同時，你還要盡可能地主導整個洽談，向客戶傳達產品的有效資訊以加深客戶對產品的理解，比如產品的品質認證，獲獎情況等等。

2. 把反對意見轉換成一個或數個問題

業務員平鋪直述地解釋客戶提出的反對意見，往往會給客戶一種「辯解」的印象，致使銷售工作很快就進入一個對立的局面，這對業務員是非常不利的。但若業務員能將客戶的反對意見以「反問」的形式回覆客戶，就如同向其提出一個附有答案的問題，客戶便會等待業務員說出答案。這樣一來，就能讓業務員反駁客戶反對意見的行為成為一種「解答」，而並非客戶厭煩的「辯解」。

如果客戶確定地回答你「的確如此」，那麼，你就可以「回答」的方式說出你的見解，如果客戶回答你「不，而是……」，那麼，你還可能得到更多的資訊。例如以下的對話：

客戶：「你們公司的產品價格太高，比同類型產品貴好幾百元呢，而且用起來也沒特別好呀！」

業務員：「這樣啊，您覺得我們的產品有點貴，是嗎？」

客戶：「是呀，太貴了。」

業務員：「小姐，其實我們這款產品……」

3. 讓客戶瞭解產品的優勢

在客戶提出反對意見時，常會以另一種方式來表達，即是與你的競爭對手比較。當一些業務員遇到這樣的客戶時，會悲觀地認為：客戶更加傾向競爭對手的產品。其實，有時這只是客戶購買產品時使用的一種手段，比如希望以此壓低產品價格，以獲得更多的售後服務等等。另外，即便客戶真的有反對意見，那是證明我們的產品還對其有著很大的吸引力，有著一定的優勢。以上述的場景為例。

客戶：「是呀，太貴了。」

業務員：「小姐，其實我們這款產品的護膚效果非常好，這其中添加了純天然植物的美白成分，改善肌膚絕對是由內而外的，所以效果會慢一些，但卻更安全，我想您一定希望自己的肌膚得到安全又有效地改善，對嗎？」

因此，當客戶以他的優勢來表達自己的反對意見時，你就要根據自己所掌握的產品知識和同行業的相關資訊，以瞭解客戶的心理需求和對產品資訊的掌握程度，在此基礎上，向客戶說明你的產品優勢，引導客戶改變關注點。特別是對於那些競爭對手所無獨特的優勢，業務員就更需重點說明。也讓客戶認識你所售產品的獨特優勢，不僅有利於化解客戶的反對意見，還能進一步地吸引客戶，促成交易。想要讓客戶瞭解產品的優勢，業務員必須做到以下幾個方面：

- ✧ **瞭解競爭對手的產品，並且客觀評價**——客戶提到的競爭對手的產品，你要給予客觀的評價，切不可為了突出自己的產品而詆毀他人。

- ✧ **提供新的證據**——既然反對意見已得到了降溫，我們便可提出

反駁。根據反對意見的類別，整理出最具體的、符合邏輯和確切的答覆，並將它牢牢記在腦中，一遍遍地使用，直到它聽起來讓你感到自然為止。

4. 消除客戶的誤解

客戶提出反對意見的原因，有可能是本身對產品體驗感受的結果，也有可能是道聽塗說。所以，在客戶提出反對意見時，業務員首先要觀察、詢問並理性分析客戶的語言，找到問題的來源。根據具體情況，採取適當的解決辦法：

✧ **客戶提出的反對意見是聽來的**——此時的你可以拿出事實來佐證，比如向客戶展示產品的品質認證、客戶回饋等，以引導客戶對產品有正確的認識。

✧ **客戶的反對意見是親身體驗得到的**——此時的你最好不要反駁客戶，因為客戶的親身感受比你所說的任何話更有說服性，所以你要認真詢問客戶原因，並理性慎重地回答客戶，千萬別在問題上和客戶辯駁。

5. 別花太多時間在小問題

購買產品時，一些挑剔的客戶常會在某些小問題上糾纏不清，比如產品包裝不夠時尚、售後服務不完善等等。在對客戶連續提出的反對意見進行了反覆保證後，面對客戶仍不罷休的態度，一些業務員難免會感到不知所措。其實很多時候，客戶所提出的不少問題都是比較容易解決的，甚至有些反對意見是很少出現的。

　　因此，業務員大可不必為此困擾，不要過度陷進客戶提出的瑣碎問題中。走出客戶瑣碎問題的糾纏，並想辦法控制客戶對問題的擴大，才是業務員最應該做的。只要引導客戶將關注點放在有關成交的實質性問題上，弱化其對瑣碎問題的注意，那麼就能更快地實現成交。

　　總之，在面對提出反對意見的客戶時，業務員可不要氣餒，更不要被客戶盛氣凌人、咄咄逼人的態度嚇倒。只要能認真分析客戶的反對意見，並利用正確的解決方法向前邁進，就能讓客戶說出：「我要買。」

Lesson 58 「固執型」客戶如何應對

在業務員接觸到的客戶之中，有這樣一類客戶：愛鑽牛角尖，認死理，往往對一句話或一件小事抓住不放，不易被業務員說服，這種就是「固執型客戶」。不管你怎麼解釋，他們總是保持自己的原有觀點。如以下的情景：

✧ 「這件保暖內衣真的有你說的那麼保暖？我不信，冬天就穿這一件保暖內衣，不用穿羊毛衫？打死我都不信。」

✧ 「敏感性的皮膚用這種所謂的『防過敏的化妝品』都不會有問題嗎？不可能吧？我不相信有那麼神奇？」

✧ 「微波爐一點輻射都沒有？這絕對不可能……」

對於這樣的客戶，不少業務員都會感到頭疼。儘管如此，超級業務員還是能輕鬆應對，讓「固執型」的客戶最終成為買家。固執的人很少能聽進別人的解釋與勸告，如何能說服這樣的客戶，使其改變原有的想法，是業務員最需要解決的問題。

面對固執型的客戶，必須保持足夠的耐心，並要善於分析和觀察客戶，尋找到客戶固執的本質原因，並想辦法說服客戶。一旦消除了客戶的固執點，那麼，銷售就已成功一半了。

在具體銷售過程中，如何才能說服客戶，使客戶最終成為購買者，需要業務員做到以下幾點：

1. 尋找客戶固執的原因

不管客戶是因為天性固執，還是針對某些問題存有偏見，在購買產品時，其固執的內容總是與產品有關。因此，業務員首先要耐心傾聽客戶的語言，找到客戶對產品存在固執態度的真正原因，並抓住其中的重點問題加以解決。

當真正發現客戶固執的原因之後，銷售就等於又向成功走近了一步了。因為不論任何問題，只要找到原因，就有解決的機會。對於多數Top業務員來說，說服客戶都是自己的強項。

2. 用事實與客戶對話

有時，當業務員在對固執的客戶進行一番解說後，仍然不見任何成效，難免會有一些業務員會選擇放棄。其實，想要說服過於固執的客戶，還是有方法的。

對於那些始終堅持自我觀點的客戶來說，業務員只是簡單地站在個人立場上來加以說服，不是件容易的事，但若能採取「用事實說話」的方式，則再合適不過了。特別是借用一些權威人士的觀點，或將既定事實擺在客戶面前，使其從客觀上充分地認識問題，那麼，客戶固執己見的觀點很可能就會動搖。

3. 給予客戶一定的肯定

固執己見的客戶所持有的觀點也許並不完全正確，甚至不少還帶有強烈的主觀色彩，相對於事實來說，可能沒有任何價值；儘管如此，業務員還是要善於從客戶的觀點中尋求正確的方向，適時地給予客戶肯

定，這樣任何一名客戶都會願意接受的。

　　在給予客戶肯定時，業務員只要發現客戶觀點正確，就要及時地給予肯定，即便是再微小的肯定，都能有效促進與客戶之間的良好關係。善於以溝通處理好自己與客戶之間的關係，便能增加成交的機率。這就需要業務員具有良好的分析和觀察能力，並且始終保持良好的態度，隨時對客戶做到尊重。

Lesson 59 「多話型」客戶如何應對

在銷售過程中，業務員可能會接觸到話比較多的客戶，這些人習慣以語言表現心理變化，哪怕是那些一閃而過的想法，也常成為他們聊天的主題，這也就是我們平時所說的「長舌」。

「長舌」的人，情緒比較焦慮，在心理學上叫做「躁動」。面對這樣的客戶，常有一些業務員感到力不從心，無論是維護談話氣氛還是買賣雙方的關係，都缺乏一定的耐心。甚至於業務員會發現，雖然在這樣的客戶身上耽誤了很多時間，但最後還是沒能達成交易，也讓自己損失了一些開發新客戶的機會。

在具體銷售過程中，要想讓「話多」的客戶成為最終的買家，業務員應如何應對呢？

1. 掌握談話主動權

「長舌型」客戶常使銷售進入一個「以他為主要角色」的局面，所以，業務員需特別掌握與其交流的方向，勿使談話內容一直在無關緊要的話題上打轉。此外，業務員要在談話中儘量抓到主動權，排除一些沒有必要的干擾因素，以確保銷售過程能順利進行。

2.別太在乎客戶的語言

「長舌」的人不論何時都容易成為談話中的焦點，然而大多數時候，這些人的話語卻又往往過於複雜，甚至重複，因此，一長串滔滔不絕的話語中也很難有幾句有價值的語言。但是在面對「長舌」的客戶時，一些業務員表現得應接不暇，很難做到句句回應客戶，而認為是自己忽略了客戶。

其實對於「長舌」的客戶，業務員大可不必句句回應。若回應過多，不僅容易偏離主題，而且也容易造成時間和精力上的浪費。因此，對於「長舌」的客戶所說的無關緊要的語言，業務員完全可以在交談中將其「過濾」掉，以免影響自己正常的銷售工作。

3.善於傾聽價值語言

善說的人常會向他人傳遞更多的資訊，即便一個人說的話再多，也能歸結成幾個簡單的主題，往往其中便有一些比較有價值的資訊。例如在購買服裝時，「長舌」的人可能會提到一些流行色彩、流行元素、搭配方法等等；而在購買家具時，這些人也會在有意無意間提到一些有關居家擺設的資訊。不論是購買什麼，「長舌」的人或多或少能提供給業務員一些有用的資訊，而這些資訊往往能幫助業務員獲得更多的銷售機會。

因此，在與「長舌」客戶的對話中，業務員需要及時提取對方的談話資訊，並找出其中對自己銷售有價值的部分，做到善於傾聽，善於思考。這樣一來，業務員不僅豐富了自己的知識，也能與客戶取得進一步地交流，進而增加成交的機會。

4. 利用客戶的語言製造銷售機會

無論購買什麼，「長舌」的客戶總會提出更多的問題。有些業務員認為客戶話越多，自己越不容易在談話中掌握主動權。其實正好相反，客戶的話越多，業務員獲得主動權的機會反而越大。因為在與客戶洽談的過程中，業務員有許多可以利用的機會，只要善於抓住那些有利於自己的機會，就更容易掌握主動權，也更容易促成交易。

當客戶談論產品外觀時，業務員可以借此介紹產品的做工、質地等方面的優點，讓客戶意識到產品確實物有所值；而當客戶談論到產品價格時，業務員又可以借此向客戶介紹產品的超值之處。無論如何，業務員只要抓住客戶語言中那些對促成交易有關的話題，並適度地對客戶加以引導，那麼，想要讓客戶決定購買，也就變得更加容易了！

Lesson 60 「話少型」客戶如何應對

　　銷售過程中，業務員有時會遇到一些性格較內斂，不善於言談的客戶，不論對產品感覺是好是壞，這些客戶都習慣保留自己的想法。雖然對於業務員來說，接待「話少型」的客戶更容易把握住談話的主動權，但是不少業務員卻很難從這類客戶那裡得到足夠的資訊，因此也較難掌握住他們的心理。

　　想要讓話少的客戶開口，並且說出自己的需求，業務員不僅需要掌握專業知識，還需具備良好的溝通技巧。只有從話少的客戶那裡得到足夠的有效資訊，才能說動他買下你的產品。

Case Study

　　一個看上去大約十二歲的男孩走進一家工藝品商店，他在一個漂亮的音樂盒面前停了下來，看了又看：
售貨員：「歡迎光臨，你想買點什麼啊？」
男孩：「……」
售貨員：「喜歡這個音樂盒嗎？」
男孩：「嗯，喜歡。」
售貨員：「喜歡就買回去吧。」
男孩：「……」（走到另一個工藝品前駐足）
售貨員：「你想選哪一個？」

男孩：「……」（在工藝品店裡走了一圈）

售貨員：「喜歡哪一件啊？我們這裡有提供免費包裝。」

男孩：「這個音樂盒可以打開看嗎？」

售貨員：「當然可以，裡面是一朵康乃馨，而且有好幾首動聽的音樂。外殼是金屬鍍金的，裡面是紅絲絨的，放在客廳裡很漂亮。」

男孩：「……」（男孩停留了一會兒就離開了工藝品店）

售貨員：「歡迎下次光臨。」

分析

　　因為不善於觀察，一些業務人員常無意間忽略了話少型客戶，特別是在客戶比較多的時候，業務人員易將這類客戶當作毫無購買意向的過客。其實在很多時候，這類客戶中有不少真正想購買產品的人。如果業務人員不懂得觀察這些人的購買動向，就很容易讓這些客戶白白流失掉。針對以上情景，業務人員可以這樣來做：

正 確 做 法

售貨員：「喜歡就買回去吧。」

男孩：「……」（走到另一個工藝品前駐足）

售貨員：「這個也很漂亮。你想選一個禮物對嗎？」

男孩：「嗯……」

售貨員：「想送給誰呢？」

男孩：「想送給媽媽。」

售貨員：「是嗎？這麼小年紀就這麼有孝心，真是個好孩子啊！你剛才看的那個音樂盒就很適合啊！你看，它打開之後是一朵美麗的康乃馨。如果你送給媽媽她一定非常喜歡，而且我還可以免費送你一個漂亮的包裝盒，你看好嗎？」

> 男孩：「真的適合嗎？」
> 售貨員：「那你看……你還有更加喜歡哪一樣嗎？沒關係，你選擇任
> 　　　　何一個都可以免費給你做漂亮的包裝。」
> 男孩：「我還是喜歡那個水晶和平鴿。」
> 售貨員：「那個也很漂亮，那麼我們就把那隻小鴿子包裝起來好嗎？」
> 男孩：「嗯。」

專家提點

　　作為一名業務員，首先要具備良好的觀察能力和思考能力，要能結合客戶的言談舉止，為客戶做出大致定位，特別是對於話少型的客戶，業務員更要細心觀察其穿著、行為、目光等判斷他們大致的購買意向。只要能發覺客戶的關注點，並順著這個點展開話題，就能製造銷售機會，讓客戶買下你的產品。

　　與話少型的客戶交流時，業務員常無法很快地獲得足夠的回饋資訊，而這也成為阻礙銷售成功的一道障礙。只要業務員能盡可能從客戶那裡獲得相關資訊，就更容易掌握客戶的心理需求，製造更多銷售機會，進而取得好業績。

　　那麼，想要從話少型客戶那裡獲得足夠的資訊，業務人員應如何做呢？

1. 善於察言觀色

　　不善言談的人更善於以動作、表情、眼神等表現自己的心理變化，往往在那些惜字如金的話語中，包含著一些足以代表其心理意識的重要資訊。因此，話少的人有著更為豐富的語言形式，其所表達的核心語言

的數量，其實並不遜色於那些善於言談的人。

　　透過對客戶肢體語言的觀察，我們才能獲得更多與客戶購買意向相關的資訊。因此，面對那些不善言談的客戶，業務員首先要擁有足夠的細心、耐心，要能從過客戶的舉止、言談、眼神等揣摩客戶的心理，洞察他們的購物意向。不論是眼神的留戀，還是腳步的逗留，作為一名業務員都要善於捕捉和利用，因為這些都是話少型客戶有效的語言表達方式。

　　對於不多話的客戶，唯有透過觀察，你才更容易發掘其關注點；只有從其關注點出發，你才有可能與客戶進行下一步的溝通。所以，如果你善於察言觀色，也就更容易掌握話少型客戶的心理。

2. 幫客戶打開「話匣子」

　　天性不善言談的人，在面對不熟的人時往往很難打開「話匣子」，即使在購買產品時也不例外。雖然業務員可透過客戶的舉止、眼神、表情等方面獲取他們是否購買產品的相關資訊，但是往往不夠客觀，甚至有時還可能出現判斷錯誤的尷尬。所以，作為業務員不僅要善於觀察，還要幫客戶打開「話匣子」。

　　想要打開話少型客戶的話匣子，就需要業務員具備良好的溝通能力，而這種溝通的能力不僅僅是語言上的善談，更重要的是能準確地切入客戶的話語當中，以引導客戶購買產品。一般來說，業務員想要切入寡言者的言談中，就要從其關注點著手，並以此為主題展開話題，進而激發客戶的主動性。一旦增加了與客戶的語言交流，你就能從他們身上發現更多可以讓你運用在促成交易的有效資訊，如此一來，要讓客戶說

出：「我要買」就不難了。

3. 努力營造適合客戶的談話氛圍

俗話說：「人以類聚，物以群分。」不善言談的人，還是習慣和一些與他性格相似的人聊天。因此，作為業務員，並不是話越多越好，對於不善言談的客戶，應適當地配合他們的談話方式，不要用業務員慣有的善談破壞客戶的談話氛圍。比如，客戶在選購產品時，業務員最好不要滔滔不絕地做介紹，而是要結合觀察客戶的肢體語言和簡單的話語，有針對性地為其介紹產品。

用適合客戶的談話方式與對方交談，客戶往往更願意表達出自己的內心需求和想法，而業務員也就更容易找到客戶的關注方向及其關注點，而銷售成功的機會也就會大大增加。

_{Lesson}61 「冷漠型」客戶如何應對

　　在銷售過程中，業務員難免會遇到一些冷漠的客戶。這類客戶不是對業務員視而不見，就是對業務員的熱情問候保持沉默。很多業務員認為，想要在這類冷漠型的客戶身上找到銷售機會實屬不易，紛紛選擇了放棄。

　　曾被譽為「全美最出色的推銷員」的喬‧吉拉德（Joe Girard）曾與一名客戶保持了三年多的聯繫之後才獲得訂單，而這位最初對喬‧吉拉德異常冷漠的客戶最後竟然為他帶來了三十多位客戶。

　　客戶的冷漠並不代表銷售的終結，因為它有可能代表著銷售的開始和多樣化。只要業務員能激發客戶的談話熱情，就能進一步創造銷售機會，並獲得銷售成功。

　　周先生是一家運動器材公司的業務員，一天，他被連續三次拒絕之後，終於以電話拜訪到這位客戶——某運動健身連鎖店的章經理。周先生準備將公司最新推出的運動器材推薦給章經理。在一番寒暄之後，周先生開始介紹公司的產品。

　　周先生：「我們公司新推出的這種運動器材採用了最先進的技術，材質結實耐用，對人體不會造成任何傷害，而且有紅、黑、黃、灰幾種顏色，可以為不同的人所適用。」

章經理：「哦，是嗎？」

周先生：「這款運動器材集合了數種器材的運動功能，不僅可以鍛鍊臂力，還可慢跑，仰臥起坐，還有十分準確的儀錶檢測系統……」

章經理：「哦，是嗎……」

周先生：「對您來說，再適合不過了。無論是放在家裡，還是辦公室裡，隨時都可鍛鍊自我，對您是非常有好處的。」

章經理：「不過我現在比較忙，以後再聯繫吧。」

客戶保持一貫的冷漠，很可能是因為業務員所說的話並未觸及到他們真正的關注點。既然內心的關注點沒有被觸發，客戶也就很難擁有談話的熱情。因此，客戶對業務員的滔滔不絕保持冷漠就是正常的現象了。特別是那些業務員主動去拜訪的客戶，冷漠的態度就更為常見。可以說，業務員不善於瞭解客戶的需求，有不善於把握客戶的心理，說再多的話也是徒勞。

那麼，在實際銷售過程中，想要激發冷漠型客戶的談話熱情，業務員就需要做好以下幾點：

1. 瞭解客戶的關注點

在與冷漠型客戶溝通時，業務員往往很難從這些客戶那裡獲得必要的資訊。不能掌握客戶足夠的訊息量，業務員就無從觸及客戶的心理，引導其進入溝通對話中，更無法對其展開銷售。因此，在與客戶進行談話之前，業務員首先要對客戶做一定的瞭解，特別是那些客戶比較關注、比較在意的方面，更要多下工夫去瞭解。因為一旦論及到內心關注的事情，任何一個人都會表現出更多的熱情。

　　需要注意的是，不管客戶的關注點涉及哪些方面，業務員都要儘量找到與自己銷售工作有關的。例如保險業務員瞭解客戶的家庭情況，就能夠透過其家庭成員的具體情況中找到客戶可能在意或關心的點在哪裡，那麼，保險的銷售也就更加瞭若指掌了。因此，只要能抓住那些與銷售有關的客戶關注點，業務員就找到了展開下一步的方向。

2. 聊出客戶的熱情

　　卡耐基（Dale Carnegie）說：「打動人心的最佳方式，是與其談論他最珍貴的事物。」一個人想要打動別人，就要努力將自己融入對方最關注的事情裡。在與冷漠型客戶溝通時，業務員需要做的不是一味地介紹產品，而是要從客戶的關注點下手，針對客戶感興趣的話題一步步進攻，以激起客戶的談話熱情。可以說，想要讓冷漠型的客戶對產品感興趣，業務員在與其溝通時，首先需要做的就是將談話焦點切入他們感興趣的話題當中。這就需要業務員具備良好的溝通能力，只有儘量做到說到客戶心坎裡，才有可能進一步與其展開對話。

　　此外，業務員提及的客戶關注點必須與自己所販售的產品有關聯性。畢竟將客戶從興趣上引入到實際的銷售工作中來，才是業務員最終要達到的目的。

3. 保持始終誠懇的態度

　　松下幸之助曾說：「勤勞工作、誠懇待人是邁向成功的唯一途徑。這與未嚐過辛苦，而獲得成功的滋味迥然不同。不下功夫，卻能成功，根本是不可能的事情。」誠懇待人是一個人走向成功的必要途徑，同時

也是業務員獲取銷售成功的法寶。無論遇到的客戶多麼冷漠，保持始終如一的誠懇態度，是每一位業務員都應該自許的。

在與冷漠型客戶交談時，業務員始終要保持目光的真誠，不管客戶是否真正地去注意。當你從始終如一地與之真誠交談後，一定能在客戶的心裡留下好的印象，不論談話是否取得實質性的改變，對你以後的銷售工作都會有所幫助。

總之，當在銷售中遇到那些一言不發、甚至沒有任何表情的冷漠型客戶時，就要特別注重與客戶的溝通，想辦法透過提問或以拉近心理關係的方式，將客戶引導到溝通活動中，做到充分瞭解客戶。一旦客戶的談話熱情被激發，願意參與談話內容，那麼，業務員要展開銷售工作就容易多了。

Lesson 62 如何應對「事事皆通型」的客戶

在銷售過程中，業務員常常會遇到這樣一些客戶：他們對所要購買的產品有著相對較多的瞭解，甚至對與產品相關的資訊瞭如指掌，如同專家一般。在購買產品的過程中，這樣的客戶往往有著更為清晰的思路，而所提出的問題也很犀利，以至於業務員常被問到無法招架。

如果要與事事皆通型的客戶達成交易，業務員一定要具備更高的素質和專業知識，才能有效應對客戶的提問和意見。

那麼，在面對萬事通型的客戶時，我們應該怎麼做呢？

1. 熟知與所售產品的相關知識

客戶在購買產品之前，總希望能獲得更多與產品有關的知識，因此，業務員要瞭解所售產品的相關知識，以便給予客戶更好的服務。而對於那些萬事通型的客戶，業務員則更需注重產品知識的瞭解！一旦業務員在與客戶談話中出現錯誤，首先尷尬的就是業務員自己，甚至影響到交易的成功與否。

有些業務員常埋怨客戶問題太刁鑽，或聲稱公司未提供相關的專業培訓。然而，對於真正的銷售而言，任何的埋怨都是藉口，業務員專業

知識的提升與累積是每時每刻都需要做的。只有不斷充實，業務員才能提供更好的服務，特別是對於事事皆通型的客戶，瞭解足夠的知識會讓業務談得更順利。

2. 熟知公司產品的基本特徵

事事皆通的客戶即便瞭解再多，也很難瞭解到所要購買產品的所有方面。這就需要業務員針對產品給予客戶足夠的介紹，特別是有關本公司產品的基本特徵。如此一來，不僅能使客戶對產品有一個全面地認識，同時也能增加客戶選購商品的品項。

因此，業務員要對本公司產品的基本特徵做到深入瞭解，而這也是作為一名業務員所需具備的基本素質。關於產品的基本特徵，業務員需要做到以下方面的瞭解：

✧ **品牌價值**——品牌價值是客戶在購物時越來越關注的方向之一，客戶往往更青睞於具有影響力的產品。

✧ **產品名稱**——產品名稱往往有著特殊含義，其中大多包含著產品的基本特徵或其相關優勢。

✧ **產品技術含量**——產品的技術含量是指產品所採用的技術特徵，其中還包含著一些相關的技術原理。

✧ **產品物理特徵**——即產品的材質、顏色、包裝、型號規格等。

✧ **價格效能比**——衡量產品的價格效能比已成了客戶判斷產品好壞的重要方式。

✧ **產品優勢**——產品所具有的獨特優勢。

✧ **服務**——售後服務以及銷售過程中的相關服務。

3. 抓住機會讚美客戶

那些事事皆通的客戶，無論你講什麼，他都會表現出比你懂，比你清楚，比你在行，他不願聽從別人的意見，更不願被別人的觀點所打敗。所以，遇到這樣的客戶，你切不可為了表明你的觀點就滔滔不絕地與對方爭論，因為這樣只會招來客戶的厭煩。此時的你不妨先認輸，並讚美他一番，給他心理上的優越感，然後再說出自己的意見。如此一來，你不僅說出了自己的想法，同時有不會傷害到客戶心理，可謂兩全其美的辦法。

4. 善於轉移談話焦點

對於事事皆通型的客戶來說，往往對產品已認識得很透澈，因此也容易直接提一些較為犀利的問題。特別是那些產品存在的問題，常成為這類客戶提及的部分。這就需要業務員具有良好的溝通技巧，不要完全被客戶的問題所左右，而是多利用產品的優點，揚長避短，引導客戶對產品有新的認識。

只要能及時且自然地轉移客戶的談話方向，則可避開溝通中可能要面臨的諸多問題。業務員只有將那些不利於銷售的問題點轉移到有利於成交的方向，才有機會取得銷售成功。

總之，面對事事皆通型的客戶，如果想要取得銷售成功，業務員不僅需要具備較強的溝通能力，懂得如何應付客戶提出的質疑，而且還要對所售產品和同行業相關領域有一定的瞭解和認識，累積豐富的業內知識。若業務員對客戶的提問總是模稜兩可，甚至一無所知，那麼，失去銷售機會也就是再自然不過的了。

Lesson 63 如何應對性急的客戶

業務員所面對的客戶類型多樣，其中難免會有一些脾氣較為急躁的客戶。無論在購買產品，或接受售後服務的過程中，這類客戶都希望快速解決問題，因此常表現出不耐煩、不配合的態度，容易造成溝通時氣氛緊張。脾氣暴躁的人畢竟不易相處，想要處理好與這類客戶之間的關係，對一些業務員來講會有一定的難度。

那麼，在銷售過程中，如果遇到性急的客戶，應該怎樣做呢？

1. 保持始終如一的耐心

柏拉圖（Plato）說：「耐心是一切聰明才智的基礎。」在任何時候，保持足夠的耐心，總會帶給人們意想不到的好結果，在銷售領域中，耐心的作用就更加重要了。懂得在銷售過程中始終保持耐心的業務員，往往也能獲得更好的銷售業績。這是因為始終如一的耐心能打動任何一位客戶的心。

當客戶因某些原因表現出情緒急躁時，業務員就需要拿出良好的態度，耐心地解決客戶所遇到的問題。不要總是將問題歸究到客戶身上，即便是客戶的做法欠妥，業務員也應保持風度，以始終如一的耐心去打動客戶。

2. 客戶發脾氣時，不要吝嗇道歉

性急的客戶常會因一些小問題發脾氣，此時的業務員就應學會處理好客戶的情緒，適當地向客戶道歉就是一個好方法。有一句名言：「當下承認自己的錯誤需要相當大的勇氣，給人一個好感勝過一千個理由。」當一個人在接受道歉時，即便有再大的抱怨，情緒也會因此有所緩和。因此，業務員如果能及時向客戶道歉，不僅能掃除阻礙銷售的一些障礙，還能為所售產品樹立一個好形象。有時，性急客戶還容易對業務員產生一些誤解。面對客戶的誤會，業務員也應道歉，只要能緩解與客戶之間的關係，業務員就不要吝嗇道歉。

有些業務員會認為：明明是客戶的不對，為什麼還要我來道歉呢，太不公平了！然而作為一名業務員，其職責是向客戶推銷產品，而想要把產品賣給客戶，業務員首先就要推銷自己，如果無法給客戶一個良好的個人印象，如何推銷產品呢？

被譽為日本「推銷之神」的原一平曾說：「赤裸裸地注視自己，毫無保留地徹底反省，然後才能認識自己。」在銷售領域，「客戶就是上帝」，沒有苛刻的客戶，只有不夠完善的服務。任何一名想要提高業績的業務員，都必須從自己的身上找原因。所以，無論是被客戶誤會，還是你的介紹不周到，不管責任在誰，作為業務員，你一開始就是要向客戶表示歉意。

總之，面對性急的客戶，業務員一定要保持良好的耐心，即便客戶表現得再不耐煩，也不要為了圖一時之快而對客戶出言不遜。因為，一個業務員的態度不僅關係到銷售業績，同時也代表著企業的形象。對客戶隨時保持良好的態度，是業務員最基本要做到的事。

Lesson 64 如何應對愛爭辯的客戶

　　銷售過程中，業務員還可能會遇到愛爭辯的客戶。無論自己是否有道理，這些客戶都習慣將錯誤歸因在業務員身上，即便是一些微不足道的，他們也要拿出來爭論。面對這樣的客戶，常會有一些業務員感到不知所措，不知如何處理。

　　對於這類愛爭論的客戶，有的業務員會抱怨：「為什麼總是在我們身上找問題？那麼芝麻小的事都要爭論，真是小氣！」在正常情況下，愛爭辯的人的確是讓與他們溝通的人感到頭疼，然而對於一名業務員來說，與客戶之間的溝通不能侷限於誰是誰非。銷售領域中有這麼一句話：「客戶永遠是對的。」因此，即便客戶再怎麼喜愛爭辯，業務員也要想辦法處理好與客戶之間的關係。

　　那麼，在銷售過程中，面對愛爭論的客戶，如何做呢？

1. 用幽默營造和諧氣氛

　　美國心理學家赫伯·特魯（Herb True）說：「幽默可以潤滑人際關係，消除緊張，減輕人生壓力，使生活更有樂趣。」幽默，它可以化解緊張的人際關係，使人與人之間充滿和氣，和睦相處。因此，懂得幽默的人常受到更多人的歡迎和喜愛。而對於業務員來說，幽默也是協調與客戶之間關係的「優質潤滑劑」，無論是客戶的抱怨，還是溝通產生誤

會，幽默都能有助於業務員扭轉僵局。如果業務員能在銷售過程中適時地運用幽默，不僅能夠緩和客戶的情緒，也能進一步打開客戶的心，為自己增加更多的銷售機會。

沒有哪一個客戶會拒絕快樂，因此，業務員要在銷售過程中學會幽默。當客戶為了無關緊要的小事與你爭論時，你的一句幽默，也許就能讓一切不愉快煙消雲散。然而，幽默是一種智慧，業務員只有成為幽默高手，才能讓幽默在銷售中發揮最有效的作用。想要成為一名幽默高手，需要注意以下要點：

◇ **自嘲**——與其說自嘲是一種謙虛的表現，不如說它是一種智慧的外露。自嘲不是真正的自貶，卻能在無形中抬高對方，讓對方對你失去防備。

◇ **逆轉**——意想不到的趣味事件常使人禁不住大笑，善於運用與一般思維背道而馳的想法去想像，就可能製造出經典的幽默。

◇ **對比**——將相差甚遠的兩種事物拿來對比，會產生不少有意思的效果。

2. 給客戶說話的機會

愛爭辯的人總是希望別人能耐心傾聽自己的想法。雖然人們大都不願傾聽這種滔滔不絕的話語，然而在銷售過程中，業務員就是要留一定的時間給那些愛爭論的客戶，給他們說話的機會。一旦客戶說完想說的話，某些不愉快的情緒就能消除一大半，而客戶的心理得到了滿足，業務員再與客戶溝通起來效果就會好得多，銷售工作也可進一步取得實質性的進展，獲得訂單的機會也就大大增加了。

3. 不直接反駁客戶

　　愛爭論的客戶大多會為一些無關緊要的小事與你爭論不休，因此，即便是客戶無理取鬧，你還是要保持基本的禮貌，不直接反駁客戶，這也是作為一名業務員所應具備的基本素養。

　　當遇到一位客戶與你爭論不休時，業務員可採取「先肯定後否定」的方式，先同意對方的看法，再以委婉地說明自己的觀點。例如，當客戶對你的服務或產品產生誤解時，你可以說：「您說的沒錯，不過……」，如此一來，既表達了自己的意思，也維護了良好的銷售氛圍。

課後自我評量

☐ 你能積極尋找客戶猶豫的原因，對症下藥，加強其購買信心。

☐ 客戶提出的反對意見若是聽來的，你會拿出品質認證等事實來引導客戶對產品的真正認識。

☐ 面對固執型的客戶，你懂得用事實說話，借用權威人士的觀點，讓客戶能更客觀地去看問題。

☐ 在和固執己見的客戶溝通時，你會先肯定客戶的觀點，之後再從中找到問題點，反過來提出客觀且正確的方向給客戶。

☐ 當客戶長舌時，能主動「過濾」掉與銷售無關的話題，盡量不偏離主題。

☐ 對於「話少型」客戶能細心觀察其穿著、行為、目光等來判斷他們大致的購買意向。

☐ 當「話少型」客戶在選購產品時，不會滔滔不絕地介紹，而是配合客戶的肢體語言和對話，針對客戶想了解的再做介紹。

☐ 與「冷漠型」客戶溝通時，能針對客戶的關注點切入，以激起客戶的熱情。

☐ 當客戶喜歡表現出他比你還懂，你能順勢讚美他，滿足他的優越感，之後再說出你的想法，客戶才聽得進去你的介紹。

☐ 客戶發脾氣時，即使是誤會一場，你也會先道歉，以維持雙戶友好的關係。

☐ 面對愛爭辯的客戶，你不會直接反駁客他，而是給他說話的機會，用心傾聽，等他說完了，你再說。

＊已確實做到的請打「∨」，沒做到的請隨時提醒自己加強改善。

全球華語魔法講盟
Magic

台灣最大、最專業的開放式培訓機構

兩岸知識服務領航家
開啟知識變現的斜槓志業

別人有方法，我們更有魔法
別人進駐大樓，我們禮聘大師
別人談如果，我們只談結果
別人只會累積，我們創造奇蹟

魔法講盟賦予您 **5** 大超強利基！

助您將知識變現，生命就此翻轉！

魔法講盟 致力於提供知識服務，所有課程均講求「結果」，助您知識變現，將夢想實現！已成功開設千餘堂課，常態性地規劃數百種課程，為目前台灣最大的培訓機構，在「能力」、「激勵」、「人脈」三方面均有長期的培訓規劃。

Beloning
↓
Becoming

❶ 輔導弟子與學員們與大咖對接，斜槓創業以 MSI 被動收入財務自由，打造自動賺錢機器。
❷ 培育弟子與學員們成為國際級講師，在大、中、小型舞台上公眾演說，實現理想或銷講。
❸ 協助弟子與學員們成為兩岸的暢銷書作家，用自己的書建構專業形象與權威感。
❹ 助您找到人生新方向，建構屬於您自己的 π 型人生，「真永是真」是也。
❺ 台灣最強區塊鏈培訓體系：國際級證照 ＋ 賦能應用 ＋ 創新商業模式。

魔法講盟 專業賦能，是您成功人生的最佳跳板！

只要做對決定，您的人生從此不一樣！

密室逃脫創業育成

Innovation & Startup SEMINAR

體驗創業 ➔ 見習成功 ➔ 創想未來

創業的過程中會有很多很多的問題圍繞著你，團隊是一個問題、資金是一個問題、應該做什麼樣的產品是一個問題……，事業的失敗往往不是一個主因造成，而是一連串錯誤和N重困境累加所致，猶如一間密室，要逃脫密室就必須不斷地發現問題、解決問題。

創業導師傳承智慧，拓展創業的視野與深度

由神人級的創業導師——王晴天博士親自主持，以一個月一個主題的博士級 Seminar 研討會形式，透過問題研討與策略練習，帶領學員找出「真正的問題」並解決它，學到公司營運的實戰經驗。

創業智能養成 ✕ 落地實戰技術育成

有三十多年創業實戰經驗的王博士將從——價值訴求、目標客群、生態利基、行銷 & 通路、盈利模式、團隊 & 管理、資本運營、合縱連橫，這八個面向來解析，再加上最夯的「阿米巴」、「反脆弱」……等諸多低風險創業原則，結合歐美日中東盟……等最新的創業趨勢，全方位、無死角地總結、設計出 12 個創業致命關卡密室逃脫術，帶領創業者們挑戰這 12 道主題任務枷鎖，由專業教練手把手帶你解開謎題，突破創業困境。

保證大幅提升您創業成功的機率增大數十倍以上！

公眾演說　A⁺ to A⁺⁺
國際級講師培訓

面對瞬息萬變的未來，你的競爭力在哪裡？

學會演說，讓您的影響力與收入翻倍！

公眾演說四日完整班

保證有舞台

　　好的演說有公式可以套用，就算你是素人，也能站在群眾面前自信滿滿地開口說話。公眾演說讓你有效提升業績，讓個人、公司、品牌和產品快速打開知名度！公眾演說不只是說話，它更是溝通、宣傳、教學和說服。你想知道的──收人、收魂、收錢的演說秘技，盡在公眾演說課程完整呈現！

國際級講師培訓

　　教您怎麼開口講，更教您如何上台不怯場，保證上台演說 學會銷講絕學，讓您在短時間抓住演說的成交撇步，透過完整的講師訓練系統培養授課管理能力，系統化課程與實務演練，協助您一步步成為世界級一流講師，讓你完全脫胎換骨成為一名超級演說家，並可成為亞洲或全球八大名師大會的講師，晉級 A 咖中的 A 咖！

魔法講盟 助您鍛鍊出自在表達的「**演說力**」，

從現在開始，替人生創造更多的斜槓，擁有不一樣的精采！

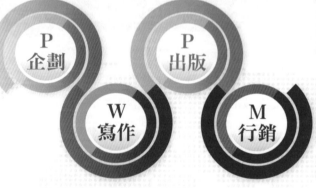

真是真永

本世紀全球華人圈最偉大的高端演講
Knowledge Feast Lecture
真理指引の知識服務

讀萬卷書，
不如行萬里路，
行萬里路，不如閱人無數，
閱人無數，不如名師指路，
名師指路，不如跟隨成功者的腳步，
跟隨成功者腳步，不如高人點悟！
經過歷史實踐和理論驗證的真知，
蘊藏著深奧的道理與大智慧。
晴天大師用三十年的體驗與感悟，
為你講道理、助你明智開悟！
為你的工作、生活、人生「導航」，
從而改變命運、實現夢想，
成就最好的自己！

~王晴天與您講道理的人生大課

台灣版《時間的朋友》~
「真永是真」知識饗宴
邀您一同**追求真理** ·
分享智慧 · **慧聚財富！**
時間 ▶ **2021**場次**11/6**（六）**13:30~21:00**
　　 ▶ **2022**場次**11/5**（六）**13:30~21:00**
　　 ▶ **2023**場次**11/4**（六）**13:30~21:00**
地點 ▶ 新店台北矽谷國際會議中心
（ 新北市新店區北新路三段223號 ✈ 捷運大坪林站）

報名或了解更多、2024 年日程請掃碼查詢
或撥打真人客服專線 (02) 8245-8318

魔法講盟

區塊鏈國際
認證講師班

錯過區塊鏈，將錯過一個時代！馬雲說：「**區塊鏈對未來影響超乎想像。**」錯過區塊鏈就好比 20 年前錯過網路！想了解什麼是區塊鏈嗎？想抓住區塊鏈創富趨勢嗎？

區塊鏈目前對於各方的人才需求是非常的緊缺，其中包括區塊鏈架構師、區塊鏈應用技術、數字資產產品經理、數字資產投資諮詢顧問等，都是目前區塊鏈市場非常短缺的專業人員。

魔法講盟 特別對接大陸高層和東盟區塊鏈經濟研究院的院長來台授課，**魔法講盟**是唯一在台灣上課就可以取得大陸官方認證的機構，課程結束後您會取得大陸工信部、國際區塊鏈認證單位以及魔法講盟國際授課證照，取得證照後就可以至中國大陸及亞洲各地授課＆接案，並可大幅增強自己的競爭力與大半徑的人脈圈！

由國際級專家教練主持，
即學・即賺・即領證！
一同賺進區塊鏈新紀元！

課程地點：采舍國際出版集團總部三樓
　　　　　魔法教室

新北市中和區中山路 2 段 366 巷 10 號 3 樓
（中和華中橋 CostCo 對面）🚇 中和站 or 🚇 橋和站

查詢開課日期及詳細授課資訊・報名
請掃左方 QR Code，或上新絲路官網 *silkbook○com* 新·絲·路·網·路·書·店 www.silkbook.com 查詢。

創富諮詢｜創富圓夢｜創富育成

Startup weekend
@ TAIPEI

唯有懂得
跨領域取經的人，
才能在變動的
世界裡存活！

您需要有經驗的名師來指點，誠摯邀請一同
交流、分享，只要懂得善用資源、借力使力，創業成功不是
夢，利用槓桿加大您的成功力量，把知識轉換成有償服務系統，讓您連結全球新商
機，趨勢創業智富，開啟未來十年創新創富大門，讓您從平凡 C 咖成為冠軍 A 咖！

趨勢
指引

獲利
巧門

商業
模式

人脈
交流

優勢無法永久持續，卻可以被不斷開創，學會躍境，就能擁有明天！

2021 THE ASIA'S
EIGHT SUPER MENTORS

亞洲八大名師高峰會
邀請您一同跨界創富，主張價值未來
STARTUP WEEKEND @ TAIPE

時間 2021 年 **6/19**、**6/20**，每日 9：00 ～ 18：00

地點 新店台北矽谷（新北市新店區北新路三段223號 ◆大坪林站）

• 憑本票券可直接免費入座 6/19、6/20 兩日核心課程一般席，或
加價千元入座 VIP 席，領取貴賓級萬元贈品！

• 若因故未能出席，仍可持本票券於 2022、2023 年任一八大盛會使用。

更多詳細資訊請洽（02）8245-8318 或上官網 silkbook○com www.silkbook.com 查詢
新‧絲‧路‧網‧路‧書‧店